高等职业院校“三教改革”成果系列教材

电气控制技术基础

主　编　范次猛

副主编　王意修

北京理工大学出版社
BEIJING INSTITUTE OF TECHNOLOGY PRESS

内容简介

本书是依据教育部最新公布的《高等职业学校专业教学标准》中电气自动化技术专业标准，结合五年制高等职业教育实际情况，并参照相关国家职业标准和行业职业技能鉴定规范编写而成。

本书主要内容包括：直流电机的应用、变压器的应用、交流电机的应用、特种电机的应用，三相异步电动机基本控制电路的安装与调试、多速异步电动机控制电路的安装与调试、绕线转子异步电动机控制电路的安装与调试、常用生产机械电气控制电路的调试与检修等。采用模块化的形式，每个模块又分为若干个单元，通过单元对直流电机、交流电机、变压器、特种电机的具体应用进行阐述，对电气控制电路安装与调试的知识与技能进行整合构建，每个单元中都附有任务描述、任务目标、相关知识、操作训练和思考与练习，便于自学。

本书可作为高等职业院校、五年制高职学校、中等职业学校、技工学校自动化类、机电类、数控类等专业的教学用书。

图书在版编目（CIP）数据

电气控制技术基础／范次猛主编．--北京：北京理工大学出版社，2021.8（2021.11 重印）

ISBN 978-7-5763-0160-1

Ⅰ.①电… Ⅱ.①范… Ⅲ.①电气控制—高等职业教育—教材 Ⅳ.①TM921.5

中国版本图书馆 CIP 数据核字（2021）第 165752 号

出版发行／北京理工大学出版社有限责任公司
社　　址／北京市海淀区中关村南大街 5 号
邮　　编／100081
电　　话／（010）68914775（总编室）
　　　　　（010）82562903（教材售后服务热线）
　　　　　（010）68944723（其他图书服务热线）
网　　址／http：//www. bitpress. com. cn
经　　销／全国各地新华书店
印　　刷／三河市天利华印刷装订有限公司
开　　本／787 毫米×1092 毫米　1/16
印　　张／19
字　　数／425 千字
版　　次／2021 年 8 月第 1 版　2021 年 11 月第 2 次印刷
定　　价／49.00 元

责任编辑／朱　婧
文案编辑／朱　婧
责任校对／周瑞红
责任印制／施胜娟

前　言

“电气控制技术基础”是高等职业院校电气类专业的专业核心课程，本书是依据教育部最新公布的《高等职业学校专业教学标准》中电气自动化技术专业标准，并参照相关国家职业标准和行业职业技能鉴定规范编写而成的。

本书在编写过程中进行了大量的企业调研，邀请许多企业专家参与了典型职业活动分析，并在职业教育专家的指导下将典型职业活动转化为学习领域课程，突破了以往学科体系教材编写的理念。本书在编写过程中以能力为本位，以工作过程为导向，以项目为载体，以实践为主线，本着符合行业企业需求、紧密结合生产实际、跟踪先进技术、强化应用、注重实践的原则设计应用模块，在任务实施过程中强调技能、知识要素与情感态度价值观要素相融合。

本书模块一以 3 个单元引领学习直流电机的应用，包括认识直流电机，直流电动机的调速，直流电动机的启动、反转和制动等；模块二以 3 个单元引领学习变压器的应用，包括单相、三相和特种变压器的基本结构、原理、使用和操作；模块三以 5 个单元引领学习交流电机的应用，包括认识三相异步电动机，三相异步电动机的运行、调速、启动、反转和制动，单相异步电动机的应用等；模块四以 4 个单元引领学习特种电机的应用，包括伺服电动机的应用、测速发电机的应用、步进电动机的应用和直线电动机的应用等；模块五以 7 个单元引领学习三相异步电动机基本控制电路的安装与调试，包括常用低压电器的功能、结构、使用和维修，单向点动与连续控制电路，正反转控制电路，位置控制、自动往返控制、顺序控制和多地控制电路，降压启动控制电路，制动控制电路，多速异步电动机控制电路，绕线转子异步电动机的基本控制电路等；模块六以 5 个单元引领学习常用生产机械电气控制电路的调试与检修，包括 CA6140 型车床、M7130 型平面磨床、Z3040 型钻床、X62W 型万能铣床、T68 型卧式镗床电气控制电路。

本书由江苏省无锡交通高等职业技术学校范次猛任主编，并由其完成全书的统稿工作；江苏省无锡交通高等职业技术学校王意修任副主编；苏州工业园区工业技术学校苏建参与编写。全书分为六个模块，模块一由王意修编写，模块二至模块五由范次猛编写，模块六由苏建编写。

由于编者学识和水平有限，书中难免存在疏漏和不足，恳请同行和使用本书的广大读者批评指正。

编　者

前言

目　录

模块一　直流电机的应用

单元1　认识直流电机

任务描述

直流电机是实现直流电能与机械能之间相互转换的电力机械，按照用途可以分为直流电动机和直流发电机两类。其中将机械能转换成直流电能的电机称为直流发电机，如图1－1所示；将直流电能转换成机械能的电机称为直流电动机，如图1－2所示。直流电机是工矿、交通、建筑等行业中的常见动力机械，是机电行业人员的重要工作对象之一。作为一名电气控制技术人员必须熟悉直流电机的结构、工作原理和性能特点，能正确使用直流电机。

图1－1　直流发电机

图1－2　直流电动机

任务目标

(1) 了解直流电机的特点、用途和分类；熟悉直流电机的基本工作原理。

(2) 认识直流电机的外形和内部结构，熟悉各部件的作用。

(3) 了解直流电机铭牌中型号和额定值的含义，掌握额定值的简单计算。

相关知识

一、直流电机的特点和用途

1. 直流电机的特点

直流电动机与交流电动机相比，具有优良的调速性能和启动性能。直流电动机具有宽广的调速范围、平滑的无级调速特性，可实现频繁的无级快速启动、制动和反转；过载能力大，能承受频繁的冲击负载；能满足自动化生产系统中各种特殊运行的要求。

直流发电机则能提供无脉动的大功率直流电源，且输出电压可以精确地调节和控制。

但直流电机也有它显著的缺点：一是制造工艺复杂，消耗有色金属较多，生产成本高；二是运行时由于电刷与换向器之间容易产生火花，因而可靠性较差，维护比较困难。所以在一些对调速性能要求不高的领域中已被交流变频调速系统所取代。但是在某些要求调速范围大、快速性高、精密度好、控制性能优异的场合，直流电动机的应用目前仍占有较大的比例。

2. 直流电机的用途

由于直流电动机具有良好的启动和调速性能，常应用于对启动和调速有较高要求的场合，如大型可逆式轧钢机、矿井卷扬机、宾馆高速电梯、龙门刨床、电力机车、内燃机车、城市电车、地铁列车、电动自行车、造纸和印刷机械、船舶机械、大型精密机床和大型起重机等生产机械中，图 1-3 所示是其应用的几种实例。

(a)

(b)

图 1-3　直流电动机的应用实例

(a) 地铁列车；(b) 城市电车

(c)

(d)

图 1-3　直流电动机的应用实例（续）

(c) 电动自行车；(d) 造纸机

直流发电机主要用作各种直流电源，如直流电动机电源、化学工业中所需的低电压大电流的直流电源、直流电焊机电源等，如图 1-4 所示。

(a)

(b)

图 1-4　直流发电机的应用实例

(a) 电解铝车间；(b) 电镀车间

二、直流电机的基本结构

直流电动机和直流发电机的结构基本一样。直流电机由静止的定子和转动的转子两大部分组成，在定子和转子之间存在一个间隙，称为气隙。定子的作用是产生磁场和支撑电机，它主要包括主磁极、换向磁极、机座、电刷装置、端盖等。转子的作用是产生感应电动势和电磁转矩，实现机电能量的转换，通常也被称为电枢。它主要包括电枢铁芯、电枢绕组、换向器、转轴、风扇等。直流电机的结构如图 1-5 所示。

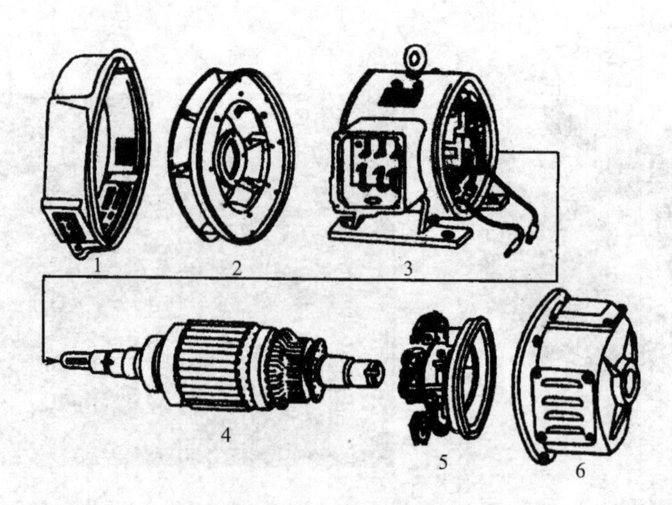

图1－5　直流电机的结构

1—前端盖；2—风扇；3—定子；4—转子；5—电刷及刷架；6—后端盖。

1. 主磁极

主磁极的作用是产生主磁通，它由铁芯和励磁绕组组成，如图1－6所示。铁芯一般用1～1.5 mm的低碳钢片叠压而成，小电机也有用整块铸钢磁极的。主磁极上的励磁绕组是用绝缘铜线绕制而成的集中绕组，与铁芯绝缘，各主磁极上的线圈一般是串联起来的。主磁极总是成对的，并按N极和S极交替排列。

2. 换向磁极

换向磁极的作用是产生附加磁场，用以改善电机的换向性能。通常铁芯由整块钢做成，换向磁极的绕组应与电枢绕组串联。换向磁极装在两个主磁极之间，如图1－7所示。换向磁极极性在作为发电机运行时，应与电枢导体将要进入的主磁极极性相同；在作为电动机运行时，则应与电枢导体刚离开的主磁极极性相同。

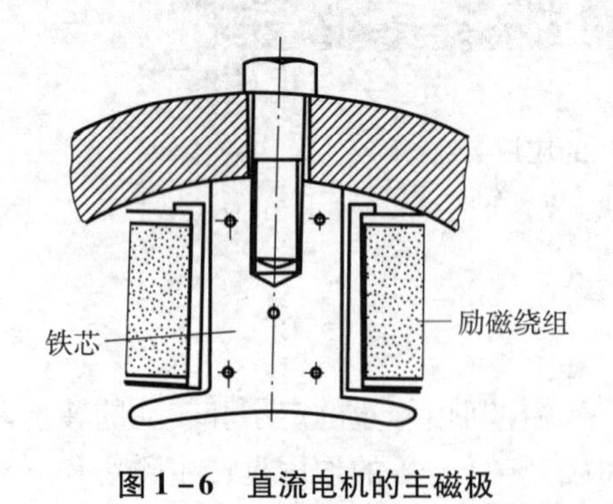

图1－6　直流电机的主磁极

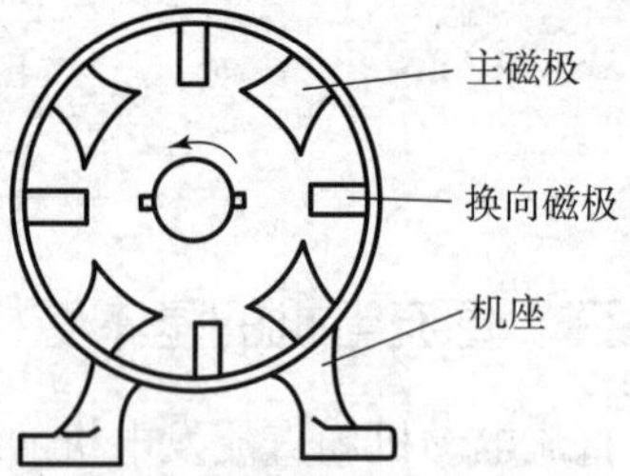

主磁极
换向磁极
机座

图1－7　换向磁极的位置

3. 机座

机座一方面用来固定主磁极、换向磁极和端盖等，另一方面作为电机磁路的一部分（称为磁轭）。机座一般用铸钢或钢板焊接制成。

4. 电刷装置

在直流电机中，为了使电枢绕组和外电路连接起来，必须装设固定的电刷装置，它是由电刷、刷握和刷杆座组成的，如图 1 - 8 所示。电刷是用石墨等做成的导电块，放在刷握内，用弹簧压指将它压触在换向器上。刷握用螺钉夹紧在刷杆上，用铜绞线将电刷和刷杆连接，刷杆装在刷杆座上，彼此绝缘，刷杆座装在端盖上。

5. 电枢铁芯

电枢铁芯的作用是通过磁通和安放电枢绕组。当电枢在磁场中旋转时，铁芯将产生涡流和磁滞损耗。为了减少损耗，提高效率，电枢铁芯一般用硅钢片冲叠而成。电枢铁芯具有轴向通风孔，如图 1 - 9 所示。铁芯外圆周上均匀分布着槽，用以嵌放电枢绕组。

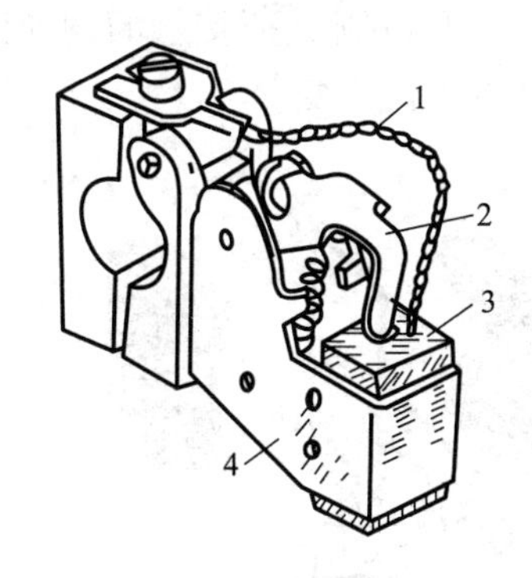

图 1 - 8　电刷装置

1—铜铰线；2—弹簧压指；3—电刷；4—刷握。

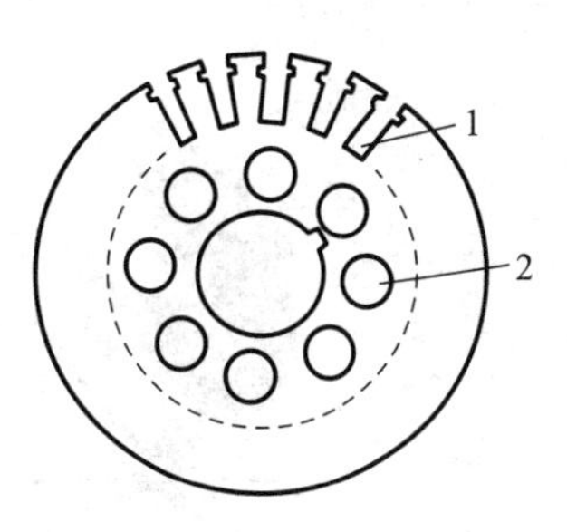

图 1 - 9　电枢铁芯

1—槽；2—轴向通风孔。

6. 电枢绕组

电枢绕组的作用是产生感应电动势和通过电流产生电磁转矩，实现机电能量转换。绕组通常用漆包线绕制而成，嵌入电枢铁芯槽内，并按一定的规则连接起来。为了防止电枢旋转时产生的离心力使绕组飞出，绕组嵌入槽内后，用槽楔压紧；线圈伸出槽外的端接部分用无纬玻璃丝带扎紧。

7. 换向器

换向器的结构如图 1 - 10 所示，它由许多带有鸽尾形的换向片叠成一个圆筒，片与片之间用云母片绝缘，借 V 形套筒和螺纹压圈拧紧成一个整体。每个换向片与绕组每个元件的引出线焊接在一起，其作用是将直流电机输入的直流电流转换成电枢绕组内的交变电流，进而产生恒定方向的电磁转矩，使电机连续运转。

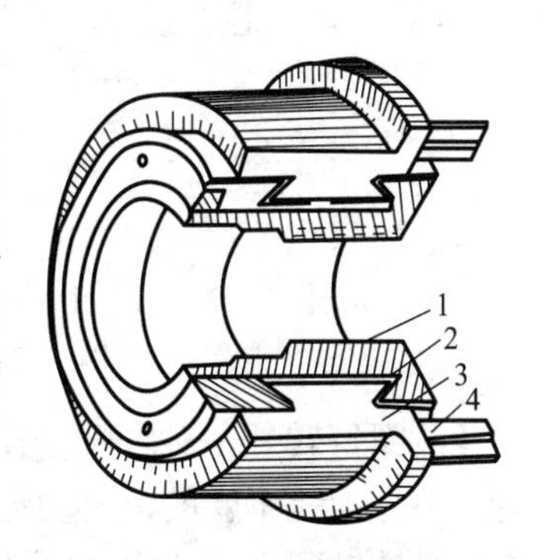

图 1 - 10　换向器的结构

1—V 形套筒；2—云母片；3—换向片；4—连接片。

三、直流电机的工作原理

1. 直流发电机的工作原理

图 1 - 11 所示是直流发电机工作原理，定子上有两个磁

极 N 和 S，它们建立恒定磁场，两磁极中间是装在转子上的电枢绕组。绕组元件 *abcd* 的两端 *a* 和 *d* 分别与两片相互绝缘的半圆形铜片（换向器）相接，通过电刷 *A*、*B* 与外电路相连。

当原动机带着电枢逆时针方向旋转时，线圈两个有效边 *ab* 和 *cd* 将切割磁场磁力线产生感应电动势，方向按右手定则确定，如图 1-11（a）所示，在 S 极下为 $d \to c$，在 N 极下为 $b \to a$，电刷 A 为正极，电刷 B 为负极。负载电流的方向为 $A \to B$。

当线圈转过 90°时，如图 1-11（b）所示，两个线圈的有效边位于磁场物理中性面上，导体的运动方向与磁力线平行，不切割磁力线，因此感应电动势为零。虽然两电刷同时与两铜片相接使线圈短路，但线圈中无电动势和电流。

当线圈转过 180°时，如图 1-11（c）所示，此时线圈有效边中的电动势方向改变了，在 S 极下为 $a \to b$，在 N 极下为 $c \to d$。由于此时电刷 *A* 和电刷 *B* 所接触的铜片已经互换，因此电刷 *A* 仍为正极，电刷 *B* 仍为负极，输出电流 *I* 的方向不变。

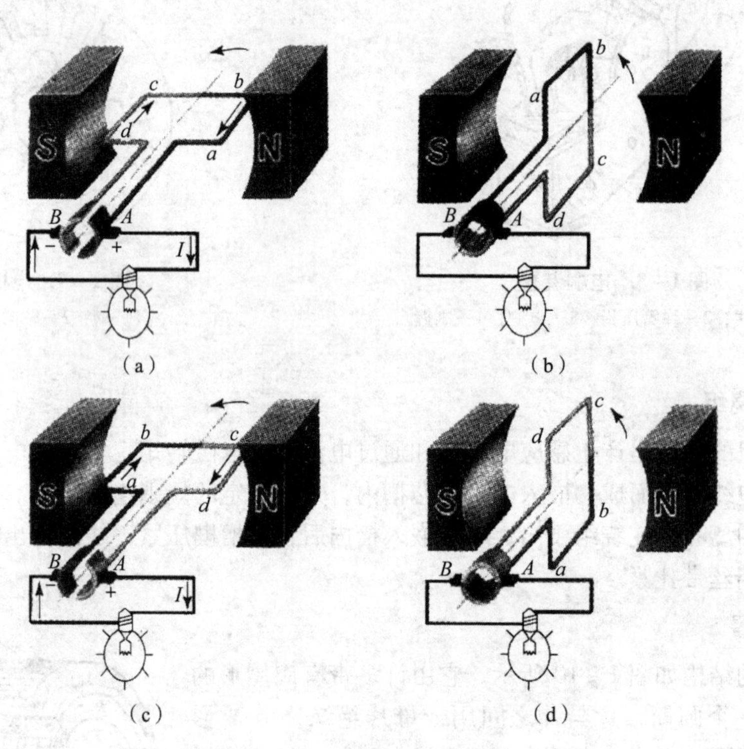

图 1-11　直流发电机工作原理

(a) 灯亮；(b) 灯不亮；(c) 灯亮；(d) 灯不亮

线圈每转过一对磁极，其两个有效边中的电动势方向就改变一次，但是两电刷之间的电动势方向是不变的，电动势大小在零和最大值之间变化。显然，电动势方向虽然不变，但大小波动很大，这样的电动势是没有实用价值的。为了减小电动势的波动程度，实用的发电机在电枢圆周表面装有较多数量且互相串联的线圈和相应数量的铜片。这样，换向后合成电动势的波动程度就会显著减小。由于实际发电机的线圈数较多，所以电动势波动很小，可认为是恒定不变的直流电动势。

由以上分析可得直流发电机的工作原理：当原动机带动直流发电机电枢旋转时，在电枢绕组中产生方向交变的感应电动势，通过电刷和换向器的作用，在电刷两端输出方向不变的直流电动势。

2. 直流电动机的工作原理

直流电动机在机械构造上与直流发电机完全相同，图 1－12 所示是直流电动机的工作原理。电枢不用外力驱动，把电刷 *A*、*B* 接到直流电源上，假定电流从电刷 *A* 流入线圈，沿 *a*→*b*→*c*→*d* 方向从电刷 *B* 流出。载流线圈在磁场中将受到电磁力的作用，其方向按左手定则确定，*ab* 边受到向上的力，*cd* 边受到向下的力，形成电磁转矩，使电枢逆时针方向转动，如图 1－12（a）所示。当电枢转过 90°时，如图 1－12（b）所示，线圈中虽无电流和力矩，但在惯性的作用下继续旋转。

当电枢转过 180°时，如图 1－12（c）所示，电流仍然从电刷 *A* 流入线圈，沿 *d*→*c*→*b*→*a* 方向从电刷 *B* 流出。与图 1－12（a）比较，通过线圈的电流方向改变了，但两个线圈有效边受电磁力的方向却没有改变，即电动机只朝一个方向旋转。若要改变其转向，必须改变电源的极性，使电流从电刷 *B* 流入、从电刷 *A* 流出。

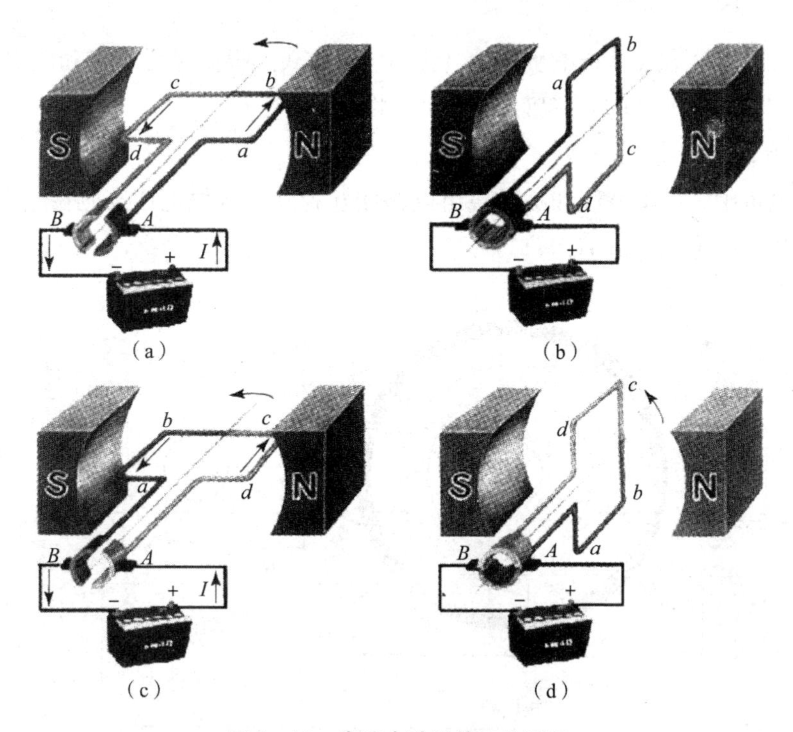

图 1－12　直流电动机的工作原理

（a）受电磁力，逆时针转动；（b）不受电磁力，惯性转动；

（c）受电磁力，逆时针转动；（d）不受电磁力，惯性转动

由以上分析可得直流电动机的工作原理：当直流电动机接入直流电源时，借助于电刷和换向器的作用，在直流电动机电枢绕组中流过方向交变的电流，从而使电枢产生恒定方向的电磁转矩，保证了直流电动机朝一定的方向连续旋转。

3. 直流电机的可逆原理

比较直流电动机与直流发电机的结构和工作原理，可以发现：一台直流电机既可以作为发电机运行，也可以作为电动机运行，只是其输入输出的条件不同而已。

如果在电刷两端加上直流电源，将电能输入电枢，则从电机轴上输出机械能，驱动生产机械工作，这时直流电机将电能转换为机械能，直流电机工作在电动机状态。

如果用原动机驱动直流电机的电枢旋转，从电机轴上输入机械能，则从电刷两端可以引出直流电动势，输出直流电能，这时直流电机将机械能转换为直流电能，其工作在发电机状态。

同一台电机既能作发电机运行，又能作电动机运行的原理，称为电机的可逆原理。一台电机的实际工作状态取决于外界的不同条件。实际的直流电动机和直流发电机在设计时考虑了工作特点的一些差别，因此有所不同。例如，直流发电机的额定电压略高于直流电动机，以补偿线路的电压降，便于两者配合使用；直流发电机的额定转速略低于直流电动机，便于选配原动机。

四、直流电机的励磁方式

直流电机的励磁方式是指电机励磁电流的供给方式，根据励磁支路和电枢支路的相互关系，有他励、自励（并励、串励和复励）、永磁方式。

1. 他励方式

在他励电机中，电枢绕组和励磁绕组电路相互独立，电枢电压与励磁电压彼此无关。他励电机接线如图 1－13 所示。

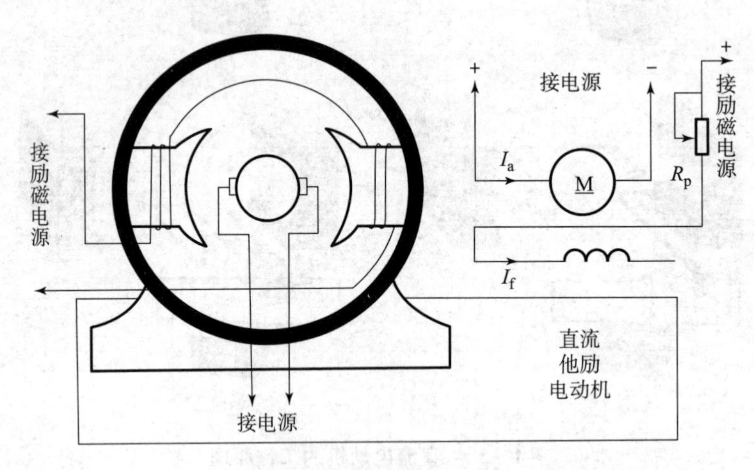

图 1－13　他励电机接线

2. 并励方式

在并励电机中，电枢绕组和励磁绕组是并联关系，由同一电源供电，其接线如图 1－14 所示。

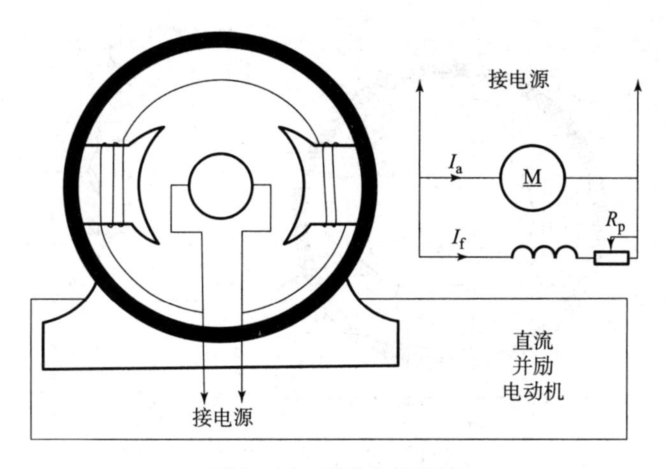

图 1－14　并励电机接线

3. 串励方式

在串励电机中，电枢绕组与励磁绕组是串联关系，其接线如图 1－15 所示。

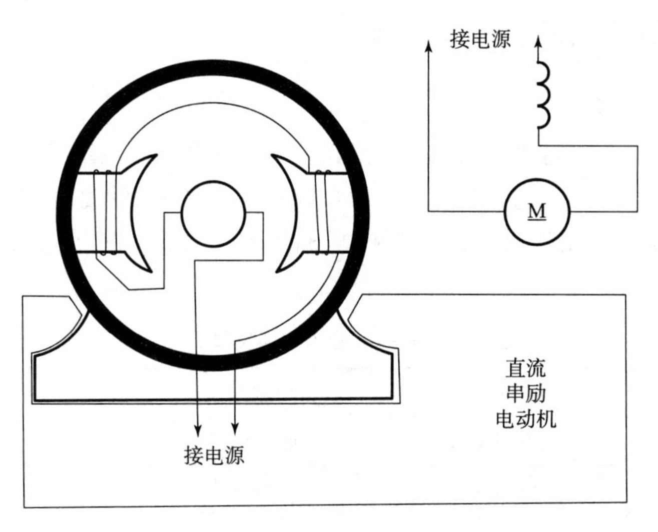

图 1－15　串励电机接线

4. 复励方式

复励电机的主磁极上有两部分励磁绕组，其中一部分与电枢绕组并联，另一部分与电枢绕组串联。当两部分励磁绕组产生的磁通方向相同时，称为积复励，反之称为差复励。复励电机接线如图 1－16 所示。

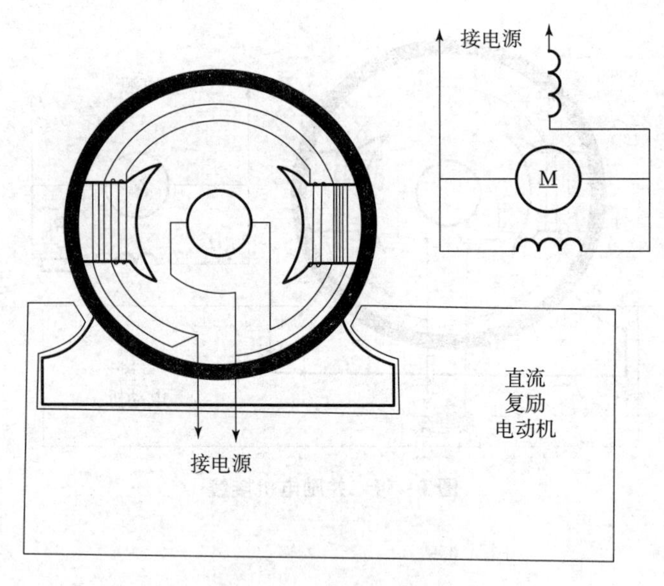

图 1 – 16　复励电机接线

五、直流电机的铭牌数据与系列

1. 直流电机铭牌数据

电机制造厂按照国家标准，根据电机的设计和试验数据，规定了电机的正常运行状态和条件，通常称之为额定运行。凡表征电机额定运行情况的各种数据均称为额定值，标注在电机铝制铭牌上，它是正确合理使用电机的依据。直流电机的主要额定值如表 1 – 1 所示。

表 1 – 1　直流电机铭牌

型号	Z2 – 72	励磁方式	并励
功率	22 kW	励磁电压	220 V
电压	220 V	励磁电流	2.06 A
电流	116 A	定额	连续
转速	1 500 r/min	温升	80 ℃
编号	××××	出厂日期	××××年×月×日
××××电机厂			

1）额定容量（额定功率）P_N（kW）

额定容量指电机的输出功率。对发电机而言，是指输出的电功率；对电动机，则是指转轴上输出的机械功率。

2）额定电压 U_N（V）和额定电流 I_N（A）

注意它们不同于电机的电枢电压 U_a 和电枢电流 I_a，发电机的 U_N、I_N 是输出值，电动

机的 U_N、I_N 是输入值。

3）额定转速 n_N（r/min）

额定转速是指在额定功率、额定电压、额定电流时电机的转速。

电机在实际应用时，是否处于额定运行情况，要由负载的大小决定。一般不允许电机超过额定值运行，因为这样会缩短电机的使用寿命，甚至损坏电机。但也不能让电机长期轻载运行，这样不能充分利用设备，运行效率低，所以应该根据负载大小合理选择电机。

2. 直流电机系列

我国目前生产的直流电机主要有以下系列。

1）Z2 系列

该系列为一般用途的小型直流电机系列。“Z”表示直流，“2”表示第二次改进设计。系列容量为 0.4 ~ 200 kW，电动机电压为 110 V、220 V，发电机电压为 115 V、230 V，属防护式。

2）ZF 和 ZD 系列

这两个系列为一般用途的中型直流电机系列。“F”表示发电机，“D”表示电动机。系列容量为 55 ~ 1 450 kW。

3）ZZJ 系列

该系列为起重、冶金用直流电机系列。电压有 220 V、440 V 两种。工作方式有连续、短时和断续三种。ZZJ 系列电机启动速度快，过载能力强。

此外，还有 ZQ 直流牵引电动机系列及用于易爆场合的 ZA 防爆安全型直流电机系列等。常见电机产品系列见表 1－2。

表 1－2　常见电机产品系列

代号	含义
Z2	一般用途的中、小型直流电机，包括发电机和电动机
Z、ZF	一般用途的大、中型直流电机系列。Z 是直流电动机系列；ZF 是直流发电机系统
ZZJ	专供起重冶金工业用的专用直流电动机
ZT	用于恒功率且调速范围比较大的驱动系统里的宽调速直流电动机
ZQ	电力机车、工矿电机车和蓄电池供电电车用的直流牵引电动机
ZH	船舶上各种辅助机械用的船用直流电动机
ZU	用于龙门刨床的直流电动机
ZA	用于矿井和有易爆气体场所的防爆安全型直流电动机
ZKJ	冶金、矿山挖掘机用的直流电动机

六、直流电机的感应电动势和电磁转矩

无论是直流电动机还是直流发电机，在转动时，其电枢绕组都会由于切割主磁极产生的磁力线而感应出电动势。同时，由于电枢绕组中有电流流过，电枢电流与主磁场作用又会产生电磁转矩。因此，直流电机的电枢绕组中同时存在着感应电动势和电磁转矩，它们

对电机的运行起着重要的作用。直流发电机中是感应电动势在起主要作用，直流电动机中是电磁转矩在起主要作用。

1. 电枢绕组的感应电动势 E_a

对电枢绕组电路进行分析，可得直流电机电枢绕组的感应电动势为

$$E_a = C_e \Phi n \tag{1-1}$$

式中，Φ 为电机的每极磁通；n 为电机的转速；C_e为与电机结构有关的常数，称为电动势常数。

E_a 的方向由 Φ 与 n 的方向按右手定则确定。从式（1-1）可以看出，若要改变 E_a 的大小，可以改变 Φ（由励磁电流 I_f 决定）或 n 的大小。若要改变 E_a 的方向，可以改变 Φ 的方向或电机的旋转方向。

无论直流电动机还是直流发电机，电枢绕组中都存在感应电动势，在发电机中 E_a 与电枢电流 I_a 方向相同，是电源电动势；而在电动机中 E_a 与 I_a 的方向相反，是反电动势。

2. 直流电机的电磁转矩 T

同样，我们也能分析得到电磁转矩 T 为

$$T = C_T \Phi I_a \tag{1-2}$$

式中，I_a 为电枢电流；C_T为与电机结构相关的常数，称为转矩常数。

电磁转矩 T 的方向由磁通 Φ 及电枢电流 I_a 的方向按左手定则确定。式（1-2）表明：若要改变电磁转矩的大小，只要改变 Φ 或 I_a 的大小即可；若要改变 T 的方向，只要改变 Φ 或 I_a 其中之一的方向即可。

感应电动势 E_a 和电磁转矩 T 是密切相关的。例如当他励直流电动机的机械负载增加时，电机转速将下降，此时反电动势 E_a 减小，I_a 将增大，电磁转矩 T 也增大，这样才能带动已增大的负载。

七、直流电动机的基本方程式

直流电动机的基本方程式是了解和分析直流电动机性能的主要方法和重要手段，直流电动机的基本方程式包括电压方程式、转矩方程式、功率方程式等。

图 1-17 所示为直流并励电动机的工作原理图。以它为例分析电压、转矩和功率之间的关系。并励电动机的励磁绕组与电枢绕组并联，由同一直流电源供电。接通直流电源后，励磁绕组中流过励磁电流 I_f，建立主磁场；电枢绕组中流过电枢电流 I_a，电枢电流与主磁场作用产生电磁转矩 T，使电枢朝转矩 T 的方向以转速 n 旋转，将电能转换为机械能，带动生产机械工作。

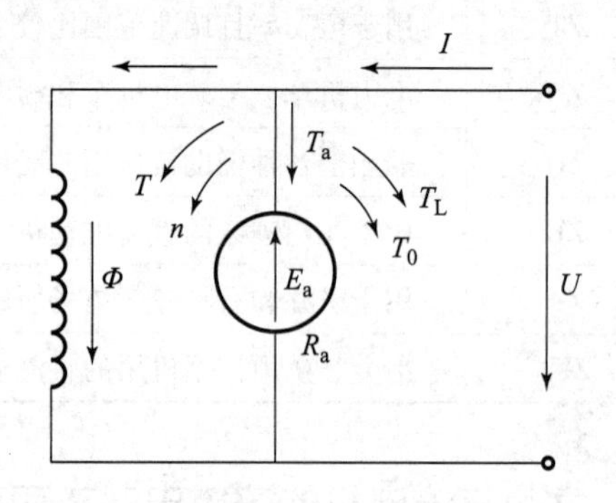

图 1-17　直流并励电动机的工作原理

（1）电压方程式。从图 1-17 所示直流并励电动机的工作原理图可知，直流并励电动机中有两个电流回路：励磁回路和电枢回路。下面主要分析电枢回路的电压、电流以及电动势之间的关系。

直流并励电动机通电旋转后，电枢导体切割主磁场，产生电枢电动势 E_a，在电动机中，此电动势的方向与电枢电流 I_a 的方向相反，称为反电动势。电源电压 U 除了提供电枢内阻压降 I_aR_a 外，主要用来与电枢电动势 E_a 相平衡。列出电压方程式如下：

$$U = E_a + I_aR_a$$

上式表明直流电动机在电动状态下运行时，电枢电动势 E_a 总是小于端电压 U。

（2）转矩方程式。直流电动机正常工作时，作用在轴上的转矩有三个：一个是电磁转矩 T，方向与转速 n 方向相同，为驱动性质转矩；一个是电动机空载损耗形成的转矩 T_0，是电动机空载运行时的制动转矩，方向总与转速 n 方向相反；还有一个是轴上所带生产机械的负载转矩 T_L，一般为制动性质转矩。T_L 在大小上也等于电动机的输出转矩 T_2。稳态运行时，直流电动机中驱动性质的转矩总是等于制动性质的转矩，据此可得直流电动机的转矩方程式：

$$T = T_0 + T_L$$

（3）功率方程式。从图 1－17 直流并励电动机的工作原理图可以看出：

电源输入的电功率为　$P_1 = UI$

电动机励磁回路电阻 R_f 上的铜损耗为　$P_{Cuf} = I_f^2R_f$

电枢回路中的铜损耗为　$P_{Cua} = I_a^2R_a$

输入的电功率扣除上述两项损耗后，通过电磁感应关系转换为机械功率，电动机中由电能转换为机械能的那一部分功率叫电磁功率　$P_m = E_aI_a = T\omega$

转换得到的机械功率还要扣除机械损耗和铁损耗，即空载损耗　$P_0 = P_m + P_{Fe}$

最后剩下的才是直流电动机轴上输出的机械功率　$P_2 = T_2\omega$

综上所述，可得直流并励电动机的功率方程式如下：

$$P_1 = P_{Cuf} + P_{Cua} + P_m + P_{Fe} + P_2$$

直流并励电动机的功率关系可用图 1－18 表示。

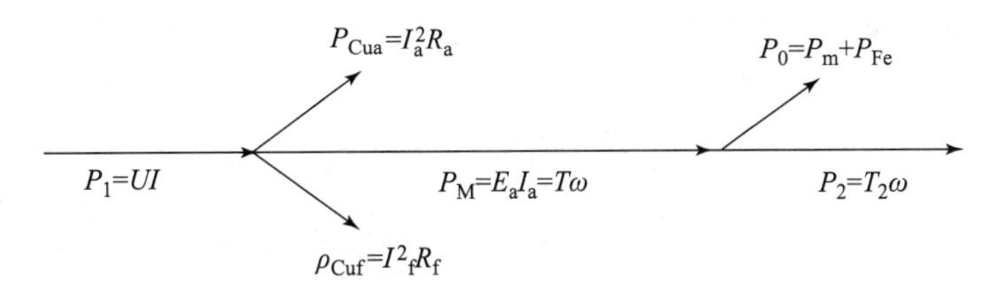

图 1－18　直流并励电动机的功率关系

思考与练习

1. 直流电机有哪些优缺点？应用于哪些场合？
2. 直流电机的基本结构由哪些部件组成？
3. 直流电机中，换向器的作用是什么？
4. 直流电机按励磁方式不同可以分成哪几类？
5. 什么叫直流电机的可逆原理？

6. 启动直流电动机前，电枢回路调节电阻 R_{pa} 和励磁回路调节电阻 R_{pf} 的阻值应分别调到什么位置？

7. 直流电动机在轻载或额定负载时，增大电枢回路调节电阻 R_{pa} 的阻值，电动机的转速如何变化？增大励磁回路的调节电阻 R_{pf} 的阻值，转速又如何变化？

8. 用哪些方法可以改变直流电动机的转向？同时调换电枢绕组的两端和励磁绕组的两端接线，直流电动机的转向是否改变？

9. 直流电动机停机时，应该先切断电枢电源，还是先断开励磁电源？

单元2　直流电动机的调速

任务描述

直流电动机的最大优点是具有线性的机械特性，调速性能优异，因此，广泛应用于对调速性能要求较高的电气自动化系统中。要了解、分析和掌握直流电动机的调速方法，首先要掌握直流电动机的机械特性，了解生产机械的负载特性。直流电动机有三种不同的人为机械特性，所对应的就是三种不同性能的调速方法，分别应用于不同的场合。因此熟悉机械特性是基础，掌握调速方法是目的。知道了各种调速方法的性能特点后，就可以根据实际生产机械负载的工艺要求来选择一种最合适的调速方法，以发挥直流电动机的最大效益。

任务目标

(1) 了解生产机械的负载特性。

(2) 熟悉直流电动机的机械特性。

(3) 了解直流电动机稳定运行条件。

(4) 重点掌握直流电动机的三种调速方法。

相关知识

一、电气传动系统

1. 电气传动系统的组成

电气传动系统一般由电动机、传动机构、生产机械的工作机构、控制设备以及电源五部分组成，如图 1－19 所示。其实例是四柱成型机电气自动控制系统，传动机构是联轴器，生产机械的工作机构是成型机，控制设备和电源组合在电气控制柜内。

现代化生产过程中，多数生产机械都采用电气传动，其主要原因是：电能的传输和分配非常方便，电动机的效率高，其多种特性能很好地满足大多数生产机械的不同要求，电气传动系统的操作和控制都比较简便，可以实现自动控制和远距离操作等。

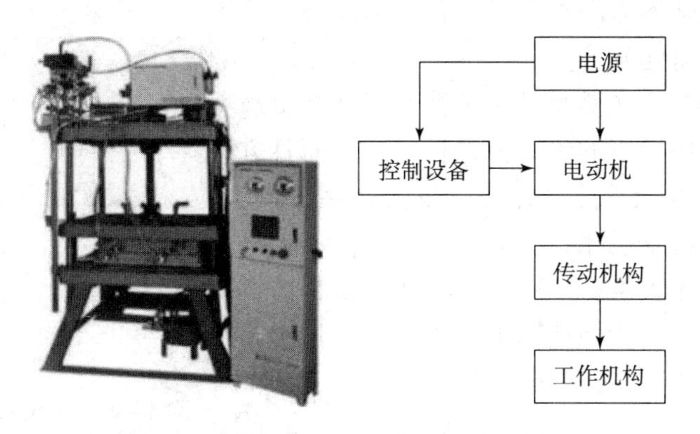

图 1－19　电气传动系统的实例和组成框图

2. 电气传动系统的运动方程式

在图 1－19 所示的四柱成型机电气自动控制系统中，电动机直接与生产机械的工作机构相连接，电动机与负载用同一个轴，以同一转速运行。电气传动系统中主要的机械物理量有：电动机的转速 n，电磁转矩 T，负载转矩 T_L。由于电动机负载运行时，一般情况下 $T_L >> T_0$，故可忽略 T_0（T_0 为电动机空载转矩）。各物理量的正方向按电动机惯例确定，如图 1－17 所示，电磁转矩 T 的方向与转速 n 方向一致时取正号；负载转矩 T_L 方向与转速 n 方向相反时取正号。根据转矩平衡的关系，可以写出如下形式的电气传动系统运动方程式。

$$T - T_L = \frac{GD^2}{375}\frac{\mathrm{d}n}{\mathrm{d}t}$$

式中，$\frac{GD^2}{375}$ 是反映电气传动系统机械惯性的一个常数。

上式表明，$T = T_L$时，系统处于恒定转速运行的稳态；$T > T_L$时，系统处于加速运动的过渡过程中；$T < T_L$ 时，系统处于减速运动的过渡过程中。

二、生产机械的负载特性

生产机械工作机构的转速 n 与负载转矩 T_L 之间的关系，即 $n = f(T_L)$ 称为生产机械的负载特性。生产机械的种类很多，它们的负载特性各不相同，但根据统计分析，生产机械的负载特性按照性能特点，可以归纳为以下三类。

1. 恒转矩负载特性

（1）阻力性恒转矩负载特性。阻力性恒转矩负载的特点是：工作机构转矩的绝对值是恒定不变的，转矩的性质是其总是阻止运动的制动性转矩。即：$n > 0$ 时，$T_L > 0$（常数）；$n < 0$ 时，$T_L < 0$（也是常数），T_L 的绝对值不变。其负载特性如图 1－20 所示，位于第一、第三象限。由于摩擦力的方向总是

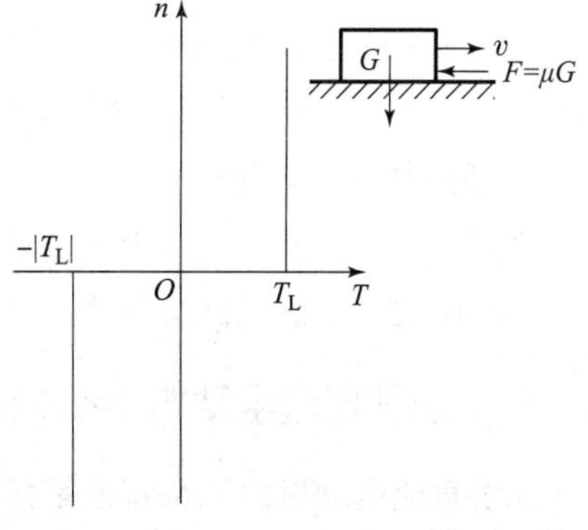

图 1－20　阻力性恒转矩负载特性

与运动方向相反，摩擦力的大小只与正压力和摩擦系数有关，而与运动速度无关。

（2）位能性恒转矩负载特性。位能性恒转矩负载的特点是：工作机构转矩的绝对值是恒定的，而且方向不变（与运动方向无关），总是沿重力作用方向。如图1－22所示的起重机械，当 $n>0$ 时，$T_L>0$，是阻碍运动的制动转矩；当 $n<0$ 时，$T_L>0$，是帮助运动的驱动转矩，其负载特性如图1－21所示，位于第Ⅰ、第Ⅳ象限。起重机提升和下放重物就属于这个类型。

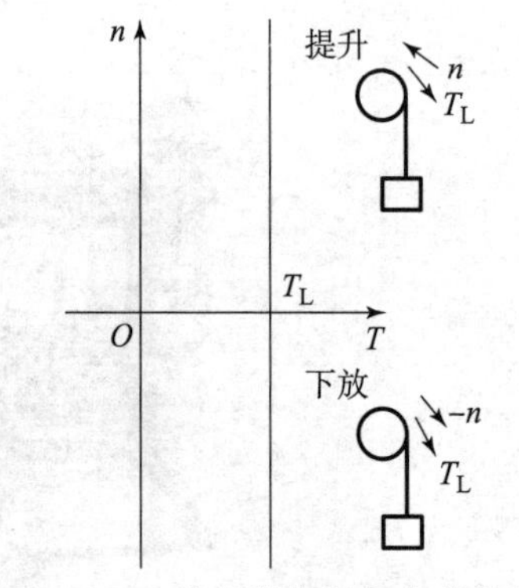

图1－21 位能性恒转矩负载特性

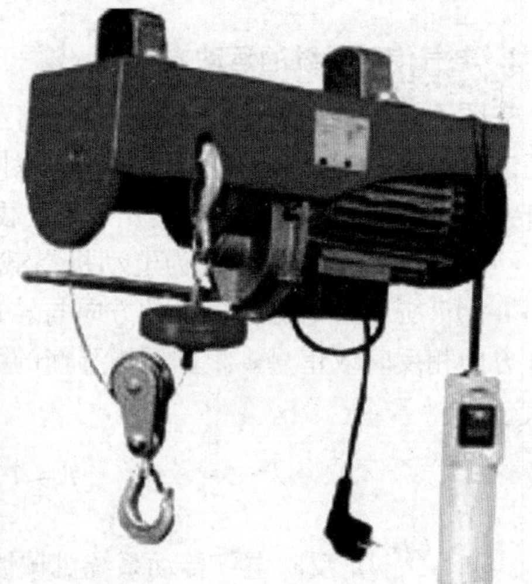

图1－22 起重机和电动葫芦

2. 恒功率负载特性

某些车床，在粗加工时，切削量大，切削阻力大，这时工作在低速状态；而在精加工时，切削量小，切削阻力小，往往工作在高速状态。因此，在不同转速下，负载转矩基本上与转速成反比，而机械功率 $P_L \propto n \cdot T_L =$ 常数，称为恒功率负载，其负载特性如图1－23所示。轧钢机轧制钢板时，工件尺寸较小则需要高速度低转矩，工件尺寸较大则需要低速度高转矩，这种工艺要求也是恒功率负载。

3. 通风机型负载特性

水泵、油泵、鼓风机、电风扇和螺旋桨等，其转矩的大小与转速的平方成正比，即 $T_L \propto n^2$，此类称为通风机型负载，其负载特性如图1－24所示。

三、他励直流电动机的机械特性

他励直流电动机的机械特性是指在电枢电压、励磁电流、电枢回路电阻为恒值的条件下，转速 n 与电磁转矩 T 之间的关系特性，即 $n=f(T)$，或转速 n 与电枢电流 I_a 的关系

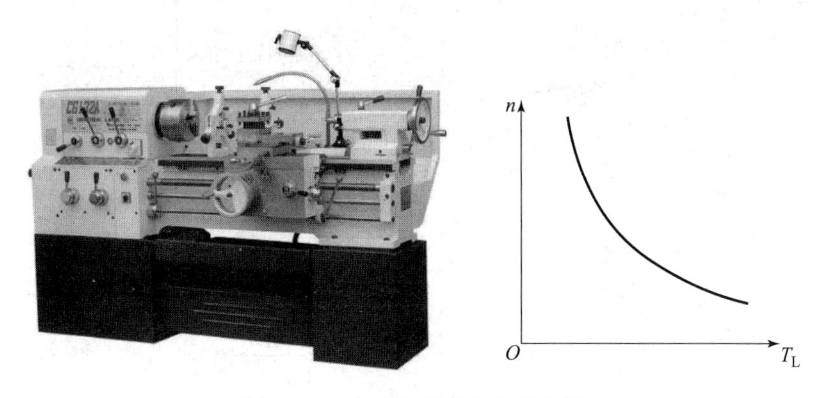

图 1－23　车床与恒功率负载特性

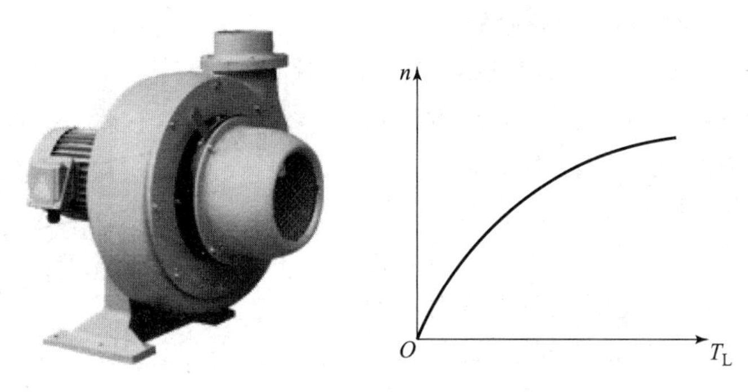

图 1－24　鼓风机与通风机型负载特性

$n=f(I_a)$，后者也就是转速特性。机械特性将决定电动机稳定运行、启动、制动以及调速的工作情况。

1. 固有机械特性

固有机械特性是指当电动机的工作电压和磁通均为额定值时，电枢电路中没有串入附加电阻时的机械特性，其方程式为

$$n=\frac{U_N}{C_e\Phi_N}-\frac{R_a}{C_e\Phi_N}I_a$$

固有机械特性如图 1－25 中 $R=R_a$ 的曲线所示，由于 R_a 较小，故他励直流电动机的固有机械特性较硬。图中 n_0为 $T=0$ 时的转速，称为理想空载转速。Δn_N 为额定转速降。

2. 人为机械特性

人为机械特性是指人为地改变电动机参数（U、R、Φ）而得到的机械特性，他励电动机有以下三种人为机械特性。

1）电枢串接电阻的人为机械特性

此时 $U=U_N$，$\Phi=\Phi_N$，$R=R_a+R_{pa}$。人为机械特性与固有特性相比，理想空载转速 n_0不变，但转速降 Δn 相应增大，R_{pa}越大，Δn 越大，特性越“软”，如图 1－25 中曲线 1、2 所示。可见，电枢回路串入电阻后，在同样大小的负载下，电动机的转速将下降，稳定在低速运行。

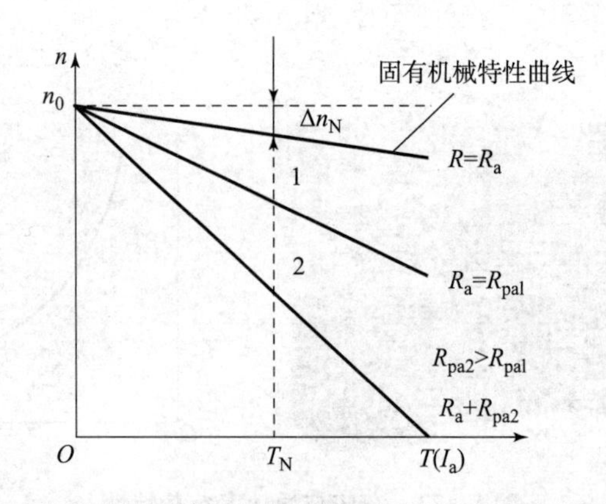

图 1－25　他励直流电动机固有机械特性及串电阻时人为机械特性

2）改变电枢电压时的人为机械特性

此时 $R_{pa}=0$，$\Phi=\Phi_N$。由于电动机的电枢电压一般以额定电压 U_N 为上限，因此改变电压通常只能在低于额定电压的范围变化。

与固有机械特性相比，转速降 Δn 不变，即机械特性曲线的斜率不变，但理想空载转速 n_0 随电压成正比减小，因此降压时的人为机械特性是低于固有机械特性曲线的一组平行直线，如图 1－26 所示。

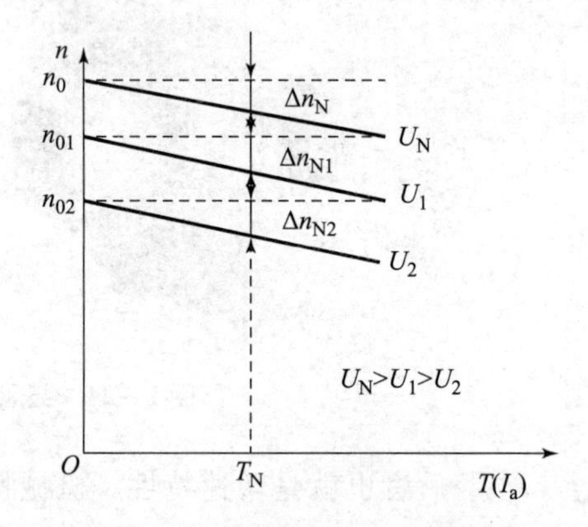

图 1－26　他励直流电动机降压时的人为机械特性

3）减弱磁通时的人为机械特性

减弱磁通可以在励磁回路内串接电阻 R_f 或降低励磁电压 U_f，此时 $U=U_N$，$R_{pa}=0$。因为 Φ 是变量，所以 $n=f(I_a)$ 和 $n=f(T)$ 必须分开表示，其特性曲线分别如图 1－27（a）和（b）所示。

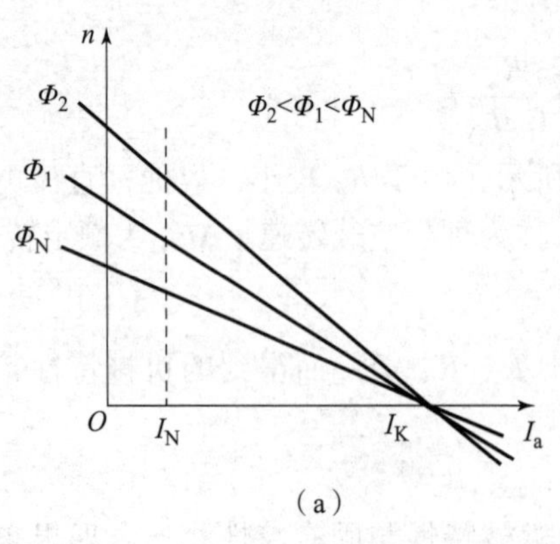

（a）

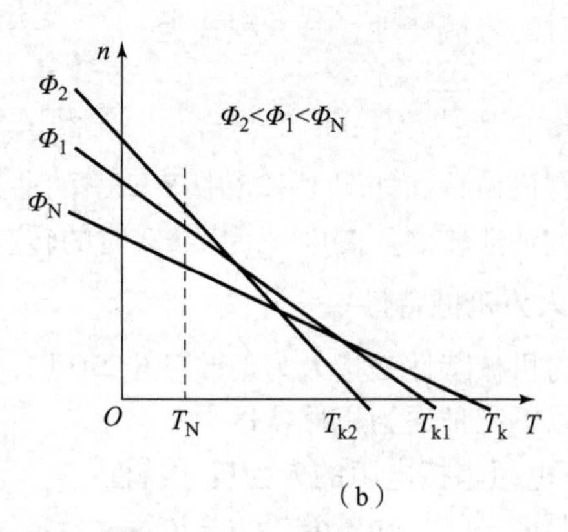

（b）

图 1－27　他励直流电动机减弱磁通时的人为机械特性

（a）$n=f(I_a)$；（b）$n=f(T)$

当减弱磁通时，理想空载转速 n_0增加，转速降 Δn 也增加。通常在负载不是太大的情况下，减弱磁通可使他励直流电动机的转速升高。

四、电动机的稳定运行条件

电动机带上某一负载，假设原来运行于某一转速，由于受到外界某种短时干扰，如负载的突然变化或电网电压的波动等，而使电动机的转速发生变化，离开原来的平衡状态，如果系统在新的条件下仍能达到新的平衡或者当外界干扰消失后，系统能自动恢复到原来的转速，就称该拖动系统能稳定运行，否则就称不能稳定运行。不能稳定运行时，即使外界干扰已经消失，系统的速度也会一直上升或一直下降直到停止转动。

为了使系统能稳定运行，电动机的机械特性和负载特性必须配合得当。为了便于分析，将电动机的机械特性和负载特性画在同一坐标图上，如图 1－28 所示。

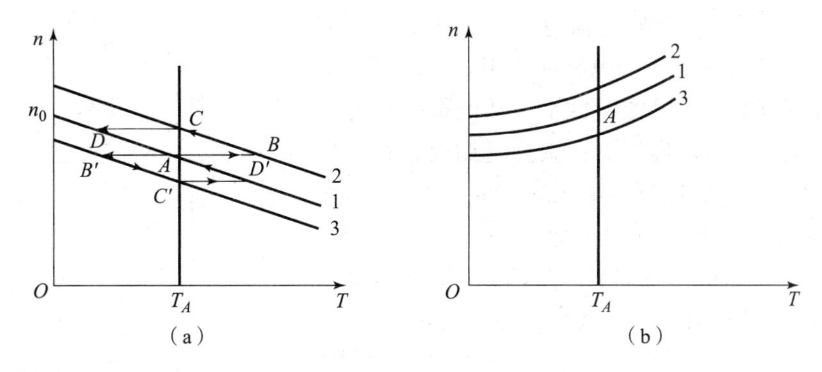

图 1－28　电动机稳定运行条件分析

设电动机原来稳定工作在 A 点，$T=T_L=T_A$。在图 1－28（a）所示情况下，如果电网电压突然波动，使机械特性偏高，由曲线 1 转为曲线 2，在这瞬间电动机的转速还来不及变化，而电动机的电磁转矩则增大到 B 点所对应的值，这时电磁转矩将大于负载转矩，所以转速将沿机械特性曲线 2 由 B 点上升到 C 点。随着转速的升高，电动机电磁转矩变小，最后在 C 点达到新的平衡。当干扰消失后，电动机恢复到机械特性曲线 1 运行，这时电动机的转速由 C 点过渡到 D 点，由于电磁转矩小于负载转矩，转速下降，最后又恢复到 A 点，在原工作点达到新的平衡。

反之，如果电网电压波动使机械特性偏低，由曲线 1 转为曲线 3，则电动机将经过 $A \to B' \to C'$，在 C'点取得新的平衡。扰动消失后，工作点将由 $C' \to D' \to A$，恢复到原工作点 A 运行。

图 1－28（b）所示则是一种不稳定运行的情况，分析方法与图 1－28（a）相同，读者可自行分析。

由于大多数负载转矩都是随转速的升高而增大或保持恒定，因此只要电动机具有下降的机械特性，就能稳定运行。而如果电动机具有上升的机械特性，一般来说不能稳定运行，除非拖动像通风机这样的特殊负载，在一定的条件下，才能稳定运行。

五、他励直流电动机的调速

在现代工业中，由于生产机械在不同的工作情况下，要求有不同的运行速度，因此需要对电动机进行调速。调速可以用机械的、电气的或机电配合的方法。电气调速就是在同一负载下，人为地改变电动机的电气参数，使转速得到控制性的改变。调速是为了生产需要而人为地对电动机转速进行的一种控制，它和电动机在负载变化时而引起的转速变化是两个不同的概念。调速是通过改变电气参数，有意识地使电动机工作点由一种机械特性转换到另一种机械特性上，从而在同一负载下得到不同的转速。而因负载变化引起的转速变化则是自动进行的，电动机工作在同一种机械特性上。

当负载不变时，他励直流电动机可以通过改变 U、Φ、R 三个参数进行调速。

1. 电枢串电阻调速

如图 1－29 所示，他励直流电动机原来工作在固有特性 a 点，转速为 n_1，当电枢回路串入电阻后，工作点转移到相应的人为机械特性上，从而得到较低的运行速度。整个调速过程如下：调整开始时，在电枢回路中串入电阻 R_{pa}，电枢总电阻 $R_1 = R_a + R_{pa}$这时因转速来不及突变，电动机的工作点由 a 点平移到 b 点。此后由于 b 点的电磁转矩 $T' < T_L$，使电动机减速，随着转速 n 的降低，E_a 减小，电枢电流 I_a 和电磁转矩 T 相应增大，直到工作点移到人为机械特性 c 点时，$T = T_L$，电动机就以较低的速度 n_2 稳定运行。

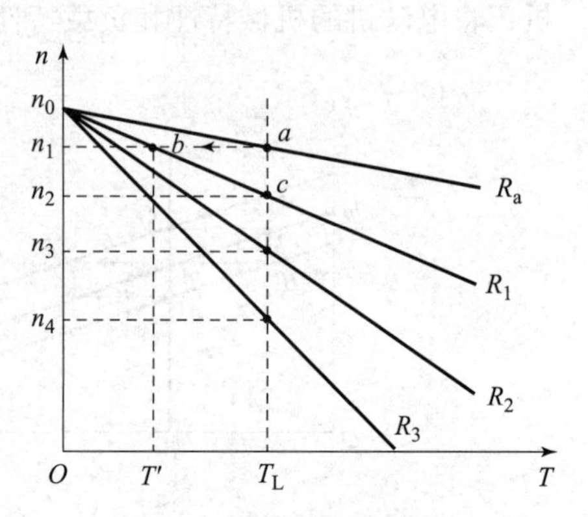

图 1－29 电枢串电阻调速

电枢串入的电阻值不同，可以保持不同的稳定速度，串入的电阻值越大，最后的稳定运行速度就越低。串电阻调速时，转速只能从额定值往下调，因此 $n_{max} = n_N$。在低速时由于特性很软，调速的稳定性差，因此 n_{min} 不宜过低。另外，一般串电阻时，电阻分段串入，故属于有级调速，调速平滑性差。从调速的经济性来看，设备投资不大，但能耗较大。

需要指出的是，调速电阻应按照长期工作设计，而启动电阻是短时工作的，因此不能把启动电阻当作调速电阻使用。

2. 弱磁调速

这是一种通过改变电动机磁通大小来进行调速的方法。为了防止磁路饱和，一般只采用减弱磁通的方法。小容量电动机多在励磁回路中串接可调电阻，大容量电动机可采用单独的可控整流电源来实现弱磁调速。

图 1－30 中曲线 1 为电动机的固有机械特性曲线，曲线 2 为减弱磁通后的人为机械特性曲线。调速前电动机运行在 a 点，调速开始后，电动机从 a 点平移到 c 点，再沿曲线 2 上升到 b 点。考虑到励磁回路

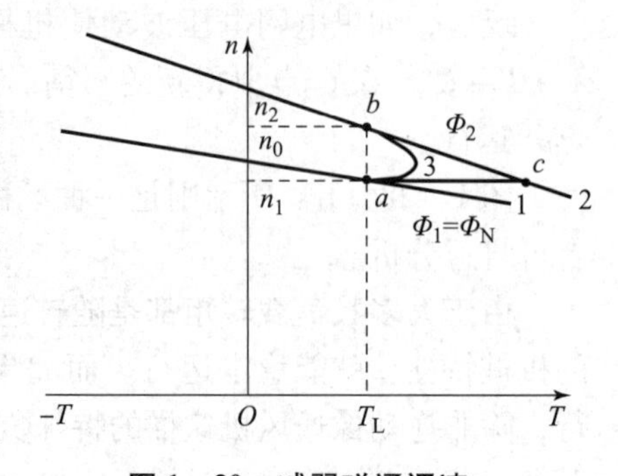

图 1－30 减弱磁通调速

的电感较大以及磁滞现象，磁通不可能突变，电磁转矩的变化实际如图 1－30 中的曲线 3 所示。

弱磁调速的速度是往上调的，以电动机的额定转速 n_N 为最低速度，最高速度受电动机的换向条件及机械强度的限制。同时若磁通过弱，电枢反应的去磁作用显著，将使电动机运行的稳定性受到破坏。

在采用弱磁调速时，由于在功率较小的励磁电路中进行调节，因此控制方便，能量损耗低，调速的经济性比较好，并且调速的平滑性也较好，可以做到无级调速。

3. 降压调速

采用这种调速方法时，电动机的工作电压不能大于额定电压。从机械特性方程式可以看出，当端电压 U 降低时，转速降 Δn 和特性曲线的斜率不变，而理想空载转速 n_0 随电压成正比例降低。降压调速的过程可参见降压时的人为机械特性曲线。

通常降压调速的调速范围可达 2.5～12。随着晶闸管技术的不断发展和广泛应用，利用晶闸管可控整流电源可以很方便地对电动机进行降压调速，而且调速性能好，可靠性高。

思考与练习

1. 电气传动系统一般由哪几部分组成？
2. 生产机械按照性能特点可以分为哪几类典型的负载特性？
3. 直流电动机的机械特性指的是什么？
4. 何谓固有机械特性？什么叫人为机械特性？
5. 他励直流电动机有哪几种调速方法？各有什么特点？电枢回路串电阻调速和弱磁调速分别属于哪种调速方式？
6. 改变磁通调速的机械特性为什么在固有机械特性上方？改变电枢电压调速的机械特性为什么在固有机械特性下方？
7. 他励直流电动机的机械特性 $n=f(T)$ 为什么是略微下降的？是否会出现上翘现象？为什么？上翘的机械特性对电动机运行有何影响？
8. 当直流电动机的负载转矩和励磁电流不变时，减小电枢电压，为什么会引起电动机转速降低？
9. 当直流电动机的负载转矩和电枢电压不变时，减小励磁电流，为什么会引起转速的升高？

单元 3　直流电动机的启动、反转和制动

任务描述

使用一台电动机时，首先碰到的问题是怎样把它启动起来。要使电动机启动的过程达

到最优，主要应考虑以下几个方面的问题：启动电流 I_{st} 的大小；启动转矩 T_{st} 的大小；启动设备是否简单等。电动机驱动的生产机械，常常需要改变运动方向，例如起重机、刨床、轧钢机等，这就需要电动机能快速地正反转。某些生产机械除了需要电动机提供驱动力矩外，还要电动机在必要时提供制动的力矩，以便限制转速或快速停车。例如电车下坡和刹车时，起重机下放重物时，机床反向运动开始时，都需要电动机进行制动。因此掌握直流电动机启动、反转和制动的方法，对电气技术人员是很重要的。

任务目标

（1）了解直流电动机启动时存在的问题。
（2）掌握直流电动机常用的启动方法。
（3）掌握直流电动机的反转方法。
（4）熟悉直流电动机的制动方法。

相关知识

一、直流电动机的启动

直流电动机从接入电源开始，转速由零上升到某一稳定转速为止的过程称为启动过程或启动。

1. 启动条件

在电动机启动瞬间，$n=0$，$E_a=0$，此时电动机中流过的电流叫启动电流 I_{st}，对应的电磁转矩叫启动转矩 T_{st}。为了使电动机的转速从零逐步加速到稳定的运行速度，在启动时电动机必须产生足够大的电磁转矩。如果不采取任何措施，直接对电动机加上额定电压进行启动，这种启动方法叫直接启动。直接启动时，启动电流 $I_{st}=U_N/R_a$，将升到很大的数值，同时启动转矩也很大，过大的电流及转矩，对电动机及电网可能会造成一定的危害，所以一般启动时要对 I_{st} 加以限制。总之，电动机启动时，一要有足够大的启动转矩 T_{st}；二要启动电流 I_{st} 不能太大。另外，启动设备要尽量简单、可靠。

一般小容量直流电动机因其额定电流小可以采用直接启动，而较大容量的直流电动机不允许直接启动。

2. 启动方法

他励直流电动机常用的启动方法有电枢串电阻启动和降压启动两种。不论采用哪种方法，启动时都应该保证电动机的磁通达到最大值，从而保证产生足够大的启动转矩。

1）电枢回路串电阻启动

启动时在电枢回路中串入启动电阻 R_{st} 进行限流，电动机加上额定电压，R_{st} 的数值应使 I_{st} 不大于允许值。

为使电动机转速能均匀上升，启动后应把与电枢串联的电阻平滑均匀切除。但这样做比较困难，实际中只能将电阻分段切除，通常利用接触器的触点来分段短接启动电阻。由于每段电阻的切除都需要有一个接触器控制，因此启动级数不宜过多，一般为 2 ~ 5 级。

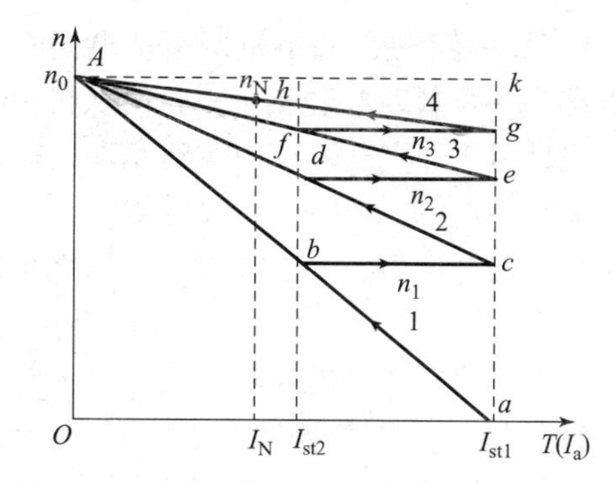

图 1－31　他励直流电动机串电阻启动时机械特性

在启动过程中，通常限制最大启动电流 $I_{st1}=(1.5\sim2.5)\ I_N$；$I_{st2}=(1.1\sim1.2)\ I_N$，并尽量在切除电阻时，使启动电流能从 I_{st2} 回升到 I_{st1}。图 1－31 所示为他励直流电动机串电阻三级启动时的机械特性。

启动时依次切除启动电阻 R_{st1}、R_{st2}、R_{st3}，相应的电动机工作点从 a 点到 b 点、c 点、d 点……。最后稳定在 h 点运行，启动结束。

2）降压启动

降压启动只能在电动机有专用电源时才能采用。启动时，通过降低电枢电压来达到限制启动电流的目的。为保证足够大的启动转矩，应保持磁通不变，待电动机启动后，随着转速的上升、反电动势的增加，再逐步提高其电枢电压，直至将电压恢复到额定值，电动机在全压下稳定运行。

降压启动虽然需要专用电源，设备投资大，但它启动电流小，升速平滑，并且启动过程中能量消耗也较少，因而得到广泛应用。

二、直流电动机的反转

在有些电力拖动设备中，由于生产的需要，常常需要改变电动机的转向。电动机中的电磁转矩是动力转矩，因此改变电磁转矩 T 的方向就能改变电动机的转向。根据公式 $T=C_T\Phi I_a$ 可知，只要改变磁通 Φ 或电枢电流 I_a 这两个量中一个量的方向，就能改变 T 的方向。因此，直流电动机的反转方法有两种：一种是改变磁通（Φ）的方向，另一种是改变电枢电流的方向。由于磁滞及励磁回路电感等原因，反向磁场的建立过程缓慢，反转过程不能很快实现，故一般采用后一种方法。

三、直流电动机的制动

电动机的制动是指在电动机轴上加一个与旋转方向相反的转矩，以达到快速停车、减速或稳速。制动可以采用机械方法和电气方法，常用的电气方法有三种：能耗制动、反接制动和回馈制动。判断电动机是否处于电气制动状态的条件是：电磁转矩 T 的方向和转速 n 的方向是否相反。是，则为制动状态，其工作点应位于第二或第四象限；否，则为电动状态。

在电动机的制动过程中，要求迅速、平滑、可靠、能量损耗小，并且制动电流应小于限值。

1. 能耗制动

能耗制动对应的机械特性如图 1－32 所示。电动机原来工作于电动运行状态，制动时保持励磁电流不变，将电枢两端从电网断开；并立即接到一个制动电阻R_z上。这时从机械特性上看，电动机工作点从A点切换到B点，在B点因为$U=0$，所以$I_a=-E_a/(R_a+R_z)$，电枢电流为负值，由此产生的电磁转矩T也随之反向，由原来与n同方向变为与n反方向，起到制动作用，使电动机减速，进入制动状态，工作点沿特性曲线下降，由B点移至O点。当$n=0$，$T=0$时，若是反抗性负载，则电动机停转。在这一过程中，电动机由生产机械的惯性作用拖动，输入机械能而发电，发出的能量消耗在电阻R_a+R_z上，直到电动机停止转动，故称为能耗制动。

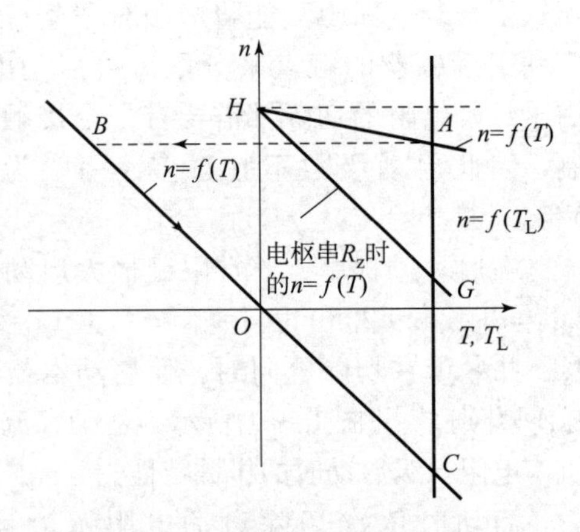

图1－32　他励直流电动机能耗制动

为了避免过大的制动电流对系统带来不利影响，应合理选择R_z，通常限制最大制动电流不超过额定电流的2～2.5倍。

$$R_a+R_z \geqslant \frac{E_a}{(2\sim2.5)I_N} \approx \frac{U_N}{(2\sim2.5)I_N}$$

如果能耗制动时拖动的是位能性负载，电动机可能被拖向反转，工作点从O点移至C点才能稳定运行。能耗制动操作简单，制动平稳，但在低速时制动转矩变小。若为了使电动机更快地停转，可以在转速降到较低时，再加上机械制动相配合。

2. 反接制动

反接制动分为倒拉反接制动和电枢电源反接制动两种。

1）倒拉反接制动

如图1－33所示，电动机原先提升重物，工作于a点，若在电枢回路中串接足够大的电阻，特性将变得很软，转速下降，当$n=0$时（c点），电动机的T仍然小于T_L，在位能

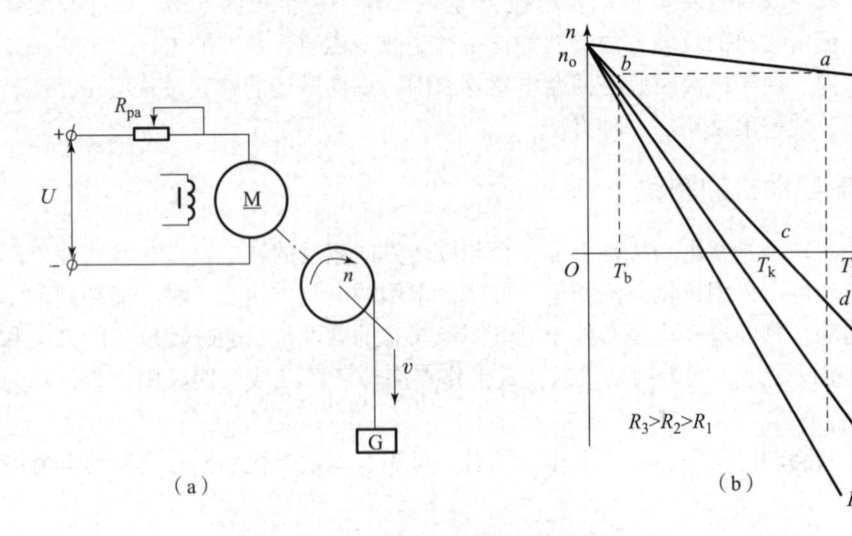

图1－33　他励电动机倒拉反接制动

（a）倒拉反接制动示意；（b）倒拉反接制动机械特性曲线

性负载倒拉作用下，电动机继续减速进入反转，最终稳定地运行在 d 点。此时 $n<0$，T 方向不变，即进入制动状态，工作点位于第四象限，E_a 方向变为与 U 相同。倒拉反接制动的机械特性方程和电枢串电阻电动运行状态时相同。

倒拉反接制动时，电动机从电源及负载处吸收电功率和机械功率，全部消耗在电枢回路电阻 R_a+R_z 上。倒拉反接制动常用于起重机低速下放重物，电动机串入的电阻越大，最后稳定的转速越高。

2）电枢电源反接制动

电动机原来工作于电动状态下，为使电动机迅速停车，现维持励磁电流不变，突然改变电枢两端外加电压 U 的极性，此时 n、E_a 的方向还没有变化，电枢电流 I_a 为负值，由其产生的电磁转矩的方向也随之改变，进入制动状态。由于加在电枢回路的电压为 $-(U+E_a)\approx -2U$，因此，在电源反接的同时，必须串接较大的制动电阻 R_z，R_z的大小应使反接制动时电枢电流 $I_a\leqslant 2.5I_N$。

机械特性曲线见图 1－34 中的直线 bc。从图中可以看出，反接制动时电动机由原来的工作点沿水平方向移到 b 点，并随着转速的下降，沿直线 bc 下降。通常在 c 点处若不切除电源，电动机很可能反向启动，加速到 d 点。

所以电枢电源反接制动停车时，一般情况下，当电动机转速 n 接近于零时，必须立即切断电源，否则电动机反转。

电枢电源反接制动效果强烈，电网供给的能量和生产机械的动能都消耗在电阻 R_a+R_z上。

3. 回馈制动（再生制动）

若电动机在电动状态运行中，由于某种因素（如电动机车下坡）而使电动机的转速高于理想空载转速时，电动机便处于回馈制动状态。$n>n_0$ 是回馈制动的一个重要标志。因为当 $n>n_0$时，电枢电流 I_a 与原来 $n<n_0$时的方向相反，因磁通 Φ 不变，所以电磁转矩随 I_a 反向而反向，对电动机起制动作用。电动状态时电枢电流由电网的正端流向电动机，而在回馈制动时，电流由电枢流向电网的正端，这时电动机将机车下坡时的位能转变为电能回送给电网，因而称为回馈制动。

回馈制动的机械特性方程式和电动状态时完全一样，因为 I_a 为负值，所以特性曲线在第二象限，如图 1－35 所示。电枢电路若串入电阻，可使特性曲线的斜率增加。

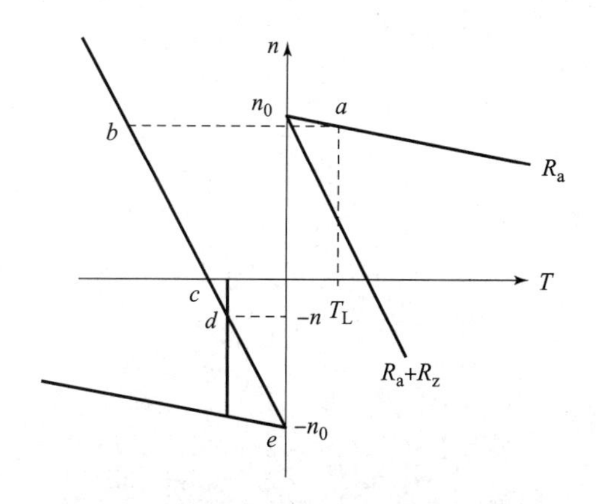

图 1－34　他励电动机的电枢电源反接制动

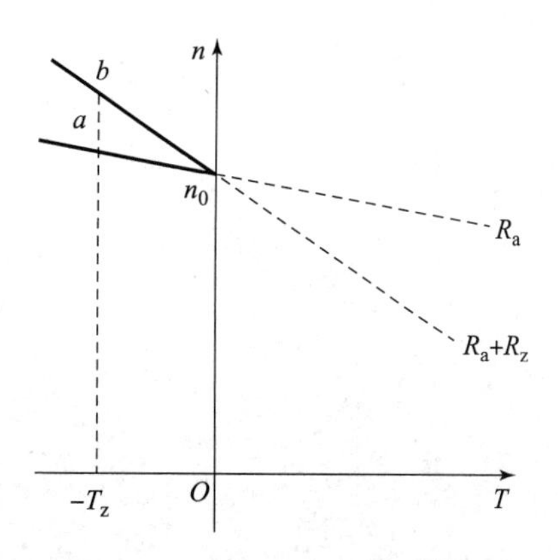

图 1－35　他励电动机的回馈制动

思考与练习

1. 直流电动机为什么不允许直接启动?

2. 他励直流电动机有哪些启动方法? 哪一种启动方法性能较好?

3. 一台他励直流电动机 $P_N = 10$ kW, $U_N = 220$ V, $I_N = 50$ A, $n_N = 1\ 600$ r/min, $R_a = 0.5\ \Omega$, 最大启动电流 $I_{st} = 2I_N$, 计算: (1) 电枢回路串电阻启动时, 串入的总电阻 R_{st}; (2) 降压启动时的初始启动电压 U_{st}。

4. 直流电动机有哪几种改变转向的方法? 一般采用哪一种方法?

5. 直流电动机有哪几种电气制动方法? 分别应用于什么场合?

6. 题3中的电动机, 最大制动电流 $I_a = 2I_N$, 估算: (1) 能耗制动应该串入的电阻 R_{z1}; (2) 电枢反接制动应该串入的电阻 R_{z2}。

模块二　变压器的应用

单元1　认识变压器

任务描述

变压器是根据电磁感应的原理进行工作的，它可以将一种电压等级的交流电变为同频率的另一种电压等级的交流电。变压器广泛应用于各种交流电路中，与人们的生产生活密切相关。小型变压器应用于机床的安全照明和控制电路、各种电子产品的电源适配器、电子线路中的阻抗匹配等，其外形如图2－1所示。电力变压器是电力系统中的关键设备，起着高压输电、低压供电的重要作用，电力变压器的外形如图2－2所示。掌握变压器的相关知识和应用技能是电气技术人员必不可少的。

图2－1　小型变压器

图2－2　电力变压器

任务目标

（1）了解变压器的用途和分类。

(2) 认识变压器的外形和内部结构，熟悉各部件的作用。

(3) 了解变压器铭牌中型号和额定值的含义，掌握额定值的简单计算。

相关知识

一、变压器的用途

变压器在电工电子技术领域应用极为广泛，它具有变换电压、变换电流、变换阻抗、隔离直流等作用。

实际工作中，常常需要各种不同的电源电压。例如，发电厂发出的电压一般为 6 ~ 10 kV；在电能输送过程中，为了减少线路损耗，通常要将电压升高到 110 ~ 500 kV，而我们日常使用的交流电的电压为 220 V；三相电动机的线电压则为 380 V，这又需要变压器将电网的高压交流电降低到 380/220 V。所以，在输电和用电的过程中都需要经变压器升高或降低电压。因此变压器是电力系统中的关键设备，其容量远大于发电机的容量。图 2 – 3 是电力系统的流程示意图，其中，G 为发电机，T1 为升压变压器，T2 ~ T4 为降压变压器。

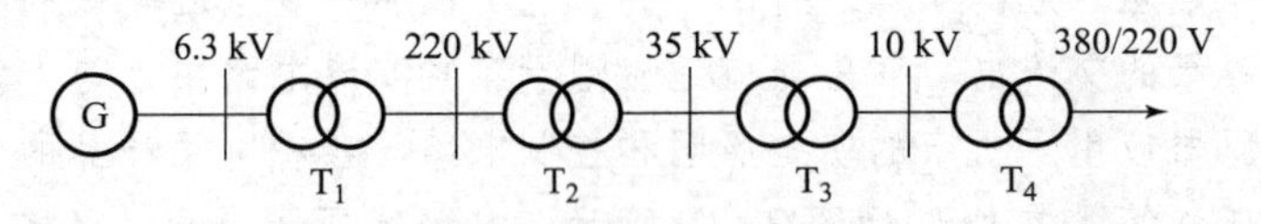

图 2 – 3　电力系统示意

除了电力系统的变压器，电气技术人员做试验时，要用调压变压器，如图 2 – 4 所示。电解、电镀行业需要变压器来产生低压大电流，如图 2 – 5 所示为整流变压器；焊接金属器件常用交流电焊机，如图 2 – 6 所示为电焊变压器；在广播扩音电路中，为了使音箱扬声器得到最大功率，可用变压器实现阻抗匹配；为了测量高电压和大电流要用到电压互感器和电流互感器；有的电器为了使用安全要用变压器进行电气隔离；人们平时常用的小型稳压电源和充电器中也包含着变压器，如图 2 – 7 所示为电源适配器。

图 2 – 4　调压变压器

图 2 – 5　整流变压器

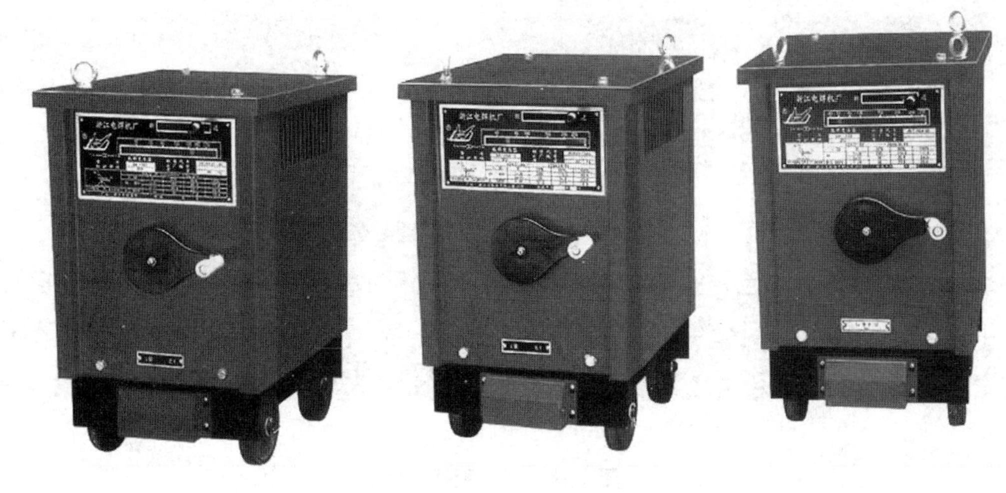

图 2-6　电焊变压器

图 2-7　电源适配器

二、变压器的分类

1. 按用途分类

变压器按用途分为电力变压器和特种变压器。

电力变压器外形如图 2-8 所示，包括升压变压器、降压变压器、配电变压器、厂用变压器等，由于升压与降压的功能，变压器已成为现代化电力系统的重要组成部分，提升输电电压使得长途输送电力更为经济。至于降压变压器，它使得电力在运用方面更加多元化。

特种变压器包括电炉变压器、整流变压器、电焊变压器、仪用互感器（电压互感器和电流互感器）、高压试验变压器、调压变压器和控制变压器等。

2. 按绕组构成分类

按绕组构成情况不同，可分为自耦变压器（只有一个绕组）、双绕组变压器、三绕组变压器和多绕组变压器。

(a)

(b)

图 2-8　电力变压器
(a) 升压变压器；(b) 降压变压器

3. 按冷却方式分类

按冷却方式不同，可分为干式变压器（如图 2-9 所示）、油浸自冷式变压器、油浸风冷变压器（如图 2-10 所示）、强迫油循环冷却变压器和充气式变压器。

图 2-9　干式变压器

图 2-10　油浸风冷变压器

4. 按铁芯结构分类

按铁芯结构不同，可分为心式变压器（如图 2-11 所示）和壳式变压器（如图 2-12 所示）。

图 2－11 心式变压器

图 2－12 壳式变压器

三、变压器的结构

单相变压器的主要部件是一个铁芯和套在铁芯上的两个线圈绕组。

铁芯是变压器中主要的磁路部分，通常由含硅量较高，厚度为 0.35 mm 或 0.5 mm 且相互绝缘的硅钢片叠装而成，铁芯结构的基本形式有心式和壳式两种，如图 2－13 所示。

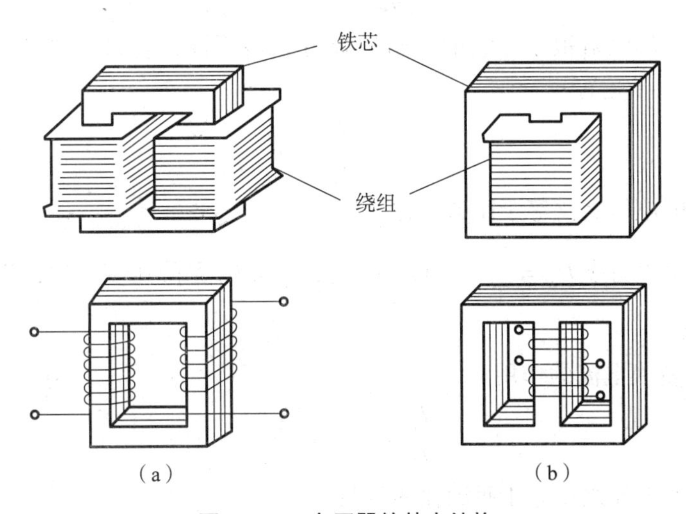

图 2－13 变压器的基本结构

(a) 心式；(b) 壳式

绕组是变压器的电路部分，它是用绝缘漆包的铜线绕成的。与电源相连的绕组，接收交流电能，称为一次绕组；与负载相连的绕组，送出交流电能，称为二次绕组。

四、变压器的工作原理

变压器的结构示意图如图 2－14 所示。匝数为 N_1 的一次绕组和匝数为 N_2 的二次绕组分别绕在闭合的铁芯上。

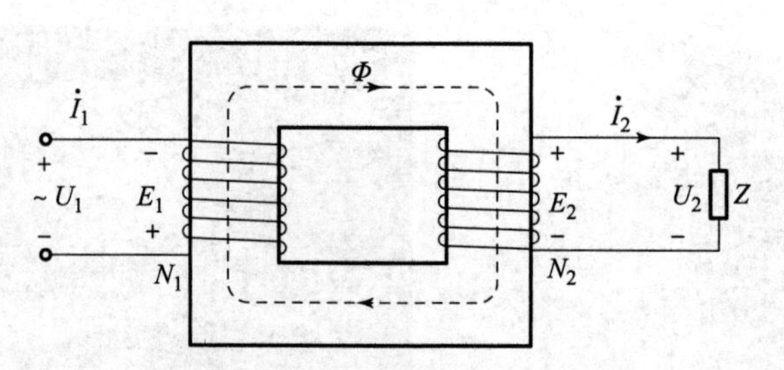

图 2-14　变压器的结构示意

（1）变压器变换电压的作用。一次绕组的两端加上交流电压 u_1 时，便有交流电流 i_1 通过一次绕组，在它的作用下产生交变磁通。因为铁芯的磁导率比空气大得多，绝大部分磁通沿铁芯而闭合，它既与一次绕组交链，又与二次绕组交链，称为主磁通 Φ。

根据电磁感应定律，交变磁通 Φ 在一次、二次绕组中分别感应出电动势 e_1 和 e_2，则有

$$e_1 = -N_1 \frac{\mathrm{d}\Phi}{\mathrm{d}t},\ e_2 = -N_2 \frac{\mathrm{d}\Phi}{\mathrm{d}t}$$

由此可得

$$\frac{e_1}{e_2} = \frac{N_1}{N_2}$$

当只考虑其有效值时，有

$$\frac{E_1}{E_2} = \frac{N_1}{N_2} \tag{2-1}$$

由于线圈绕组的电阻很小，它的电阻压降可忽略不计，若只考虑其有效值，则有 $U_1 = E_1$，$U_2 = E_2$，于是有

$$\frac{U_1}{U_2} = \frac{N_1}{N_2} = n \tag{2-2}$$

即一、二次绕组的电压之比等于匝数之比。

式（2-2）可以写成 $U_2 = \frac{U_1}{n}$，当 $n > 1$ 时，$U_2 < U_1$ 是降压变压器；当 $n < 1$ 时，$U_2 > U_1$ 是升压变压器。

（2）变压器变换电流的作用。

$$\frac{I_1}{I_2} = \frac{N_2}{N_1} = \frac{1}{n} \tag{2-3}$$

即一、二次绕组的电流之比等于匝数比的倒数。

（3）变压器的阻抗变换作用。变压器不但可以变换电压、电流，而且可用来进行阻抗变换，使负载获得最大电功率。

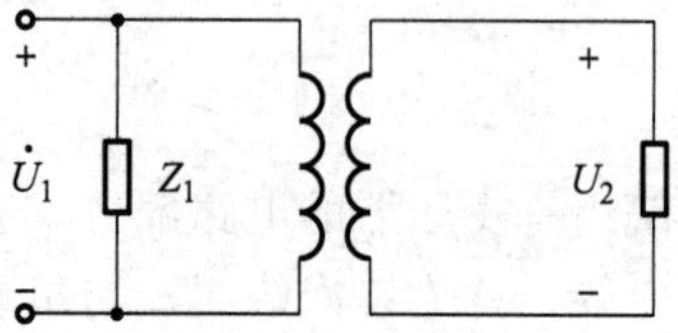

图 2-15　变压器的阻抗变换

如图 2-15 所示，变压器一次绕组所接的阻抗为 Z_1；二次绕组所接负载阻抗为 Z_2，则一次、二次绕组功率分别为

$$P_1 = \frac{U_1^2}{Z_1},\ P_2 = \frac{U_2^2}{Z_2}$$

因为 $P_1 = P_2$，所以

$$\frac{U_1^2}{Z_1} = \frac{U_2^2}{Z_2}, n^2 = \frac{U_1^2}{U_{2_1}^2} = \frac{Z_1}{Z_2}$$

则有

$$Z_1 = n^2 Z_2 \tag{2-4}$$

上式表明，变压器初级阻抗的大小不仅和变压器的负载阻抗有关，而且与变压器的匝数比 n 的平方成正比。这样一来，不管实际负载阻抗是多少，总能找到适当的匝数比的变压器来达到阻抗匹配的目的，这就是变压器阻抗变换的作用。

五、变压器的铭牌数据

为保证变压器的安全运行和方便用户正确使用变压器，在其外壳上设有一块铝制刻字的铭牌。铭牌上的数据为额定值。

1. 额定电压 U_{1N}/U_{2N}

额定电压 U_{1N}是指交流电源加到一次绕组上的正常工作电压；U_{2N}是指在一次绕组加 U_{1N}时，二次绕组开路（空载）时的端电压。在三相变压器中，额定电压是指线电压。

2. 额定电流 I_{1N}/I_{2N}

额定电流是变压器绕组允许长时间连续通过的最大工作电流，由变压器绕组的允许发热程度决定。在三相变压器中额定电流是指线电流。

3. 额定容量 S_N

额定容量是指在额定条件下，变压器最大允许输出，即视在功率。通常把变压器一、二次绕组的额定容量设计相同。在三相变压器中 S_N 是指三相总容量。额定电压、额定电流、额定容量三者关系如下。

单相：$I_{1N} = \frac{S_N}{U_{1N}}, I_{2N} = \frac{S_N}{U_{2N}}$

三相：$I_{1N} = \frac{S_N}{\sqrt{3}U_{1N}}, I_{2N} = \frac{S_N}{\sqrt{3}U_{2N}}$

4. 额定频率 f_N

我国规定标准工业用电的频率为 50 Hz。

除此之外，铭牌上还有效率 η、温升 τ、短路电压标幺值 u_k、连接组别号、相数 m 等。

思考与练习

1. 变压器的基本作用是什么？
2. 变压器按照用途不同可以分为哪些类型？
3. 变压器的器身由哪些部件所组成？
4. 变压器一次绕组的电阻一般很小，为什么在一次绕组上加上额定的交流电压，线圈不会烧坏？若在一次绕组上加上与交流电压数值相同的直流电压，会产生什么后果？这时二次绕组有无电压输出？

5. 单相变压器空载运行与负载运行的主要区别是什么？

6. 额定电压为380 V/220 V的单相变压器，如果不慎将低压端接到380 V的交流电压上，会产生什么后果？

7. 有一台单相降压变压器，其一次侧电压 $U_1=3\ 000$ V，二次侧电压 $U_2=220$ V。如果二次侧接用一台 $P=25$ kW的电阻炉，试求变压器一次绕组电流 I_1，二次绕组电流 I_2。

单元2　三相变压器的应用

任务描述

现代的电力系统大多是三相制，因而广泛使用三相变压器。三相变压器是每个企事业单位必备的电力设备，它的工作正常与否直接与企业的生产经营相关。了解三相变压器的结构和性能特点，正确使用与维护三相变压器，是电气技术人员必备的知识和技能。只有掌握了三相变压器的基本知识，才能安全可靠地使用它，充分发挥它的作用。

任务目标

（1）了解三相变压器的结构特点。

（2）了解变压器并联运行的条件。

（3）学会三相变压器的接线方法。

相关知识

一、三相变压器的组成

三相变压器按照其磁路系统的不同可以由三台同容量的单相变压器组成三相变压器组；也可由三个单相变压器合成一个三铁芯柱组成三相心式变压器。

1. 三相变压器组

三相变压器组是把三个同容量的变压器根据需要将其一次、二次绕组分别接成星形或三角形联结。一般三相变压器组的一次、二次绕组均采用星形联结，如图2－16所示。

三相变压器组由于是由三台变压器按一定方式联结而成，三台变压器之间只有电的联系，而各自的磁路相互独立，互不关联。当对三相变压器组一次侧施以对称三相电压时，三相的主磁通也一定是对称的，三相空载电流也对称。

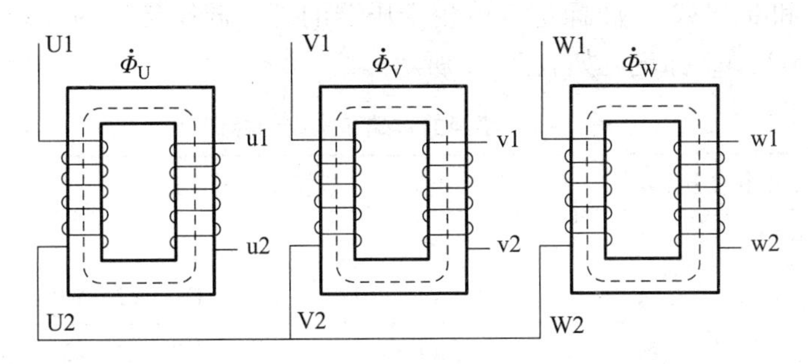

图 2－16　三相变压器组

2. 三相心式变压器

三相心式变压器是由三相变压器组演变而来的。把三个单相心式变压器合并成如图 2－17（a）所示的结构，通过中间心柱的磁通为三相磁通的相量和。当三相电压对称时，三相磁通总和 $\dot{\varphi}_u + \dot{\varphi}_v + \dot{\varphi}_w = 0$，即中间心柱中无磁通通过，可以省略，如图 2－17（b）所示。为了制造方便和节省硅钢片将三相心柱布置在同一平面内，演变成为如图 2－17（c）所示的结构，这就是目前广泛采用的三相心式变压器的铁芯。由图 2－17 可见，三相心式变压器的磁路特点为：三相磁路有共同的磁轭，它们彼此关联，各项磁通要借另外两相的磁通闭合，即磁路系统是不对称的。但由于空载电流很小，它的不对称对变压器的负载运行的影响极小，可忽略不计。

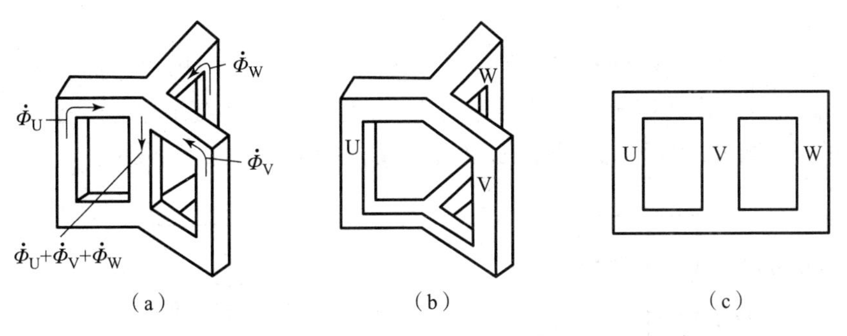

图 2－17　三相心式变压器

3. 两类变压器的比较

比较上述两种类型磁路系统的三相变压器可以看出，在相同的额定容量下，三相心式变压器较之三相变压器组具有节省材料、效率高、价格便宜、维护方便、安装占地少等优点，因而得到广泛应用。但是对于大容量变压器来说，三相变压器组是由三个独立的单相变压器组成，所以在起重、运输、安装时可以分开处理，同时还可以降低备用容量，每组只要一台单相变压器作为备用就可以了。所以对一些超高压、特大容量的三相变压器，当制造及运输有困难时，有时就采用三相变压器组。

二、三相变压器的绕组联结

三相变压器高、低压绕组的首端常用 U1、V1、W1 和 u1、v1、w1 标记，而其末端常用 U2、V2、W2 和 u2、v2、w2 标记。单相变压器的高、低压绕组的首端则用 U1、u1 标记，其末端则用 U2、u2 标记。如表 2－1 所示。

表 2－1 绕组的首端和末端的标记

绕组名称	单相变压器		三相变压器		中性点
	首端	末端	首端	末端	
高压绕组	U1	U2	U1、V1、W1	U2、V2、W2	N
低压绕组	u1	u2	u1、v1、w1	u2、v2、w2	n
中压绕组	U1m	U2m	U1m、V1m、W1m	U2m、V2m、W2m	Nm

1. 变压器绕组的极性及其测量

1）变压器绕组的极性

变压器的一、二次绕组绕在同一个铁芯上，都被同一主磁通 φ 所交链，故当磁通 φ 交变时，变压器的一、二次绕组中感应出的电动势之间将会有一定的极性关系，即当同一瞬间一次侧绕组的某一端点的电位为正时，二次侧绕组也必有一个端点的电位为正，这两个对应的端点称为同极性端或同名端，通常用符号“●”表示。

图 2－18（a）所示变压器一、二次绕组的绕向相同，引出端的标记方法也相同（同名端均在首端）。由于一、二次绕组中的电势 $\dot{E}_U$ 与 $\dot{E}_u$ 是同一主磁通产生的，它们的瞬时方向相同，所以一、二次绕组电势 $\dot{E}_U$ 与 $\dot{E}_u$（或电压）是相同的，其相位关系可以用相量 $\dot{E}_U$ 与 $\dot{E}_u$ 表示。

如果一、二次绕组的绕向相反，如图 2－18（b）所示，但出线标记仍不变，由图可见：在同一瞬时，一次绕组感应电势的方向从 U1 到 U2，二次绕组感应电势的方向则是从 u2 到 u1，即 $\dot{E}_U$ 与 $\dot{E}_u$ 反相，其相位关系同样可以用相量 $\dot{E}_U$ 与 $\dot{E}_u$ 表示。

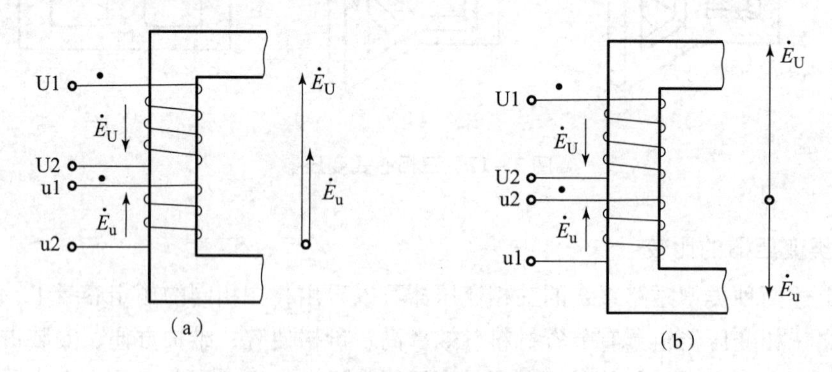

图 2－18 变压器的两种不同标记法

（a）同相位；（b）反相位

2）变压器同名端的判定

对一台变压器的绕组已经过浸漆处理，并且安装在封闭的铁壳内，因此无法辨认其同名端。变压器同名端的判定可用实验的方法进行测定，测定的方法主要有直流法和交流法两种。

（1）直流法。测定变压器同名端的直流法如图 2－19 所示。用 1.5 V 或 3 V 的直流电源，按图中所示进行连接，直流电源接在高压绕组上，而直流电压表接在低压绕组的两端。当开关 S 闭合瞬间，高压绕组 N_1、低压绕组 N_2 分别产生电动势 e_1 和 e_2。

若电压表的指针向正方向摆动，则说明 e_1 和 e_2 同方向。则此时 U1 和 u1、U2 和 u2 为同名端。

若电压表的指针向反方向摆动，则说明 e_1 和 e_2 反方向。则此时 U1 和 u2、u1 和 U2 为同名端。

（2）交流法。测定变压器同名端的交流法如图 2－20 所示。图中将变压器一、二次绕组各取一个接线端子连接在一起，如图中的接线端子 2 和 4，并且在一个绕组上（图中为 N_1 绕组）加一个较低的交流电压 u_{12}，再用交流电压表分别测量出 U_{12}、U_{13}、U_{34} 各个电压值，如果测量结果为 $U_{13}=U_{12}-U_{34}$，则说明变压器一、二次绕组 N_1、N_2 为反极性串联，由此可知，接线端子 1 和接线端子 3 为同名端。若测量结果为 $U_{13}=U_{12}+U_{34}$，则接线端子 1 和接线端子 4 为同名端。

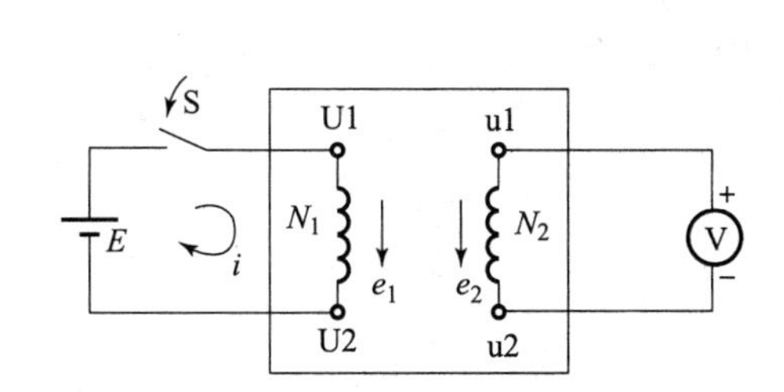

图 2－19　测定同名端的直流法

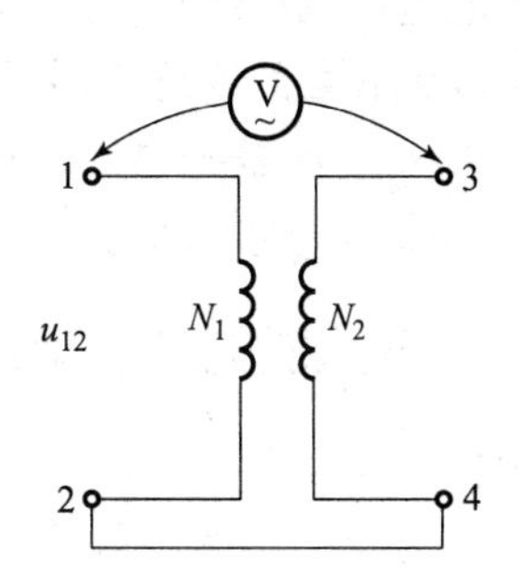

图 2－20　测定同名端的交流法

2. 三相变压器绕组的连接方法

在三相电力变压器中，不论是高压绕组还是低压绕组，我国均采用星形联结与三角形联结两种方法。

三相电力变压器的星形联结是把三相绕组的末端 U2、V2、W2（或 u2、v2、w2）联结在一起，而把它们的首端 U1、V1、W1（或 u1、v1、w1）分别用导线引出接三相电源，构成星形联结（Y 接法）用字母“Y”或“y”表示，如图 2－21（a）所示。

三相电力变压器的三角形联结是把一相绕组的首端和另外一相绕组的末端连接在一起，顺次连接成为一闭合回路，然后从首端 U1、V1、W1（或 u1、v1、w1）分别用导线引出接三相电源，如图 2－21（b）、（c）所示。其中图 2－21（b）的三相绕组按 U2W1、W2V1、V2U1 的次序连接，称为逆序（逆时针）三角形联结，用字母“N”或“n”表示。而图 2－21（c）的三相绕组按 U2V1、V2W1、W2U1 的次序连接，称为顺序（顺时针）三角形联结，用字母“D”或“d”表示。

三相变压器一、二次绕组不同接法的组合有：Y、y；YN、d；Y、yn；D、y；D、d 等，其中最常用的组合形式有三种：Y、yn；YN、d；Y、d。不同形式的组合，各有优缺点。对于高压绕组来说，接成星形最为有利，因为它的相电压只有线电压的 $1/\sqrt{3}$，当中性点引出接地时，绕组对地的绝缘要求降低了。

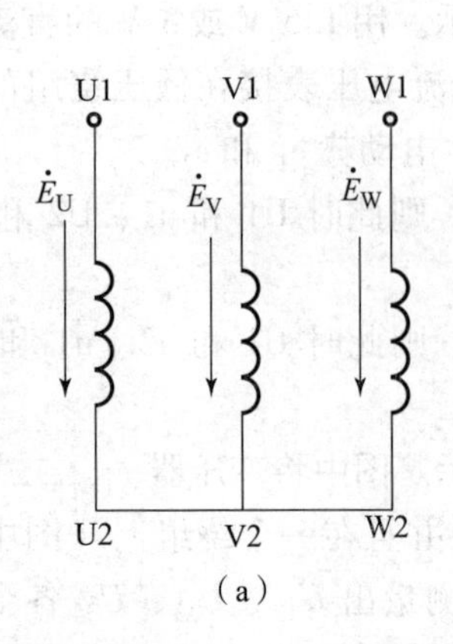

(a)

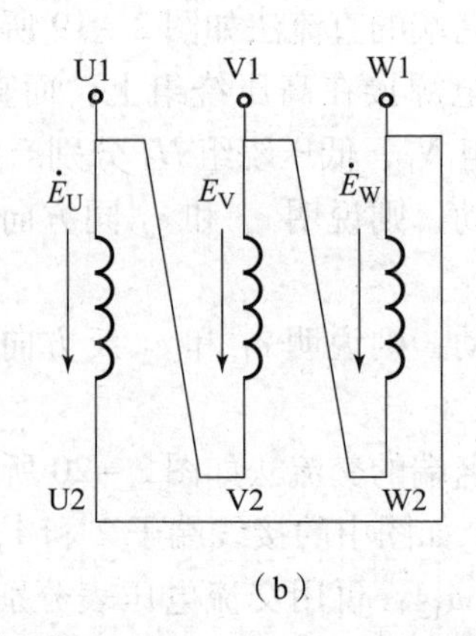

(b)

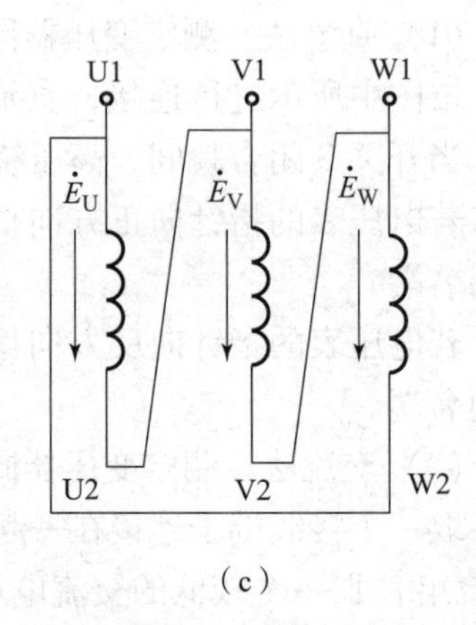

(c)

图 2-21　三相绕组连接方法

(a) 星形联结；(b) 三角形逆序联结；(c) 三角形顺序联结

大电流的低压绕组，采用三角形联结可以使导线截面比星形联结时小 $1/\sqrt{3}$，方便绕制，所以大容量的变压器通常采用 Y、d 或 YN、d 联结。容量不太大而且需要中性线的变压器，广泛采用 Y、yn 联结，以满足照明与动力混合负载需要的两种电压。

三、变压器的并联运行

现代发电站和变电所中，常采用多台变压器并联运行的方式。变压器的并联运行是指两台或两台以上变压器的一次绕组和二次绕组分别并联起来，接到输入和输出的公共母线上，同时对负载供电，如图 2-22 所示。

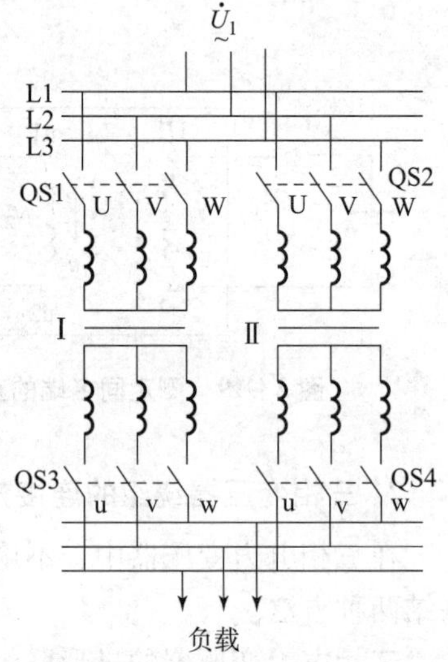

图 2-22　变压器的并联运行

1. 变压器并联运行的优点

(1) 提高供电的可靠性。如果某台变压器发生故障，可把它从电网切除，进行维修，电网仍能继续供电。

(2) 可根据负载的大小，调整运行变压器的台数，使工作效率提高。

(3) 可以减少变压器的备用量和初次投资，随着用电负荷的增加，分期分批安装新的变压器。

2. 变压器理想的并联运行

(1) 空载时，各变压器之间无环流，每台变压器的空载电流都为零。

(2) 负载时，各变压器所分担的负载电流与它们的容量成正比。

(3) 各变压器的负载电流同相位。

3. 变压器理想并联运行的条件

为了实现理想的并联运行，各台参与并联运行的变压器必须满足以下条件。

(1) 各变压器输入/输出的额定电压相等，即变比相等。如果变比不相等，则并联运行的几台变压器的二次绕组空载电压也不相等，各台变压器的二次绕组之间将产生环流，即电压高的绕组向电压低的绕组供电，引起很大的铜损耗，导致绕组过热或烧毁。

（2）各变压器的连接组别相同。如果连接组别不同，则并联运行的各台变压器输出电压的大小相等，相位却不相同，它们二次电压的相位差至少为30°，这样在一次绕组和二次绕组中将产生极大的环流，这是绝对不允许的。

（3）各变压器的短路电压相等。由于并联运行各台变压器的负荷与对应的短路电压值成反比，短路电压值大的变压器承担的负荷小，不能充分发挥作用；短路电压值小的变压器承担的负荷大，很容易过载。

实际的变压器在并联运行中，并不要求变比绝对相等，误差在±0.5%以内是允许的，这时所形成的环流不大；也不要求短路电压值绝对相等，但误差不能超过10%，否则容量分配不合理；只是变压器的连接组别一定要相同，这是变压器并联运行首先要满足的条件。并联运行的各台变压器容量差别越大，离开理想并联运行的可能性就越大，所以在并联运行的各台变压器中，最大容量与最小容量的比值不宜超过3，最好是同规格、同型号的变压器进行并联运行。

思考与练习

1. 什么叫三相变压器组？什么叫三相心式变压器？相应的空载电流有什么特点？
2. 变压器中的两个绕组串联或并联时，其同名端应该分别如何相连？
3. 变压器并联运行有什么优缺点？应具备哪些条件？
4. 如何测试单相变压器一次绕组和二次绕组的同名端？
5. 连接三相变压器三相绕组时，如果同名端或首末端接错，有什么危险？

单元3　特种变压器的应用

任务描述

将普通变压器的结构和性能作一定的改进以适应不同的要求就形成了特种变压器。作为一名电气技术人员，在进行电气设备的试验时，经常会用到根据自耦变压器原理做成的调压变压器；在测量高电压和大电流时，往往借助于电压互感器和电流互感器。因此，学习特种变压器的相关知识和了解其使用注意事项，是很有必要的。本任务主要介绍几种常用特种变压器的基本结构、工作原理、性能特点和使用注意事项。

任务目标

（1）了解自耦变压器的特点和应用场合。
（2）熟悉电压互感器和电流互感器的用途和使用注意事项。

相关知识

一、自耦变压器

1. 自耦变压器的工作原理

前面介绍的普通双绕组变压器的一、二次绕组之间互相绝缘，各绕组之间只有磁的耦合而没有电的直接联系。

自耦变压器是将一、二次绕组合成一个绕组，其中一次绕组的一部分兼做二次绕组，它的一、二次绕组之间不仅有磁耦合，而且还有电的直接联系。如图 2－23 所示。图中 N_1 为自耦变压器一次绕组的匝数，N_2 为自耦变压器二次绕组的匝数。

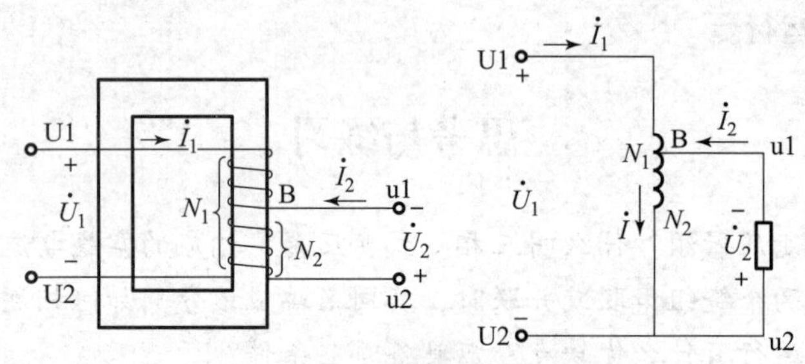

图 2－23　自耦变压器工作原理

自耦变压器与前面介绍的变压器一样，也是利用电磁感应原理来进行工作的。当在自耦变压器的一次绕组 U1、U2 两端加上交变电压 U_1 后，将会在变压器的铁芯中产生交变的磁通，同时在自耦变压器的一、二次绕组中产生感应电动势 E_1、E_2。

$$U_1 \approx E_1 = 4.44fN_1\Phi_m$$
$$U_2 \approx E_2 = 4.44fN_2\Phi_m$$

由此可得自耦变压器的电压比 K 为

$$K = \frac{E_1}{E_2} = \frac{N_1}{N_2} \approx \frac{U_1}{U_2}$$

由上式可知，只要改变自耦变压器的匝数 N_2，就可调节其输出电压的大小。

2. 自耦变压器的特点

自耦变压器具有结构简单，节省用铜量，其效率比一般变压器高等优点。其缺点是一次侧、二次侧电路中有电的联系，可能发生把高电压引入低压绕组的危险，这很不安全，因此要求自耦变压器在使用时必须正确接线，且外壳必须接地，并规定安全照明变压器不允许采用自耦变压器结构形式。

低压小容量的自耦变压器，其二次绕组的接头 C 常做成沿线圈自由滑动的触点，它可以平滑地调节自耦变压器的二次绕组电压，这种自耦变压器称为自耦调压器。为了使滑动接触可靠，这种自耦变压器的铁芯做成圆环形，在铁芯上绕组均匀分布，滑动触点由碳刷构成，调节滑动触点的位置即可改变输出电压的大小，自耦调压器的外形图和电路原理图如图 2－24 所示。

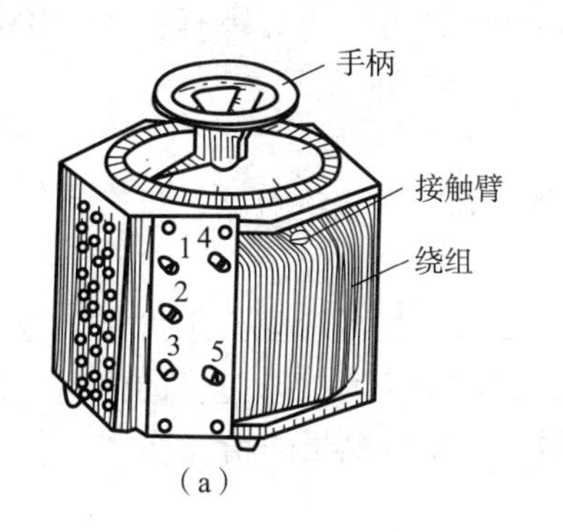

(a)

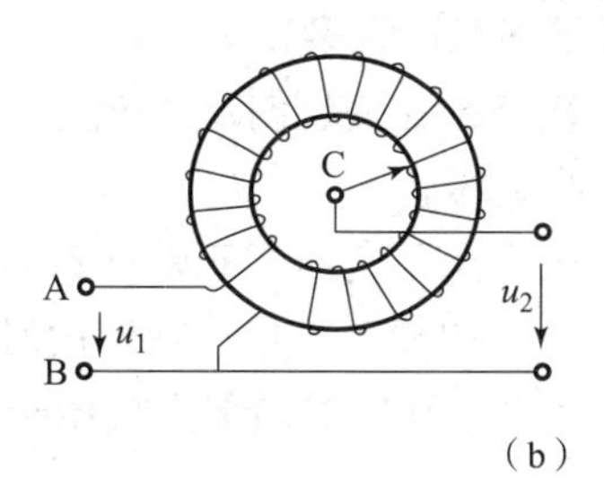

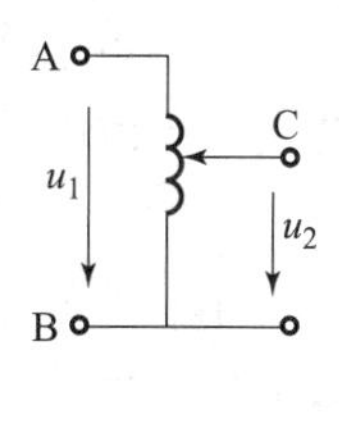

(b)

图 2-24 自耦调压器

(a) 外形；(b) 电路原理

二、电压互感器

电压互感器属于仪用互感器的范畴，如图 2-25 所示。其主要用来与仪表和继电器等低压电器组成二次回路，对一次回路进行测量、控制、调节和保护。在电工测量中主要用来按比例变换交流电压。

电压互感器的结构形式与工作原理和单相降压变压器基本相同，如图 2-26 所示。

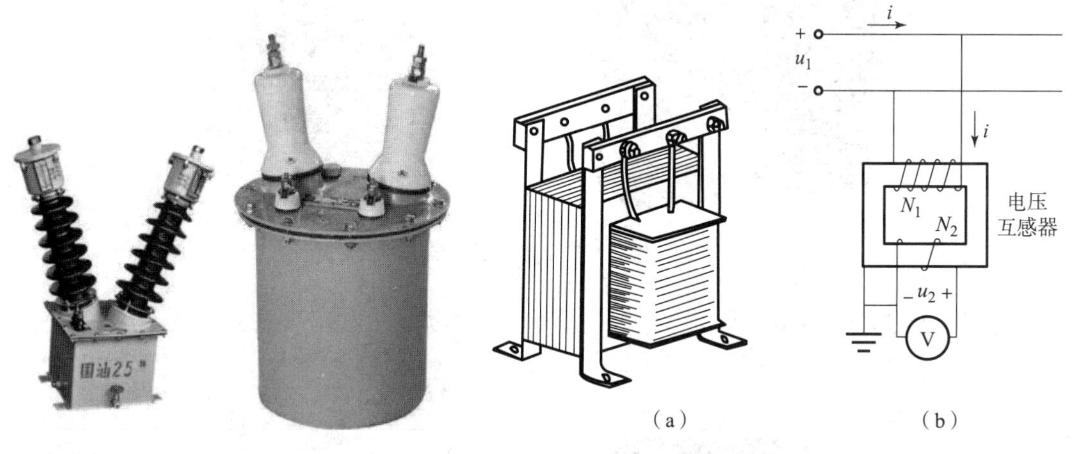

图 2-25 电压互感器

(a) (b)

图 2-26 电压互感器外形与电路

(a) 外形；(b) 电路原理

电压互感器的一次绕组匝数为 N_1，其绕组匝数较多，与被测电路进行并联；电压互感器的二次绕组匝数为 N_2，其绕组匝数较少，与电压表进行并联。其电压比为

$$\frac{U_1}{U_2} = \frac{N_1}{N_2} = K_u$$

K_u 一般标在电压互感器的铭牌上，只要读出电压互感器二次侧电压表的读数 U_2，就可知被测电压为

$$U_1 = K_u U_2$$

通常电压互感器二次绕组的额定电压均选用 100 V。为读数方便起见，仪表按一次绕

组额定值刻度，这样可直接读出被测电压值。电压互感器的额定电压等级有 6 000/100 V、10 000/100 V 等。

使用电压互感器时必须注意以下事项。

（1）电压互感器的二次绕组在使用时绝不允许短路。如二次绕组短路，将产生很大的短路电流，导致电压互感器烧坏。

（2）为保证操作人员的安全，电压互感器的铁芯和二次绕组的一端必须可靠接地。

（3）电压互感器具有一定的额定容量，在使用时，二次侧不宜接入过多的仪表，否则超过电压互感器的定额，使电压互感器内部阻抗压降增大，影响测量的精确度。

三、电流互感器

电流互感器也属于仪用互感器的范畴，如图 2－27 所示。它同样用来与仪表和继电器等低压电器组成二次回路，对一次回路进行测量、控制、调节和保护。在电工测量中主要用来按比例变换交流电流。

图 2－27　电流互感器

电流互感器的基本结构与工作原理和单相变压器类似，如图 2－28 所示。

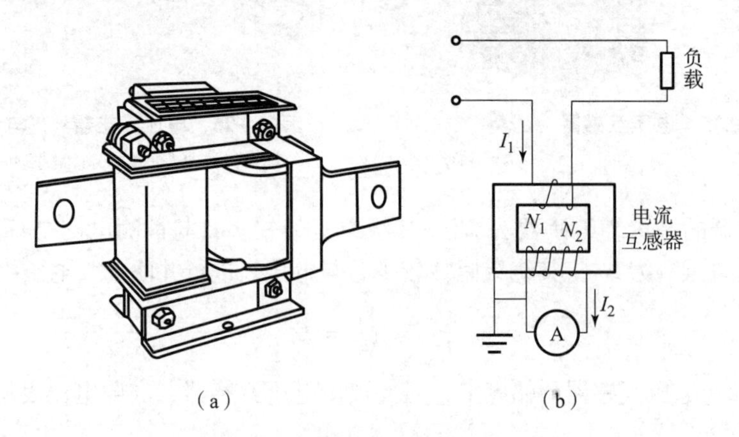

图 2－28　电流互感器外形与电路

（a）外形；（b）电路原理

电流互感器的一次绕组 N_1 串联在被测的交流电路中，导线粗，匝数少；电流互感器的二次绕组 N_2 导线细，匝数多，一般与电流表、电度表或功率表的电流线圈串联构成闭合回路。根据变压器的工作原理，可得

$$\frac{I_1}{I_2} = \frac{N_2}{N_1} = \frac{1}{K_u} = K_i$$

式中 K_i 为电流互感器的额定电流比，一般标在电流互感器的铭牌上，如果测得电流互感器二次绕组的电流表读数 I_2，则一次电路的被测电流为

$$I_1 = K_i I_2$$

通常电流互感器二次绕组的额定电流均选用 5 A。当与测量仪表配套使用时，电流表按一次侧的电流值标出，可从电流表上直接读出被测电流值。电流互感器额定电流等级有 100/5 A，500/5 A，2000/5 A 等，100/5 A 读作“一百比五”或读作“一百过五”。

使用电流互感器时，需注意以下事项。

（1）电流互感器的二次侧绝不允许开路。因为如果二次侧开路，电流互感器则处于空载运行状态，这时电流互感器一次绕组通过的电流就成为励磁电流，使铁芯中的磁通和铁耗猛增，导致铁芯发热烧坏绕组；另外电流互感器产生的很大的磁通将在二次绕组中感应出很高的电压，危及人身安全或破坏绕组绝缘。因此在二次绕组中装卸仪表时，必须先将二次绕组短路。

（2）电流互感器的二次侧必须可靠接地，以保证工作人员及设备的安全。

电工常用的钳形电流表实际上就是电流互感器与电流表的组合，如图 2－29 所示。通过改变二次线圈的匝数，得到不同的测量量程。

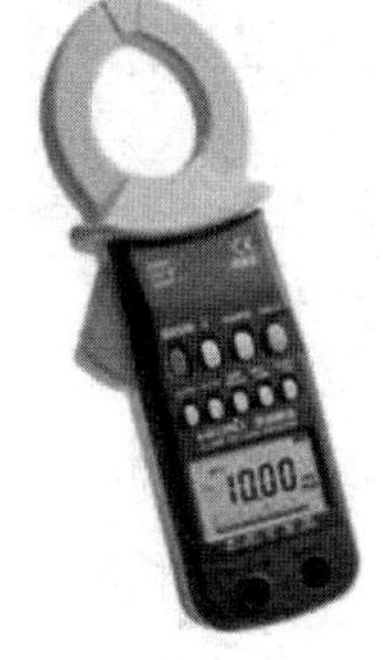

图 2－29　钳形电流表

思考与练习

1. 自耦变压器有什么特点？
2. 自耦变压器主要应用于什么场合，有何优缺点？
3. 电压互感器运行时，为什么二次绕组不允许开路？
4. 用电流变比 $K_i = 40$ 的电流互感器来扩大 5 A 电流表的量程，其电流表读数为 3.6 A，被测电路的实际电流是多少？
5. 在使用电压互感器和电流互感器时应分别注意哪些事项？

模块三　交流电机的应用

单元1　认识三相异步电动机

任务描述

现代各种生产机械都广泛使用电动机来驱动。由于现代电网普遍采用三相交流电，而三相异步电动机又比直流电动机有更好的性价比，因此三相电动机比直流电动机使用得更广泛。三相异步电动机的外形如图3-1所示。本任务主要介绍常用三相异步电动机的性能特点、基本结构、铭牌数据和工作原理。

图3-1　三相异步电动机的外形

任务目标

（1）了解三相异步电动机的特点、用途和分类。

（2）认识三相异步电动机的外形和内部结构，熟悉各部件的作用。

（3）了解三相异步电动机铭牌中型号和额定值的含义，掌握额定值的简单计算。

（4）熟悉三相异步电动机的工作原理。

相关知识

一、三相异步电动机的特点和用途

三相异步电动机具有结构简单、工作可靠、价格低廉、维修方便、效率较高、体积小、重量轻等一系列优点。与同容量的直流电动机相比，三相异步电动机的重量和价格约为直流电动机的 1/3。三相异步电动机的缺点是功率因数较低，启动和调速性能不如直流电动机。因此，三相异步电动机广泛应用于对调速性能要求不高的场合，在中小企业中应用特别多，如普通机床、起重机、生产线、鼓风机、水泵以及各种农副产品的加工机械等，如图 3－2 所示。

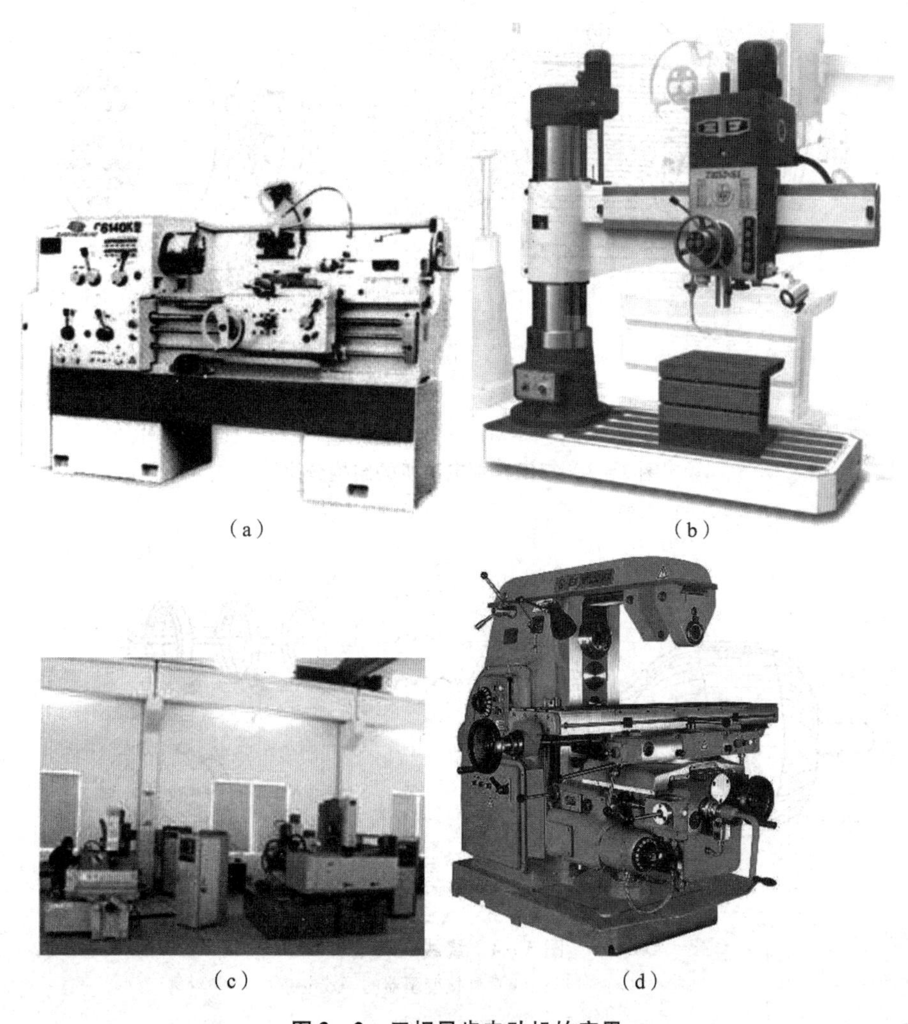

图 3－2　三相异步电动机的应用

（a）普通车床；（b）摇臂钻床；（c）自动生产线；（d）万能铣床

二、三相异步电动机的结构

异步电动机由两个基本部分组成：固定部分——定子和转动部分——转子。图 3－3 为三相异步电动机的结构分解图，其中定子由机座（铸铁或铸钢）、铁芯（相互绝缘的硅钢片叠成）和定子绕组三部分组成。转子也是由冲成槽的硅钢片叠成，槽内浇铸有端部相互短接的铝条，形成“笼状”，故称笼型转子。还有一种转子是在铁芯槽内嵌入三相绕组，并接成星形，通过滑环、电刷与外加电阻接通，即绕线式转子，如图 3－4 所示。绕线式转子在启动时接入可变电阻，正常运转时变阻器可转到零位。

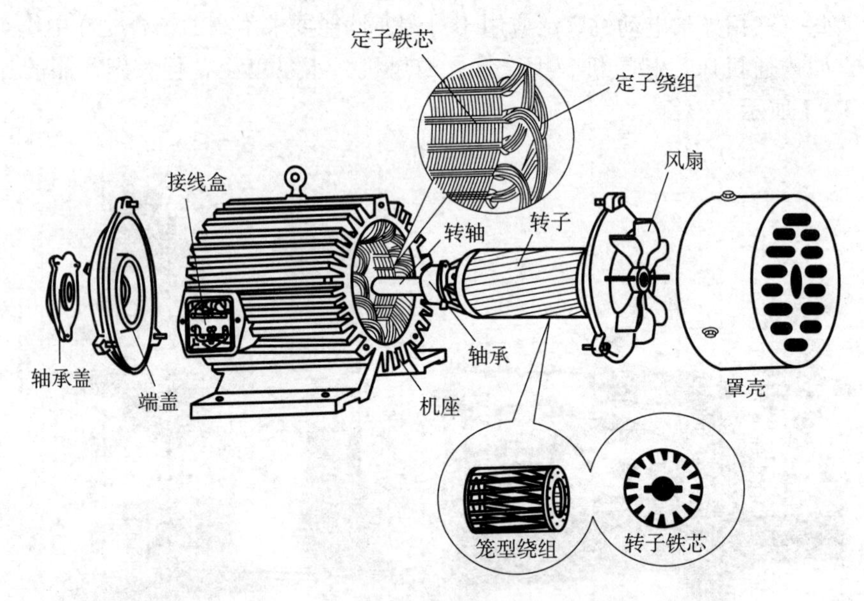

图 3－3　三相异步电动机的结构分解图

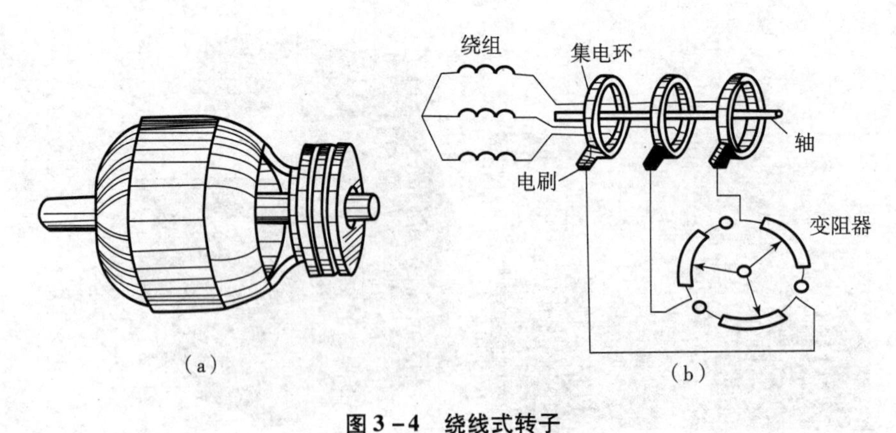

图 3－4　绕线式转子

(a) 外形；(b) 外接变阻器的等效电路

异步电动机只有定子绕组与交流电源连接，转子则是自行闭合的。虽然定子绕组和转子绕组在电路上是相互分开的，但两者却在同一磁路上。

三、三相异步电动机的铭牌

在异步电动机的机座上都装有一块铭牌，如图 3－5 所示。铭牌上标出了该电动机的一些数据，要正确使用电动机，必须看懂铭牌。下面以 Y112M－4 型电动机为例来说明铭牌数据的含义。

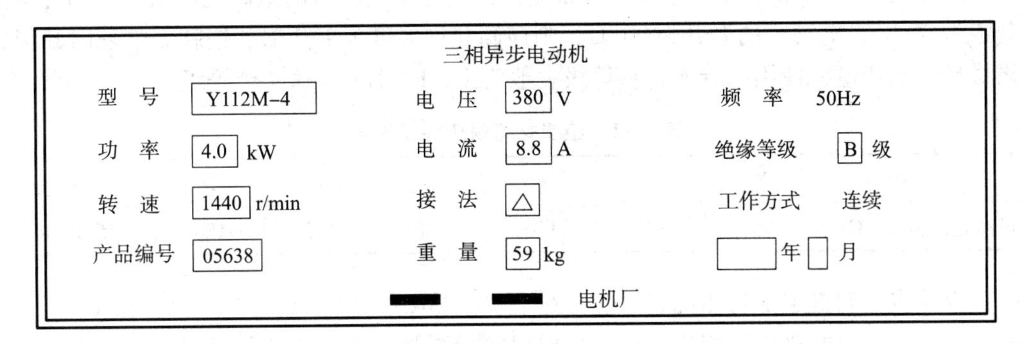
三相异步电动机

型　号	Y112M-4	电　压	380 V	频　率	50Hz
功　率	4.0 kW	电　流	8.8 A	绝缘等级	B 级
转　速	1440 r/min	接　法	△	工作方式	连续
产品编号	05638	重　量	59 kg	年　月	

电机厂

图 3－5　三相异步电动机的铭牌

1. 型号

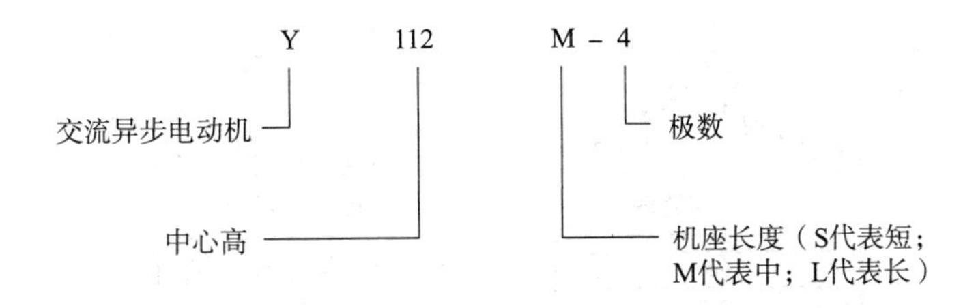

2. 额定频率

额定频率是指加在电动机定子绕组上的允许频率，国产异步电动机的额定频率为 50 Hz。

3. 额定电压

额定电压是指定子三相绕组规定应加的线电压值，一般应为 380 V。

以下各项都是指电动机在额定频率和额定电压下的有关额定值。

4. 额定功率

额定功率是电动机在额定转速下长期持续工作时，电动机不过热，轴上所能输出的机械功率。根据电动机额定功率，可求出电动机的额定转矩为

$$T_N = 9\ 550\frac{P_N}{n_N} \tag{3-1}$$

式中，T_N 为额定转矩，N · m；P_N 为额定功率，kW；n_N——额定转速，r/min。

5. 额定电流

额定电流是当电动机轴上输出额定功率时，定子电路取用的线电流。

6. 额定转速

额定转速是指电动机在额定负载时的转子转速。

7. 绝缘等级

绝缘等级是指电动机定子绕组所用的绝缘材料的等级。绝缘材料按耐热性能可分为7个等级，见表3－1。采用哪种绝缘等级的材料，决定于电动机的最高允许温度，如环境温度规定为40 ℃，电动机的温升为90 ℃，则最高允许温度为130 ℃，这就需要采用B级的绝缘材料。国产电机使用的绝缘材料等级一般为B、F、H、C这4个等级。

表3－1　绝缘材料耐热性能等级

绝缘等级	Y	A	E	B	F	H	C
最高允许温度/℃	90	105	120	130	155	180	大于180

三相异步电动机定子三相绕组一般有6个引出端U1、U2、V1、V2、W1和W2。它们与机座上接线盒内的接线柱相连，根据需要可接成星形（Y）或三角形（△），如图3－6所示。也可将6个接线端接入控制电路中实行星形与三角形的换接。

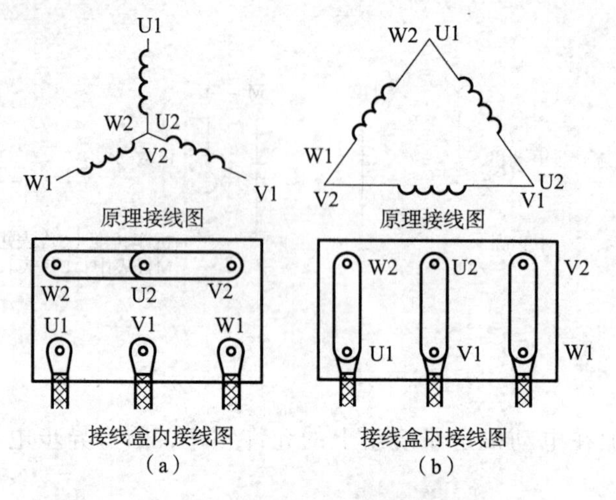

图3－6　三相异步电动机的接线

（a）星形联结；（b）三角形联结

【例3－1】电源线电压为380 V，现有两台电动机，其铭牌数据如下，试选择定子绕组的连接方式。

（1）型号Y90S－4，功率1.1 kW，电压220/380 V，接法△/Y，电流4.67/2.7 A，转速1 400 r/min，功率因数0.79。

（2）型号Y112M－4，功率4.0 kW，电压380/660 V，接法△/Y，电流8.8/5.1 A，转速1 440 r/min，功率因数0.82。

解：Y90S－4型电动机应接成星形（Y），如图3－7（a）所示。Y112M－4型电动机应接成三角形（△），如图3－7（b）所示。

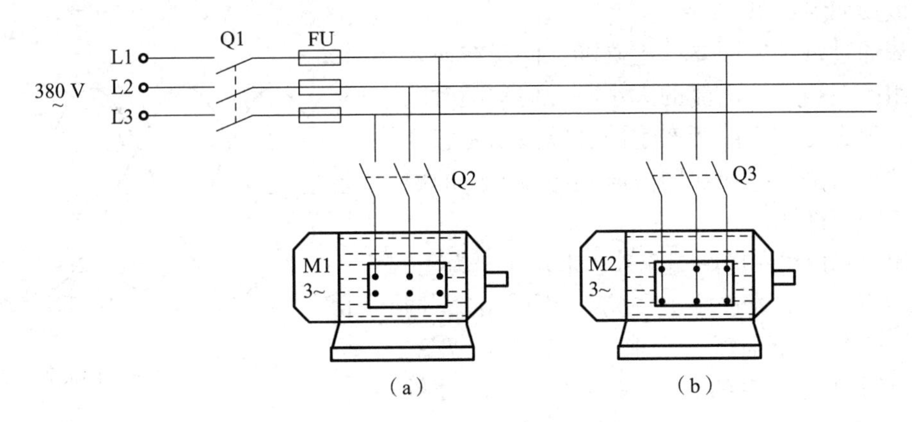

图 3－7　电动机定子绕组的接法

（a）星形接法；（b）三角形接法

四、三相异步电动机的工作原理

三相异步电动机的定子绕组是一个空间位置对称的三相绕组，如果在定子绕组中通入三相对称交流电，就会在电动机内部建立起一个恒速旋转的磁场，称为旋转磁场，它是异步电动机工作的基本条件。因此，有必要先说明旋转磁场是如何产生的，有什么特性，然后再讨论异步电动机的工作原理。

1. 旋转磁场的产生

图 3－8 所示为最简单的三相异步电动机的定子绕组，每相绕组只有一个线圈，三个相同的线圈 U1－U2、V1－V2、W1－W2 在空间的位置彼此互差 120°，分别放在定子铁芯槽中。

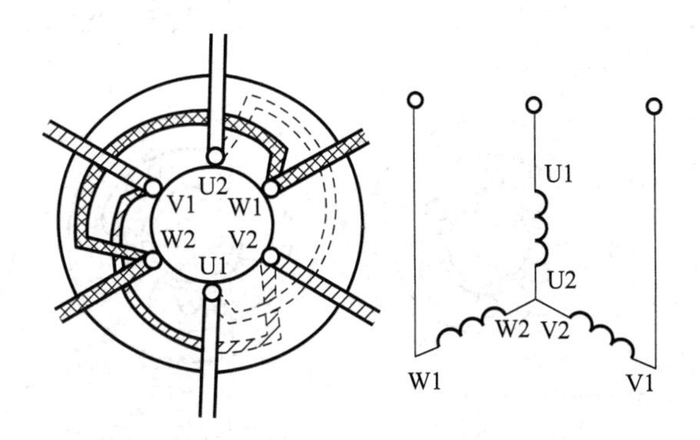

图 3－8　最简单的三相异步电动机定子绕组

当把三相线圈接成星形，并接通三相对称电源后，那么在定子绕组中便产生三个对称电流，即

$$i_U = I_m \sin(\omega t)$$
$$i_V = I_m \sin(\omega t - 120°)$$
$$i_W = I_m \sin(\omega t - 240°)$$

其波形如图 3-9 所示。

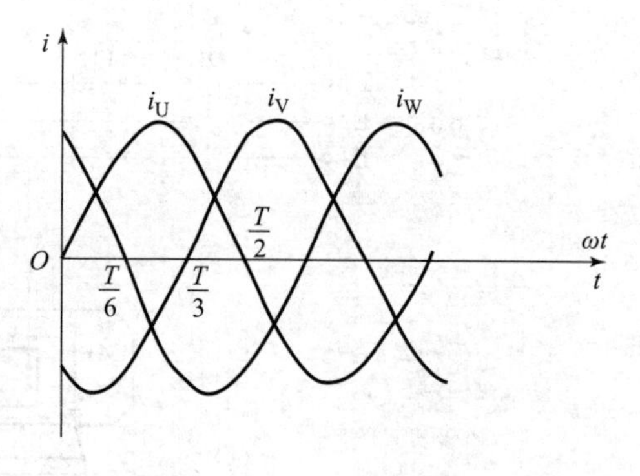

图 3-9 三相电流的波形

电流通过每个线圈要产生磁场，而现在通入定子绕组的三相交流电流的大小及方向均随时间而变化，那么三个线圈所产生的合成磁场是怎样的呢？这可由每个线圈在同一时刻各自产生的磁场进行叠加而得到。

假定电流由线圈的始端流入、末端流出为正，反之则为负。电流流进端用“⊗”表示，流出端用“⊙”表示。下面就分别取 $t=0$、$T/6$、$T/3$、$T/2$ 四个时刻所产生的合成磁场作定性的分析（其中 T 为三相电流变化的周期）。

当 $t=0$ 时，由三相电流的波形可见，电流瞬时值 $i_U=0$，i_V 为负值，i_W 为正值。这表示 U 相无电流，V 相电流是从线圈的末端 V2 流向首端 V1，W 相电流是从线圈的首端 W1 流向末端 W2，这一时刻由三个线圈电流所产生的合成磁场如图 3-10（a）所示。它在空间形成两极磁场，上为 S 极，下为 N 极（对定子而言）。设此时 N、S 极的轴线（即合成磁场的轴线）为零度。

当 $t=T/6$ 时，U 相电流为正，由 U1 端流向 U2 端 V 相电流为负，由 V2 端流向 V1 端，W 相电流为零。其合成磁场如图 3-10（b）所示，也是一个两极磁场，但 N、S 极的轴线在空间按顺时针方向转了 60°。

当 $t=T/3$ 时，U 相电流为正，由 U1 端流向 U2 端，V 相电流为零，W 相电流为负，由 W2 端流向 W1 端，其合成磁场比上一时刻又向前转过了 60°，如图 3-10（c）所示。

用同样的方法可得出当 $t=T/2$ 时，合成磁场比上一时刻又转过了 60°空间角。由此可见，图 3-10 产生的是一对磁极的旋转磁场。当电流经过一个周期的变化时，磁场也沿着顺时针方向旋转一周，即在空间旋转的角度为 360°（一转）。我们把旋转磁场在空间的转动速度定义为同步转速，用 n_0 表示。

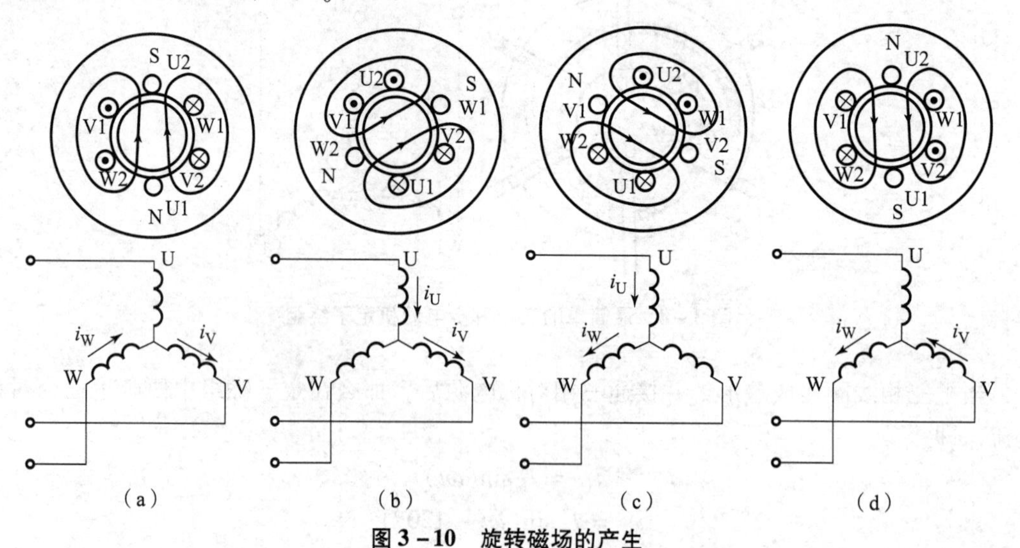

图 3-10 旋转磁场的产生

（a）$t=0$；（b）$t=T/6$；（c）$t=T/3$；（d）$t=T/2$

上面分析充分说明，当在空间互差120°的线圈中通入对称的三相交流电流时，在空间就产生一个旋转磁场。

2. 旋转磁场的特点

根据以上分析可得到下面的结论。

（1）在对称的三相绕组中，通入三相电流，可以产生在空间旋转的合成磁场。

（2）磁场的旋转方向与电流的相序一致。电流按正序 A→B→C 排列时，合成磁场按顺时针方向旋转；电流按逆序 A→C→B 排列时，合成磁场则按逆时针方向旋转。即旋转磁场的转向是由三相电流的相序决定的。

（3）旋转磁场的转速（同步转速）与电流频率有关，改变电流的频率可以改变旋转磁场的转速。对两极磁场而言，电流变化一周，则合成磁场旋转一周。

3. 转动原理

由上面分析可知，如果在三相定子绕组中通入三相对称电流，则在定子、转子铁芯及其之间的空气隙中产生一个同步转速为 n_0 的旋转磁场，某瞬间定子电流产生的磁场如图 3－11 所示，在空间按顺时针方向旋转。因转子尚未转动，所以静止的转子与旋转磁场产生相对运动，在转子导体中产生感应电动势，并在形成闭合回路的转子导体中产生感应电流，其方向用右手定则判定。在图 3－11 中，笼型转子上方导体电流流出纸面，下方导体电流流进纸面。根据电磁力定律，转子电流在旋转磁场中受到磁场力 F 的作用，F 的方向用左手定则判定。电磁力在转轴上形成电磁转矩。由图可见，电磁转矩的方向与旋转磁场的方向一致，使转子按旋转磁场的方向转动。

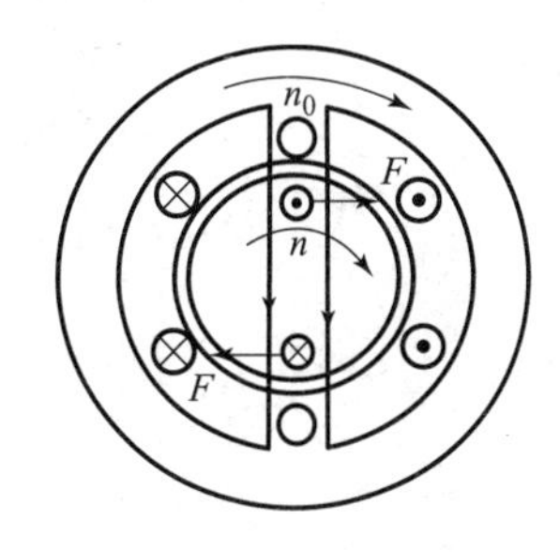

图 3－11　异步电动机转动原理

应当提出，当笼型转子有导条断开或环型导条断开时，由于感应电流不能形成回路，因此，在断开处只能产生感应电动势而无感应电流。这时，电磁力将受影响，转速变得不均匀。假如有多根导条断开则会使转子不能转动。

显然，电动机转子转速 n 必须小于旋转磁场的同步转速 n_0。如果 $n = n_0$，则转子导体与旋转磁场之间就没有相对运动，转子导体不切割磁力线，就不会产生感应电流，电磁转矩为零，转子因而失去动力而减速。待到 $n < n_0$ 时，转子导体与旋转磁场之间又存在相对运动，产生电磁转矩。因此，电动机在正常运转时，其转速 n 总是稍低于同步转速 n_0，这就是异步电动机“异步”的含义。又因为转子电流是电磁感应所产生的，所以三相异步电动机也称为感应电动机。

4. 极数与转差率

三相异步电动机的极数就是旋转磁场的极数。上面我们讨论了旋转磁场具有一对磁极，即 $p = 1$（p 是极对数）的情况。如果将定子绕组在空间的安排加以改变，即每相绕组有两个线圈串联，它们分别是 $U_1U_2U_1'U_2'$、$V_1V_2V_1'V_2'$、$W_1W_2W_1'W_2'$，每个绕组的始末端之间相差60°空间角，则产生的旋转磁场就如图 3－12 所示具有两对磁极，即 $p = 2$。同理，如果要产生三对磁极，则每相绕组必须有均匀安排在空间的三个绕组，绕组的始末端之间相差40°空间角。

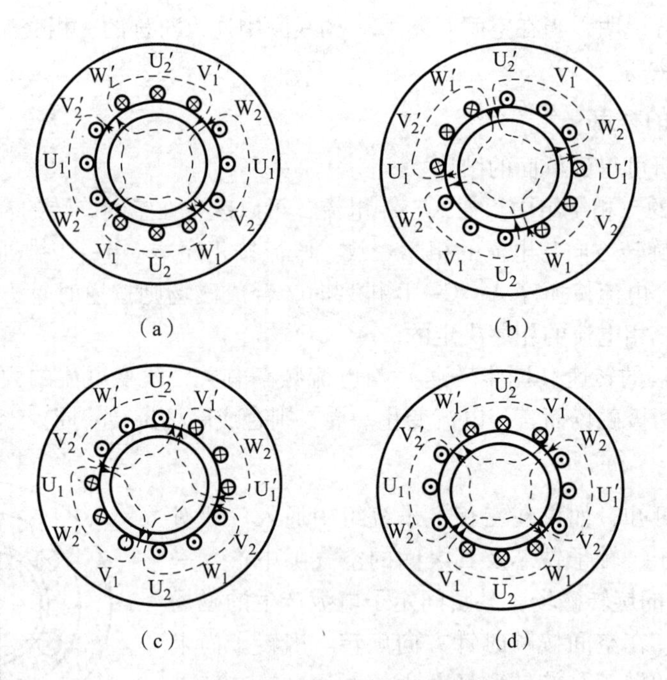

图 3-12　四极旋转磁场示意

(a) $\omega t=0$；(b) $\omega t=120°$；(c) $\omega t=240°$；(d) $\omega t=360°$

进一步研究两对磁极（$p=2$）情况下的旋转磁场，如图 3-12 所示，我们会发现，旋转磁场的转速除了与三相电流的频率有关外，与旋转磁场的磁极数也有着密切的关系；随着磁极数增加一倍，旋转磁场的转速减慢了一半。也就是说，三相电流变化一周，磁场仅旋转了半周。如果继续研究三对磁极情况下的旋转磁场，则会发现三相电流变化一周，磁场仅旋转了三分之一周。由此，我们可以得出如下公式

$$n_0=\frac{60f}{p} \tag{3-2}$$

式中，n_0是旋转磁场的转速，又称同步转速，r/min；f是三相电源的频率，Hz；p是极对数。

由于旋转磁场的同步转速直接影响到三相异步电动机转子的转速，改变同步转速 n_0的大小即可改变电动机的速度，所以，我们可以通过改变极对数 p 或电源频率 f 来调节同步转速 n_0和电动机实际输出的转子转速。但是，如要改变其极对数 p 就必须改变定子绕组的排列，而一台电动机一旦出厂投入生产使用后，是不太可能这样做的，因此通常采用改变三相电流频率的方式来调节电动机的转速，这就是我们所说的变频调速。

电动机的同步转速 n_0与转子转速 n 之差称为转差，转差与同步转速 n_0的比值称为转差率，用 s 表示，即

$$s=\frac{n_0-n}{n_0}\times 100\% \tag{3-3}$$

转差率是分析异步电动机运动情况的一个重要参数。在电动机启动时 $n=0$，$s=1$；当 $n=n_0$时（理想空载运行），$s=0$；稳定运行时，n 接近 n_0，s 很小，一般 s 在 2%～8%。

【例 3-2】有一台 4 极感应电动机，电压频率为 50 Hz，转速为 1 440 r/min，试求这

台感应电动机的转差率。

解：已知$p=2$，$f=50$ Hz，$n=1\ 440$ r/min

旋转磁场的转速n_0为

$$n_0=\frac{60f}{p}=\frac{60\times 50}{2}=1\ 500\ (\text{r/min})$$

转差率s为

$$s=\frac{n_0-n}{n_0}\times 100\%=\frac{1\ 500-1\ 440}{1\ 500\ r/\text{min}}\times 100\%=4\%$$

思考与练习

1. 三相异步电动机有什么特点？
2. 简述三相异步电动机的基本结构。
3. 简述三相异步电动机型号 Y112S－2 的含义。
4. 说明三相异步电动机名称中，"异步""感应"的含义。
5. 产生旋转磁场的条件是什么？旋转磁场的转向和转速由哪些因素决定？
6. 有一台三相四极异步电动机，电源频率为 50 Hz，带额定负载运行时的转差率$s_N=0.03$，求电动机的同步转速n_0和额定转速n_N。
7. 两台三相异步电动机的电源频率为 50 Hz，额定转速分别为 1 440 r/min 和 2 910 r/min，它们的磁极数分别是多少？额定转差率分别是多少？

单元2　三相异步电动机的运行

任务描述

三相异步电动机空载运行时，转子的转速接近旋转磁场的转速，转子中的电流接近零。转轴上的负载增大后，电动机的转速下降，转差率增大，转子导体与旋转磁场间的相对运动速度加大，转子绕组中的电流增大，从电源输入的电功率也随之增大。电动机带不同负载时，电流、转矩、功率因数、效率等参数均不同，为了高效经济地利用电动机，需要掌握分析异步电动机性能的方法。异步电动机的工作特性是用好电动机的依据，因此熟悉异步电动机的运行性能，掌握常用的测试方法是很有必要的。

任务目标

（1）了解三相异步电动机运行时的电磁关系。

（2）了解三相异步电动机的机械特性。

（3）熟悉三相异步电动机的功率关系。

（4）了解三相异步电动机的工作特性。

相关知识

三相异步电动机的运行特性主要是指三相异步电动机在运行时，电动机的功率、转矩、转速相互之间的关系。

一、电磁转矩

所谓电磁转矩是电动机由于电磁感应作用，从转子转轴上输出的作用力矩。它是衡量三相异步电动机带负载能力的一个重要指标。

为了更好地使用三相异步电动机，我们必须首先弄清楚电磁转矩同哪些物理量有关。由于电动机的转子是通过旋转磁场与转子绕组之间的电磁感应作用而带动的，因此电磁转矩必然与旋转磁场的每极磁通 Φ 和转子绕组的感应电流 I_2 的乘积有关。此外，它还受到转子绕组功率因数 $\cos\varphi_2$ 的影响。根据理论分析，电磁转矩 T 可用下式确定：

$$T = C_T \Phi I_2 \cos\varphi_2 \tag{3-4}$$

式中，C_T 为异步电动机的转矩常数，它与电动机的结构有关；Φ 为旋转磁场的每极磁通［量］，Wb；I_2 为转子电流的有效值，A；$\cos\varphi_2$ 为转子电路的功率因数。

式（3-4）没有反映电磁转矩的一些外部条件，如电源电压 U_1、转子转速 n_2 以及转子电路参数之间的关系，对使用者来说，应用上式不够方便。为了直接反映这些因素对电磁转矩的影响，可以对上式进一步推导（过程略），最后得出

$$T = K\frac{sR_2U_1^2}{R_2^2 + (sX_{20})^2} \tag{3-5}$$

式中，K 是与电机结构有关的常数；R_2 是转子电阻；X_{20}是电动机转速 $n=0$ 时转子的感抗（此时转子中电流的频率为f_1）。

由上式可知，电磁转矩与定子每相电压 U_1 的平方成正比，电源电压的波动对转矩影响较大。同时，电磁转矩 T 还受到转子电阻 R_2 的影响。

二、空载运行与负载运行

空载运行是指在额定电压和额定频率下，三相异步电动机的轴上没有任何机械负载的运行状态。在空载运行的情况下，三相异步电动机所产生的电磁转矩仅克服了电动机的机械摩擦、风阻的阻转矩，所以是很小的。因为电动机所受到的阻转矩很小，所以电动机的转速非常接近旋转磁场的同步转速 n_0，即 $n \approx n_0$。在这种情况下，可以认为旋转磁场不切割转子绕组，转子绕组中的感应电动势和感应电流接近 0，转子电路相当于开路。受其影响，定子绕组中的电流 I_1 也较小，并且 I_1 在相位上滞后定子外加电压 U_1 接近 90°，此时，电动机定子电路的功率因数较低，消耗的有功功率较少，电网提供的能量不能被很好地利用。

当三相异步电动机轴上带有机械负载以后，电动机处于负载运行状态。在负载运行状态下，电动机除了要克服机械摩擦、风阻的阻转矩以外，还要克服外加负载在电动机轴上所产生的阻转矩。此时，电动机的转速 n 要下降，以同步转速 n_0旋转的旋转磁场与转子绕组之间的相对转速增大，于是转子绕组中的感应电动势和感应电流都增大了。受其影响，

电动机定子电流 I_1 也要随着转子电流的增加而增大，定子电路的功率因数得以提高，电网输送给电动机的有功功率也随之增加，电能得到了较好利用。

三、机械特性

当电源电压 U_1 和转子电阻 R_2 为定值时，三相异步电动机转子转速随着电磁转矩 T 变化的关系曲线 $n = f(T)$ 称为异步电动机的机械特性。

由于异步电动机还常常用转差率 s 表示转子转动的快慢，因此，机械特性也可以用电磁转矩随转差率 s 变化的关系曲线 $T = f(s)$ 来表示。图 3－13 示出了 $n = f(T)$ 机械特性曲线。下面我们通过特性曲线来对电动机的运行性能进行分析。

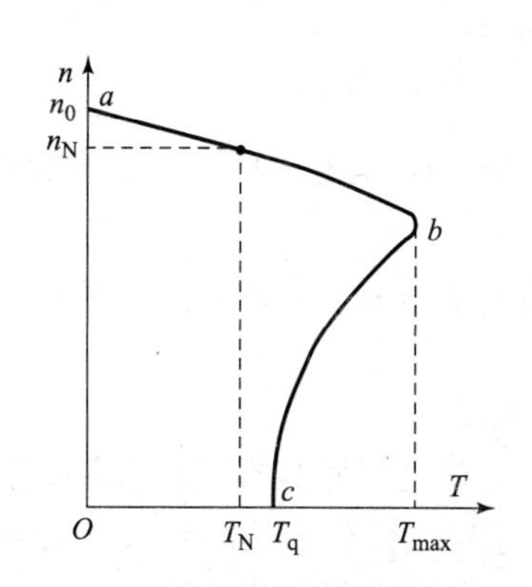

图 3－13 三相异步电动机的机械特性曲线

1. 启动转矩 Tq 及启动过程

电动机接通电源，尚未转动（$n=0$，$s=1$）时的转矩称为启动转矩。从图 3－13 上可以看出，当启动转矩 T_q 大于转轴上的阻转矩时，转子就旋转起来并在电磁转矩作用下逐渐加速。此时，电磁转矩也逐渐增大（沿 cb 段上升）到最大转矩 T_{max}。随着转速的继续上升，曲线进入到 ba 段，电磁转矩反而减小。最后，当电磁转矩等于阻转矩时，电动机就以某一转速作等速旋转。

如果改变电源电压 U_1 或改变转子电阻 R_2 则可以得到图 3－14 所示一组特性曲线，从图 3－14（a）中可知，当电源电压 U_1 降低时，启动转矩 T_q 会减小。而在图 3－14（b）中当转子电阻 R_2 适当增大时，启动转矩也会随着增大。

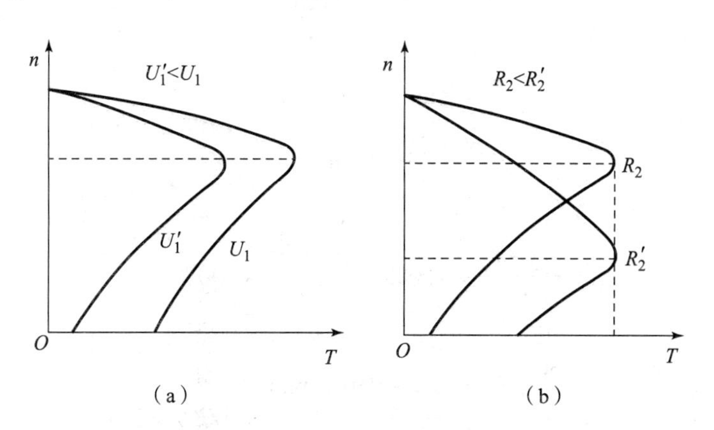

图 3－14 对应不同电源电压和转子电阻时的特性曲线

（a）转子电阻 R_2 为常数；（b）电源电压 U_1 为常数

启动转矩与额定转矩的比值 $\lambda_q = T_q/T_N$ 反映了异步电动机的启动能力。一般 $\lambda_q = 0.9 \sim 1.8$。

2. 额定转矩 T_N

异步电动机长期连续运行时，转轴上所能输出的最大转矩，或者说是电动机在额定负载时的转矩，叫作电动机的额定转矩，用 T_N 表示。从物理学受力平衡的观点出发，电动机在匀速运行时，电动机的电磁转矩 T 必须与电动机负载所产生的阻转矩 T_c 相平衡。若不考虑空载损耗转矩（主要是机械摩擦和风阻所产生的阻转矩），则可以认为电磁转矩 T 应该与电动机轴上输出的机械负载转矩 T_2 相等。即

$$T \approx T_2 = \frac{60P_2}{2\pi n}$$

式中，P_2 是电动机轴上输出的机械功率，W；T 是电动机的电磁转矩，N · m；n 是转速，r/min。

功率如果用千瓦为单位，则上式变为

$$T = 9\ 550\frac{P_2}{n} \tag{3-6}$$

从电动机铭牌上的额定功率和额定转速，可以求得电动机的额定转矩 T_N。

【例 3-3】已知某两台三相异步电动机的额定功率均为 55 kW，电源频率为 50 Hz。其中第一台电动机的磁极数为 2，额定转速为 2 960 r/min；第二台电动机的磁极数为 6，额定转速为 980 r/min。试求它们的转差率及额定转矩各为多少。

解：已知电动机的额定功率为 $P_{2N1} = P_{2N2} = 55$ kW，频率 $f = 50$ Hz，极对数 $p_1 = 1$，$p_2 = 3$，额定转速为 $n_1 = 2\ 960$ r/min，$n_2 = 980$ r/min。

（1）因为 $s = \frac{n_0 - n}{n} \times 100\%$，$n_0 = \frac{60f}{p}$，所以

$$s_1 = \frac{n_{01} - n_1}{n_{01}} \times 100\% = \frac{\frac{60f}{p_1} - n_1}{\frac{60f}{p_1}} \times 100\%$$

$$= \frac{\frac{60 \times 50}{1}\text{ r/min} - 2\ 960\text{ r/min}}{\frac{60 \times 50}{1}\text{ r/min}} \times 100\% = 1.3\%$$

$$s_2 = \frac{n_{02} - n_2}{n_{02}} \times 100\% = \frac{\frac{60f}{p_2} - n_2}{\frac{60f}{p_2}} \times 100\%$$

$$= \frac{\frac{60 \times 50}{3}\text{ r/min} - 980\text{ r/min}}{\frac{60 \times 50}{3}\text{ r/min}} \times 100\% = 2\%$$

（2）因为 $T_N = 9\ 550\frac{P_{2N}}{n}$

所以 $$T_{N1} = 9\ 550\frac{P_{2N1}}{n_1} = 9\ 550\frac{55\text{ kW}}{2\ 960\text{ r/min}} \approx 177.5\text{ N} \cdot \text{m}$$

$$T_{N2}=9\ 550\frac{P_{2N2}}{n_2}=9\ 550\frac{55\ \text{kW}}{980\ \text{r/min}}\approx 536.2\ \text{N}\cdot\text{m}$$

可见，输出功率相同的电动机，磁极数越多转速越低，但转矩越大。

通常，三相异步电动机一旦启动，很快就会沿着启动特性曲线进入机械特性曲线的 ab 段稳定运行。电动机在 ab 段工作时，若负载增大，则因为阻转矩大于电磁转矩，电动机转速开始下降；随着转速的下降，转子与旋转磁场之间的转差增大，于是转子中的感应电动势和感应电流增大，使得电动机的电磁转矩同时在增加。当电磁转矩增加到与阻转矩相等时，电动机达到新的平衡状态。这时，电动机以较低于前一平衡状态的转速稳定运行。

从特性图上还可以看出，ab 段较为平坦，也就是说电动机从空载到满载其转速下降很少，这种特性称为电动机的硬机械特性。具有硬机械特性的三相异步电动机适用于一般的金属切削机床。

3. 最大转矩 T_{max}

从机械特性曲线上看，转矩有一个最大值，它被称为最大转矩或临界转矩 T_{max}。最大转矩所对应的转差率称为临界转差率，用 s_m 表示。一旦负载转矩大于电动机的最大转矩，电动机就带不动负载，转速沿特性曲线 bc 段迅速下降到 0，发生闷车现象。此时，三相异步电动机的电流会升高 6 ~ 7 倍，电动机严重过热，时间一长就会烧毁电动机。

显然，电动机的额定转矩应该小于最大转矩，而且不能太接近最大转矩，否则电动机稍微一过载就立即闷车。三相异步电动机的短时容许过载能力是用电动机的最大转矩 T_{max} 与额定转矩 T_N 之比来表示的，我们称之为过载系数 λ，即

$$\lambda = T_{max}/T_N \tag{3-7}$$

一般三相异步电动机的过载系数 $\lambda=1.8\sim2.5$，特殊用途（如起重、冶金）的三相异步电动机的过载系数 λ 可以达到 3.3 ~ 3.4 或更大。

最后，从图 3 - 14 还能看出，三相异步电动机的最大转矩还与定子绕组的外加电压 U_1 有关，实际上它与 U_1^2 成正比。也就是说当外加电压 U_1 由于波动变低时，最大转矩 T_{max} 将减小。但是，转子电阻 R_2 对最大转矩没有影响。

【例 3 - 4】有一台三相异步电动机，其额定数据如下：$T_N=40$ kW，$n=1\ 470$ r/min，$U_1=380$ V，$\eta=0.9$，$\cos\varphi=0.5$，$\lambda=2$，$\lambda_q=1.2$。试求：（1）额定电流；（2）转差率；（3）额定转矩、最大转矩、启动转矩。

解：（1）$I_N=\dfrac{P_N}{\sqrt{3}U_1\cos\varphi\eta}=\dfrac{40\times10^3}{\sqrt{3}\times380\times0.9\times0.9}=75$（A）

（2）由 $n=1\ 470$ r/min，$n\approx n_0$ 可知，电动机是四极的，$p=2$，$n_0=\dfrac{60f}{p}=\dfrac{60\times50}{2}=$ 1 500 r/min，所以

$$s=\frac{n_0-n}{n}\times100\%=\frac{1\ 500-1\ 470}{1\ 500}\times100\%=0.02$$

（3）$T=9\ 550\dfrac{P_2}{n}=9\ 550\times\dfrac{40}{1\ 470}=259.9$（N·m）

$T_{max}=\lambda T_N=2\times259.9=519.8$（N·m）

$T_q = \lambda_q T_N = 1.2 \times 259.9 = 311.9$（N·m）

四、三相异步电动机的工作特性

为了正确合理地使用电动机，提高运行效率，节约能源，应利用电动机的工作特性了解不同负载情况下电动机的运行情况。

在电源电压 U_1 和频率 f_1 为额定值时，电动机的转速 n、定子电流 I_1、功率因数 $\cos\varphi_1$、电磁转矩 T 以及效率 η 与输出功率 P_2 之间的关系，称为电动机的工作特性。即 $U_1 = U_N$，$f_1 = f_N$ 时，n、I_1、$\cos\varphi_1$、T、$\eta = f(P_2)$ 的关系。上述关系曲线可以通过直接给异步电动机加负载测得，也可以利用等值电路的参数计算得出。图 3－15 为三相异步电动机的工作特性曲线。

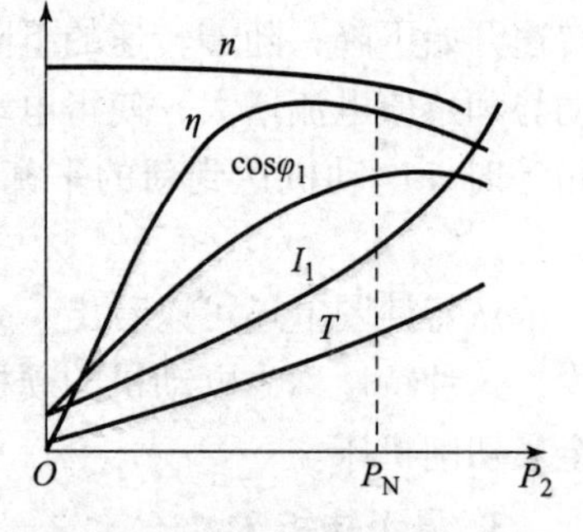

图 3－15　三相异步电动机的工作特性曲线

1. 转速特性 $n = f(P_2)$

三相异步电动机空载时，转子的转速 n 接近于同步转速 n_0。随着负载的增加，转速 n 要略微降低，这时转子电动势增大，从而使转子电流增大，以产生较大的电磁转矩来平衡负载转矩。因此，随着 P_2 的增加，转子转速 n 下降，转差率 s 增大。转速特性是一条硬特性。

2. 定子电流特性 $I_1 = f(P_2)$

异步电动机定子电流 I_1，随输出负载的增大而增大，其原理与变压器一次侧电流随负载增大而增大相似。由于气隙的原因，空载电流 I_0 比变压器的大得多，约为额定电流的 20%～50%。当 $P_2 > P_N$ 时，由于 $\cos\varphi_2$ 降低，I_1 增加更快。

3. 定子功率因数特性 $\cos\varphi_1 = f(P_2)$

异步电动机空载电流 I_0 是产生工作磁通的励磁电流，是感性的，所以空载时的功率因数很低，一般在 0.2 左右，电动机轴上带机械负载后，随着输出功率的增大，功率因数逐渐提高，到额定负载时一般为 0.7～0.9。超过额定负载时，由于转差率较大，转子的功率因数下降较多，引起定子电流中的无功分量也增大，因此功率因数 $\cos\varphi_1$ 趋于下降。

4. 电磁转矩特性 $T = f(P_2)$

当电动机空载时，电磁转矩 $T = T_0$，随着负载增加，P_2 增大，由于机械角速度 ω 变化不大，因此电磁转矩 T 随 P_2 的变化近似为一条直线。

5. 效率特性 $\eta = f(P_2)$

电动机的效率 η 是指其输出机械功率 P_2 与输入电功率 P_1 的比值，即

$$\eta = \frac{P_2}{P_1} \times 100\% = \frac{P_2}{\sqrt{3}U_1 I_1 \cos\varphi_1} \times 100\% = \frac{P_2}{P_2 + P_{Cu} + P_{Fe} + p_m + p_s} \times 100\%$$

式中，P_{Cu} 为铜损耗；P_{Fe} 为铁损耗；p_m 为机械损耗；p_s 为附加损耗。

空载时 $P_2 = 0$，而 $P_1 > 0$，故 $\eta = 0$；随着负载的增大，η 开始时上升很快，后因铜损耗迅速增大（铁损耗和机械损耗基本不变），η 反而有所减小，η 的最大值一般出现在额

定负载的 80% 附近，中小型异步电动机的最高效率约为 80% ~90% 。

由图 3 - 15 可见，三相异步电动机在其额定负载的 70% ~100% 运行时，其功率因数和效率都比较高，因此应该合理选用电动机的额定功率，使它运行在满载或接近满载的状态，尽量避免轻载和空载运行或尽量减少轻载和空载运行的时间。

思考与练习

1. 三相异步电动机转子轴上的机械负载发生变化时，为什么会引起定子输入电功率的变化?

2. 异步电动机的转子因有故障已取出修理，如果误将定子绕组接上额定电压，将会产生什么后果? 为什么?

3. 试分析三相异步电动机的负载增加时，定、转子电流变化趋势，并说明原因。

4. 三相异步电动机的电磁转矩是否会随负载而变化? 如何变化?

5. 如果三相异步电动机发生堵转，试问对电动机有何影响?

6. 一台异步电动机的额定转速为 1 470 r/min，额定功率为 30 kW，T_q/T_N 和 T_m/T_N 分别为 2.0 和 2.2，试大致画出它的机械特性。

7. 一台三相异步电动机，其电源频率为 50 Hz，额定转速为 1 430 r/min，额定功率为 3 kW，最大转矩为 40.07 N · m，求电动机的过载系数 λ。

8. 三相异步电动机正常运行时，如果转子突然被卡住而不能转动，试问这时电动机的电流有何改变? 对电动机有何影响?

9. 有一台四极三相异步电动机，已知额定功率 $P_N = 3$ kW，额定转差率 $s_N = 0.03$，过载系数 $\lambda = 2.5$，电源频率 $f = 50$ Hz。求该电动机的额定转矩和最大转矩。

单元 3　三相异步电动机的调速

任务描述

虽然三相异步电动机的调速性能不如直流电动机，但是它的调速方法还是很多的，而且各有千秋，分别适合某些特定的场合。随着变频调速技术的发展，异步电动机的调速性能得到了极大的改善。熟悉三相异步电动机的调速方法，在电气技术人员的实际工作中具有非常重要的意义。

任务目标

（1）熟悉三相异步电动机的调速方法。

（2）理解三相异步电动机每种调速方法的特点。

相关知识

一、三相异步电动机的调速方法

所谓调速主要是指通过改变电机的参数而不是通过负载变化来调节电机转速。三相异步电动机的调速依据是：

$$n = n_0(1 - s) = \frac{60f_1}{p}(1 - s)$$

由表达式可知异步电动机的调速方式主要有变极调速、变频调速、变转差率调速三大类。随着电力电子技术与器件的发展，目前交流调速系统的调速性能较以往已有很大提高，并逐渐获得广泛应用。

二、变极调速

变极调速就是通过改变三相异步电动机旋转磁场的极对数 p 来调节电动机的转速。

1. 变极原理

采用变极调速的多速电机普遍通过绕组改接的方法实现变极，如图 3－16 所示。当构成 U 相绕组的两个线圈（组）由首尾相接的顺极性串联改接为反极性串联或反极性并联后，磁场的极对数 p 减少一半，电动机的同步转速增加一倍，这将使电动机的转速上升；反之，转速下降。

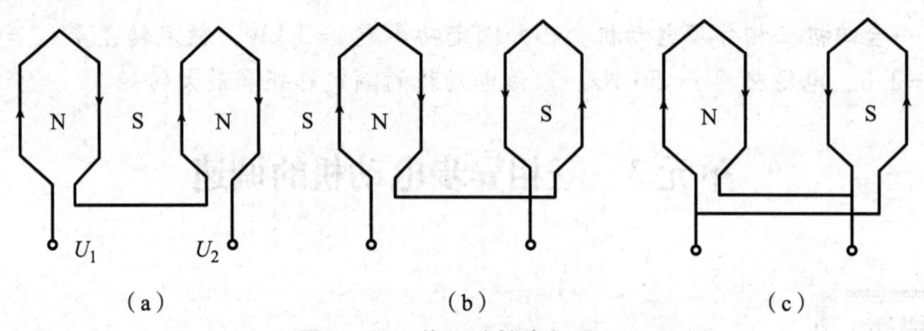

图 3－16　绕组改接变极原理

（a）顺极性串联；（b）反极性串联；（c）反极性并联

2. 变极调速形式与特征

具体的变极方案有：星形－双星形变极（Y－YY）、三角形－双星形变极（△－YY），图 3－17 所示为这两种变极方式下绕组改接的演变过程，显然 YY 接法（线圈组反极性并联）对应的电动机转速较高。由于变极前后绕组的空间位置并无改变，假设在 YY 接法下（极对数为 p）三相绕组首端对应的电角度分别为 0°、120°、240°，与电源相序相同；在三角形接法下（极对数增加为 $2p$）相同的绕组首端空间位置对应的电角度则变为 0°、240°、480°（480° = 360° + 120°，相当于 120°），恰与原电源相序相反。若要求变极前后电动机的转向不变，需要将电源任意两相对调，接入反相序电源。

1）Y－YY 变极调速

Y－YY 变极调速绕组改接如图 3－17（a）所示，若电动机在 Y 接法时，极对数为 p，

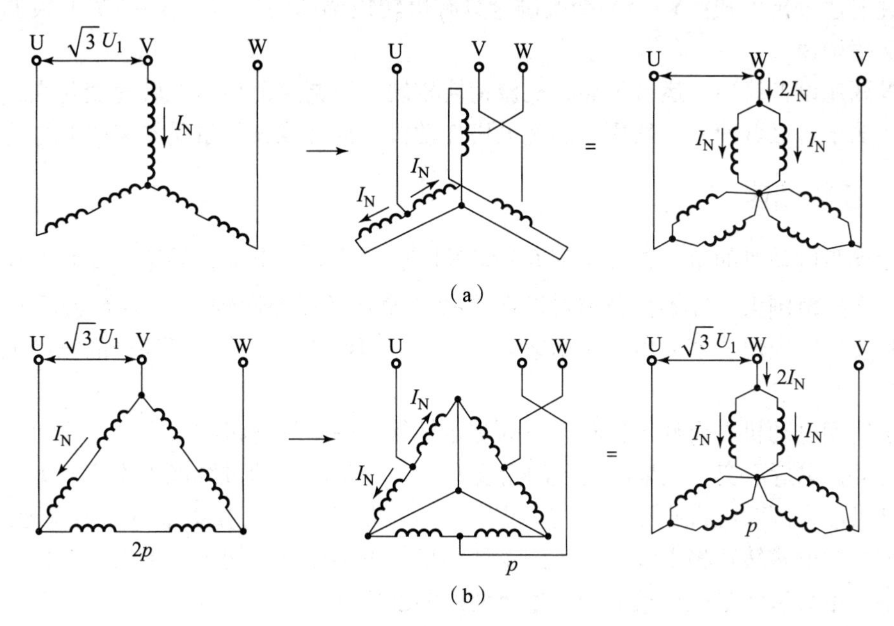

图 3－17　Y－YY、△－YY 变极绕组改接

(a) Y－YY 变极；(b) △－YY 变极

同步转速为 n_0；那么电动机在 YY 接法时，极对数变为 $p/2$，同步转速为 2 n_0。若变极前同步转速为 1 500 r/min，则变极后同步转速可达到 3 000 r/min。

Y－YY 变极调速前后的机械特性如图 3－18（a）所示，其最大转矩和启动转矩的变化情况值得注意。

变极过程中，绕组自身（除接法外）及电机结构并未改变。假设变极前后电机的功率因数和效率保持不变，线圈组均通过额定的绕组电流 I_N，经过理论推导可得，变极前后电机的容许输出功率及转矩分别是 P_Y、T_Y 与 $P_{YY}=2P_Y$、$T_{YY}=T_Y$。

2）△－YY 调速

△－YY 变极调速绕组改接如图 3－17（b）所示，其机械特性如图 3－18（b）所示。经理论推导可得，变极前后电机的容许输出功率由 $P_\triangle$ 变为 $P_{YY}=1.15P_\triangle$。

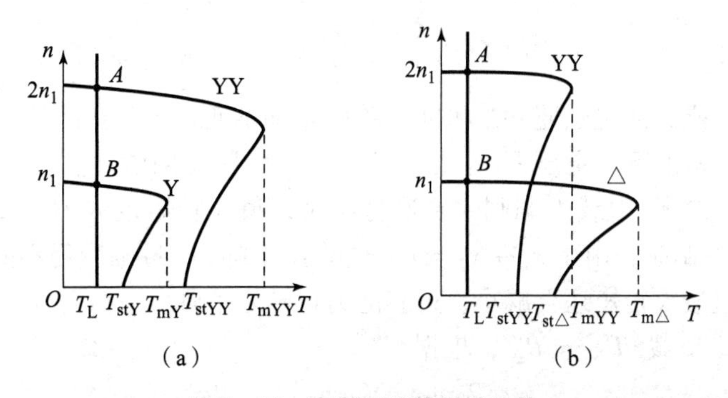

图 3－18　变极调速的机械特性

(a) Y－YY 变极；(b) △－YY 变极

通过上述分析可知：Y－YY 变极调速具有恒转矩调速的性质；△－YY 变极调速则近似于恒功率调速。

变极调速设备简单、运行可靠、机械特性较硬，但调速前后电机转速变化大，对负载冲击大，属于有级调速，一般用于多速电机拖动机床部件或其他耐受转速冲击的设备上。

三、变频调速

改变异步电动机的定子电源频率 f_1（变频）也可以调节电动机转速。变频调速具有调速平滑、调速范围大、准确性及相对稳定性高（尤其低速特性较硬，抗扰动能力强）、可根据负载要求实现恒功率或恒转矩调速等优点，变频调速大大改善了廉价的笼型电动机的调速性能。

由于笼型电动机在设计工作状态下的综合性能较好，从电机本身来看，调速时一般希望主磁通 Φ_m 保持不变；从拖动负载的角度看，又希望电机的过载能力不变。如果主磁通变大，则可能会因为电机磁路过于饱和引起过大的励磁电流而损害电机；若调速过程中，主磁通过小则电磁转矩将下降，电机的设计容量得不到充分利用。如果因调速使电机过载能力减小，也会影响电机运行的稳定性及调速的准确性。

设调速前后电机的定子电压、电源频率分别为 U_1、f_1、U_1'、f_1'。由理论推导可知，变频时需按相同比例调整定子电压才能保持主磁通不变，即

$$\frac{U_1'}{U_1}=\frac{f_1'}{f_1}=\text{常数}$$

如果还要保持过载能力不变，若忽略定子电阻 r_1 的影响并假设铁芯未饱和，磁路仍处在线性磁化状态，则 $x_1 \propto f_1$，$x_2' \propto f_1$，可设 $x_1+x_2'=kf_1$。根据过载能力定义及最大转矩表达式有

$$T_m \approx \frac{3pU_1^2}{4\pi f_1(x_1+x_2')}=\frac{3pU_1^2}{4\pi k f_1^{\ 2}},\ \lambda=\frac{T_m}{T_N}$$

可得调速前后电压、频率、转矩之间的关系为

$$\frac{U_1'}{U_1}=\frac{f_1'}{f_1}\sqrt{\frac{T_N'}{T_N}} \tag{3-8}$$

（1）对恒转矩负载，$T_N=T_N'$，调速时应按相同比例调节电压，即

$$\frac{U_1'}{U_1}=\frac{f_1'}{f_1}$$

此时在理论上能保证主磁通 Φ_m 和过载系数 λ 都不变。由于实际的电动机绝缘强度有限度，因此达到电机的额定电压 U_N 后，U_1 不能再按变频比例增大。在 $U_1=U_N$ 的情况下，如果从 f_1 自额定频率 f_N 继续上调则主磁通将减小，最大转矩也减小，过载能力下降；当 f_1 自额定频率 f_N 下调时，由于 $x_1+x_2'=kf_1$ 也随 f_1 下降，r_1 逐渐变得不能忽略，主磁通虽可保持近似不变但最大转矩还会减小，过载能力也随之下降。

（2）对恒功率负载，$P_N=P_N'$，根据

$$P_N=T_N\frac{2\pi n_N}{60}\approx\frac{2\pi n_0}{60}T_N=\frac{2\pi f_1}{p}T_N$$

得

$$T_N f_1=T_N' f_1'$$

代入式（3－8）可得到变频过程中的电压调整依据，即

$$\frac{U_1'}{U_1}=\sqrt{\frac{f_1'}{f_1}}$$

此时，电压和主磁通的变化幅度小于频率变化幅度，主磁通有少量改变，电机的过载能力变化较小，低速时的特性硬度较大，抗扰动能力强。变频调速时的机械特性如图3－19所示（$f_1''>f_1'>f_N>f_1>f_2>f_3$）。

四、变转差率调速

常见的改变转差率调节电机转速的方法是在绕线式电机转子电路中外接调速电阻。

1. 转子串电阻调速

转子串电阻后，机械特性上的最大转矩 T_m 不变而临界转差率 s_m 会增大，临界点会下移并可在小范围内对电机进行调速，机械特性如图3－20所示。

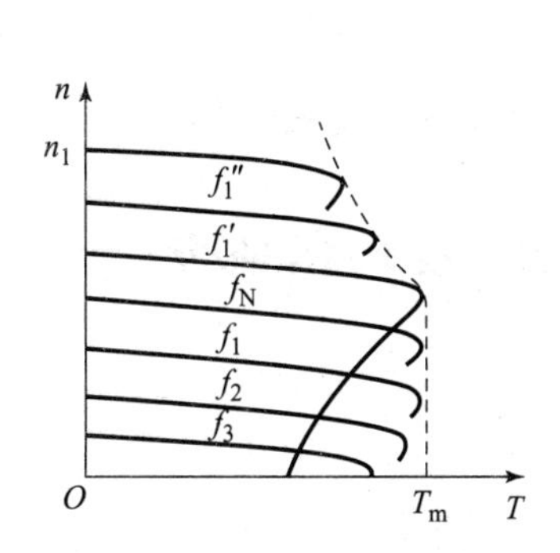

图3－19　变频调速机械特性

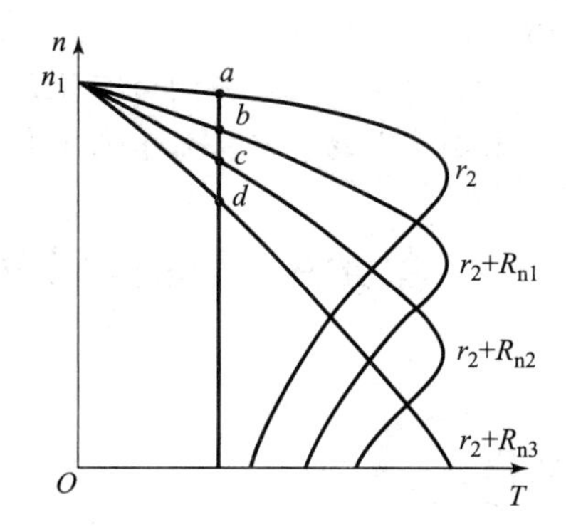

图3－20　转子串电阻调速机械特性

转子串电阻的调速范围有限，外串较大电阻时的特性很软，抗负载波动能力差；外接电阻的电能消耗量大，调速效率较低。该方法的优点是：方法简单，投资少，可结合绕线式电机的启动、制动状态使用，因而它在很多起重及运输设备中仍有一定的应用。

2. 转子电路引入附加电势调速

由于转子电流 I_2 与转差率 s、转子参数及转子感应电动势 E_2 有关，因此如果在转子电路中引入外接的电动势，则会改变转子电流，进而通过电磁转矩的改变影响电机的转速，这就是转子电路引入附加电势调速。设附加电势 $\dot{E}_p$ 与 $\dot{E}_2$ 同频率，则

$$\dot{I}_{2S}=\frac{s\dot{E}_2\pm\dot{E}_p}{r_2+jsX_2}$$

式中，j 是矢量表示。可见，在同频率的前提下，附加电势 $\dot{E}_p$ 的大小及它与转子自身感应电势 $s\dot{E}_2$ 的相位关系对转子电流 $\dot{I}_{2S}$ 有关键性的影响。从能量角度而言，电机调速过程中如果需要补充一定的电能时可由附加电源提供；反之，则多余的能量可通过附加电源回送给电网。如能很好地控制这种能量交换，就能够使电机准确进入调速所要求的状态。这种调速方式的调速范围大而且平滑，准确性及稳定性高，能量利用率高；但要求附加电势的频率始终要与变化的转子感应电势的频率保持相同，而且对两者之间的相位关系也有

要求。因而，这种调速在技术上较为复杂，但它仍不失为异步电动机的一种比较理想的调速方法。

异步电动机除上述三大类调速方法外，还有其他调速方法。例如：人为地改变定子电压或采用电磁离合器调速，甚至于将某些电磁调速装置与电机构成整体而成为电磁调速电机。

思考与练习

1. 异步电动机的调速方法有哪几类？
2. 三相异步电动机变极调速的原理是什么？有什么注意事项？
3. 典型的变极方法有哪几种？国产 YD 系列双速电动机采用什么变极方法？
4. 三相异步电动机变频调速时，为什么要保持 $\frac{U_1}{f_1}$ 为常数？当 $U_1 > U_N$ 时，为什么 U_1 不能升高？
5. 三相异步电动机变频调速有什么特点？
6. 三相异步电动机变转差率调速有哪几种方法？分别有什么特点？

单元4　三相异步电动机的启动、反转和制动

任务描述

三相异步电动机启动时与直流电动机一样，启动电流大，对电源有较大的冲击，因此容量较大的电动机不允许直接启动。需要在三相异步电动机的各种启动方法中选择一种对电源、对负载最合适的方法。异步电动机驱动的生产机械，也经常要改变运动方向，如电梯的上下、刨床的来回运动，这就需要电动机能快速地正反转。某些生产机械除了需要电动机提供驱动力矩外，还要异步电动机在必要时，提供制动力矩，以便迅速反转、停车或限制转速，例如起重机下放重物时，机床反向运动开始时，都需要电动机进行制动。因此掌握三相异步电动机启动、反转和制动的知识及技能，对电气技术人员是很重要的。

任务目标

（1）了解异步电动机启动时存在的问题。
（2）熟悉异步电动机常用的启动方法。
（3）了解异步电动机的反转方法。
（4）了解异步电动机的制动方法。

相关知识

一、三相异步电动机的启动

异步电动机接入三相电源后，如果电磁转矩 T 大于负载转矩 T_c，电动机就可以从静止状态过渡到稳定运转状态，这个过程叫作启动。

电动机启动时由于旋转磁场对静止的转子相对运动速度很大，转子导体切割磁力线的速度也很快，所以电动机的启动电流很大，一般为额定电流的 5 ~ 7 倍。由于启动后转子的速度不断增加，所以电流将迅速下降。若电动机启动不频繁，则短时间的启动过程对电动机本身的影响并不大。但当电网的容量较小时，这么大的启动电流会使电网电压显著降低，从而影响电网上其他设备的正常工作。另外，电动机的启动转矩 T_q 对启动过程也有一定的影响，若启动转矩太小，即使电动机能够启动，加速也必然较慢，启动时间较长。考虑到上述原因，必须根据具体的情况选择不同的启动方法。

三相异步电动机的启动方法与电动机转子的结构有关。异步电动机的转子有笼型和绕线型两种结构形式，这两种结构的电动机启动方法有所不同。

二、笼型转子异步电动机的启动方法

1. 直接启动

直接启动，就是利用刀开关或接触器将电动机定子绕组直接接到额定工作电压上的启动方式，故又叫全压启动，这是异步电动机最简单最常用的启动方式，一般电动机容量在 14 kW 以下，并且小于供电变压器容量的 20% 时，可采用这种启动方式。线路如图 3 – 21 所示。

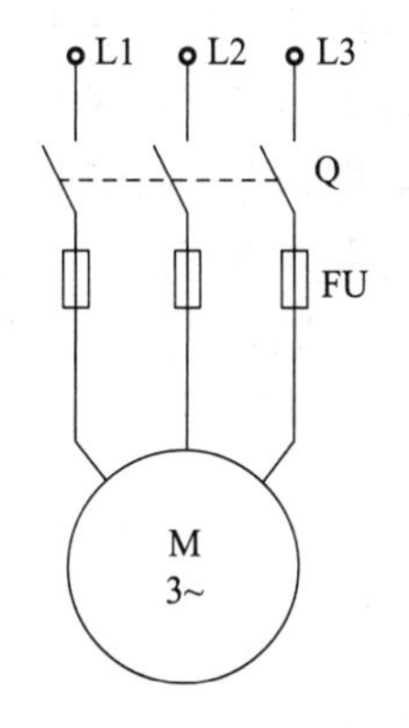

图 3 – 21　简单全压启动线路

2. 降压启动

笼型电动机若直接启动时电流太大，为了降低启动电流，则在空载或轻载的情况下，可采用降压启动。所谓降压启动，就是在启动时降低加在电动机定子绕组上的电压，待电动机转速升高到接近额定值时，再将电压恢复到额定值，转入正常运行的方法。由于降压启动同时也减小了电动机的启动转矩，所以这种方法只适用于对启动转矩要求不高的生产机械。下面介绍几种常用的降压启动方法。

（1）定子电路串接电阻启动。在定子电路中串接电阻启动线路如图 3 – 22 所示。启动时，先合上电源隔离开关 Q_1，将 Q_2 扳向“启动”位置，电动机即串入电阻 R_Q 启动。待转速接近稳定值时，将 Q_2 扳向“运行”位置，R_Q 被切除，使电动机恢复正常工作情况。由于启动时，启动电流在 R_Q 上产生一定电压降，使得加在定子绕组端的电压降低了，因此限制了启动电流。调节电阻 R_Q 的大小可以将启动电流限制在允许的范围内。

采用定子电路串接电阻降压启动时，虽然降低了启动电流，但也使启动转矩大大减小。所以这种启动方法只适用于空载或轻载启动，同时由于采用电阻降压启动时损耗较

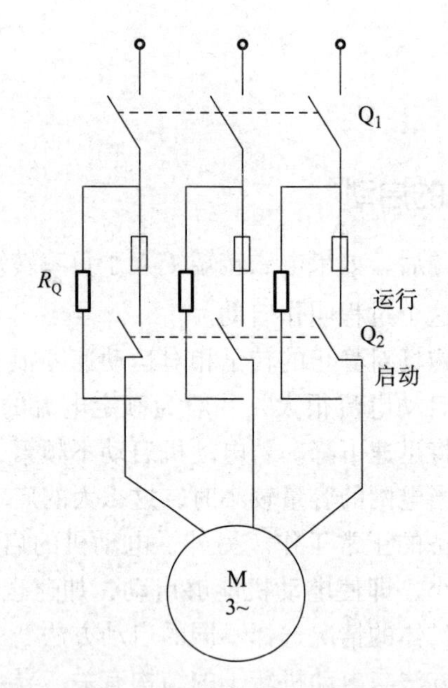

图 3－22　定子电路串接电阻降压启动

大，它一般用于低压电动机启动中。

（2）星形－三角形降压启动。若电动机在正常工作时其定子绕组是联结成三角形的，那么在启动时可以将定子绕组联结成星形，通电后电动机运转，当转速升高到接近额定转速时再换接成三角形联结。根据三相交流电路的理论，用星形－三角形换接启动可以使电动机的启动电流降低到全压启动时的 1/3。但要引起注意的是，由于电动机的启动转矩与电压的平方成正比，所以，用星形－三角形换接启动时电动机的启动转矩也是直接启动时的 1/3。这种启动方法适合电动机正常运行时定子绕组为三角形联结的空载或轻载启动。其接线原理线路如图 3－23 所示。

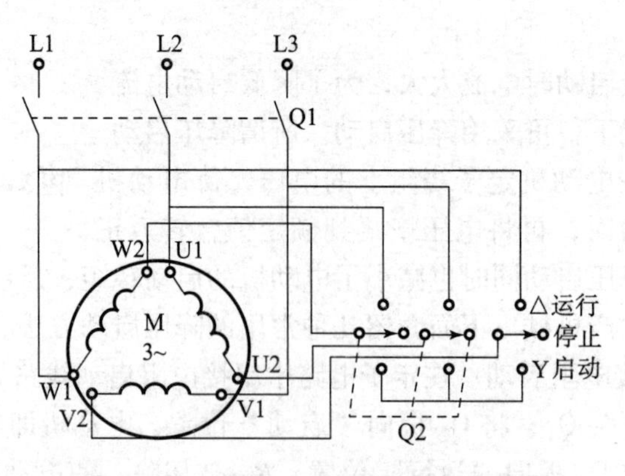

图 3－23　星形－三角形降压启动原理

（3）自耦变压器降压启动。对于有些三相异步电动机来说，在正常运转时要求其转子绕组必须接成星形，这样一来就不能采用星形－三角形换接启动方式，我们可以用三相自耦变压器将电动机在启动过程中的端电压降低，同样起到减小启动电流的作用。自耦变压器降压启动是利用自耦变压器将电网电压降低后再加到电动机定子绕组上，待转速接近稳定值时，再将电动机直接接到电网上。原理图如图 3－24 所示。自耦变压器备有 40%、60%、80% 等多种抽头，使用时可根据电动机启动转矩的要求具体选择。

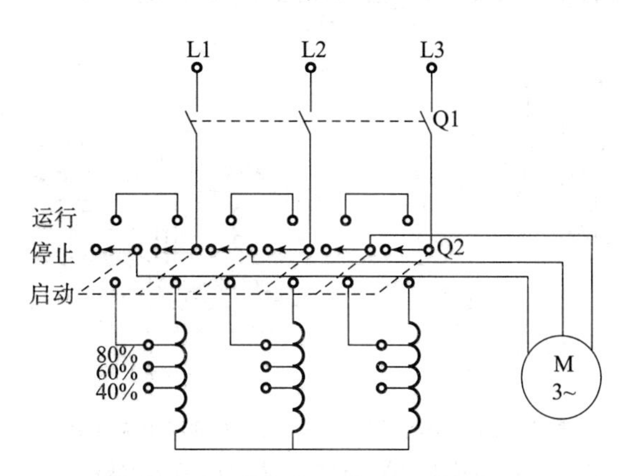

图 3－24　自耦变压器降压启动原理

（4）延边三角形降压启动。这种电机的每相绕组都带有中心抽头，抽头比例可按启动要求在制造电机前确定。启动时的接法如图 3－25（a）所示，部分绕组作三角形联结，其余绕组向外延伸，所以称为延边三角形启动。启动中降压比例取决于抽头比例，绕组延伸部分越多则降压比越大。启动结束后，将电机的三相中心抽头断开并使绕组依次首尾相接以三角形接法运行，如图 3－25（b）所示。延边三角形降压启动主要用于专用电机上。

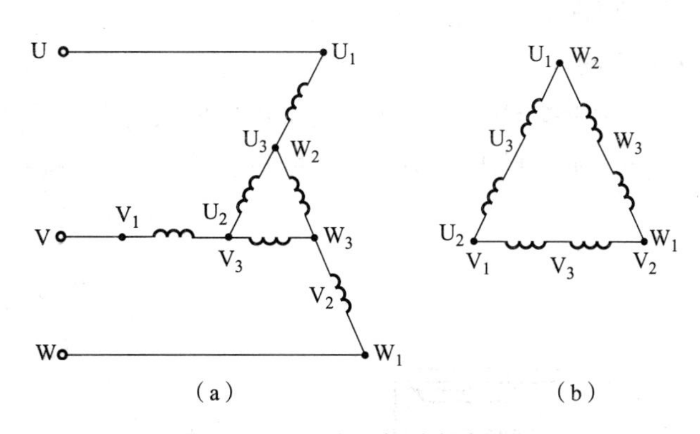

图 3－25　延边三角形启动原理

（a）延边三角形启动；（b）三角形运行

三、绕线型转子异步电动机的启动方法

对于笼型异步电动机，无论采用哪一种降压启动方法来减小启动电流，电动机的启动转矩都随着减小。所以，对某些重载下启动的生产机械（如起重机、带运输机等）不仅要限制启动电流，而且还要求有足够大的启动转矩，在这种情况下就基本上排除了采用笼型转子异步电动机的可能性，而采用启动性能较好的绕线型异步电动机。通常绕线型转子异步电动机用转子电路串接电阻或串接频敏变阻器的方法实现启动。

1. 转子电路串接启动电阻

绕线型转子异步电动机的转子回路串入适当的电阻，既可降低启动电流，又可提高启动转矩，改善电动机的启动性能。其原理图如图 3－26 所示。

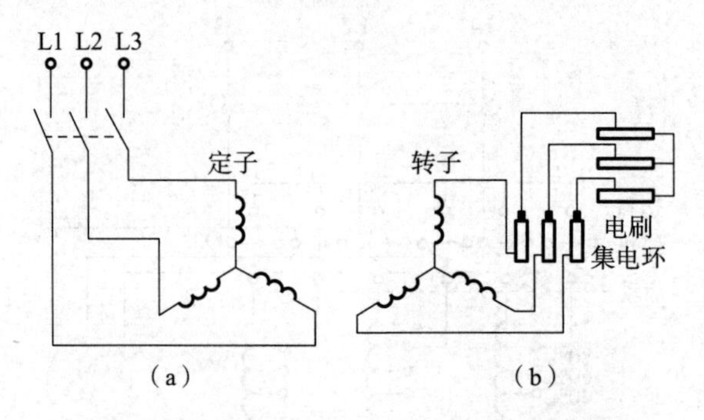

图 3－26　绕线型转子异步电动机串电阻启动

（a）频率变阻器的结构示意；（b）启动线路

绕线型转子异步电动机不仅能在转子回路串入电阻减小启动电流，增大启动转矩，而且还可以在小范围内进行调速，因此，广泛地应用于启动较困难的机械（如起重吊车、卷扬机等）上。但它在结构上比笼型异步电动机复杂，造价高，效率也稍低。在启动过程中，当切除电阻时，转矩突然增大，会在机械部件上产生冲击。当电动机容量较大时，转子电流很大，启动设备也将变得庞大，操作和维护工作量大。为了克服这些缺点，目前多采用频敏变阻器作为启动电阻。

2. 转子串接频敏变阻器

频敏变阻器是一个三相铁芯绕组（三相绕组接成星形），铁芯一般做成三柱式，由几片或十几片较厚（30～50 mm）的 E 形钢板或铁板叠装制成，其结构和启动线路如图 3－27 所示。

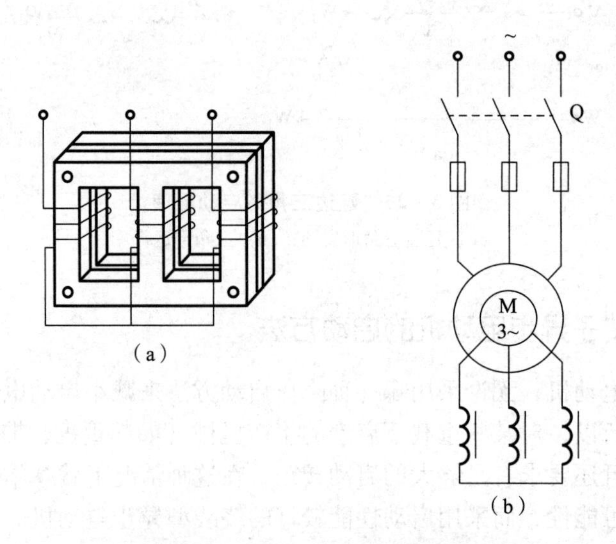

图 3－27　绕线型转子异步电动机串接频敏变阻器启动

电动机启动时，转子绕组中的三相交流电通过频敏变阻器，在铁芯中便产生交变磁通，该磁通在铁芯中产生很强的涡流，使铁芯发热，产生涡流损耗，频敏变阻器线圈的等效电阻随着频率的增大而增加，由于涡流损耗与频率的平方成正比，当电动机启动时（$s=1$），转子电流（即频敏变阻器线圈中通过的电流）频率最高（$f_2=f_1$），因此频敏变阻器的电阻和感抗最大。启动后，随着转子转速的逐渐升高，转子电流频率（$f_2=sf_1$）便逐渐降低，于是频敏变阻器铁芯中的涡流损耗及等效电阻也随之减小。实际上频敏变阻器就相当于一个电抗器，它的电阻是随交变电流的频率而变化的，故称频敏变阻器，它正好满足绕线型转子异步电动机启动的要求。

由于频敏变阻器在工作时总存在着一定的阻抗，使得机械特性比固有机械特性软一些，因此，在启动完毕后，可用接触器将频敏变阻器短接，使电动机在固有特性上运行。

频敏变阻器是一种静止的无触点变阻器，它具有结构简单、启动平滑、运行可靠、成本低廉、维护方便等优点。

四、深槽型和双笼型异步电动机启动

深槽型和双笼型异步电动机采用特殊的转子笼型绕组结构来改善启动性能，它们都利用电流的集肤效应使电动机启动时转子绕组的电阻变大，从而降低启动电流、增大启动转矩。

1. 深槽型异步电动机

深槽型电动机的转子槽型深而窄，深宽比是普通电动机的 2～4 倍。转子电流产生的漏磁通与槽底部分交链多而槽口部分较少，故槽口部分漏磁通很小，电流主要从槽口部分流（电流趋于表面），这就是所谓的“集肤效应”。深槽型电动机的转子槽型、漏磁通、转子电流分布及机械特性如图 3－28 所示。

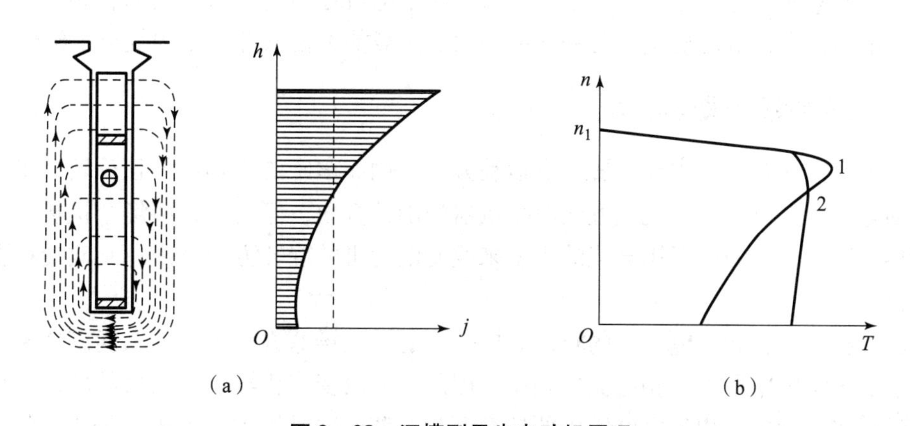

图 3－28　深槽型异步电动机原理

（a）槽型、漏磁通及电流分布；（b）机械特性

集肤效应使导条的有效截面积减小，导条电阻增大。由于转子漏电抗正比于转子电流频率，启动时，$s=1$，$f_2=f_1$，集肤效应最明显，转子电阻显著增大，机械特性临界点下移导致启动转矩增大，同时启动电流减小。启动结束后电机进入高速运行状态，$f_2=sf_1$，f_2 很小，集肤效应基本消失，转子电流近似均匀分布，机械特性基本不受影响，特性如图

中曲线 2 所示（普通异步电机的特性如曲线 1 所示）。

2. 双笼型异步电动机

双笼型电动机的转子有内、外两套笼型绕组（分别称为工作笼和启动笼）。外笼导条截面小且以电阻率较大的黄铜材料制造；内笼导条截面大并由导电性好的紫铜材料制成。启动时，强烈的集肤效应使转子电流流过电阻较大的外笼（启动笼），启动转矩大且启动电流小，外笼对电动机的启动性能影响大。高速运行时，电流主要流经电阻很小的内笼（工作笼），电动机的运行特性受内笼影响大。双笼型电动机机械特性由启动笼特性和工作笼特性合成，图 3－29 所示分别为双笼型电动机的转子结构、漏磁通分布及机械特性。特性图中，曲线 1、2、3 分别为启动笼特性、工作笼特性和合成的机械特性。

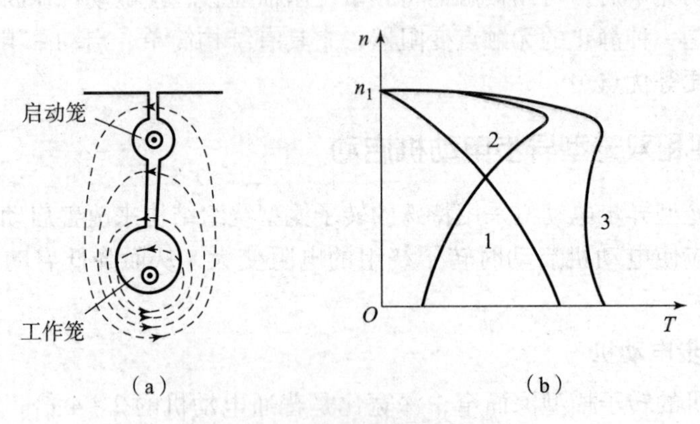

图 3－29　双笼型异步电动机原理

(a) 槽形与漏磁通；(b) 机械特性

深槽型和双笼型异步电动机正常工作时的转子电流远离转子铁芯表面，转子漏电抗比普通笼型电动机大，电动机运行时的功率因数、过载能力偏低并且结构复杂、价格偏高。

五、三相异步电动机的反转

某些生产机械在工作中经常要改变运动方向，例如车床的主轴需要正反转、吊车需要上下运动等。虽然也可以用机械方法改变机器的旋转方向，但是在某些场合机械方法有一定的困难，这时，我们可以用电气的方法来改变电动机的旋转方向，来达到改变机器运动方向的目的。

前面分析过三相异步电动机的转动方向是由旋转磁场的方向决定的，而旋转磁场的转向取决于定子绕组中通入三相电流的相序。因此，要改变三相异步电动机的转动方向非常容易，只要将电动机三相供电电源中的任意两相对调，这时接到电动机定子绕组的电流相序被改变，旋转磁场的方向也被改变，电动机就实现了反转。

六、三相异步电动机的制动

当异步电动机的电磁转矩 T 与转速 n 的方向相反时，电磁转矩将成为电动机旋转的阻力矩，电动机就处在制动状态。制动的目的主要是利用电磁转矩的制动作用使电动机迅速停车（刹车）或者稳定工作在某些有特殊要求的状态。三相异步电动机的电气制动方式包括反接制动、回馈制动和能耗制动三大类。

1. 反接制动

当异步电动机的旋转磁场方向与转动方向相反时，电动机进入反接制动状态。这时，$s=[n_0-(-n)]/n_0>1$。根据电机的功率平衡关系可知，电机仍从电源吸取电功率，同时电机又从转轴获得机械功率。这些功率全部以转子铜耗形式被消耗于转子绕组中，能量损耗大，如果不采取措施，将可能导致电机温升过高造成损害。反接制动包括倒拉反转制动和电源反接制动。

1）倒拉反转制动

起重设备工作中常需要绕线型异步电动机拖动位能性负载（负载转矩方向恒定，与电机转向无关，如起重机吊钩连同重物、电梯等）低速下放，此时可以采取倒拉反转制动，其制动过程及机械特性如图 3－30 所示。

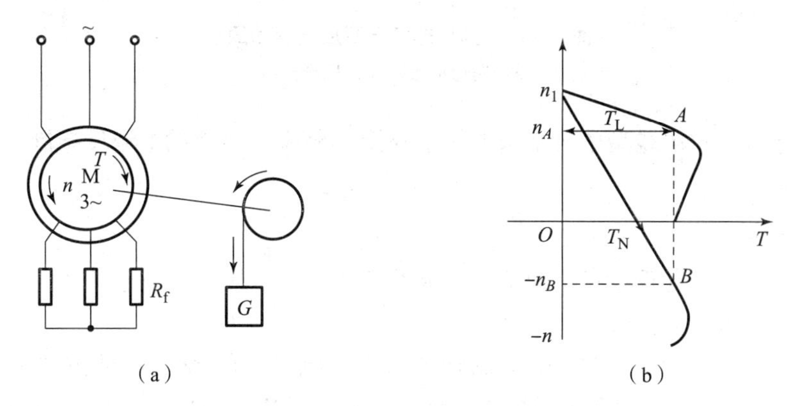

图 3－30　绕线型电机倒拉反转制动原理

(a) 制动示意；(b) 机械特性

假设制动前绕线型电机拖动负载处于正向电动状态（$T>0$，$n>0$），对应运行于机械特性上的 A 点。制动时，转子外接大阻值的制动电阻导致机械特性的临界点大幅度下移。由于新特性对应于 A 点转速的转矩很小，因此必然不能维持在 A 点存在的平衡。电机在惯性作用下以转速 n_A 切换至新特性上运行并开始减速。直到转速降至 n_B 后才能与负载平衡，电机运行于 B 点。这时 $n_B<0$，电机反转且转速值较低，但特性软，运行稳定性偏差。

2）电源反接制动

针对电动运行的电机，将三相电源的任意两相对调构成反相序电源，则旋转磁场也反向，电机进入电源反接制动状态，制动过程与机械特性如图 3－31 所示。

电源反接后，电机因惯性作用由反向机械特性上的 A 点同转速切换至 B 点。在反向电磁转矩作用下，电机沿反向机械特性迅速减速。如果制动的目的是使拖动反抗性负载（负载转矩方向始终与电机转向相反）的电机刹车，则需要在电机状态接近 C 点时及时切断电源，否则电机会很快进入反向电动状态并在 D 点平衡。如果电机拖动的是位能性负载，电机将迅速越过反向电动特性直至 E 点才能重新平衡，这时电机的转速超过其反向同步转速，电机进入反向回馈制动状态。电源反接制动时，冲击电流相当大，为了提高制动转矩

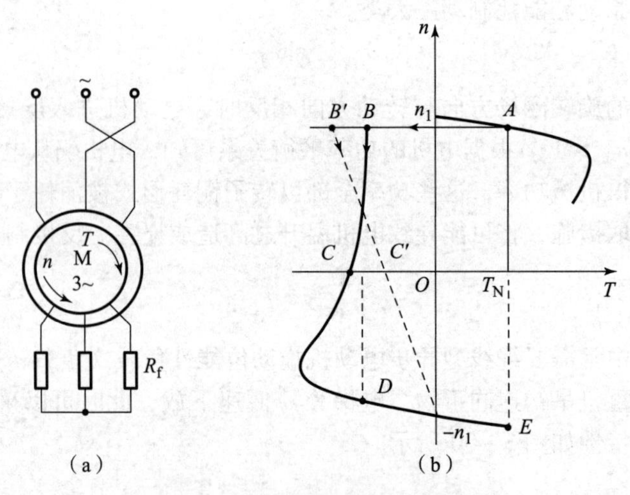

图 3－31　异步电机电源反接制动原理

(a) 制动示意；(b) 机械特性

并降低制动电流，对绕线型电机常采取转子外接（分段）电阻的电源反接制动，制动过程为 $A \to B' \to C'$。

2. 回馈制动

回馈制动常用于起重设备高速下放位能性负载场合，其特点是电机转向与旋转磁场方向相同但转速却大于同步转速。

如图 3－32（a）所示，在回馈制动方式下，电机自转轴输入机械功率，相当于被"负载"拖动，扣除少部分功率消耗于转子外，其余机械功率以电能形式回送给电网，电机处于发电状态。回馈制动机械特性如图 3－32（b）所示，制动过程为 $A \to B$。若负载拖动的转矩超过回馈制动最大转矩，则制动转矩反而下降，电机转速急剧升高并失控，产生"飞车"等严重事故。

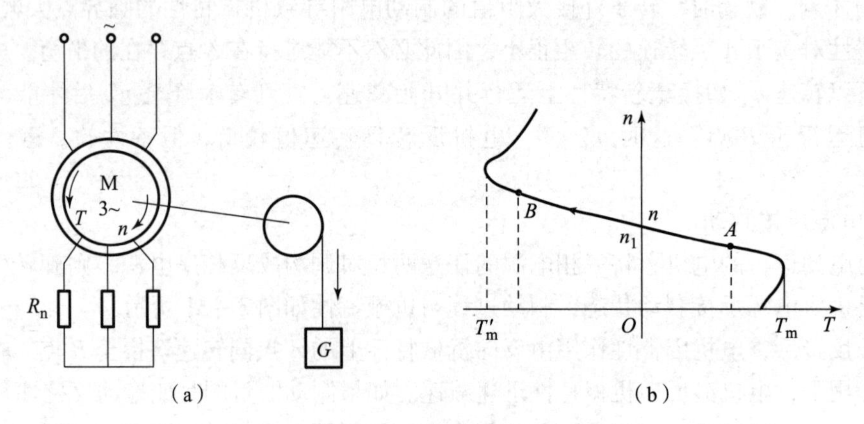

图 3－32　异步电机回馈制动原理

(a) 制动示意；(b) 机械特性

3. 能耗制动

能耗制动可以克服电源反接制动难以准确停车的缺点，制动后电机能稳定停车。能耗制动的方法是将电动状态的电机交流电源切换为直流电源并采取适当的限流措施，如图 3 - 33 所示。

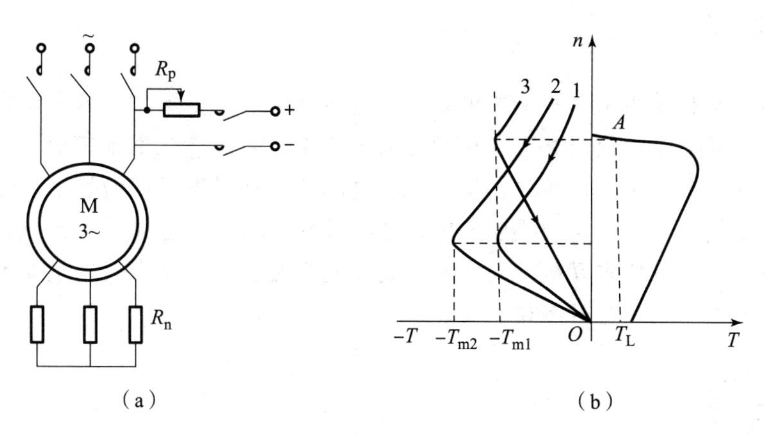

图 3 - 33　异步电机能耗制动

（a）制动示意；（b）机械特性

直流励磁产生静止的磁场，转子在惯性作用下沿原方向切割该磁场，相当于磁场相对于转子反向旋转产生反向的电磁转矩，当电机转速为零时，转子与旋转磁场相对静止，相当于异步电机的同步状态。能耗制动的机械特性类似于固有机械特性，但同步转速为零，特性相当于倒过来的固有特性并过原点。与交流励磁类似，异步电动机在直流励磁电流固定的情况下其最大转矩固定，但对应于最大转矩的转速值却与转子电阻有关，如图 3 - 33（b）所示的曲线 1、3。如果直流励磁电流在允许的范围内增大则最大转矩也增大，如曲线 2。为使绕线型电机在高速时获得较大的制动转矩，可在转子电路中外接分段电阻，按照要求逐级切除以加快制动过程。

从能量转换角度看，制动前电机的动能借助直流励磁产生的磁场转化为电能，并全部消耗于转子上，因此，这种制动方式被称为能耗制动。

思考与练习

1. 三相异步电动机启动时存在什么问题？
2. 三相异步电动机在什么情况下可以全压启动？
3. 三相异步电动机常用的启动方法有哪几种？
4. 三相异步电动机常用的减压启动方法有哪几种？
5. Y - △启动有什么性能和特点？
6. 绕线型转子异步电动机有哪几种启动方法？
7. 大容量异步电动机轻载启动可选用什么启动方法？
8. 大容量异步电动机重载启动可选用什么启动方法？
9. 三相异步电动机有哪些电气制动方法？分别用于什么场合？

单元5 单相异步电动机的应用

任务描述

单相异步电动机是指用单相交流电源供电的异步电动机。单相异步电动机具有结构简单、成本低廉、噪声小、使用方便、运行可靠等优点，因此广泛用于工业、农业、医疗和家用电器等方面，最常见于电风扇、洗衣机、电冰箱、空调等家用电器中。但是单相异步电动机与同容量的三相异步电动机相比较，体积较大，运行性能较差。因此，单相异步电动机一般只制成小容量的电动机，功率从几瓦到几千瓦。单相异步电动机在家用电器中的应用特别广泛，与人们的生活密切相关。

任务目标

(1) 了解单相异步电动机的特点和用途。

(2) 熟悉单相异步电动机的工作原理和机械特性。

(3) 了解单相异步电动机的类型、启动方法和应用场合。

相关知识

单相异步电动机根据运行原理的不同分为电容分相单相异步电动机、电阻分相单相异步电动机和单相罩极电动机。

一、电容分相单相异步电动机

电容分相单相异步电动机在结构上同三相笼型电动机基本相同，也是由定子、转子、机座和端盖几大部分组成的。转子多为笼型，定子绕组有所不同，它是由两套绕组组成的。

如果定子只有一套单相绕组，当通过单相交流电时，所产生的只是一个变化的脉冲磁场，而不是旋转磁场。这个磁场每一瞬间在空气隙中各点的分布都按正弦规律，同时随电流在时间上也作正弦变化，所以是一个“交变脉振磁场”。理论证明：“交变脉振磁场”是由大小相等、方向相反的两个“旋转磁场”合成的，故在转子上感应产生的合成电磁转矩为零（一种动态平衡），所以转子不能自行启动。如果通过外力使转子向某一方向转动一下，它就能沿着该方向不停地旋转下去。

为了使单相异步电动机能自行启动，电容分相单相异步电动机在定子铁芯上安装两套绕组，一套是工作绕组 U_1U_2（或称主绕组），一套是启动绕组 Z_1Z_2（或称辅助绕组），这两套绕组在空间位置上相差90°。启动绕组与一电容串联后与工作绕组并联接单相交流电源，如图3-34所示。

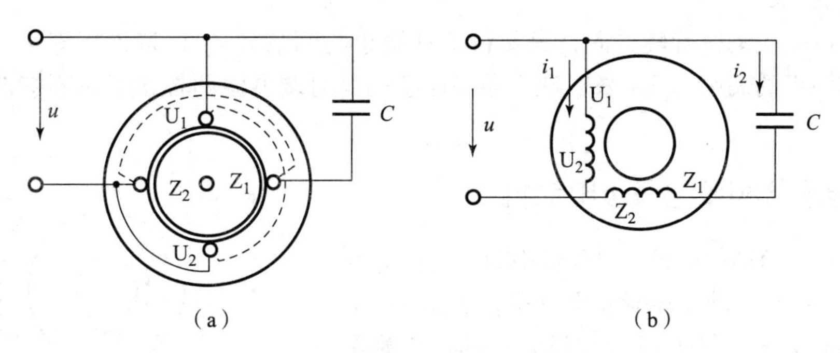

图 3－34　电容分相单相异步电动机

(a) 结构示意；(b) 电路原理

接通电源后，由于启动绕组 Z_1Z_2 串有电容，将使启动绕组中电流 i_2 被移相，如果电容 C 选择适当，可使 i_2 在相位上超前工作绕组电流 i_1 相位 90°，这就叫“分相”。两个电流可分别表示为

$$i_1 = I_{1m}\sin(\omega t)$$

$$i_2 = I_{2m}\sin(\omega t + 90°)$$

它们的波形如图 3－35（a）所示。这样，在空间相差 90°的两个绕组，分别通入在相位上相差 90°的两相电流，也能产生“旋转磁场”。

仿照三相正弦电流产生旋转磁场的做法，选取图 3－35（a）中的五个时刻，在图 3－35（b）的绕组位置上绘出了磁场的分布情况。可以看到，分相后的“两相”电流产生的磁场也是在空间旋转的。转子将会跟随磁场按同样方向旋转起来。电动机启动后电容所在的启动绕组 Z_1Z_2 可以切除也可以参与运行。因此，根据启动绕组是否参与正常运行，电容分相单相异步电动机又可分为电容运行单相异步电动机（启动绕组参与正常运行）和电容启动单相异步电动机（电动机正常运行后切除启动绕组）。

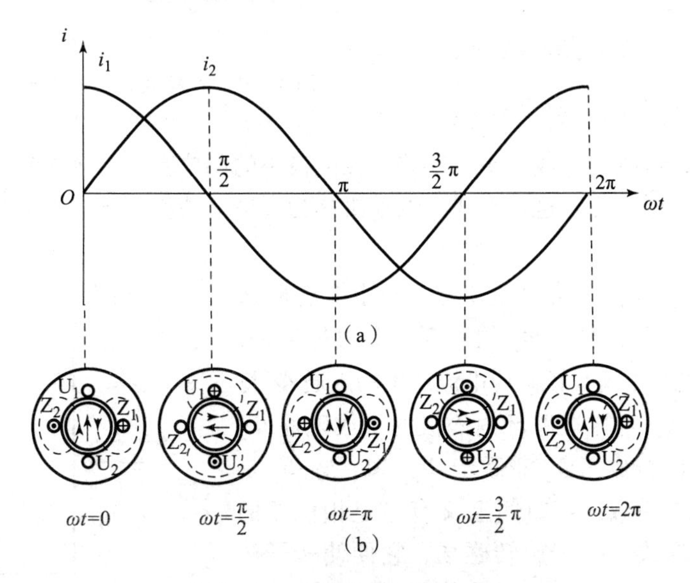

图 3－35　两相旋转磁场的产生

(a) 分相电流波形；(b) 两相旋转磁场

如果要改变电动机旋转方向，只要将启动绕组的两端 Z_1Z_2 对调连接即可，当然也可以对调工作绕组的两端 U_1U_2 来实现。需要注意的是对调电源两根接线是不能改变电动机旋转方向的。

二、电阻分相单相异步电动机

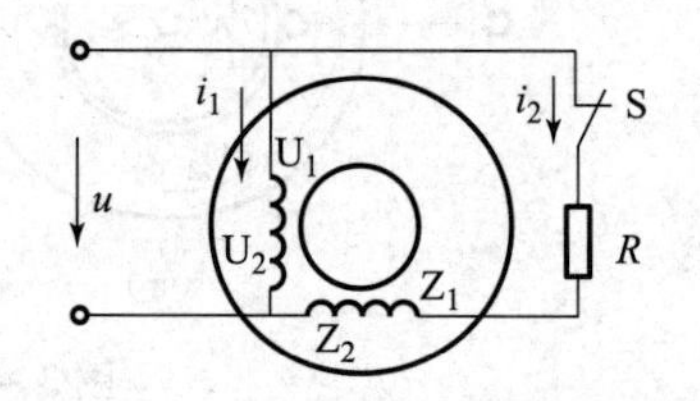

图 3－36　电阻分相单相异步电动机原理

如果将电容启动单相异步电动机中的电容换成电阻，就构成了电阻启动单相异步电动机，如图 3－36 所示。图中开关 S 一般采用离心开关，离心开关是由旋转部分和静止部分组成，旋转部分安装于电动机转轴上，与电动机一起旋转。而静止部分则安装在端盖或机座上。当电动机停止时，离心开关是闭合的，当电动机转动起来并达到一定转速时，离心开关断开。该开关触点的动作是依靠离心力来实现的，故称为离心开关。

电阻启动电动机的启动绕组 Z_1Z_2 的导线比工作绕组 U_1U_2 的导线细，所以启动绕组的电阻比工作绕组大，另外启动绕组回路中又串入了一个电阻 R，这样在电动机接上电源后，流过启动绕组的电流与主绕组中的电流就有了一个相位差，在定子与转子气隙中产生旋转磁场，使转子获得转矩而转动，当转速达到一定数值后，离心开关 S 断开，切除启动绕组，电动机进入运行状态。这种电动机启动转矩不大，宜于空载启动。

三、单相罩极电动机

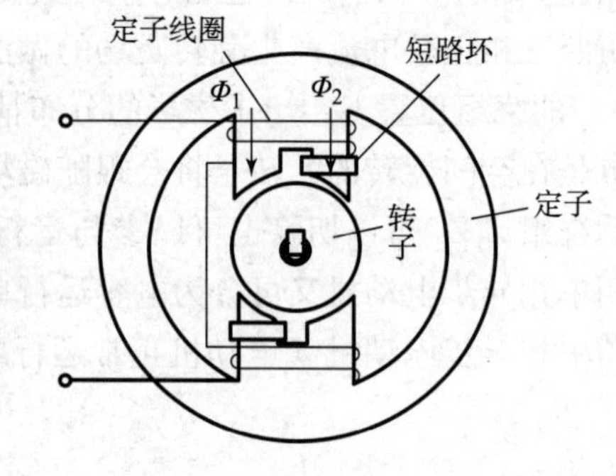

图 3－37　凸极式单相罩极电动机的结构示意

单相罩极电动机是一种结构非常简单的电动机，按照磁极形式的不同分为凸极式和隐极式两种，其中凸极式应用较多。如图 3－37 所示为一种常见的凸极式单相罩极电动机的结构示意图。

由图可见定子上制有凸出的磁极，主绕组就绕在凸出的磁极上，在磁极的 $\frac{1}{3}\sim\frac{1}{4}$ 的部分有一个凹槽，将磁极分成大小两部分，在磁极小的部分套着一个短路铜环，就像将这部分磁极罩起来一样，所以这种形式的电动机称为罩极电动机。罩极电动机的转子仍为笼型结构。

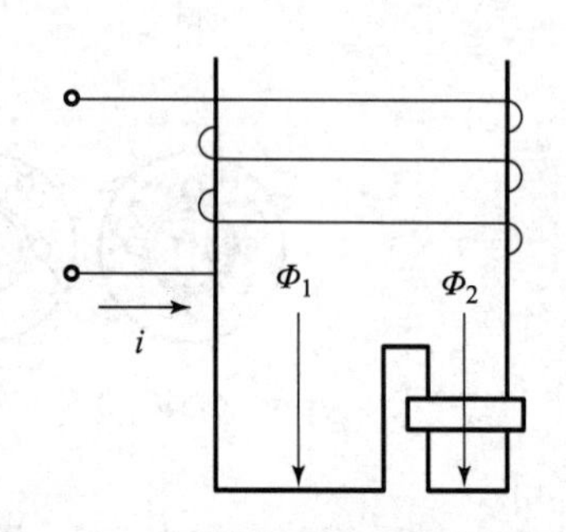

图 3－38　罩极电动机磁极中的磁通

当绕组中通过单相交流电流 i 时，产生交变磁通 Φ_1，如图 3－38 所示。磁通 Φ_1 的一部分穿过短路环，在短路环内产生感应电流，该感应电流产生的磁通 Φ_2' 将阻碍原磁场的变化，这样短路环内磁极的合成磁通 Φ_2 为部分 Φ_1 与 Φ_2' 的合成，Φ_2 滞后于 Φ_1。Φ_1 与 Φ_2 是两个在空间位置不一致，在时间上又有一定相位差的交变磁通，这就形成了一个旋转磁场，它便使转子产生转矩而启动。

凸极式罩极电动机的旋转方向不易改变，所以通常用于不需要改变旋转方向的电气设备中。

四、单相异步电动机的反转

三相异步电动机只要将电动机的任意两根端线与电源的接法对调，电动机就可以反转。而单相异步电动机则不行，这可以从两相旋转磁场产生的条件中得到答案。要使单相异步电动机反转，必须使旋转磁场反转，其方法有两种：

（1）把工作绕组（或启动绕组）的首端和末端与电源的接法对调；

（2）把电容器从一组绕组中改接到另一组绕组中（只适用于电容运行单相异步电动机），则流过该绕组中的电流也从原来的超前90°近似变为滞后90°，旋转磁场的转向发生了改变。

以上反转方法只用于电容（电阻）式单相异步电动机。

五、单相异步电动机的调速

单相异步电动机和三相异步电动机一样，它的转速调节较困难。如采用变频调速则设备复杂，成本高。为此一般只进行有级调速，主要的调速方法有以下几种。

1. 串电抗器调速

将电抗器与电动机定子绕组串联，通电时，利用在电抗器上产生的电压降使加到电动机定子绕组上的电压低于电源电压，从而达到降低电动机转速的目的。因此用串联电抗器调速时，电动机的转速只能由额定转速往低调。图3－39（a）为罩极电动机串电抗器调速电路图，图3－39（b）为电容电动机串电抗器调速并带有指示灯的电路图。

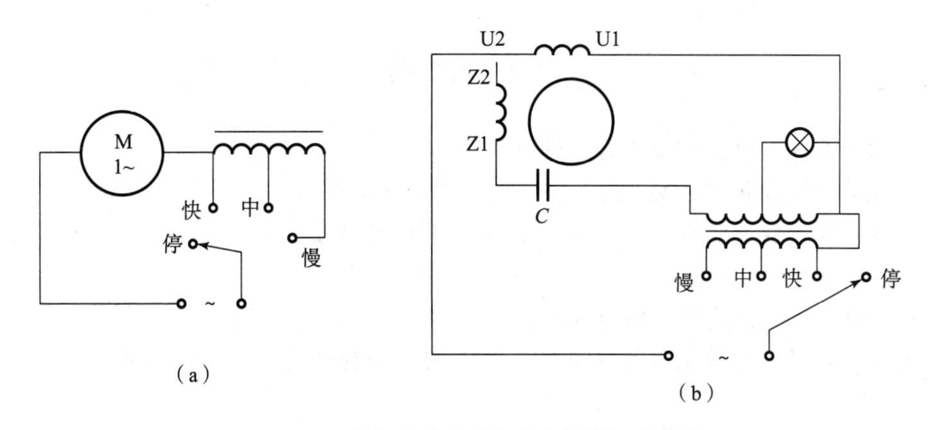

图3－39　单相异步电动机串电抗器调速电路

（a）罩极电动机串电抗器调速电路；（b）电容电动机串电抗器调速并带有指示灯的电路

这种调速方法线路简单，操作方便。缺点是电压降低后，电动机的输出转矩和功率明显降低，因此只适用于转矩及功率都允许随转速降低而降低的场合，目前主要用于吊扇及台扇。

2. 电动机绕组内部抽头调速

电容式电动机较多地采用定子绕组抽头调速，此时电动机定子铁芯槽中嵌放有工作绕组U1U2、启动绕组Z1Z2和中间绕组D1D2，通过调速开关改变中间绕组与启动绕组及工作绕组的接线方法，从而改变电动机内部气隙磁场的大小，达到调节电动机转速的目的。这种调速方法通常有L型接法和T型接法两种，如图3-40（a）、（b）所示。

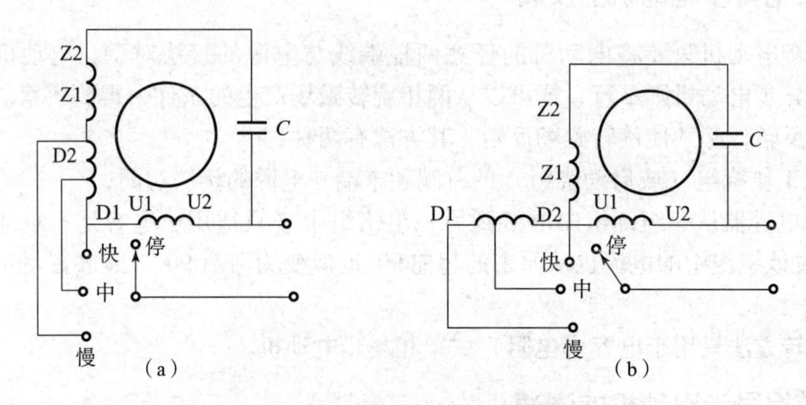

图3-40 电容式电动机绕组抽头调速接线

（a）L型接法；（b）T型接法

与串电抗器调速比较，用绕组内部抽头调速不需电抗器，故材料省，耗电少。缺点是绕组嵌线和接线比较复杂，电动机与调速开关的接线较多。

3. 交流晶闸管调速

利用改变晶闸管导通角，来实现调节加在单相电动机上的交流电压的大小，从而达到调节电动机转速的目的，具体线路分析可在电子技术课程中熟悉。本调速方法可以实现无级调速，缺点是有一些电磁干扰。

思考与练习

1. 单相异步电动机如何获得启动转矩？

2. 单相异步电动机可分哪些种类？分别用在什么场合？

3. 如何改变单相异步电动机的旋转方向？罩极式单相异步电动机的旋转方向能否改变？为什么？

4. 单相异步电动机有哪些调速方法？

5. 电风扇振动过大的主要原因是什么？久用之后转速变慢，启动困难，可能是什么原因？

6. 三相异步电动机断了一根电源线后，为什么不能启动？而在运行时断了一根电源线，为什么仍能继续转动？转动情况如何？

模块四　特种电机的应用

单元1　伺服电动机

任务描述

伺服电动机亦称执行电动机，它用于把输入的电压信号变换成电动机轴的角位移或者转速输出。它具有服从控制信号的动作要求的职能，在信号来到之前，转子静止不动；信号来到之后，转子立即转动；当信号消失，转子立刻自行停转。由于这种“伺服”的性能，其被命名为伺服电动机。

按照自动控制系统的控制要求，伺服电动机必须具备可控性好、稳定性高和适应性强等基本性能。可控性好是指信号消失以后，能立即自行停转；稳定性高是指转速随转矩的增加而均匀下降；适应性强是指反应快，反应灵敏。

常用的伺服电动机有交流伺服电动机和直流伺服电动机两大类。外形如图4－1所示。

（a）

（b）

图4－1　伺服电动机
（a）直流伺服电动机；（b）交流伺服电动机

任务目标

（1）了解伺服电动机的特点、用途和分类。

（2）认识伺服电动机的外形、内部结构，了解各部件的作用。
（3）了解伺服电动机的基本工作原理和主要运行性能。
（4）学会合理选用伺服电动机。
（5）了解典型伺服控制系统的组成。

相关知识

一、交流伺服电动机

交流伺服电动机实质上就是一种微型交流异步电动机。其定子结构与电容运转单相异步电动机相似。如图 4－2 所示，交流伺服电动机的定子圆周上装有两个互差 90°电角度的绕组，一个叫励磁绕组 f，另一个叫控制绕组 C，励磁绕组与交流电源 U_f 相连，控制绕组接输入信号电压 U_c，所以交流伺服电动机又称两相伺服电动机。

交流伺服电动机的转子通常做成鼠笼式，但转子的电阻比一般异步电动机大得多。为了使伺服电动机输入信号能有快速的反应，必须尽量减小转子的转动惯量，所以转子一般做得细而长。近年来，为了进一步提高伺服电动机的快速反应性，采用了如图 4－3 所示的空心杯型转子。这种结构的伺服电动机其定子有内、外两个铁芯，均用硅钢片叠成。在外定子铁芯上装有在空间上相差 90°电角度的两相绕组，而内定子铁芯则用以构成闭合磁路，减小磁组。在内、外定子之间有一个空心杯型的薄壁转子，由铝或铝合金的非磁性金属制成，壁厚为 0.2～0.8 mm，用转子支架装在转轴上。空心杯型转子的特点是转子非常轻，转动惯量很小，能极迅速和灵敏地转动和停止。缺点是气隙稍大，因此空载电流大，功率因数和效率低。

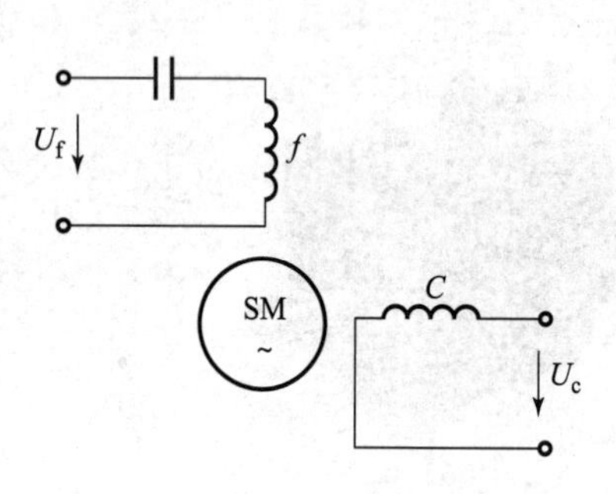

图 4－2 交流伺服电动机原理图

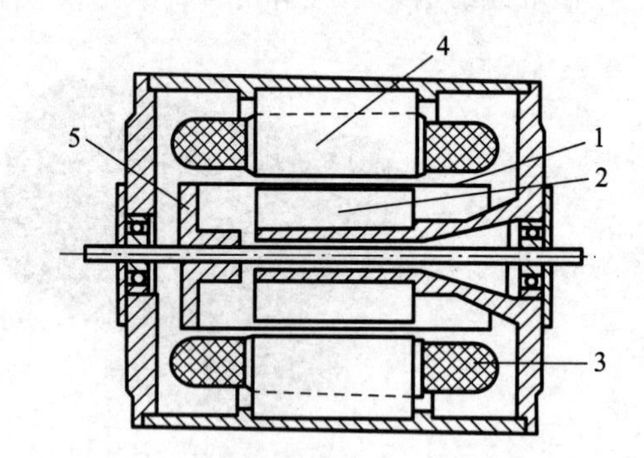

图 4－3 空心杯型转子异步电动机

1—外定子铁芯；2—内定子铁芯；3—定子绕组；4—杯形转子；5—转子支架。

交流伺服电动机的工作原理和电容运转单相异步电动机相似。在没有控制信号时，定子内只有励磁绕组产生的脉动磁场，转子上没有电磁转矩作用而静止不动。当有控制电压时定子就在气隙中产生一个旋转磁场，并产生电磁转矩使转子沿旋转磁场的方向旋转。

由于电磁转矩的大小决定于气隙磁场的每极磁通量和转子电流的大小和相位，也即决

定于控制电压 U_c的大小和相位，所以可采用下列三种方法来控制电动机，使之启动、旋转、调速和停止。

1. 幅值控制

幅值控制即保持控制电压 U_c的相位角不变，仅仅改变其幅值大小。

2. 相位控制

相位控制即保持控制电压 U_c的幅值不变，仅仅改变其相位。

3. 幅相控制

幅相控制即同时改变控制电压 U_c的幅值和相位。

交流伺服电动机与单相异步电动机相比，有三个显著特点。

(1) 启动转矩大。由于转子电阻很大，定子加上控制电压，转子可立即启动运转。

(2) 运行范围宽。在转差率于 0 ~ 1 内伺服电动机都能稳定运转。

(3) 无自转现象。正常运转的伺服电动机只要失去控制电压，电动机立即停止运转。

交流伺服电动机的输出功率一般在 100 W 以下，电源频率为 50 Hz 时，其电压有 36 V、110 V、220 V、380 V 数种，当频率为 400 Hz 时，电压有 20 V、36 V、115 V 等多种。

交流伺服电动机运行平稳、噪声小，但控制特性非线性，并且由于转子电阻大使损耗大、效率低。因此与同容量的直流伺服电动机相比体积大、质量大，所以只适用于 0.5 ~ 100 W 的小功率控制系统中。

二、直流伺服电动机

直流伺服电动机实质上就是一台他励式直流电动机，其结构、原理与一般直流电动机基本相同。但直流伺服电动机也有其本身的特点：与普通直流电动机相比，直流伺服电动机气隙比较小，磁路不饱和，磁通和励磁电流与励磁电压成正比；电枢电阻较大，机械特性为软特性；电枢比较细长，转动惯量小；换向性能好，不需换向极。

直流伺服电动机有他励式和永磁式两种，其转速由信号电压控制。信号电压若加在电枢绕组两端，称为电枢控制；若加在励磁绕组两端则称为磁极控制。电枢控制的直流伺服电动机的机械特性线性度较好、不需换向极，且由于电枢回路电感较小，因而电磁惯性较小，故其响应速度比磁极控制式快，所以在工程上多采用电枢控制。

直流伺服电动机的机械特性方程与他励直流电动机一样，可用下式表示：

$$n = \frac{U}{C_e} - \frac{R_a}{C_e C_m \Phi^2} T$$

图 4 - 4 为电枢控制式直流伺服电动机的接线原理图，其中 U_f 保持恒值。当电枢电压改变时，就得到一组平行的机械特性，如图 4 - 4 (b) 所示。

直流伺服电动机的优点是具有线性的机械特性，启动转矩大，调速范围宽广而平滑，无自转现象，且与同容量的交流伺服电动机比较，体积小，质量轻。其缺点是转动惯量大，灵敏度差；转速波动大，低速运转不平稳；换向火花大，寿命短，对无线电干扰大。

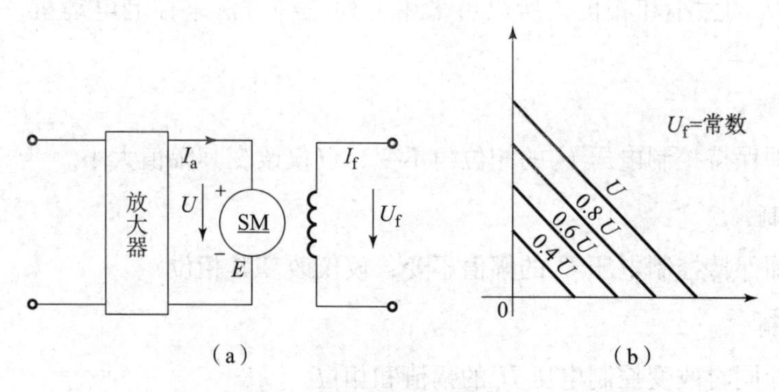

图 4-4　电枢控制式直流伺服电动机的接线原理及机械特性

(a) 接线原理；(b) 机械特性

为了适应自动控制系统对伺服电动机快速响应性越来越高的要求，近年来，国内外已在传统直流伺服电动机的基础上，发展了低惯量的无槽电枢、空心杯型电枢、印制绕组电枢和无刷直流伺服电动机。

无槽电枢直流伺服电动机的电枢铁芯上没有开槽，铁芯为一个光滑的圆柱体，电枢绕组直接排列在铁芯表面，再用环氧树脂把它们与电枢铁芯固化成一个整体，如图 4-5 所示。空心杯型电枢直流伺服电动机的结构如图 4-6 所示。它有一个外定子和一个内定子，外定子通常是由两个半圆形的永久磁钢组成的。而内定子则由圆柱形的软磁材料做成，其仅作为磁路的一部分，以减小磁路磁阻。空心杯型电枢上的绕组可以先绕成单个成型线圈，然后将它们沿圆周的轴向排列成空心杯型，再用环氧树脂固化成型。空心杯型电枢装在电机轴上，在内外定子间的气隙中旋转，电枢绕组则接到换向器上，由电刷引出。印制绕组直流伺服电动机的结构如图 4-7 所示，其转子成薄片圆盘状，厚度一般为 1.5 ~ 2 mm。转子基片由环氧玻璃布胶板制成，基片两侧的铜箔用印刷电路的方法制成双面电枢绕组。这种伺服电机的定子磁极为永久磁铁，由于转子没有铁芯，故转动惯量很小，对控制电压反应快，可用于启动频繁的系统中。

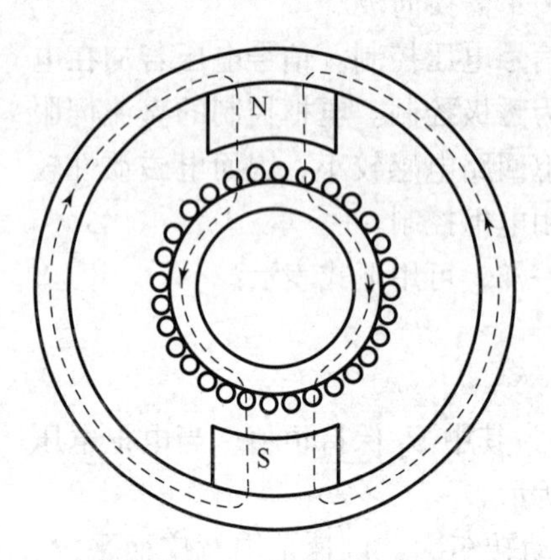

图 4-5　无槽电枢直流伺服电动机的结构

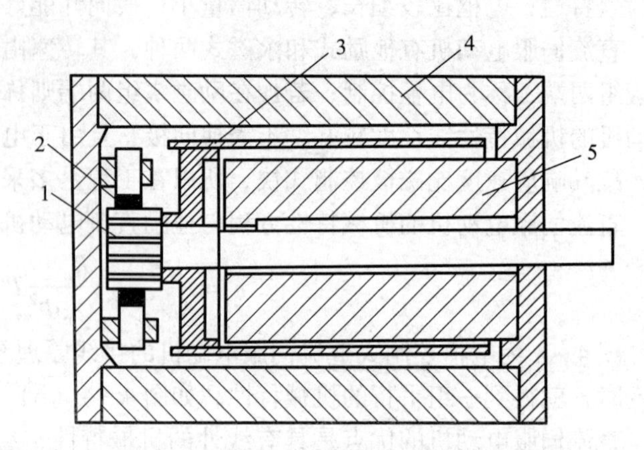

图 4-6　空心杯型电枢直流伺服电动机的结构

1—换向器；2—电刷；3—空心杯型电枢；4—外定子；5—内定子。

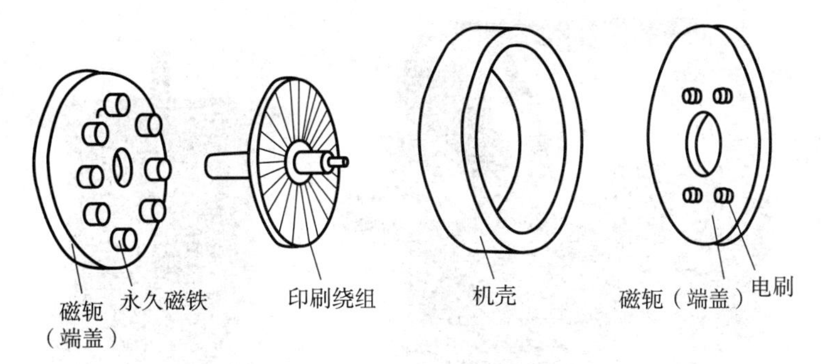

图4－7 印制绕组直流伺服电动机

低惯量直流伺服电动机多用于高精度的自动控制系统及测量装置等设备中，如电视摄像机、录音机、$X-Y$函数记录仪及机床控制系统等方面。这类电机是直流伺服电动机的发展方向，应用也日趋广泛，因此在国内外已引起许多使用和制造单位的重视。

直流伺服电动机一般用在功率稍大的系统中，其输出的功率约为1～600 W。目前国内生产的直流伺服电动机主要有SY和SZ两个系列，SY系列为永磁式结构，SZ为点磁式结构。

思考与练习

1. 伺服电动机的作用是什么？自动控制系统对伺服电动机有什么要求？
2. 直流伺服电动机有哪几种控制方式？一般采用哪种控制方式？
3. 交流伺服电动机有哪几种控制方式？如何使其反转？
4. 什么叫“自转”现象？交流伺服电动机是如何消除“自转”现象的？

单元2 测速发电机

任务描述

测速发电机是一种反映转速信号的电气元件，它的作用是将输入的机械转速变换成电压信号输出，可分为直流测速发电机和交流测速发电机两类，外形结构如图4－8所示。在自动控制系统中测速发电机主要用作测速元件、阻尼元件（校正元件）、解算元件和角加速度信号元件。自动控制系统对测速发电机的要求是：

（1）输出电压要与转速呈线性关系。

（2）正、反转的特性一致。

（3）输出特性的灵敏度高。

（4）电机的转动惯量小。

图 4-8　测速发电机

任务目标

（1）了解测速发电机的功能和应用。
（2）熟悉直流测速发电机的基本结构和工作原理。
（3）熟悉交流测速发电机的基本结构和性能特点。
（4）了解测速发电机的性能参数。

相关知识

一、直流测速发电机

直流测速发电机的结构和直流伺服电动机基本相同，从原理上看又与普通直流发电机相似。若按定子磁极的励磁方式来分，直流测速发电机可分为永磁式和电磁式两大类。若以电枢不同结构形式来分，又有有槽电枢、无槽电枢、空心杯型电枢和印制绕组电枢直流测速发电机等类别。近年来，为满足自动控制系统的要求，又出现了永磁式直线测速发电机。

永磁式测速发电机由于不需要另加励磁电源，也不存在因励磁绕组温度变化而引起的特性变化，因此在生产实际中应用较为广泛。

永磁式测速发电机的定子用永久磁铁制成，一般为凸极式。转子上有电枢绕组和换向器，用电刷与外电路相连。由于定子采用永久磁铁励磁，故永磁式测速发电机的气隙磁通总是保持恒定的。直流测速发电机的输出电压与转速成正比，因此，只要测出直流测速发电机的输出电压就可测得被测机械的转速。

事实上，测速发电机带上负载后，由于客观存在的电枢电流的去磁作用和电机温度的变化，都会使得输出电压下降，从而破坏了输出电压与转速的线性关系，特别是当负载电阻较小、转速较高、电流较大时，输出电压与转速将不再保持线性关系，如图 4－9 所示。在测速发电机的技术数据中，提供了最小负载电阻和最高转速，使用时应加以注意。

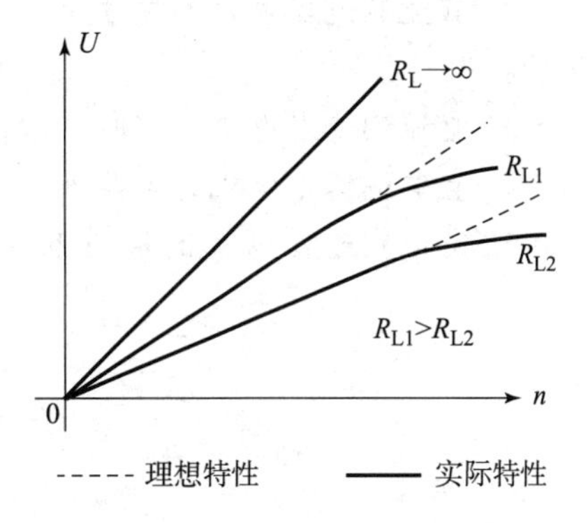

图 4－9　直流测速发电机的输出特性

直流测速发电机由于存在电刷和换向器的接触结构，所以存在对无线电有干扰、寿命短等缺点，使得其应用和发展受到限制。近年来，无刷测速发电机的发展，改善了它的性能，提高了可靠性，使直流测速发电机又获得了广泛的应用。

目前，我国生产的直流测速发电机主要有 CY 和 ZCF 两个系列。其中 CY 系列为永磁式直流测速发电机，ZCF 系列为电磁式直流测速发电机。除此之外，为了提高直流测速发电机的灵敏度，我国还研制生产了一种 CYD 系列的高灵敏度直流测速发电机，其主要特点是电机直径大，轴向尺寸小，灵敏度高。其灵敏度比普通测速发电机高 1 000 倍，特别适合作为低速伺服系统中的速度检测元件。

二、交流异步测速发电机

目前，在自动控制系统中应用较多的是空心杯型转子的异步测速发电机，其结构形式与空心杯型转子的交流伺服电动机相似。定子上装有两个在空间相差 90°电角度的绕组，其中一个为励磁绕组 f，接到频率和大小都不变的交流励磁电压 U_f 上。另一个是输出绕组 O，与高内阻的测量仪器或仪器仪表相连，如图 4－10 所示。不同的是测速发电机的杯型转子是用高电阻材料做成的，故其转子电阻更大，壁厚为 0. 2 ~0. 3 mm。

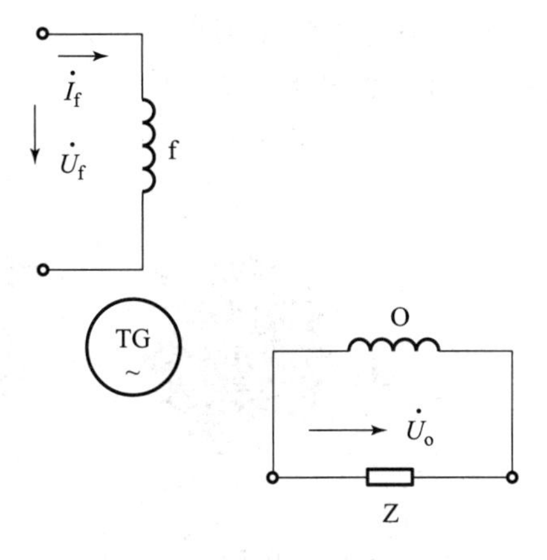

图 4－10　交流测速发电机原理

励磁绕组 f 接到交流电源上，其电压为 U_f，且其幅值和频率均恒定不变。

在励磁电压 U_f 的幅值和频率恒定，且输出绕组负载很小（接高电阻）时，交流测速发电机的输出电压与转速成正比，而其频率与转速无关，就等于电源的频率。因此，只要测出其输出电压的大小就可测出转速的大小。若被测机械的转向改变，则交流测速发电机的输出电压在相位上发生 180°的变化。

空心杯型转子测速发电机与直流测速发电机相比，具有结构简单、工作可靠等优点，是目前较为理想的测速元件。目前，我国生产的空心杯型转子测速发电机为 CK 系列，频率为 50 Hz 和 400 Hz 两种，电压等级有 36 V、110 V 等。

思考与练习

1. 测速发电机的作用是什么？

2. 直流测速发电机的输出电压与转速有什么关系？若转向改变，对输出电压有什么影响？

3. 直流测速发电机使用时，为什么转速不能过高，负载电阻不能过小？

4. 直流测速发电机的主要性能参数有哪些？

5. 交流测速发电机的输出电压与转速有什么关系？若转向改变，其输出电压有何变化？

单元3　步进电动机

任务描述

步进电动机是一种将输入脉冲信号转换成输出轴的角位移或直线位移的执行元件。这种电动机每输入一个脉冲信号，输出轴便转过一个固定的角度，即向前迈进一步，故称为步进电动机或脉冲电动机。因而，步进电动机输出轴转过的角位移量与输入脉冲数量成正比，而输出轴的转速或线速度与脉冲频率成正比。

步进电动机可以实现信号变换，是自动控制系统和数字控制系统中广泛应用的执行元件。如在数控机床、打印机、绘图仪、机器人控制、石英钟表等场合都有应用。部分步进电动机的外形如图 4－11 所示。

图 4－11　步进电动机

任务目标

(1) 了解步进电动机的作用和用途。

(2) 熟悉步进电动机的结构和工作原理。

(3) 了解步进电动机的特性参数和驱动电路。

相关知识

一、步进电动机的分类

步进电动机的结构形式和分类方法很多。按工作原理不同分成反应式、永磁式和永磁感应式三种。按运动状态不同又分为旋转式、直线运动式和平面运动式三种。其中反应式步进电动机具有步距小、响应速度快、结构简单等优点，广泛应用于数控机床、自动记录仪、计算机外围设备等数控设备。本任务仅介绍目前应用广泛的反应式旋转运动步进电动机的基本结构、工作原理及应用。

二、反应式旋转运动步进电动机基本结构

反应式旋转运动步进电动机有单段式和多段式两类。目前使用最多的是单段式，其结构示意图如图 4－12 所示。它的定子和转子均用硅钢片或其他软磁性材料制成，定子磁极数为相数的两倍，每对定子磁极上绕有一对控制绕组，被称为一相。在定子磁极极面和转子外缘开有分布均匀的小齿，两者齿型和齿距相同。如果使两者齿数恰当配合，可实现使 U 相磁极的小齿与转子小齿一一对正，而 V 相磁极的小齿与转子小齿错开 1/3 齿距，W 相则错开 2/3 齿距。这种结构的优点在于：电动机制造简便、精确度高，每转一步所对应的转子转角（步距角）小，容易获得较高的启动转矩和运行频率。不足之处是当电动机直径较小而相数又较多时，径向分相困难。

三、工作原理

图 4－13 所示为反应式步进电动机原理图。当 U 相绕组通入直流电（或电脉冲）时，转子被定子磁场磁化，磁场力将转子轴线拉至与 U 相绕组轴线重合位置。此时若切换为 V 相绕组通电（或电脉冲），则转子在定、转子间磁场力的作用下沿顺时针方向旋转 60°。每转动一步，转子可以准确自锁，不会因惯性而发生错位。

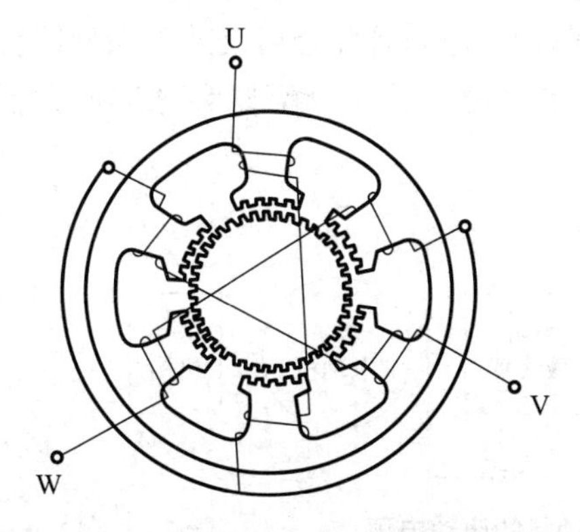

图 4－12　反应式旋转运动步进电动机的结构

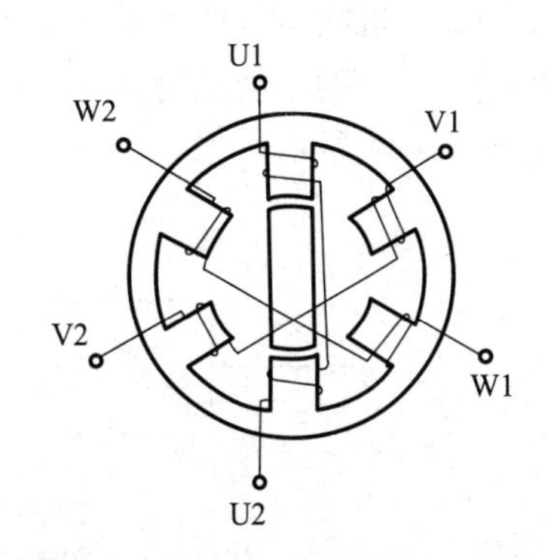

图 4－13　反应式步进电动机原理

上述所讲的步进电动机的“三相”不同于交流电的“三相”，它只表明定子圆周上有三套独立的控制绕组，但不能同时通电。在工程技术上，从一相通电切换到另一相通电称为一拍，而三相依次通电的运行方式称为三相单三拍运行方式。在使用中，为了减小步距角，还可 UV 两相同时通电，使转子轴线转至 UV 两相之间的轴线上。这类按 UV－VW－WU 的顺序，两相同时依次通电的运行方式称为三相双三拍运行方式。此外还可按 U－UV－V－VW－W－WU 的组合方式依次通电，称为三相六拍运行方式，其步距角更小。

为了进一步减小步距角，多采用图 4－13 所示的槽齿结构。在 U 相通电时，U 相磁极小齿与转子小齿一一对正，V 相磁极小齿与转子小齿错开 1/3 齿距，而 W 相定、转子轴线间则错开 2/3 齿距。若切换为 V 相绕组通电时，转子将转过 1/3 齿距的角度，使 V 相磁极小齿与转子小齿一一对正。此时 W 相定、转子轴线间只错开 1/3 齿距。当 V 相断电，W 相通电时，转子又转过 1/3 齿距，使 W 相磁极小齿与转子小齿一一对正。由此可得出如下结论，设转子齿数为 Z，步进电动机拍数为 N，则转子每转过一个齿距，相当于在空间转过了 $360°/Z$，而每一拍所转角度又为齿距的 $1/N$，所以步距角为

$$\theta_s = \frac{360°}{ZN}$$

可以看出，步距角与步进电动机的转子齿数成反比，与拍数成反比。例如，对于 $Z=40$ 的三相三拍步进电动机，其步距角为 3°。

工程技术上，步进电机广泛用于数字控制系统中作为执行元件。

四、性能指标

（1）步距角：指输入一个电脉冲信号，步进电动机转子相应的角位移，用度数表示，又称脉冲当量。

（2）精度：指静态步距角误差和静态步距角的积累误差。

（3）启动转矩：指步进电动机从静止状态突然启动而不失步的最大输出转矩。

（4）最高启动频率：指步进电动机空载启动和停止时不失步的最高频率。

（5）运行频率：指步进电动机在额定条件下无失步运行的最高频率。

五、驱动电源

步进电动机是由专用的驱动电源来供电的，驱动电源和步进电动机是一个有机的整体。步进电动机的运行性能是由步进电动机和驱动电源两者配合所反映出来的综合效果。

步进电动机的驱动电源，基本上包括高频信号源、脉冲分配器和脉冲放大器三个部分，如图 4－14 所示。

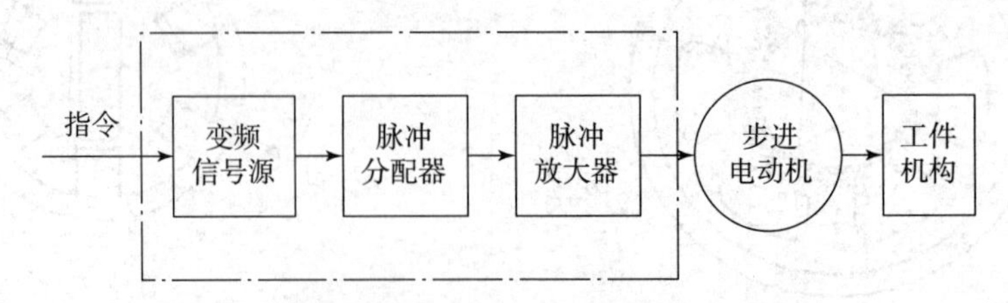

图 4－14　步进电动机的驱动电源

变频信号源是一个频率从十赫兹到几十千赫兹可连续变化的信号发生器。变频信号源可以采用多种线路，最常见的有多谐振荡器和由单结晶体管构成的弛张振荡器两种。它们都是通过调节电阻 R 和电容 C 的大小来改变电容充放电的时间常数，以达到选取脉冲信号频率的目的。

脉冲分配器是由门电路和双稳态触发器组成的逻辑电路，它根据指令把脉冲信号按一定的逻辑关系加到放大器上，使步进电动机按一定的运行方式运转。

从脉冲分配器输出的电流只有几个毫安，不能直接驱动步进电动机，因为步进电动机需要几安培到几十安培电流，因此在脉冲分配器后面都装有功率放大电路，用放大后的信号去推动步进电动机。

思考与练习

1. 步进电动机的作用是什么？其转速是由哪些因素决定的？

2. 什么是步进电动机的步距角？一台三相步进电动机可以有两个步距角，这是什么意思？什么是单三拍、双三拍和六拍工作方式？

3. 一台三相步进电动机，可采用三相单三拍或三相单双六拍工作方式，转子齿数 $Z=50$，电源频率 $f=2$ kHz，分别计算两种工作方式的步距角和转速。

4. 步进电动机的启动频率和运行频率与负载大小有什么关系？

5. 步进电动机的驱动电路包括哪些部分？

6. 一台五相十拍运行的步进电动机，$Z=48$，$f=600$ Hz，试求 θ_s 和 n 各为多少。

7. 步距角为 1.5°/0.75° 的反应式三相六拍步进电动机转子有多少齿？若频率为 2 000 Hz，电动机转速是多少？

单元4　直线电动机

任务描述

直线电动机直接实现直线运动，从而消除了旋转电机由旋转运动到直线运动的中间机构，使精度提高、结构简化。在铁路运输上，直线感应电动机可以用于 400 ~ 500 km/h 的超高速列车。在生产线上，各种传送带已开始采用直线电动机来驱动。现代机床加工设备中，采用直线电动机直接驱动与定位。在仪器仪表系统中，直线电动机作为驱动、指示和测量的应用更加广泛，如快速记录仪、X－Y 绘图仪、磁头定位系统、光驱中轨迹的聚集与跟踪。直线电动机的应用已经进入运输行业、工业自动化、办公自动化、医疗设备和家庭自动化等许多领域。部分直线电动机及应用如图 4－15 和图 4－16 所示。

直线电动机与旋转电动机在原理上相同。本任务以直线感应电动机和直线直流电动机为例，介绍直线电动机的特点、原理、主要结构形式和实际应用。

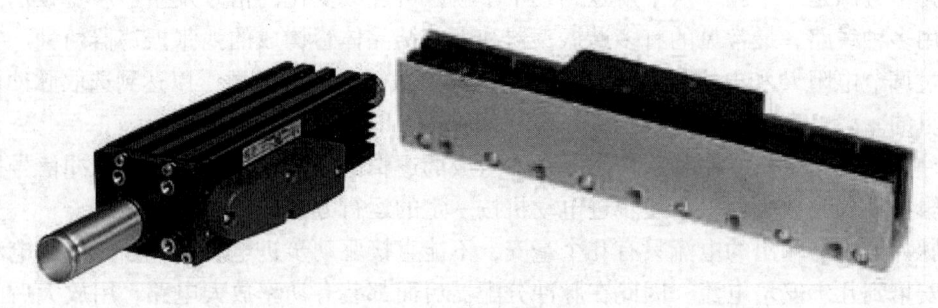

图 4－15　直线电动机

(a)　(b)

图 4－16　直线电动机的应用举例

(a) 直线电动机驱动的加工中心；(b) 直线感应电动机超高速列车

任务目标

(1) 了解直线感应电动机的用途、结构、分类和基本工作原理。

(2) 了解永磁式直线无刷直流电动机的原理、结构与优点。

(3) 了解直线电动机的实际应用。

相关知识

一、直线感应电动机

1. 结构与分类

直线电动机是一种做直线运动的电动机。它可以看成是从旋转电动机演化而来的，如图 4－17 所示。从原理上讲，每种旋转电动机都有与之相对应的直线电动机。直线电动机也分异步、同步、步进、有刷直流、无刷直流等各种类型。直线电动机按工作原理可分为直线感应电动机、直线直流电动机、直线无刷直流电动机、直线步进电动机等。

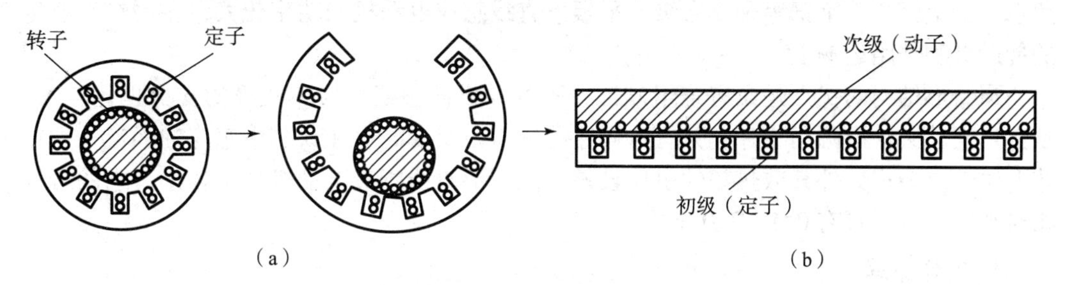

图 4-17　直线电动机

（a）旋转感应电动机；（b）直线感应电动机

旋转电动机的定子和转子分别对应直线电动机的初级和次级。直线电动机的运动部分既可以是初级，也可以是次级。按初级运动还是次级运动可以把直线电动机分为动初级和动次级两种。为了在运动过程中始终保持初级和次级耦合，初级侧或次级侧中的一侧必须做得较长。直线感应电动机常见的形式有平板形和圆筒形两种，如图 4-18 所示。

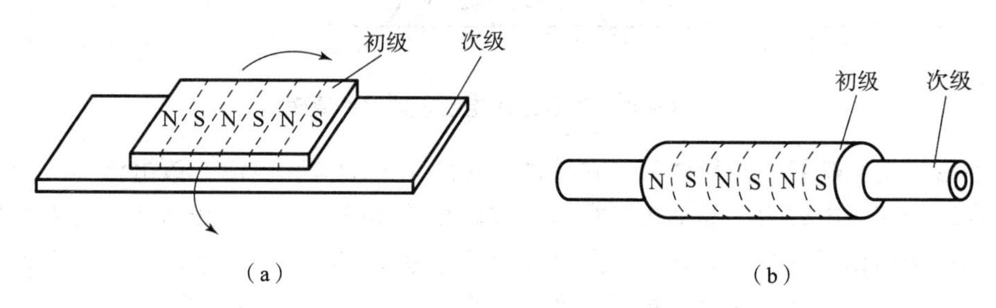

图 4-18　平板形和圆筒形直线感应电动机

（a）平板形；（b）圆筒形

在直线电动机的制造中，既可以是初级短、次级长，也可以是初级长、次级短。前者称为短初级，后者称为短次级。由于短初级的制造成本、运行费用均比短次级低得多，因此，除特殊场合外，一般均采用短初级结构。仅在一边安放初级的直线电动机称为单边型直线电动机。单边平板形直线感应电动机工作时对次级存在着较大的电磁拉力，而双边平板形则可消除对次级的电磁拉力，有利于电动机的工作。短初级直线感应电动机的结构如图 4-19 所示。

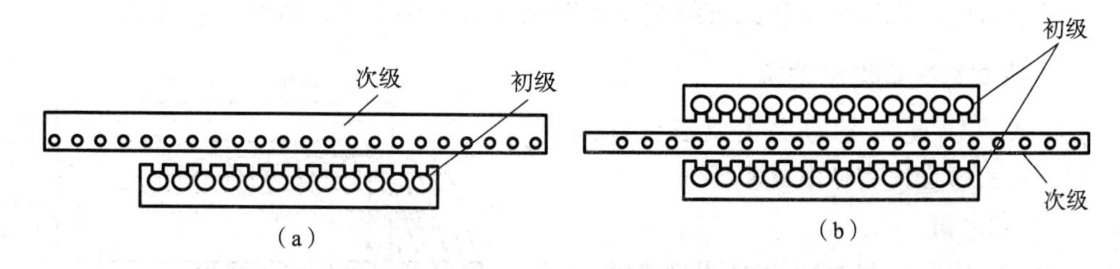

图 4-19　短初级直线感应电动机

（a）单边短初级；（b）双边短初级

平板形直线感应电动机的次级形式较多。最常用的是用带状软钢板来作次级或直接用角钢、丁字钢、工字钢等来作次级。平板形直线感应电动机的功率较大，多用在工业生产的传送带和铁路运输上。

圆筒形结构的优点是没有绕组端部，不存在横向边缘效应，次级的支撑也比较方便。缺点是铁芯必须沿圆周叠片，只有这样才能减小由交变磁通在铁芯中感应的涡流，这在工艺上比较复杂；另外其散热条件也比较差。圆筒形直线感应电动机功率较小，它的行程也相对小些，一般只有 0.5 ~ 2.0 m 左右。

2. 工作原理

直线电动机的初级三相绕组通入三相交流电后，就会在气隙中产生一个沿直线移动的正弦波磁场，其移动方向由三相交流电的相序决定，如图 4 - 20 所示。显然该行波磁场的移动速度与普通电机旋转磁场在定子内圆表面的线速度相等。

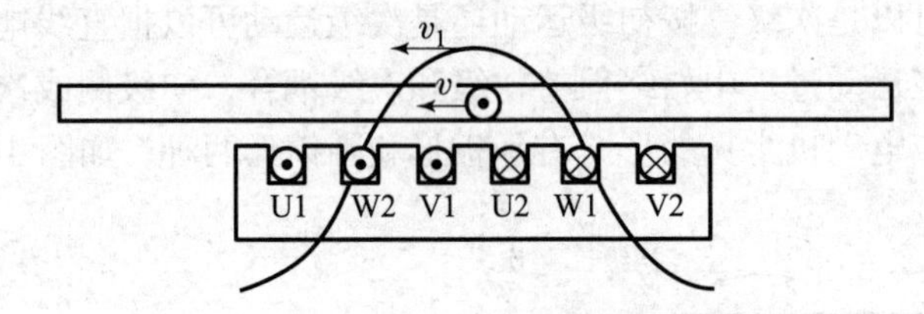

图 4 - 20　直线感应电动机的工作原理

行波磁场切割次级上的导体后，在导体中感应出电动势和电流，该电流与气隙磁场作用，在次级中产生电磁力，驱动次级沿着行波磁场移动的方向作直线运行，或者利用反作用力驱动初级朝相反的方向运动。如果改变直线电动机初级绕组的通电相序，即可改变电动机的运行方向。因此直线电动机可实现往返直线运动。

3. 用途及特点

直线感应电动机主要应用于各种直线运动的动力驱动系统中，如精密数控机床、加工中心、电磁锤、高速冲压设备、传送带自动搬运装置、带锯、直线打桩机、高速列车和电动门等。

直线感应电动机的特点是：结构简单，维护方便；散热条件好，额定值高；适于高速运行；能承担特殊任务，如液态金属的运输、加工等。其缺点是气隙大，功率因数低，力能指标差，低速运行时需采用低频电源，使控制装置复杂。

二、直线直流电动机

直线直流电动机分为永磁式直线直流电动机和永磁式直线无刷直流电动机。

1. 永磁式直线直流电动机

永磁式直线直流电动机主要有：音圈电机、框架式永磁直线直流电动机。

1）音圈电机

图 4 - 21 所示电机是可动线圈型直线电动机的一种，在磁钢产生的气隙磁场内放大线圈，磁场与流过线圈的电流相互作用产生电磁

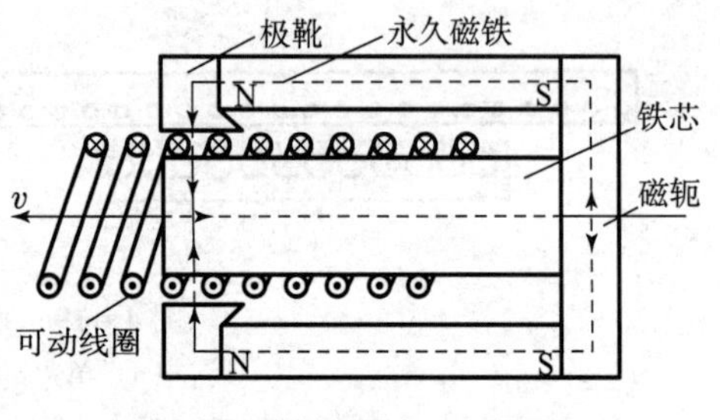

图 4 - 21　音圈电机剖面图

力，效率较高。因为这种结构与电动式扬声器的音频线圈部分相似，所以叫音圈电机。音圈的一部分（长音圈外磁式）或全部（短音圈内磁式）处于永久磁铁发出的恒定磁场中，音圈绕组通大电流，就会产生推动音圈移动的电磁力。电磁力的大小与方向取决于通入音圈的电流的大小和极性。

由于音圈电机的磁场均匀，仅线圈移动（内铁芯不动），所以质量轻、惯量小，因此这种电动机的响应频率很高。磁盘存储器中用转臂式音圈电机控制磁头，使速度和位置精度大为提高，从而提高了磁盘存储器的容量和工作速度，如图 4－22 所示。

2）框架式永磁直线直流电动机

框架式永磁直线直流电动机可以做成动铁型，也可以做成动圈型。动圈型结构如图 4－23 所示，在软铁架两端装有极性同向放置的两块永磁体，通电线圈可在滑道上做直线运动。这种结构具有体积小、成本低和效率高等优点。动圈型结构因为只有线圈的动作，所以具有成本低、效率高、体积小、惯性小、响应快速的优点。但必须要有给可动部分送电用的引线，这在耐用性方面多少有些不利。对此，可把永久磁铁做成可动部分，线圈绕在一个软铁框架上，线圈的长度要包括整个行程。动铁型结构如图 4－24 所示，在这种情况下，不再是单极结构，而是多极，线圈也是两组。

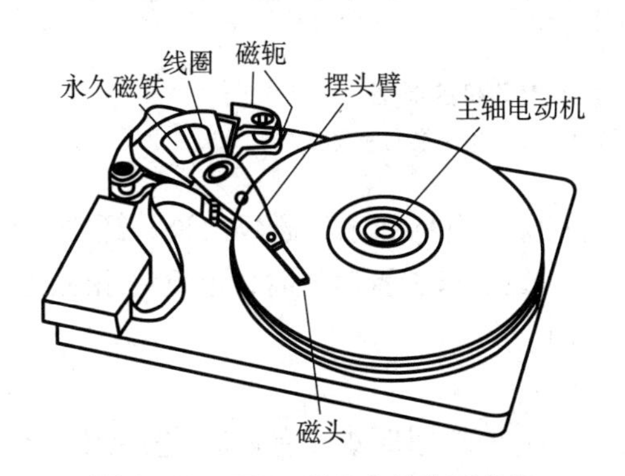

图 4－22　HDD 硬盘中的音圈电机

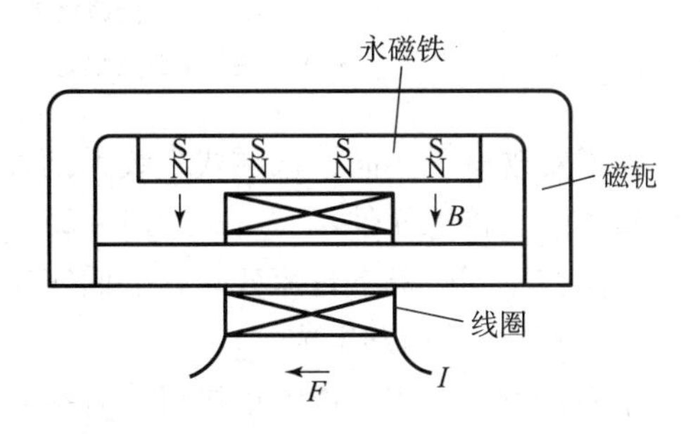

图 4－23　（单极）动圈型结构

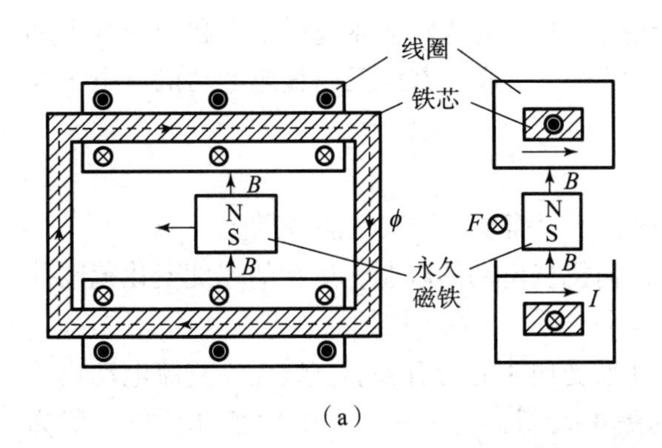

（a）

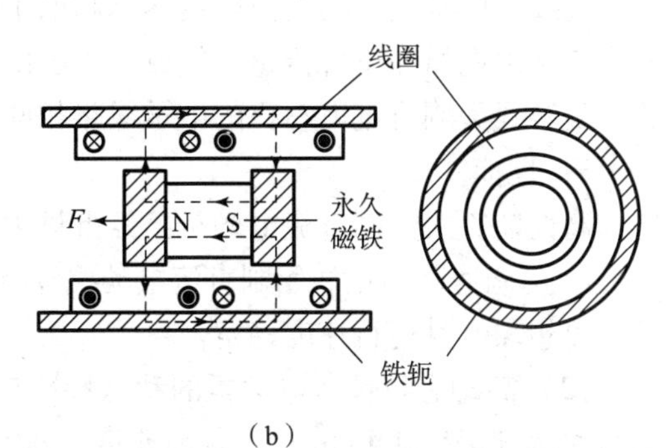

（b）

图 4－24　动铁型直线直流电动机

（a）铁芯磁路闭合型；（b）旋转对称型

2. 永磁式直线无刷直流电动机

1）工作原理

永磁式直线无刷直流电动机是从旋转无刷直流电动机演变而来的。图4－25表示其工作原理。永磁式直线无刷直流电动机的推力是由定子中的电枢电流和动子的永磁磁场相互作用产生的。由于电子换向的作用，使电枢绕组的电流轮流变化，在动子中产生恒定方向的推力。

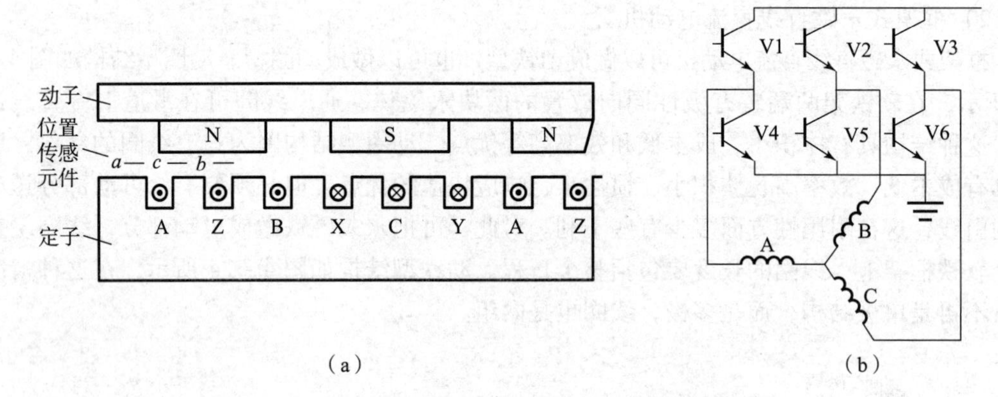

图4－25 永磁式直线无刷直流电动机的原理

（a）永磁式直线无刷直流电动机结构；（b）电子换向原理

为了实现电子换向，永磁式直线无刷直流电动机除了电枢和永磁磁场之外，还需要位置传感器。当传感元件 a 、b 、c［图4－25（a）］不断地发出位置信号时，电枢绕组通过的电流方向在不同磁极下轮流变化，从而实现电子换向。

2）分类、结构和组成

永磁式直线无刷直流电动机可分有铁芯和无铁芯两种常用形式。有铁芯式是指定子有铁芯，无铁芯式是指定子无铁芯，其余部分均相同。直线无刷直流电动机均做成平板形结构，有铁芯式电动机采用单边式结构，无铁芯式电动机采用双边式结构。

直线无刷直流电动机由电机本体和电子线路组成。电动机本体包括定子和动子两个部分。定子由电枢和位置传感器组成，动子由永磁磁极组成。直线无刷直流电动机的电子线路与旋转式无刷直流电动机的电子线路相同。

3）性能

高性能直线无刷直流电动机已经批量生产，下面简要介绍其性能特点。

（1）调速范围宽。无刷直流电动机没有任何机械传动的限制，运行的速度变化范围几乎难以想象，且运行速度稳定。

（2）高动态特性。电动机的动态特性与其承受加速能力有关。直线无刷直流电动机的运行加速度可以达到几个重力加速度，小功率电动机高达65g，大中功率电动机一般为3～5g。上述数据不仅其他类型直线电动机无法达到，旋转式电动机就更难以达到。永磁式直线无刷直流电动机具有如此高的加速度，其运行速度也很高。

（3）运行平稳、定位精度高。直线无刷直流电动机的定子和动子采用无铁芯或有铁芯两种形式，两者均可消除齿槽效应，电动机运行很平稳。采用反馈闭环系统后，系统的定位很精确，一般伺服控制用电动机的定位精度可达0.5 μm。

(4) 维护方便、可靠性高、耐用性好。直线无刷直流电动机不存在摩擦接触，具有运行可靠、维护方便、耐用性好等优点。

三、直线电动机应用实例——直线电动机驱动的龙门架构系统

1. 系统的组成

图4-26所示是直线电动机驱动的龙门架构系统。它由三台LMC系列无铁芯式三相直线直流无刷电动机、三台LDMS6系列驱动器、高精度测量系统、主控计算机及PCI4P四轴运动控制卡、24 V电源适配器等组成。它广泛应用于液晶等离子平面显示器加工、半导体集成电路板、电路板生产检测、激光加工机械等领域。

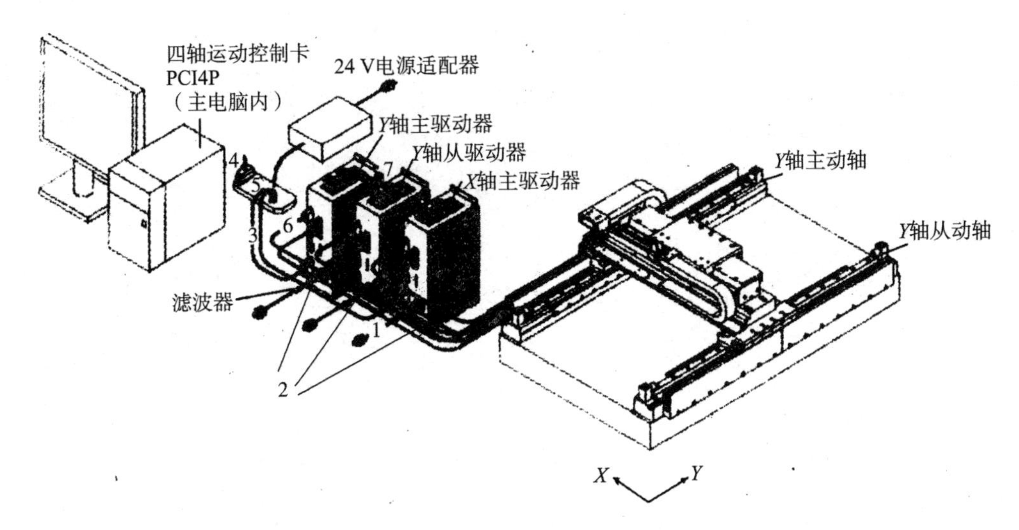

图4-26 直线电动机驱动的龙门架构系统

1—驱动器电源线×3；2—直线电动机驱动器×3；3—数据线×2（驱动器端）；4—数据线×1（控制器端）；5—数据端子盒×1；6—编码器信号线×3；7—LINK IN/OUT信号线×2。

2. 主要部件性能介绍

LMC系列无铁芯式三相永磁直线无刷电动机的特点是：①质量轻，特别适于平滑的扫描运动，加速度高；②体积小，运动平滑，空载加速度达6~7g、最大推力可达2 400 N；③运动平稳，速度波动小，高度低，无磨耗，使用寿命长。由于直线电动机龙门架构属于高精度定位系统，结构上一定要有位置反馈系统来提供整体控制上的换相以及定位精度，因此一般需要借助光学尺才可能满足功能需求。

LDMS6系列驱动器适用于三相伺服电机，具备高性能浮点运算的DSP-TMS320C32芯片设计的伺服控制卡，其伺服回路更新时间极快，可在96 μs内完成。采用闭环控制，通过数据线与PC相连，可方便调整参数，使电机获得最佳性能。

PCI4P四轴运动控制卡采用DDA技术，输出增量形式的脉冲信号给电机驱动器。最大可支持四轴定位，亦可提供轴间的内插功能。人机界面良好。MCCL运动函数库支持

VC + +/VBd 在 Windows 98/2000/XP 上的直线、圆弧等运动功能。数据端子盒 PCI4P - TB 提供更方便的数据线和 I/O 接线。

思考与练习

1. 直线电动机根据形状可以分为哪几类？简述它们的特点，并说明其各应用于什么场合。

2. 简述直线感应电动机的特点及主要应用领域。

3. 简述直线无刷直流电动机的性能。

模块五　三相异步电动机的基本控制电路

单元1　三相异步电动机单向点动与连续运转控制电路

任务描述

三相异步电动机单向运转控制电路是三相异步电动机控制系统中最为简单的控制电路，有点动控制电路和连续运转控制电路之分。所谓点动控制，就是按下按钮电动机就运转，松开按钮电动机就停止的运动方式。它是一种短时断续控制方式，主要应用于设备的快速移动和校正装置；三相异步电动机单向连续运转控制是指按下启动按钮，电动机得电运转，松开按钮电动机继续运转，当按下停止按钮时，电动机失电停转。该电路主要控制电动机朝一个方向作连续运转，通常用于只需要单方向作连续运转的小功率电动机的控制。如：小型通风机、水泵以及皮带运输机等机械设备。

某车间需安装一台台式钻床，如图5－1所示。现在要为此钻床安装点动与连续运转控制电路，要求三相异步电动机采用接触器－继电器控制，设置短路、欠压和失压保护。电动机的型号为YS6324，额定电压380 V，额定功率180 W，额定电流0.65 A，额定转速1 440 r/min。完成台式钻床点动与连续运转控制电路的安装、调试，并进行简单故障的排查。

图5－1　台式钻床外形

任务目标

（1）会正确识别、选用、安装、使用常用低压电器（刀开关、组合开关、自动空气开关、交流接触器、按钮、熔断器、热继电器），熟悉它们的功能、基本结构、工作原理及型号意义，熟记它们的图形符号和文字符号。

（2）会正确识读电动机点动与连续运转控制电路原理图，会分析其工作原理。

(3) 会选用元件和导线，掌握控制电路安装要领。

(4) 会安装、调试三相异步电动机单向点动与连续运转控制电路。

相关知识

一、低压电器

凡是根据外界特定的信号或要求，自动或手动接通和断开电路，断续或连续地改变电路参数，实现对电路或非电现象的切换、控制、保护、检测和调节的电气设备均称为电器。根据工作电压的高低，电器可分为高压电器和低压电器。低压电器通常是指工作在交流电压小于1 200 V、直流电压小于1 500 V的电路中起通断、保护、控制或调节作用的电器。低压电器作为基本器件，广泛应用于输配电系统和电力拖动系统中，在工农业生产、交通运输和国防工业中起着极其重要的作用。

1. 低压电器的分类

低压电器种类繁多，分类方法有很多种。

1）按动作方式分类

(1) 非自动切换电器：依靠外力（如人工）直接操作来进行切换的电器，如刀开关、按钮开关等。

(2) 自动切换电器：依靠指令或物理量（如电流、电压、时间、速度等）变化而自动动作的电器，如接触器、继电器等。

2）按用途分类

(1) 低压控制电器：主要在低压配电系统及动力设备中起控制作用，如刀开关、自动空气开关等。

(2) 低压保护电器：主要在低压配电系统及动力设备中起保护作用，如熔断器、热继电器等。

3）按动作原理分类

(1) 电磁式电器：根据电磁铁的原理工作的电器，如接触器、继电器等。

(2) 非电量电器：依靠外力（人力或机械力）或某种非电量的变化而动作的电器，如行程开关、按钮等。

2. 低压电器的基本结构与特点

低压电器一般有两个基本部分：一个是感受部分，它感受外界的信号，作出有规律的反应，在自动切换电器中，感受部分大多由电磁机构组成，在非自动切换电器中，感受部分通常为操作手柄等；另一个是执行部分，如触点连同灭弧系统，它根据指令进行电路的接通或断开。

二、电气图形符号和文字符号

电气图是用电气图形绘制的图，用来描述电气控制设备结构、工作原理和技术要求的图，它必须采用符合国家电气制图标准及国际电工委员会（IEC）颁布的有关文件要求，用统一标准的图形符号、文字符号及规定的画法绘制。

1. 电气图中的图形符号

图形符号通常是指用于图样或其他文件表示一个设备或概念的图形、标记或字符。图形符号由符号要素、一般符号及限定符号构成。

(1) 符号要素。符号要素是一种具有确定意义的简单图形，必须同其他图形组合才能构成一个设备或概念的完整符号。例如，三相异步电动机是由定子、转子及各自的引线等几个符号要素构成的，这些符号要求有确切的含义，但一般不能单独使用，其布置也不一定与符号所表示设备的实际结构相一致。

(2) 一般符号。用于表示同一类产品和此类产品特性的一种很简单的符号，它们是各类元器件的基本符号。例如，一般电阻器、电容器和具有一般单向导电性的二极管的符号。一般符号不但广义上代表各类元器件，也可以表示没有附加信息或功能的具体元件。

(3) 限定符号。限定符号是用以提供附加信息的一种加在其他符号上的符号。例如，在电阻器一般符号的基础上，加上不同的限定符号就可组成可变电阻器、光敏电阻器、热敏电阻器等具有不同功能的电阻器。也就是说，使用限定符号以后，可以使图形符号具有多样性。

限定符号一般不能单独使用。一般符号有时也可以作为限定符号。例如，电容器的一般符号加到二极管的一般符号上就构成变容二极管的符号。

图形符号的几点注意事项：

(1) 所有符号均应在无电压、无外力作用的正常状态下画出。例如，按钮未按下、闸刀未合闸等。

(2) 在图形符号中，某些设备元件有多个图形符号，在选用时，应该尽可能选用优选形。在能够表达其含义的情况下，尽可能采用最简单形式，在同一图中使用时，应采用同一形式。图形符号的大小和线条的粗细应基本一致。

(3) 为适应不同需求，可将图形符号根据需要放大和缩小，但各符号相互间的比例应该保持不变。图形符号绘制时方位不是强制的，在不改变符号本身含义的前提下，可将图形符号根据需要旋转或成镜像放置。

(4) 图形符号中导线符号可以用不同宽度的线条表示，以突出和区分某些电路或连接线。一般常将电源或主信号导线用加粗的实线表示。

2. 电气图中的文字符号

电气图中的文字符号是用于标明电气设备、装置和元器件的名称、功能、状态和特征的，可在电气设备、装置和元器件上或其近旁使用，以表明电气设备、装置和元器件种类的字母代码和功能字母代码。电气技术中的文字符号分为基本文字符号和辅助文字符号。

(1) 基本文字符号。基本文字符号分为单字母符号和双字母符号两种。

单字母符号是用拉丁字母将各种电气设备、装置和元器件划分为23大类，每一类用一个字母表示。例如，“R”代表电阻器，“M”代表电动机，“C”代表电容器等。

双字母符号是由一个表示种类的单字母符号与另一字母组成，并且是单字母符号在前，另一字母在后。双字母中在后的字母通常选用该类设备、装置和元器件的英文名词的首位字母，这样，双字母符号可以较详细和更具体地表述电气设备、装置和元器件的名称。例如，“RP”代表电位器，“RT”代表热敏电阻，“MD”代表直流电动机，“MC”代表笼型异步电动机。

（2）辅助文字符号。辅助文字符号是用以表示电气设备、装置和元器件以及电路的功能、状态和特征的，通常也是由英文单词的前一两个字母构成的。例如，“DC”代表直流（Direct Current），“IN”代表输入（Input），“S”代表信号（Signal）。

辅助文字符号一般放在单字母符号后面，构成组合双字母符号。例如，“Y”是代表电气操作机械装置的单字母符号，“B”是代表制动的辅助文字符号，“YB”代表制动电磁铁的组合符号。辅助文字符号也可单独使用，例如，“ON”代表闭合，“N”代表中性线。

三、电气图的分类与作用

电气图包括电气原理图、电气安装图、电气互连图等。

1. 电气原理图

电气原理图是说明电气设备工作原理的电路图。在电气原理图中并不考虑电气元件的实际安装位置和实际连线情况，只是把各元件按接线顺序用符号展开在平面图上，用直线将各元件连接起来。图 5－2 为 CA6140 型车床电气原理图。

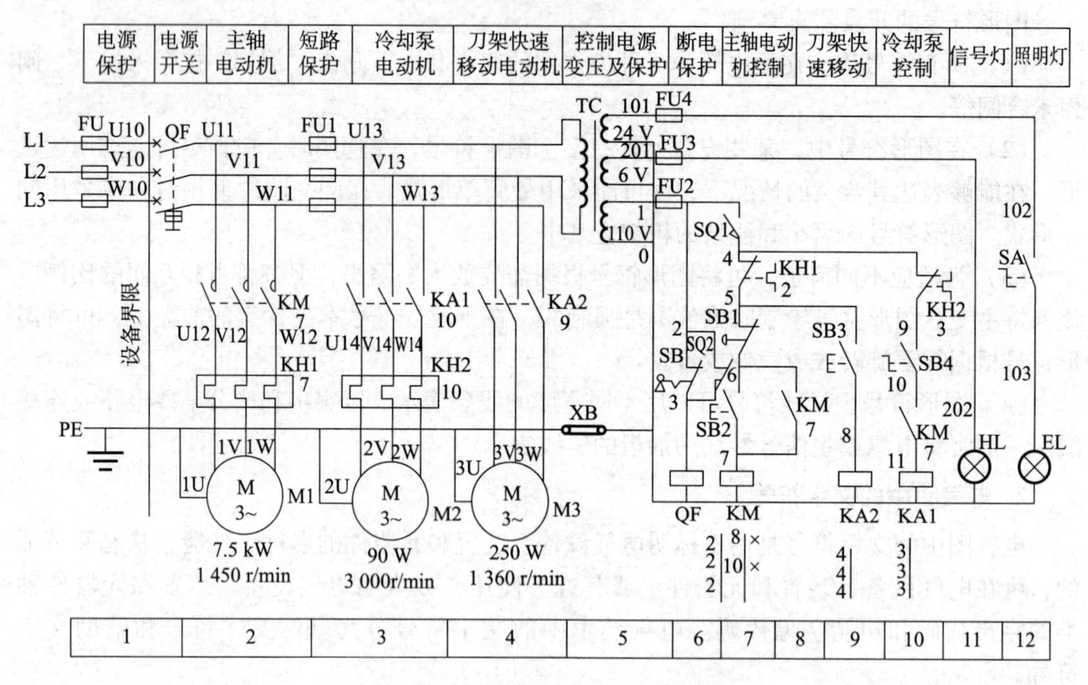

图 5－2　CA6140 型车床电气原理图

在阅读和绘制电气原理图时应注意以下几点。

（1）电气原理图中各元器件的文字符号和图形符号必须按标准绘制和标注。同一电器的所有元件必须用同一文字符号标注。

（2）电气原理图应按功能来组合，同一功能的电气相关元件应画在一起，但同一电器的各部件不一定画在一起。电路应按动作顺序和信号流程自上而下或自左向右排列。

（3）电气原理图分主电路和控制电路，一般主电路在左侧，控制电路在右侧。

（4）电气原理图中各电器应该是未通电或未动作的状态，二进制逻辑元件应是置零的状态，机械开关应是循环开始的状态，即按电路“常态”画出。

（5）在电路图中每个接触器线圈下方画出两条竖直线，分成左、中、右三栏，把受其控制而动作的触点所处的图区号填入相应的栏内，对备而未用的触点，在相应的栏内用记号“×”标出或不标出任何符号，见表 5－1。

（6）在电路图中每个继电器线圈下方画出一条竖直线，分成左、右两栏，把受其控制而动作的触点所处的图区号填入相应的栏内。同样，对备而未用的触点，在相应的栏内用记号“×”标出或不标出任何符号，如表 5－1、表 5－2 所示。

表 5－1　接触器触点在电路图中位置的标记

<table>
<tr><td colspan="3">栏目</td><td>左栏</td><td>中栏</td><td>右栏</td></tr>
<tr><td colspan="3">触点类型</td><td>主触点所处的图区号</td><td>辅助常开触点所处的图区号</td><td>辅助常闭触点所处的图区号</td></tr>
<tr><td colspan="3">举例
KM</td><td rowspan="4">表示 3 对主触点均在图区 2</td><td rowspan="4">表示一对辅助常开触点在图区 8，另一对常开触点在图区 10</td><td rowspan="4">表示两对辅助常闭触点未用</td></tr>
<tr><td>2</td><td>8</td><td>×</td></tr>
<tr><td>2</td><td>10</td><td>×</td></tr>
<tr><td>2</td><td></td><td></td></tr>
</table>

表 5－2　继电器触点在电路图中位置的标记

<table>
<tr><td colspan="3">栏目</td><td>左栏</td><td>右栏</td></tr>
<tr><td colspan="3">触点类型</td><td>常开触点所处的图区号</td><td>常闭触点所处的图区号</td></tr>
<tr><td colspan="3">举例
KA2</td><td rowspan="4">表示 3 对常开触点均在图区 4</td><td rowspan="4">表示常闭触点未用</td></tr>
<tr><td></td><td>4</td><td></td></tr>
<tr><td></td><td>4</td><td></td></tr>
<tr><td></td><td>4</td><td></td></tr>
</table>

2. 电气安装图

电气安装图表示各种电气设备在机械设备和电气控制柜中的实际安装位置。它将提供电气设备各个单元的布局和安装工作所需数据的图样。例如，电动机要和被拖动的机械装置在一起，行程开关应画在获取信息的地方，操作手柄应画在便于操作的地方，一般电气元件应放在电气控制柜中。图 5－3 为 CA6140 型车床控制盘电器位置图，图 5－4 为 CA6140 型车床电气设备安装位置图。

在阅读和绘制电气安装图时应注意以下几点。

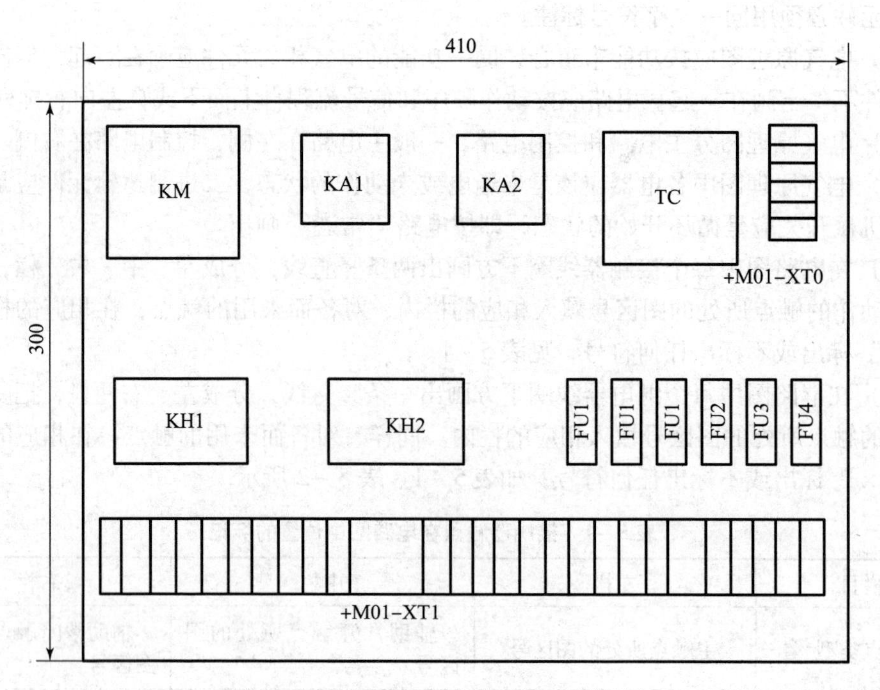

图 5-3　CA6140 型车床控制盘电器位置

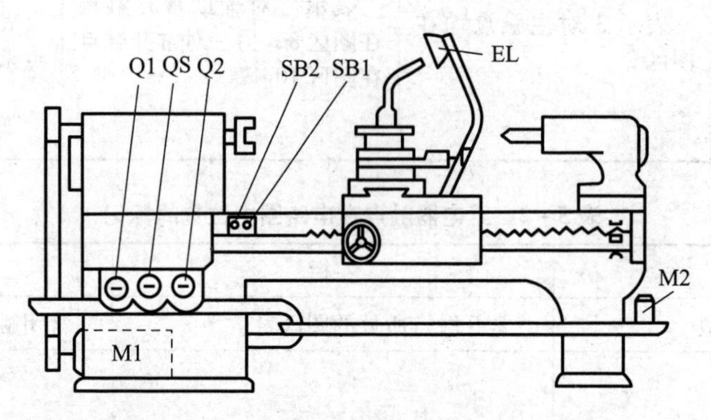

图 5-4　CA6140 型车电气设备安装位置

（1）按电气原理图要求，应将动力、控制和信号电路分开布置，并各自安装在相应的位置，以便于操作和维护。

（2）电气控制柜中各元件之间，上、下、左、右之间的连线应保持一定间距，并且应考虑器件的发热和散热因素，应便于布线、接线和检修。

（3）给出部分元器件型号和参数。

（4）图中的文字符号应与电气原理图和电气设备清单一致。

3. 电气互连图

电气互连图是用来表明电气设备各单元之间的接线关系的图形，一般不包括单元内部的连接，它着重表明电气设备外部元件的相对位置及它们之间的电气连接。图 5-5 为 CA6140 型车床电气互连图。

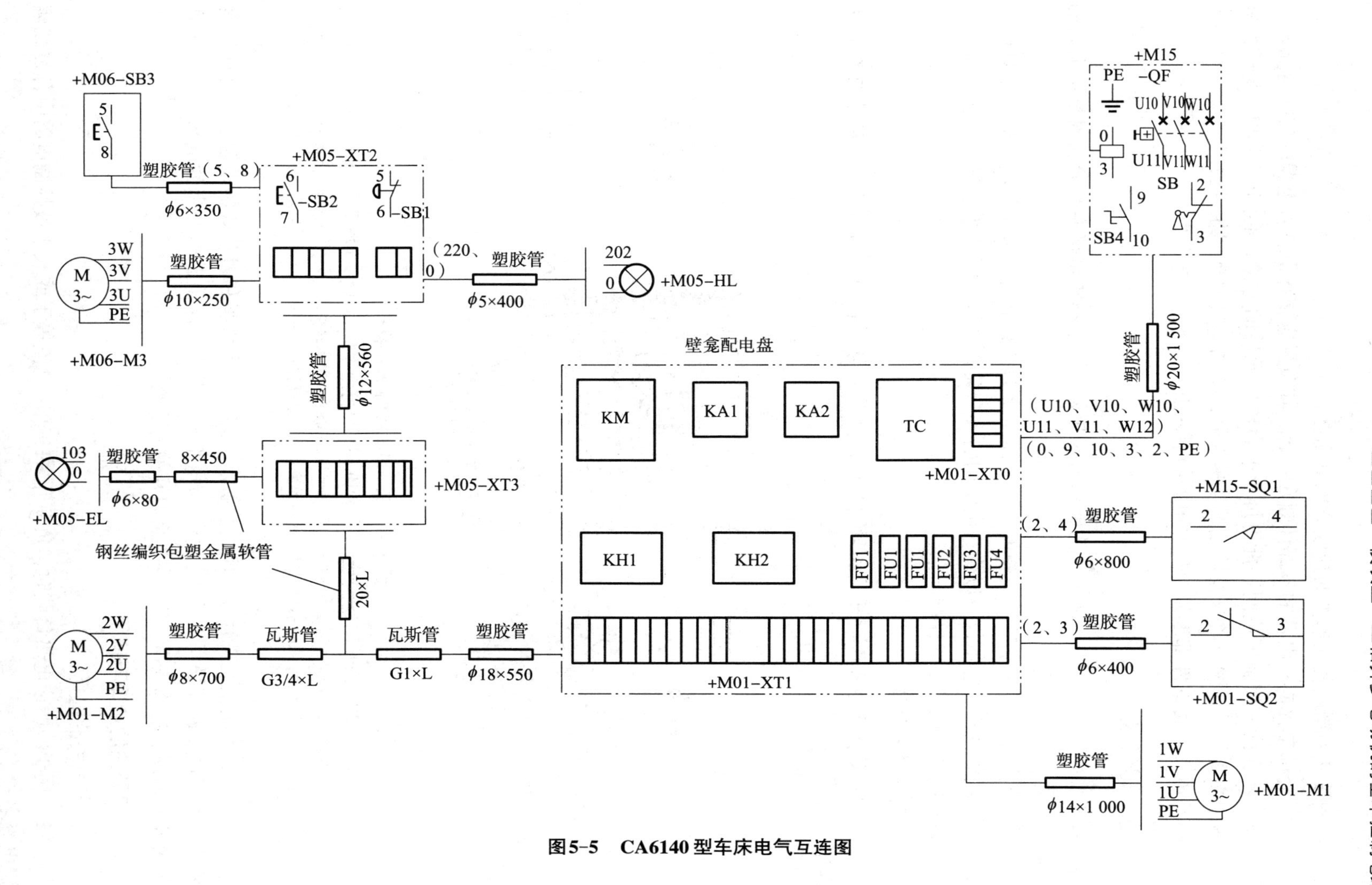

图5-5　CA6140型车床电气互连图

在阅读和绘制电气互连图时应注意以下几点。

（1）外部单元同一电器的各部件画在一起，其布置应该尽量符合电器的实际情况。

（2）不在同一控制柜或同一配电屏上的各电气元件的连接，必须经过接线端子板进行。图中文字符号、图形符号及接线端子板编号，应与电气原理图相一致。

（3）电气设备的外部连接应标明电源的引入点。

四、刀开关

刀开关也称闸刀开关，主要作为电源引入开关或用来不频繁接通与分断容量不太大的负载。

刀开关较为专业的名字是负荷开关，它属于手动控制电器，是一种结构最简单且应用最广泛的低压电器，它不仅可以作为电源的引入开关，也可以用于小容量的三相异步电动机不频繁地启动或停止的控制。

1. 刀开关的结构

刀开关又有开启式负荷开关和封闭式负荷开关之分，它的结构示意图和符号如图5－6所示。

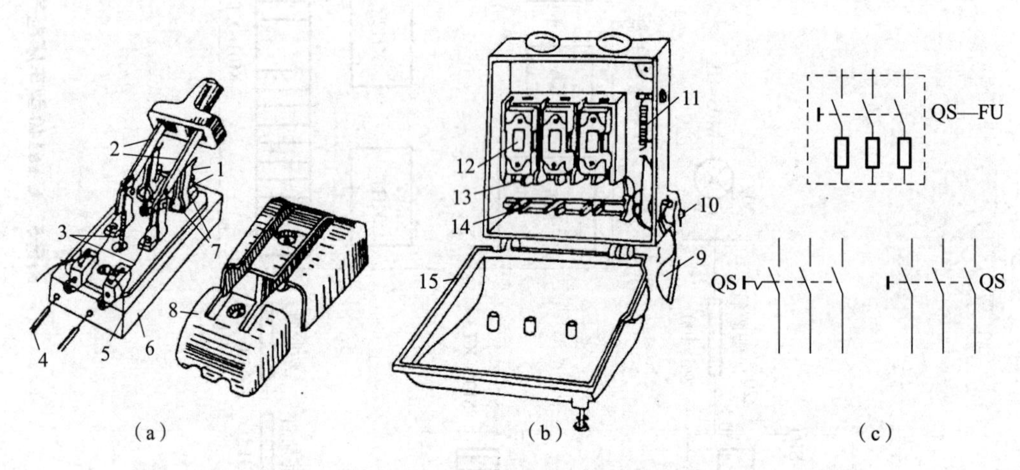

图5－6　刀开关外形结构及符号

（a）开启式负荷开关内部结构；（b）封闭式负荷开关内部结构；（c）图形符号与文字符号

1—电源进线座；2—动触点；3—熔丝；4—负载线；5—负载接线座；6—瓷底座；7—静触点；8—胶木片；9—手柄；10—转轴；11—速断弹簧；12—熔断器；13—夹座；14—闸刀；15—外壳前盖。

刀开关的瓷底座上装有进线座、静触点、熔丝、出线座和刀片式的动触点，外面装有胶盖，不仅可以保证操作人员不会触及带电部分，并且分断电路时产生的电弧也不会飞到胶盖外面而灼伤操作人员。图5－7是刀开关的实物图。

2. 刀开关的选择与使用

1）刀开关的选择

（1）用于照明或电热负载时，负荷开关的额定电流等于或大于被控制电路中各负载额定电流之和。

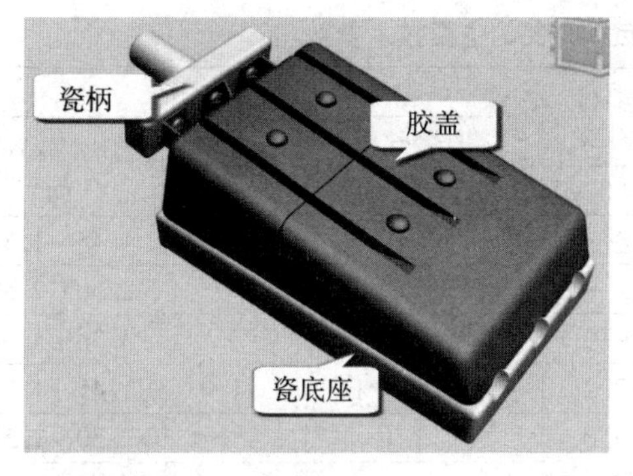

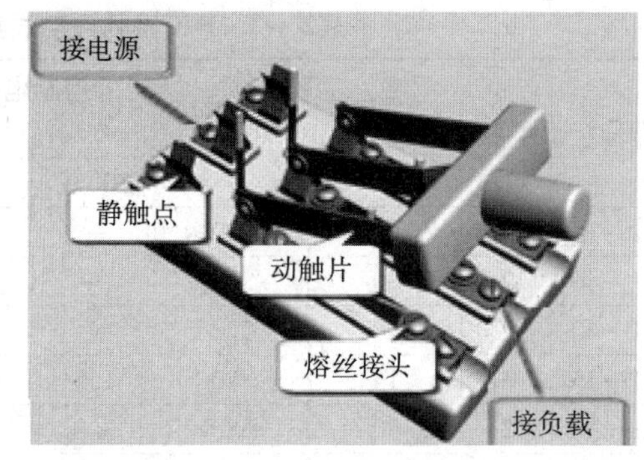

（a）

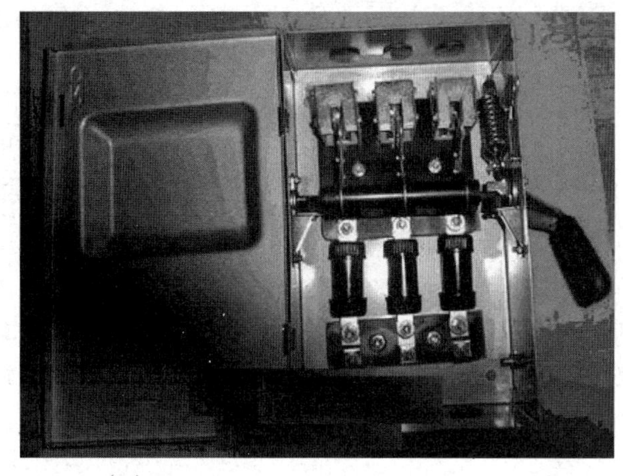

（b）

图5－7　刀开关的实物

（a）开启式负荷开关；（b）封闭式负荷开关

（2）用于电动机负载时，开启式负荷开关的额定电流一般为电动机额定电流的3倍；封闭式负荷开关的额定电流一般为电动机额定电流的1～5倍。

2）刀开关的使用

（1）负荷开关应垂直安装在控制屏或开关板上使用。

（2）对负荷开关接线时，电源进线和出线不能接反。开启式负荷开关的上接线端应接电源进线，负载则接在下接线端，便于更换熔丝。

（3）封闭式负荷开关的外壳应可靠地接地，防止意外漏电使操作者发生触电事故。

（4）更换熔丝应在开关断开的情况下进行，且应更换与原规格相同的熔丝。

3. 刀开关的型号含义

刀开关的型号含义如图5－8所示。HK系列开启式负荷开关的主要技术参数见表5－3。

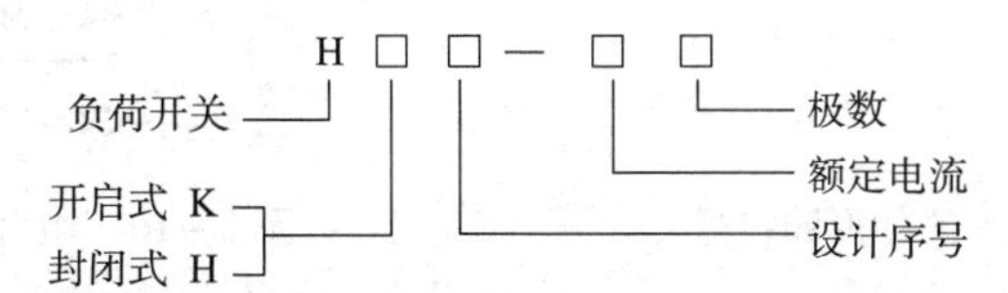

图5－8　刀开关的型号含义

表 5－3　HK 系列开启式负荷开关的主要技术参数

型号	极数	额定电流/A	额定电压/V	可控制电动机最大容量/kW		配用熔丝规格			
						熔丝成分/%			熔丝线径/mm
				200 V	380 V	铅	锡	锑	
HK1—15	2	15	220	—	—				1.45～1.59
HK1—30	2	30	220	—	—				2.30～2.52
HK1—60	2	60	220	—	—				3.36～4.00
HK1—15	3	15	380	1.5	2.2	98	1	1	1.45～1.59
HK1—30	3	30	380	3.0	4.0				2.30～2.52
HK1—60	3	60	380	4.5	5.5				3.36～4.00

五、组合开关

组合开关又称转换开关，它的作用与刀开关的作用基本相同，只是比刀开关少了熔丝，常用于工厂，很少用在家庭生活中。它的种类有单极、双极、三极和四极等多种。常用的是三极的组合开关，其外形、符号如图 5－9 所示。

1. 组合开关的结构与工作原理

组合开关的结构如图 5－10 所示。组合开关由三个分别装在三层绝缘件内的双断点桥式动触点、与盒外接线柱相连的静触点、绝缘方轴、手柄等组成。动触点装在附有手柄的绝缘方轴上，方轴随手柄而转动，于是动触点随方轴转动并变更与静触点分、合的位置。

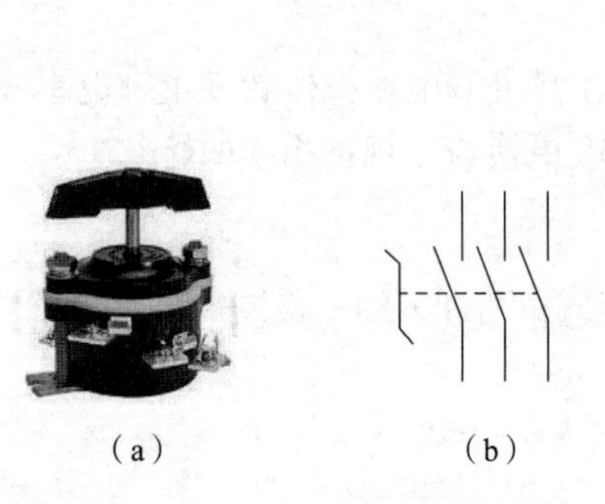

(a)　　(b)

图 5－9　三极组合开关的外形和符号

(a) 外形；(b) 符号

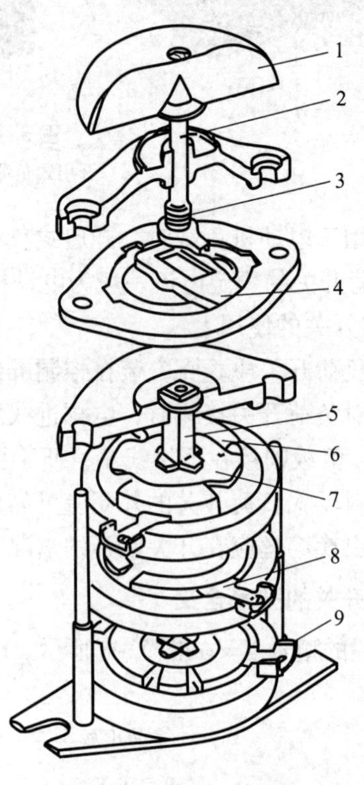

图 5－10　组合开关结构

1—手柄；2—转轴；3—弹簧；4—凸轮；5—绝缘杆；6—绝缘垫板；7—动触点；8—静触点；9—接线柱。

组合开关常用来作电源的引入开关，起到设备和电源间的隔离作用，但有时也可以用来直接启动和停止小容量的电动机，接通和断开局部照明电路。

2. 组合开关的选择与使用

1）组合开关的选择

（1）用于照明或电热电路时，组合开关的额定电流应等于或大于被控制电路中各负载电流的总和。

（2）用于电动机电路时，组合开关的额定电流一般取电动机额定电流的1.5～2.5倍。

2）组合开关的使用

（1）组合开关的通断能力较低，当用于控制电动机作可逆运转时，必须在电动机完全停止转动后，才能反向接通。

（2）当操作频率过高或负载的功率因数较低时，组合开关要降低容量使用，否则会影响开关寿命。

3. 组合开关的型号含义

组合开关的型号含义如图5－11所示。HZ10系列组合开关的技术参数见表5－4。

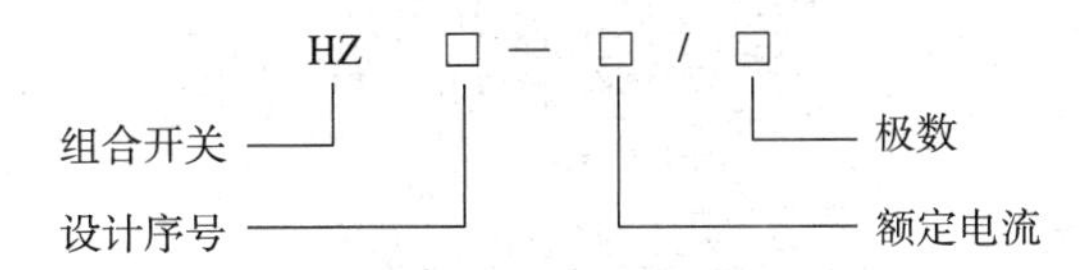

图5－11　组合开关的型号含义

表5－4　HZ10系列组合开关主要技术参数

型号	额定电流/A	额定电压/V		380V时可控制电动机的功率/kW
		单极	三极	
HZ10—10	DC220V或AC380V	6	10	1
HZ10—25		—	25	3.3
HZ10—60		—	60	5.5
HZ10—100		—	100	—

4. 组合开关的检测

组合开关位于同一个水平面上的两个静触点是一对静触点。当手柄位于水平位置（图5－9），三对触点都是断开的，当手柄位于垂直位置，三对触点都是接通的（图5－12）。

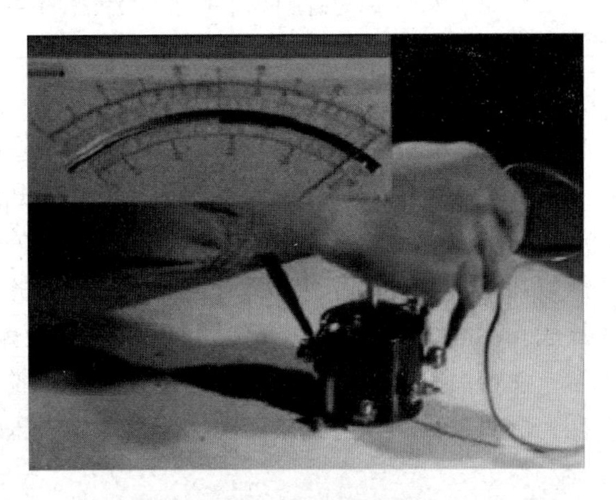

图5－12　组合开关检测示意图

六、自动空气开关

自动空气开关又称自动开关或自动空气断路器。它既是控制电器，同时又具有保护电器的功能。当电路中发生短路、过载、失压等故障时，能自动切断电路。在正常情况下也可用作不频繁地接通和断开电路或控制电动机。它的外形、结构示意图和符号，如图 5－13 所示。

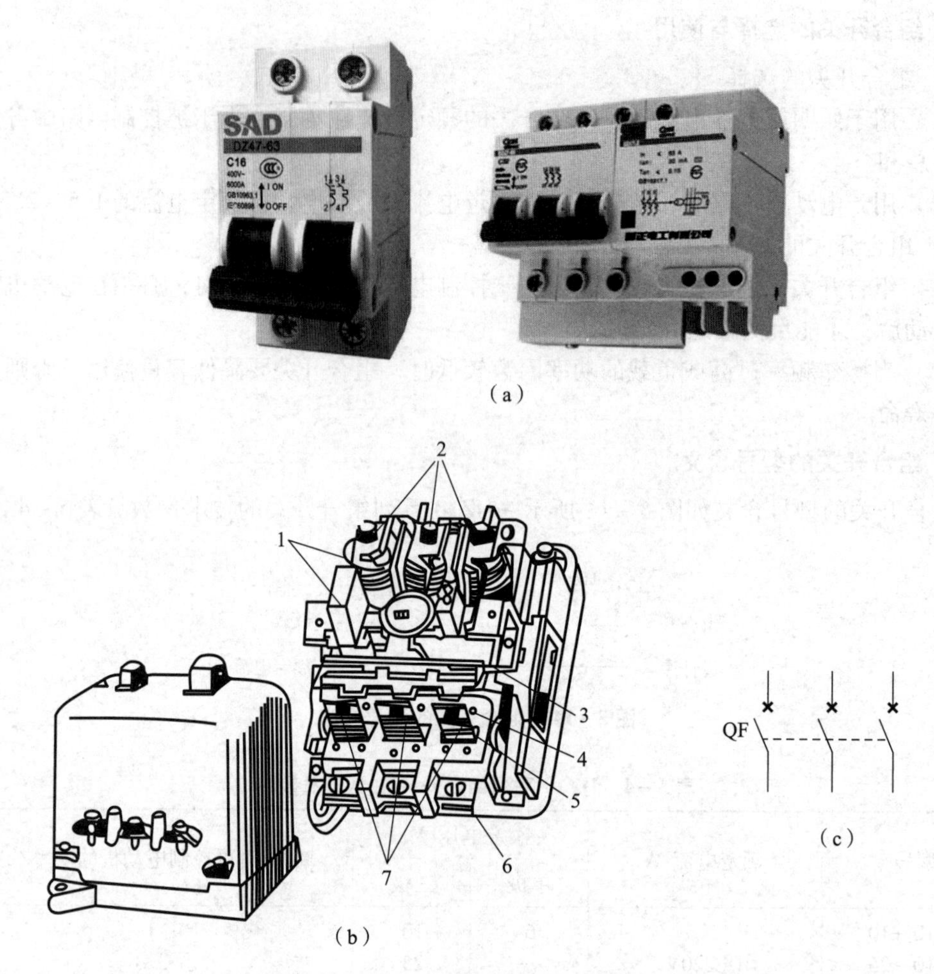

图 5－13　自动空气开关外形、结构和符号

（a）外形结构；（b）内部结构；（c）符号

1—按钮；2—电磁脱扣器；3—自由脱扣器；4—动触点；5—静触点；6—接线柱；7—热脱扣器。

1. 自动空气开关的工作原理

图 5－14 是自动空气开关的动作原理示意图。

开关的主触点是靠操作机构手动或电动开闸的，并且自由脱扣器将主触点锁在合闸位置上。如果电路发生故障，自由脱扣器在有关脱扣器的推动下动作，使钩子脱开。于是主触点在弹簧作用下迅速分断。过电流脱扣器的线圈和热脱扣器的热元件与主电路串联，失压脱扣器的线圈与电路并联。当电路发生短路或严重过载时，过电流脱扣器的衔铁被吸合，使自由脱扣器动作。当电路过载时，热脱扣器的热元件产生的热量增加，使双金属片向上弯曲，推动自由脱扣器动作。当电路失压时，失压脱扣器的衔铁释放，也使自由脱扣器动作。

自动空气开关广泛应用于低压配电电路上，也用于控制电动机及其他用电设备。

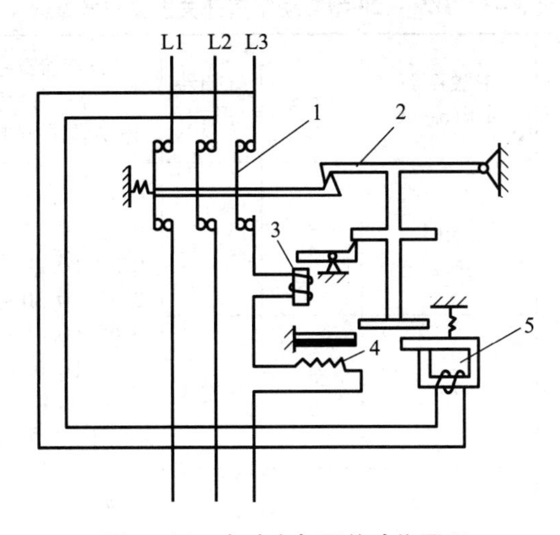

图 5－14 自动空气开关动作原理

1—主触点；2—自由脱扣器；3—过电流脱扣器；4—热脱扣器；5—失压脱扣器。

2. 自动空气开关的选择和使用

1）自动空气开关的选择

（1）自动空气开关的额定工作电压大于或等于电路额定电压。

（2）自动空气开关的额定电流大于或等于电路计算负载电流。

（3）热脱扣器的整定电流应等于所控制负载的额定电流。

2）自动空气开关的使用

（1）当自动空气开关与熔断器配合使用时，熔断器应装于自动空气开关之前，以保证使用安全。

（2）电磁脱扣器的整定值不允许随意更改，使用一段时间后应检查其动作的准确性。

（3）自动空气开关在分断短路电流后，应在切除前级电源的情况下及时检查触点。如有严重的电灼痕迹，可用干布擦去；若发现触点烧毛，可用砂纸或细锉小心修整。

3. 自动空气开关的型号含义

自动空气开关的型号含义如图 5－15 所示。表 5－5 所示为 DZ5—20 型自动空气开关技术参数。

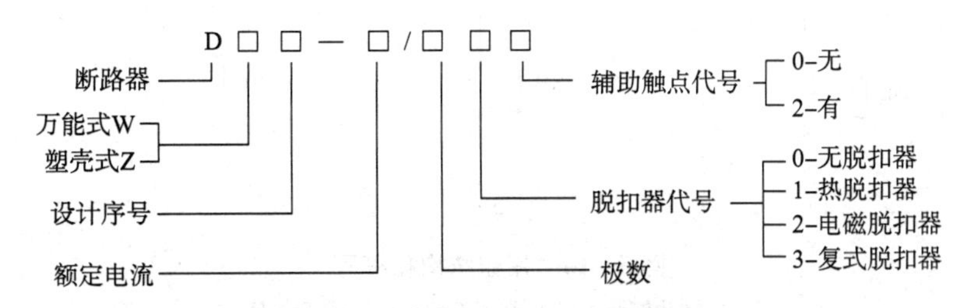

图 5－15 自动空气开关的型号含义

表 5－5　DZ5—20 型自动空气开关主要技术参数

<table>
<tr><th>型号</th><th>额定电压/V</th><th>主触点额定电流/A</th><th>极数</th><th>脱扣器形式</th><th>热脱扣器额定电流（括号内为整定电流调节范围）/A</th><th>电磁脱扣器瞬时动作整定值/A</th></tr>
<tr><td>DZ5—20/330
DZ5—20/230</td><td>AC380
DC220</td><td>20</td><td>3
2</td><td>复式</td><td rowspan="3">0.15（0.10～0.15）
0.20（0.15～0.20）
0.30（0.20～0.30）
0.45（0.30～0.45）
0.65（0.45～0.65）
1（0.65～1）
1.5（1～1.5）
2（1.5～2）
3（2～3）
4.5（3～4.5）
6.5（4.5～6.5）
10（6.5～10）
15（10～15）
20（15～20）</td><td rowspan="3">为电磁脱扣器额定电流的 8～12 倍（出厂时整定于 10 倍）</td></tr>
<tr><td>DZ5—20/320
DZ5—20/220</td><td>AC380
DC220</td><td>20</td><td>3
2</td><td>电磁式</td></tr>
<tr><td>DZ5—20/310
DZ5—20/210</td><td>AC380
DC220</td><td>20</td><td>3
2</td><td>热脱扣器式</td></tr>
<tr><td>DZ5—20/300
DZ5—20/200</td><td>AC380
DC220</td><td>20</td><td>3
2</td><td colspan="3">无脱扣器式</td></tr>
</table>

七、按钮

按钮是一种手动电器，通常用来接通或断开小电流控制的电路。它不直接去控制主电路的通断，而是在控制电路中发出“指令”去控制接触器、继电器等电器，再由它们去控制主电路。

按钮一般由按钮帽、复位弹簧、桥式动触点、静触点、支柱连杆及外壳等部分组成。

按钮根据触点结构的不同，可分为常开按钮、常闭按钮，以及将常开按钮和常闭按钮封装在一起的复合按钮等几种。图 5－16 所示为按钮结构示意图及符号。

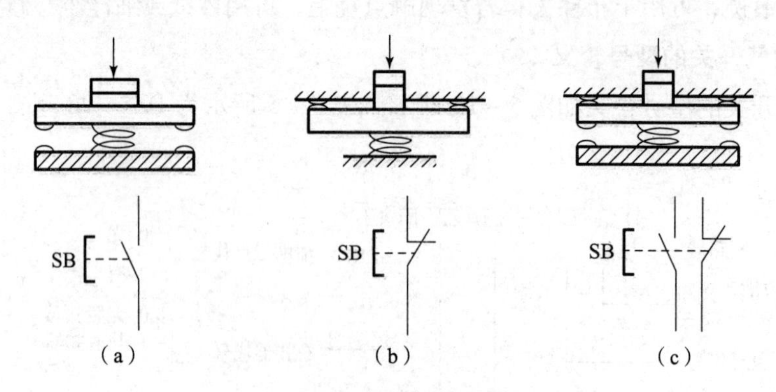

图 5－16　按钮结构和符号

（a）常开按钮；（b）常闭按钮；（c）复合按钮

1. 按钮的工作原理

图 5－16（a）所示为常开按钮，平时触点分开，手指按下时触点闭合，松开手指后触点分开，常用作启动按钮。图 5－16（b）所示为常闭按钮，平时触点闭合，手指按下时触点分开，松开手指后触点闭合，常用作停止按钮。图 5－16（c）所示为复合按钮，一组为常开触点，一组为常闭触点，手指按下时，常闭触点先断开，继而常开触点闭合，松开手指后，常开触点先断开，继而常闭触点闭合。

除了这种常见的直上直下的操作形式即揿钮式按钮，还有自锁式、紧急式、钥匙式和旋钮式按钮，图 5－17 所示为这些按钮的外形图。

图 5－17　各种按钮的外形

其中紧急式表示紧急操作，按钮上装有蘑菇形钮帽，颜色为红色，一般安装在操作台（控制柜）明显位置上。

按钮主要用于操纵接触器、继电器或电气联锁电路，以实现对各种运动的控制。

2. 按钮的选用

（1）根据使用场合和具体用途选择按钮的种类。如：嵌装在操作面板上的按钮可选用开启式；需显示工作状态的选用光标式；需要防止无关人员误操作的重要场合宜选用钥匙式；在有腐蚀性气体处要选用防腐式。

（2）按工作状态指示和工作情况的要求，选择按钮和指示灯的颜色。如：启动按钮可选用白、灰或黑色，优先选用白色，也可选用绿色；急停按钮应选用红色；停止按钮可选用黑、灰或白色，优先选用黑色，也可选用红色。

（3）按控制回路的需要，确定按钮的触点形式和触点的组数。如选用单联钮、双联钮和三联钮等。

3. 按钮的型号含义（以 LAY1 系列为例）

按钮的型号含义如图 5－18 所示。

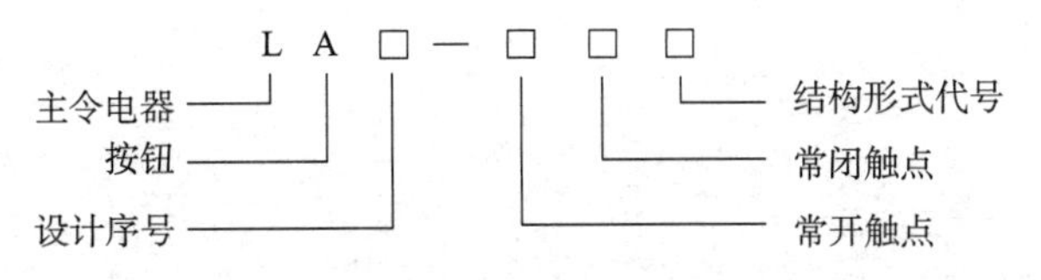

图 5－18　按钮型号含义

八、熔断器

熔断器是一种广泛应用的最简单有效的保护电器。常在低压电路和电动机控制电路中起过载保护和短路保护。它串联在电路中，当通过的电流大于规定值时，使熔体熔化而自动分断电路。

熔断器一般可分为瓷插式熔断器、螺旋式熔断器、无填料封闭管式熔断器、有填料封闭管式熔断器、快速熔断器和自复式熔断器等，其外形和符号如图 5-19 所示。

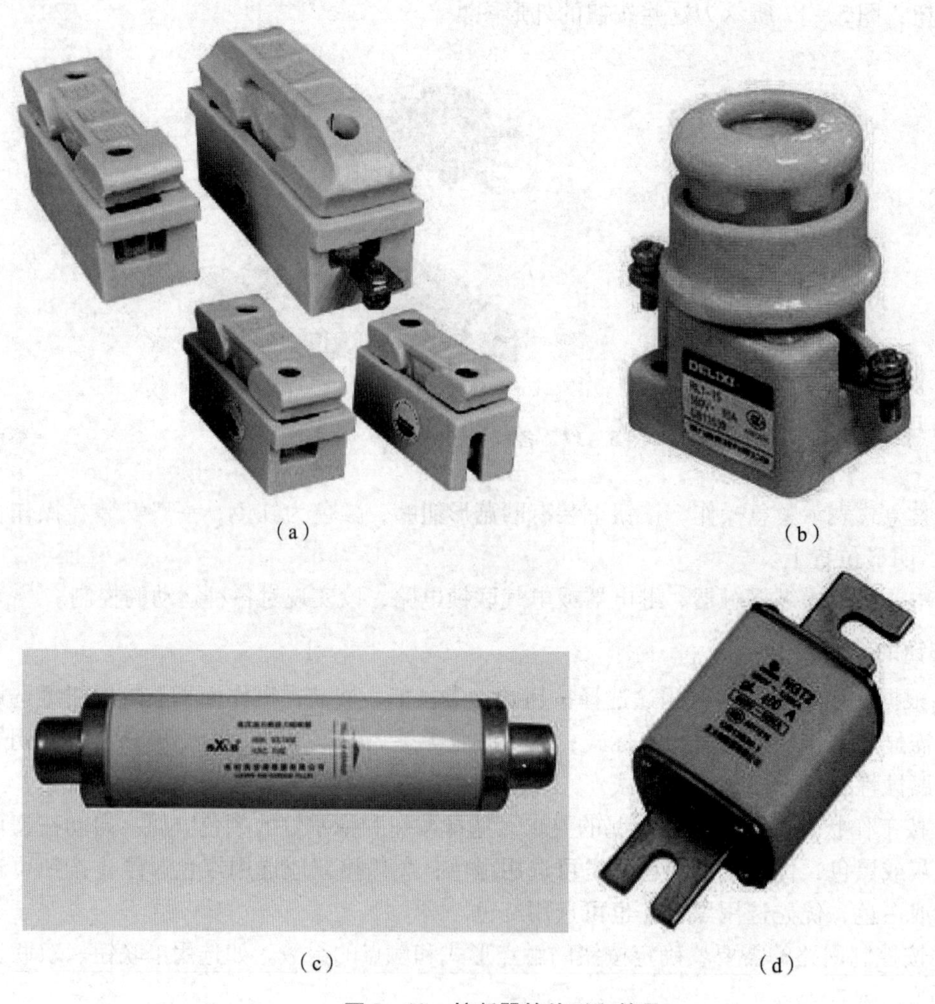

图 5-19　熔断器的外形和符号

(a) 瓷插式熔断器；(b) 螺旋式熔断器；(c) 无填料封闭管式熔断器；(d) 快速熔断器

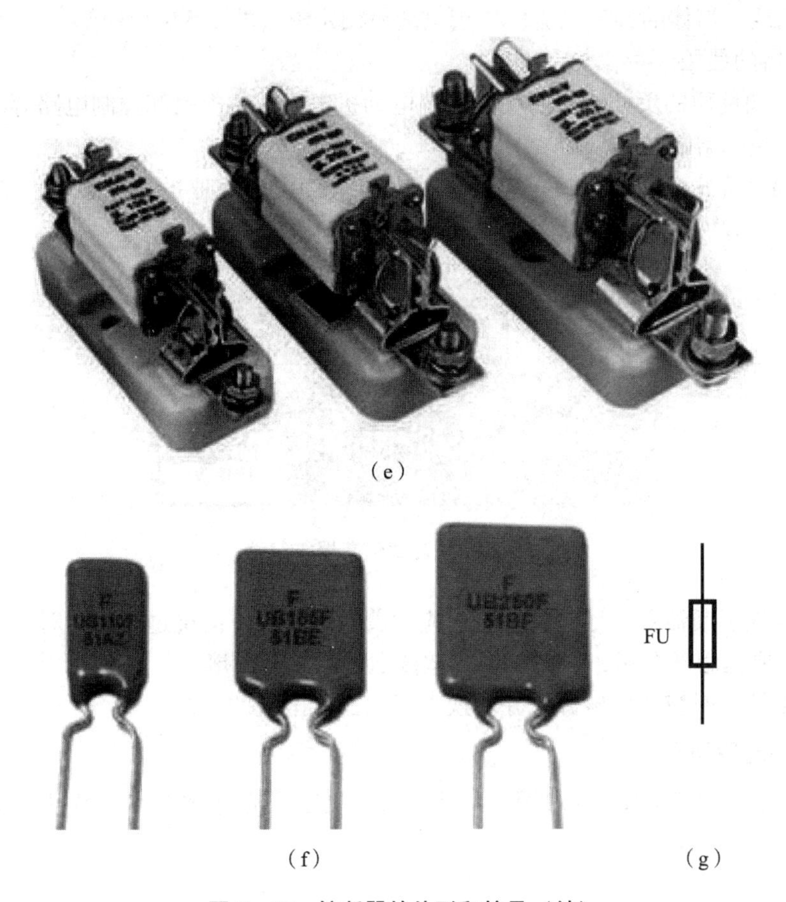

图 5－19　熔断器的外形和符号（续）

(e) 有填料封闭管式熔断器；(f) 自复式熔断器；(g) 符号

1. 熔断器的工作原理

熔断器主要由熔体、安装熔体的熔管和熔座三部分组成，主要元件是熔体，它是熔断器的核心部分，常做成丝状或片状。在小电流电路中，常用铅锡合金和锌等低熔点金属做成圆截面熔丝；在大电流电路中则用银、铜等较高熔点的金属做成薄片，便于灭弧。

熔断器使用时应当串联在所保护的电路中。电路正常工作时，熔体允许通过一定大小的电流而不熔断，当电路发生短路或严重过载时，熔体温度上升到熔点而熔断，将电路断开，从而保护了电路和用电设备。

2. 熔断器的选择与使用

1）熔断器的选择

选择熔断器时，主要是正确选择熔断器的类型和熔体的额定电流。

（1）应根据使用场合选择熔断器的类型。电网配电一般用管式熔断器；电动机保护一般用螺旋式熔断器；照明电路一般用瓷插式熔断器；保护可控硅元件则应选择快速熔断器。

（2）熔体额定电流的选择。对于变压器、电炉和照明等负载，熔体的额定电流应略大于或等于负载电流；对于输配电电路，熔体的额定电流应略大于或等于电路的安全电流；

对于电动机负载，熔体的额定电流应等于电动机额定电流的 1.5～2.5 倍。

2）熔断器的使用

（1）对不同性质的负载，如照明电路、电动机电路的主电路和控制电路等，应分别保护，并装设单独的熔断器。

（2）安装螺旋式熔断器时，必须注意将电源线接到瓷底座的下接线端（低进高出的原则），如图 5－20 所示，以保证安全。

图 5－20　螺旋式熔断器接线端

（3）瓷插式熔断器安装熔丝时，熔丝应顺着螺钉旋紧方向绕过去，同时应注意不要划伤熔丝，也不要把熔丝绷紧，以免减小熔丝截面尺寸或插断熔丝。

（4）更换熔体时应切断电源，并应换上相同额定电流的熔体。

3. 熔断器的型号含义

熔断器的型号含义如图 5－21 所示。常见低压熔断器的主要技术参数见表 5－6。

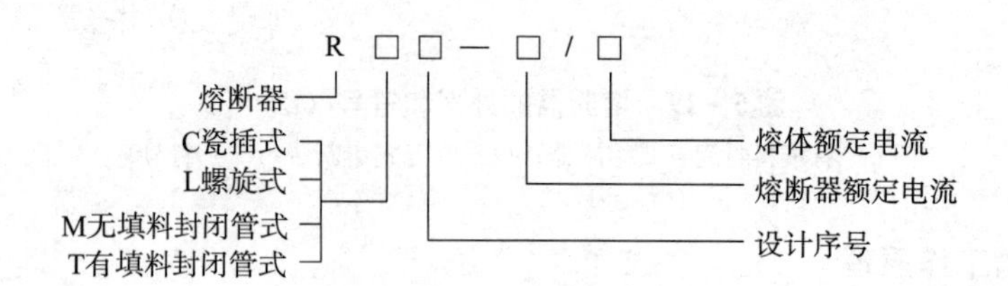

图 5－21　熔断器的型号

表 5－6　常见低压熔断器的主要技术参数

类别	型号	额定电压/V	额定电流/A	熔体额定电流等级/A	极限分辨能力/kA	功率因数
瓷插式熔断器	RC1A	380	5	2、5	0.25	0.8
			10	2、4、6、10	0.5	
			15	6、10、15		
			30	20、25、30	1.5	0.7
			60	40、50、60	3	0.6
			100	80、100		
			200	120、150、200		

续表

类别	型号	额定电压/V	额定电流/A	熔体额定电流等级/A	极限分辨能力/kA	功率因数
螺旋式熔断器	RL1	500	15	2、4、6、10、15	2	≥0.3
			60	20、25、30、35、40、50、60	3.5	
			100	60、80、100	20	
			200	100、125、150、200	50	
	RL2	500	25	2、4、6、10、15、20、25	1	
			60	25、35、50、60	2	
			100	80、100	3.5	
无填料封闭管式熔断器	RM10	380	15	6、10、15	1.2	0.8
			60	15、20、25、35、45、60	3.5	0.7
			100	60、80、100	10	0.35
			200	100、125、160、200		
			350	200、225、260、300、350		
			600	350、430、500、600	12	0.35
有填料封闭管式熔断器	RT0	AC380 DC440	100 200 400 600	40、50、60、100 120、150、200、250 300、350、400、450 500、550、600	AC50 DC25	>0.3
快速熔断器	RLS2	500	30	16、20、25、30	50	0.1~0.2
			63	35、(45)、50、63		
			100	(75)、80、(90)、100		

九、交流接触器

接触器是一种电磁式的自动切换电器，因其具有灭弧装置，而适用于远距离频繁地接通或断开交直流主电路及大容量的控制电路。其主要控制对象是电动机，也可控制其他负载。

接触器按主触点通过的电流种类，可分为交流接触器和直流接触器两大类。以交流接触器为例，它的外形如图 5-22（a）所示，它的结构示意图如图 5-22（b）所示，符号如图 5-22（c）所示。

1. 交流接触器的结构

交流接触器由以下四部分组成。

（1）电磁系统。用来操作触点闭合与分断。它包括静铁芯、吸引线圈（线圈）、动铁芯（衔铁）。铁芯用硅钢片叠成，以减少铁芯中的铁损耗，在铁芯端部极面上装有短路环，其作用是消除交流电磁铁在吸合时产生的振动和噪声。

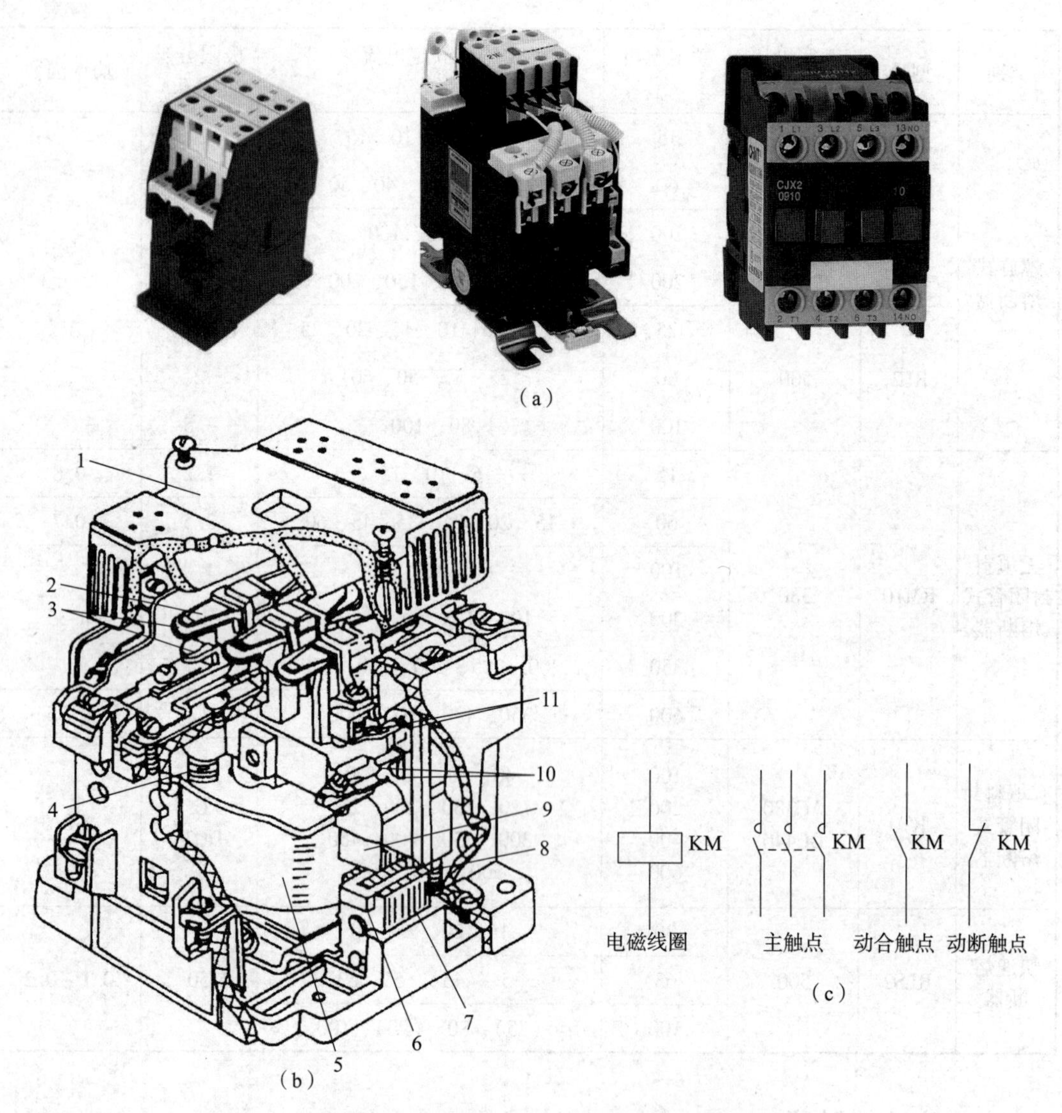

(a)

(b)

(c)

图 5-22　交流接触器外形、结构及符号

(a) 交流接触器外形；(b) 内部结构；(c) 符号

1—灭弧罩；2—触点压力弹簧；3—主触点；4—反作用弹簧；5—吸引线圈；6—短路环；7—静铁芯；8—缓冲弹簧；9—动铁芯；10—辅助动合触点；11—辅助动断触点。

(2) 触点系统。起着接通和分断电路的作用。它包括主触点和辅助触点。通常主触点用于通断电流较大的主电路，辅助触点用于通断小电流的控制电路。

(3) 灭弧装置。起着熄灭电弧的作用。

(4) 其他部件。主要包括反作用弹簧、缓冲弹簧、触点压力弹簧、传动机构及外壳等。

2. 交流接触器的工作原理

当接触器的吸引线圈得电以后，吸引线圈中流过的电流产生磁场将铁芯磁化，使铁芯产生足够大的吸力，克服反作用弹簧的弹力，将衔铁吸合，使它向着静铁芯运动，通过传动机构带动触点系统运动，所有的常开触点都闭合，常闭触点都断开。当吸引线圈断电后，在反作用弹簧的作用下，动铁芯和所有的触点都恢复到原来的状态，如图 5－23 所示。

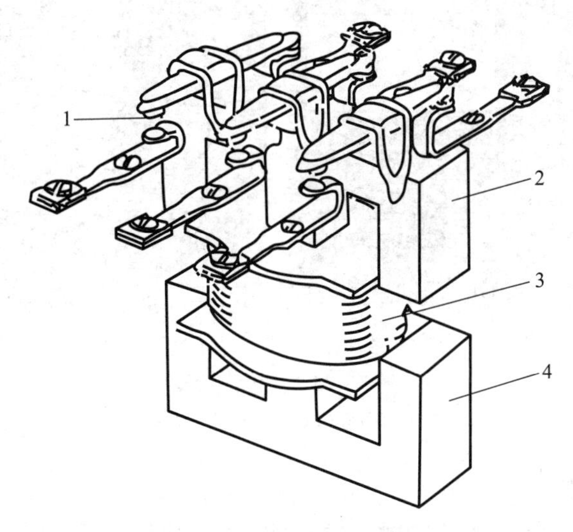

图 5－23　交流接触器动作原理

1—主触点；2—动触点；3—吸引线圈；4—静铁芯。

接触器适用于远距离频繁接通和切断电动机或其他负载主电路，由于具备低电压释放功能，所以还当作保护电器使用。

3. 交流接触器的检测

万用表拨到 $R\times100$ 挡。

1）线圈的检测

如图 5－24 所示，标有 A1、A2 的是线圈的接线柱，线圈阻值一般正常值为几百欧。

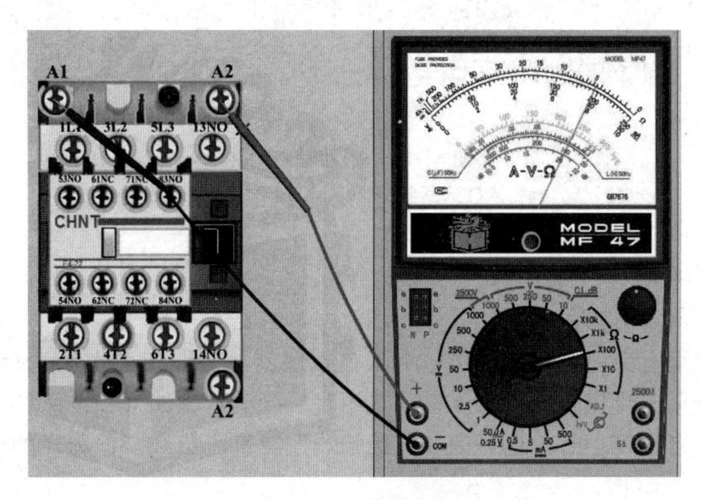

图 5－24　线圈检测

2）主触点检测

主触点是常开触点，平时处于断开状态，如图 5－25（a）所示，检测时按下试吸合按钮，触点接通，如图5－25（b）所示。

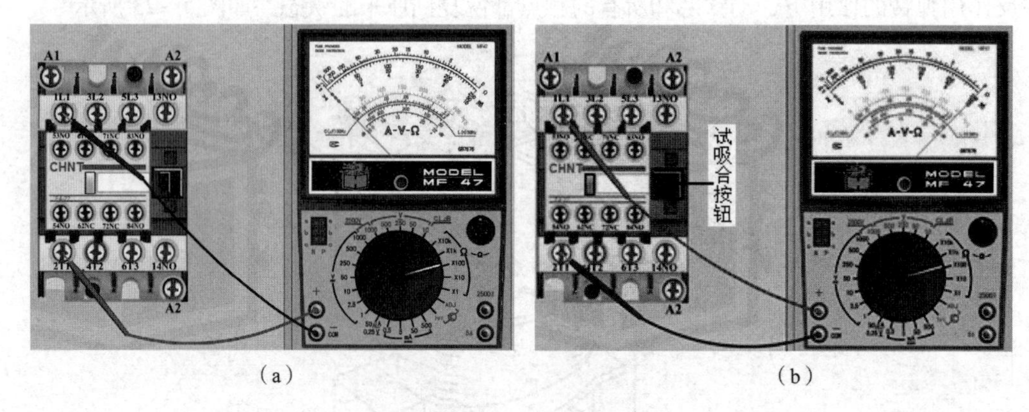

（a）　　（b）

图5－25　主触点检测

（a）未按试吸合按钮；（b）按下试吸合按钮

3）辅助触点检测

常开辅助触点的检测方法与主触点的检测方法相同。常闭辅助触点平时处于接通状态，如图5－26（a）所示，检测时按下试吸合按钮，触点断开，如图5－26（b）所示。

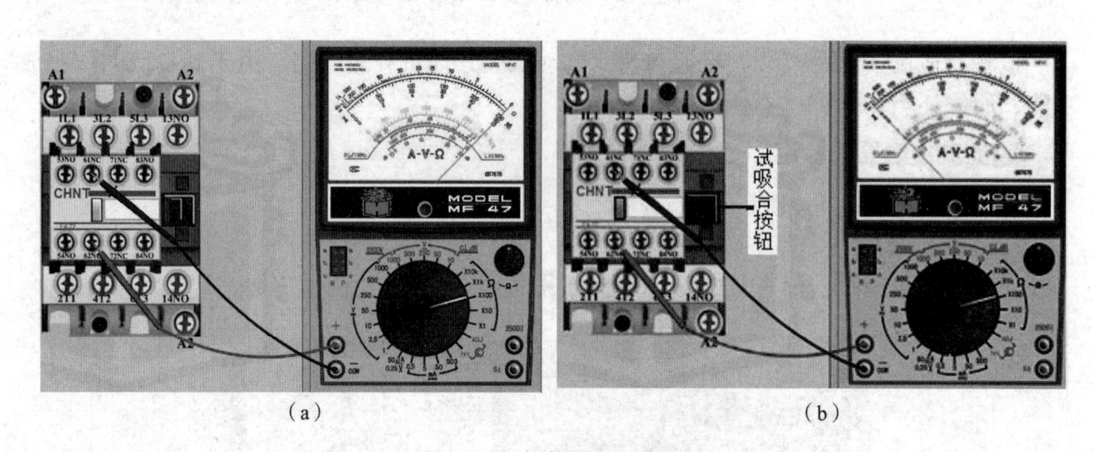

（a）　　（b）

图5－26　辅助触点检测

（a）未按试吸合按钮；（b）按下试吸合按钮

4. 交流接触器的选择

1）接触器类型的选择

接触器的类型有交流和直流两类，应根据接触器所控制负载性质选择接触器的类型。通常交流负载选用交流接触器，直流负载选用直流接触器，如果控制系统中主要是交流负载，而直流负载容量较小时，也可用交流接触器控制直流负载，但触点的额定电流应适当选大一些。

2）接触器操作频率的选择

操作频率是指接触器每小时通断的次数。当通断电流较大及通断频率较高时，会使触点过热甚至熔焊。接触器若使用在频繁启动、制动及正反转的场合，应将接触器主触点的额定电流降低一个等级使用。

3）接触器额定电压和额定电流的选择

（1）接触器主触点的额定电流（或电压）应大于或等于负载电路的额定电流（或电压）。

（2）吸引线圈的额定电压则应根据控制回路的电压来选择。当电路简单、使用电器较少时，可选用 380 V 或 220 V 电压的吸引线圈；当电路较复杂、使用电器超过 5 个时，可选用 110 V 及以下电压等级的吸引线圈，以保证安全。

5. 接触器的使用

（1）接触器安装前应先检查吸引线圈的额定电压是否与实际需要相符。

（2）接触器的安装多为垂直安装，其倾斜角不得超过 5°，否则会影响接触器的动作特性；安装有散热孔的接触器时，应将散热孔放在上下位置，以降低线圈的温升。

（3）接触器安装与接线时应将螺钉拧紧，以防振动松脱。

（4）接线器的触点应定期清理，若触点表面有电弧灼伤时，应及时修复。

6. 接触器的型号含义

交流接触器的型号含义如图 5－27 所示。常用 CJ10 系列交流接触器的技术数据见表 5－7。

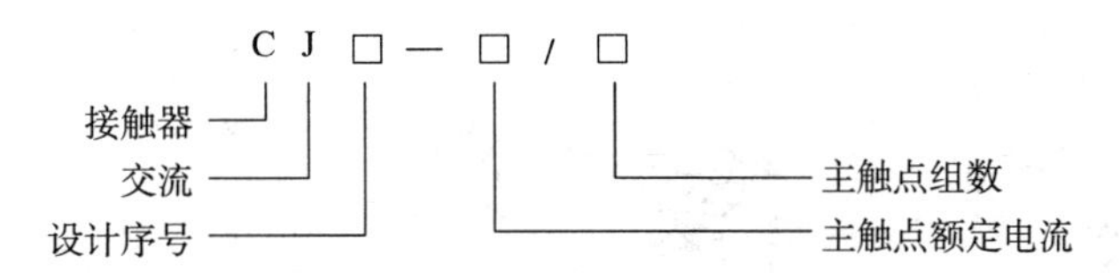

图 5－27　交流接触器的型号含义

表 5－7　常用 CJ10 系列交流接触器的技术数据

型号	触点额定电压/V	主触点		辅助触点		吸引线圈电压/V	吸引线圈功率/W	可控制三相异步电动机的最大功率/kW		额定操作频率/(次·h^{-1})
		额定电流/A	对数	额定电流/A	对数			220 V	380 V	
CJ10—10	380	10	3	5	均为 2 常开、2 常闭	可为 36、110、220、380	11	2.2	4	≤600
CJ10—20		20	3				22	5.5	10	
CJ10—40		40	3				32	11	20	
CJ10—60		60	3				70	17	30	

十、热继电器

电动机在实际运行中，常会遇到过载情况，但只要过载不严重、时间短，绕组不超过允许的温升，这种过载是允许的。但如果过载情况严重、时间长，则会加速电动机绝缘的老化，缩短电动机的使用年限，甚至烧毁电动机，因此必须对电动机进行过载保护。

热继电器是一种利用流过继电器的电流所产生的热效应而反时限动作的保护电器，它主要用作电动机的过载保护、断相保护、电流不平衡运行及其他电气设备发热状态的控制。

热继电器有两相结构、三相结构、三相带断相保护装置等三种类型。其外形结构、内部结构、图形符号如图 5－28 所示。

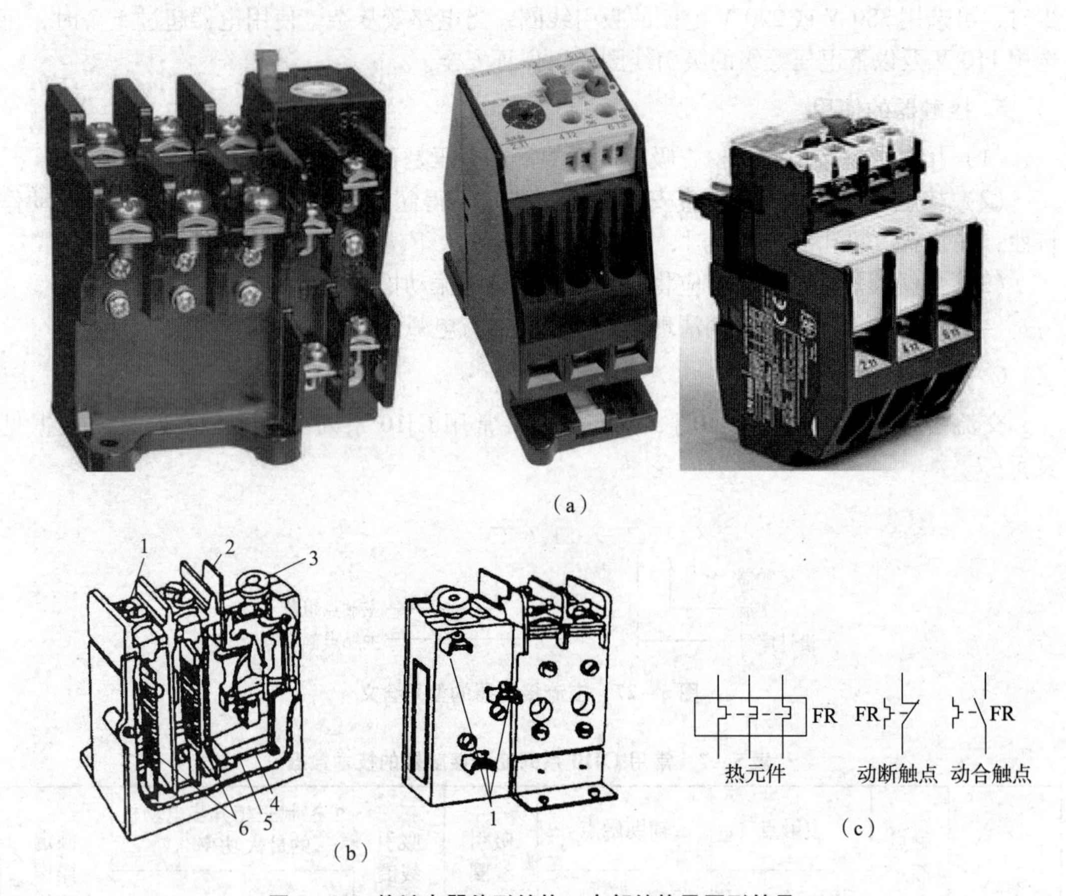

图 5－28　热继电器外形结构、内部结构及图形符号

(a) 外形结构；(b) 内部结构；(c) 图形符号

1—接线柱；2—复位按钮；3—调节旋钮；4—动断触点；5—动作机构；6—热元件。

1. 热继电器的结构和工作原理

热继电器主要由双金属片、热元件、动作机构、触点系统、整定调整装置等部分组成。从结构上看，热继电器的热元件由两极（或三极）双金属片及缠绕在外面的电阻丝组成。双金属片由热膨胀系数不同的金属片压合而成，使用时，电阻丝直接反映电动机的定子回路电流。复位按钮是热继电器动作后进行手动复位的按钮，可以防止热继电器动作后，因故障未被排除而电动机又启动所造成更大的事故。

热继电器动作原理示意图如图 5－29 所示。

使用时，将热继电器的三相热元件分别串接在电动机的三相主电路中，动断触点串接在控制电路的接触器线圈回路中。当电动机过载时，流过电阻丝（热元件）的电流增大，

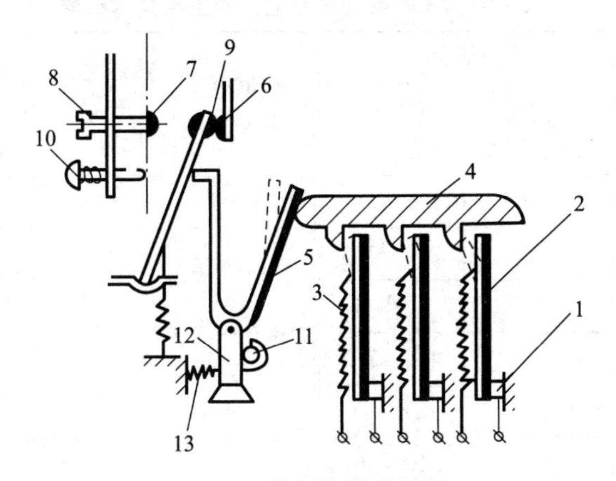

图5－29　热继电器动作原理

1—推杆；2—主双金属片；3—热元件；4—导板；5—补偿双金属片；6，7—静触点；
8—调节螺钉；9—动触点；10—复位按钮；11—调节旋钮；12—支撑件；13—弹簧。

电阻丝产生的热量使双金属片弯曲，经过一定时间后，弯曲位移增大，因而脱扣，使其动断触点断开，动合触点闭合，使接触器线圈断电，接触器触点断开，将电源切除起保护作用。

热继电器触点动作切断电路后，电流为零，则电阻丝不再发热，双金属片冷却到一定值时恢复原状，于是动合和动断触点可以复位。另外也可通过调节螺钉，使触点在动作后不自动复位，而必须按动复位按钮才能使触点复位。这很适用于某些要求故障未排除而防止电动机再启动的场合。不能自动复位对检修时确定故障范围也是十分有利的。

热继电器的工作电流可以在一定范围内调整，称为整定。整定电流值应是被保护电动机的额定电流值，其大小可以通过旋动整定电流旋钮来实现。由于热惯性，热继电器不会瞬间动作，因此它不能用作短路保护。但也正是这个热惯性，使电动机启动或短时过载时，热继电器不会误动作。

2. 热继电器的型号

热继电器型号含义如图5－30所示。JR36系列热继电器的主要技术数据见表5－8。

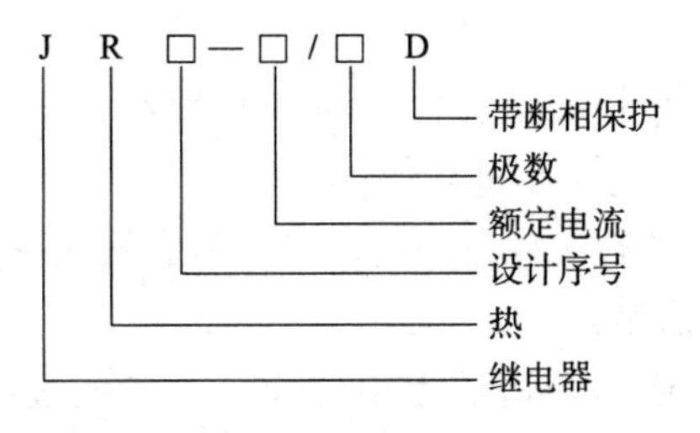

图5－30　热继电器型号

表 5－8　JR36 系列热继电器的主要技术数据

热继电器型号	热继电器额定电流/A	热元件		热继电器型号	热继电器额定电流/A	热元件	
		热元件额定电流/A	电流调节范围/A			热元件额定电流/A	电流调节范围/A
JR36—20	20	2.4	1.5～2.4	JR36—32	32	32	20～32
		3.5	2.2～3.5	JR36—63	63	22	14～32
		5	3.2～5			32	20～32
		7.2	4.5～7.2			45	28～45
		11	6.8～11			63	40～63
		16	10～16	JR36—160	160	63	40～63
		22	14～22			85	53～85
JR36—32	32	16	10～16			120	75～120
		22	14～22			160	100～160

3. 热继电器的选用

1）类型的选择

热继电器的类型选择主要根据电动机定子绕组的联结方式来确定，对 Y 联结的电动机可选两相或三相结构的热继电器，一般采用两相结构的热继电器，即在两相主电路中串接热元件；当电源电压的均衡性和工作环境较差或多台电动机的功率差别较显著时，可选择三相结构的热继电器。对于三相异步电动机，定子绕组为△联结的电动机必须采用三相带断相保护的热继电器。

2）额定电流的选择

热继电器的额定电流应大于电动机的额定电流。

3）热元件整定电流的选择

一般将整定电流调整到等于电动机的额定电流；对过载能力差的电动机，可将热元件整定值调整到电动机额定电流的 0.6～0.8 倍；对启动时间较长，拖动冲击性负载或不允许停车的电动机，热元件的整定电流应调整到电动机额定电流的 1.1～1.15 倍。

4. 热继电器的使用

（1）当电动机启动时间过长或操作次数过于频繁时，会使热继电器误动作或烧坏电器，故这种情况一般不用热继电器作过载保护。

（2）当热继电器与其他电器安装在一起时，应将它安装在其他电器的下方，以免其动作特性受到其他电器发热的影响。

（3）热继电器出线端应选择合适的连接导线。若导线过细，则热继电器可能提前动作；若导线太粗，则热继电器可能滞后动作。

5. 热继电器的检测

将万用表打在 $R\times10$ 挡，调零。

1）热元件主接线柱的检测

通过表笔接触主接线柱的任意两点，由于热元件的电阻值比较小，几乎为零，测得的电阻值若为零，说明两点是热元件的一对接线柱，热元件完好；若为无穷大，说明这两点不是热元件的一对接线柱或热元件损坏。检测示意图如图 5－31 所示。

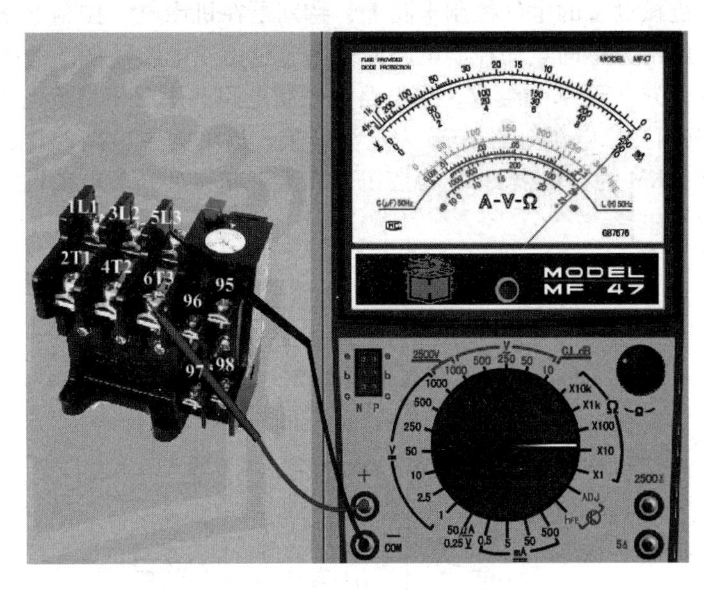

图 5－31　热元件主接线柱检测

2）动断、动合接线柱检测

万用表搭在一对接线柱上，若指针打到零，说明是一对动断接线柱；如果指针不动，则可能是一对动合接线柱。若要确定，须拨动机械按键，模拟继电器动作。

拨动机械按键，指针从无穷大指向零，则为一对动合触点；若指针从零指向无穷大，则为一对动断触点；如果不动，则不是一对触点，或者触点损坏，如图 5－32 所示。

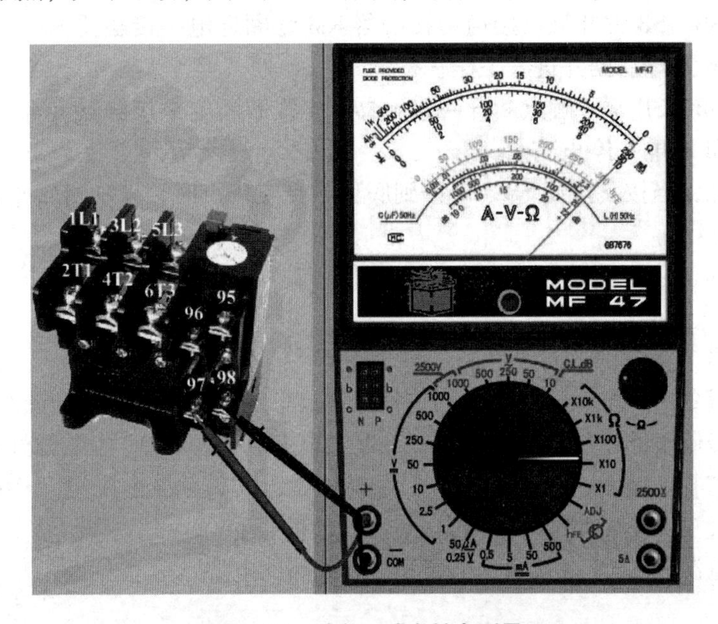

图 5－32　动断、动合触点测量

十一、单向点动控制电路

点动是指按下按钮时电动机转动，松开按钮时电动机停止。这种控制是最基本的电气控制，在很多机械设备的电气控制电路上，特别是在机床电气控制电路上得到广泛应用。如图 5 - 33 所示为单向点动控制电路原理图，它由主电路［图 5 - 33（a）］和控制电路［图 5 - 33（b）］两部分组成，主电路和控制电路共用三相交流电源。图 5 - 33 中 L1、L2、L3 为三相交流电源电路，QS 为电源开关，FU1 为主电路的熔断器，FU2 为控制电路的熔断器，KM 为接触器，SB 为按钮，M 为三相笼型异步电动机。点动控制的操作及动作过程如下。

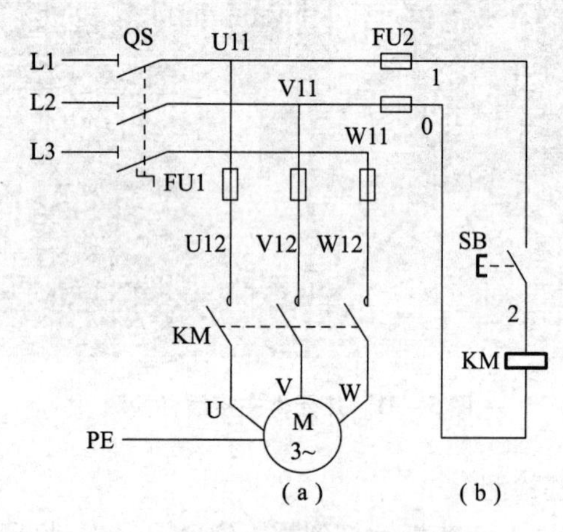

图 5 - 33　单向点动控制电路原理

（a）主电路；（b）控制电路

首先合上电源开关 QS，接通主电路和控制电路的电源。

按下按钮 SB→SB 常开触点接通→接触器 KM 线圈通电→接触器 KM（常开）主触点接通→电动机 M 通电启动并进入工作状态。

松开按钮 SB→SB 常开触点断开→接触器 KM 线圈断电→接触器 KM（常开）主触点断开→电动机 M 断电并停止工作。

由上述可见，当按下按钮 SB（应按到底且不要放开）时，电动机转动；松开按钮 SB 时，电动机 M 停止。

熔断器 FU1 为主电路的短路保护，熔断器 FU2 为控制电路的短路保护。

十二、单向连续运转控制电路

各种机械设备中，电动机最常见的一种工作状态是单向连续运转。图 5 - 34 为电动机单向连续运转控制电路，图中 L1、L2、L3 为三相交流电源，QF 为电源开关，FU1、FU2 分别为主电路与控制电路的熔断器，KM 为接触器，SB2 为停止按钮，SB1 为启动按钮，FR 为热继电器，M 为三相异步电动机。其动作过程如下。

首先合上电源开关 QF，接通主电路和控制电路的电源。

1）启动

按下按钮SB1 → SB1常开触点接通 → 接触器KM线圈通电 → 接触器KM常开辅助触点接通（实现自锁）；接触器KM（常开）主触点接通 → 电动机M通电启动并进入工作状态

当接触器 KM 常开辅助触点接通后，即使松开按钮 SB1 仍能保持接触器 KM 线圈通电，所以此常开辅助触点称为自锁触点。

2）停止

按下按钮SB2 → SB2常闭触点断开 → 接触器KM线圈失电 → KM常开辅助触点断开（解除自锁）；KM（常开）主触点断开 → 电动机M断电并停止工作。

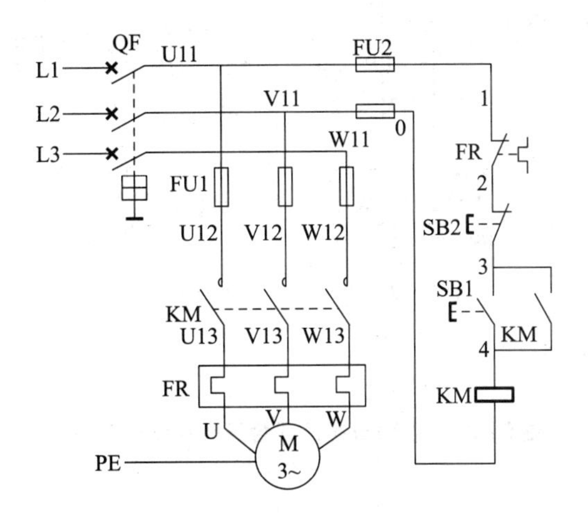

图 5-34　单向连续运转控制电路原理

控制电路的保护环节：

（1）短路保护。由熔断器 FU1、FU2 分别实现主电路与控制电路的短路保护。

（2）过载保护。当电动机出现长期过载时，串接在电动机定子电路中热继电器 FR 的热元件使双金属片受热弯曲，经动作机构使串接在控制电路中的常闭触点断开，切断接触器 KM 线圈电路，KM 触点复位，其中主触点断开电动机的电源，常开辅助触点断开自保持电路，使电动机长期过载时自动断开电源，从而实现过载保护。

（3）欠压和失压保护。欠压保护是指当电动机电源电压降低到一定值时，能自动切断电动机电源的保护；失压（或零压）保护是指运行中的电动机切断电源而停转，而一旦恢复供电，电动机不至于在无人监视的情况下自行启动的保护。

在电动机运行中，当电源电压下降时，控制电路电源电压相应下降，接触器线圈电压下降，这将引起接触器磁路磁通下降，电磁吸力减小，衔铁在反作用弹簧的作用下释放，自保持触点断开（解除自锁），同时主触点也断开，切断电动机电源，避免电动机因电源电压降低引起电动机电流增大而烧毁电动机。

在电动机运行中，电源停电则电动机停转。当恢复供电时，由于接触器线圈已断电，其主触点与自锁触点均已断开，主电路和控制电路都不构成通路，所以电动机不会自行启动。只有按下启动按钮 SB1，电动机才会再启动。

十三、点动与连续混合正转控制电路

机床设备在正常工作时，一般需要电动机处在连续运转状态。但在试车或调整刀具与工件的相对位置时，又需要电动机能点动控制，实现这种工艺要求的电路是点动与连续混合正转控制电路，如图 5－35 所示。电路是在启动按钮 SB1 的两端并接一个复合按钮 SB3 来实现点动与连续混合正转控制的，SB3 的常闭触点应与 KM 自锁触点串接。电路的工作原理如下。

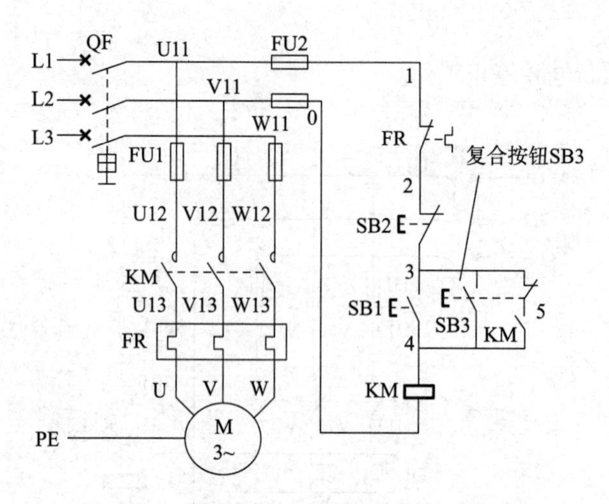

图 5－35　点动与连续混合正转控制电路原理

1. 连续控制

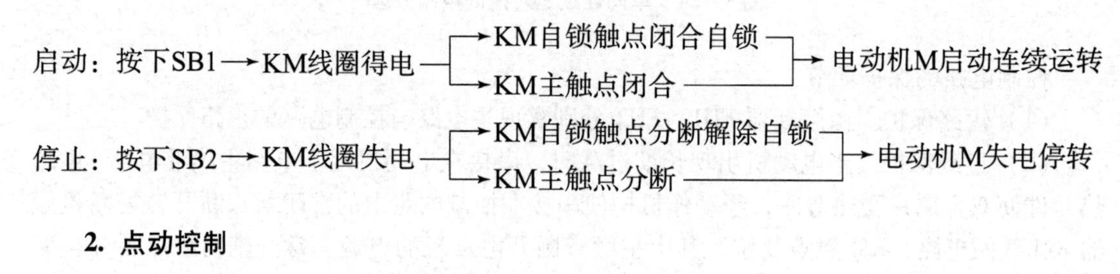

2. 点动控制

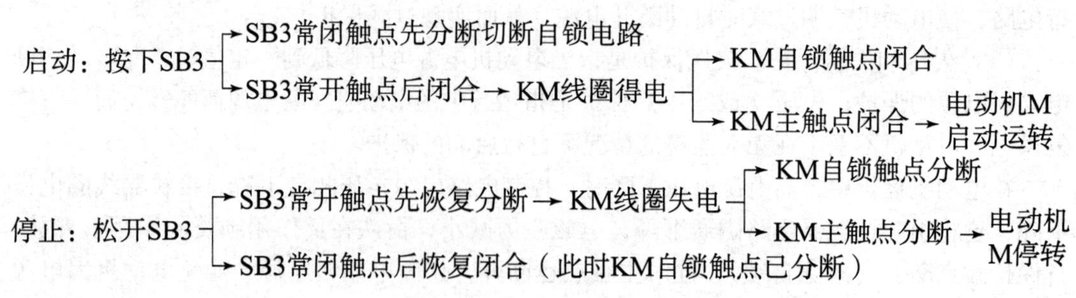

操作训练

训练项目　安装与调试单向连续运转控制电路

一、工作准备

1. 工具、仪表与材料准备

（1）完成本任务所需工具与仪表为螺钉旋具、尖嘴钳、斜口钳、剥线钳、万用表等。

（2）完成本任务所需材料明细表如表 5-9 所示。

表 5-9　单向连续运转控制电路电气元件明细表

序号	代号	名称	型号	规格	数量
1	M	三相交流异步电动机	YS6324	380 V，180 W，0.65 A，1 440 r/min	1
2	QF	自动空气开关	DZ47—63	380 V，25 A，整定 20 A	1
3	FU1	熔断器	RL1—60/25 A	500 V，60 A，配 25 A 熔体	3
4	FU2	熔断器	RT18—32	500 V，配 2 A 熔体	2
5	KM	交流接触器	CJX—22	线圈电压 220 V，20 A	1
6	SB	按钮	LA—18	5 A	2
7	FR	热继电器	JR16—20/3	三相，20 A，整定电流 1.55 A	1
8	XT	端子板	TB1510	600 V，15 A	1
9		控制板安装套件			1

2. 绘制电气元件布置图

根据原理图绘制电气元件布置图，如图 5-36 所示。

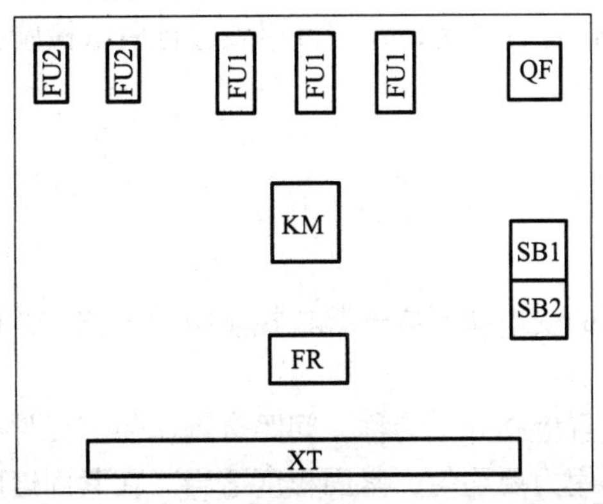

图 5-36　单向连续运转控制电路电气元件布置

3. 绘制电路接线图

单向连续运转控制电路接线图如图 5 - 37 所示。

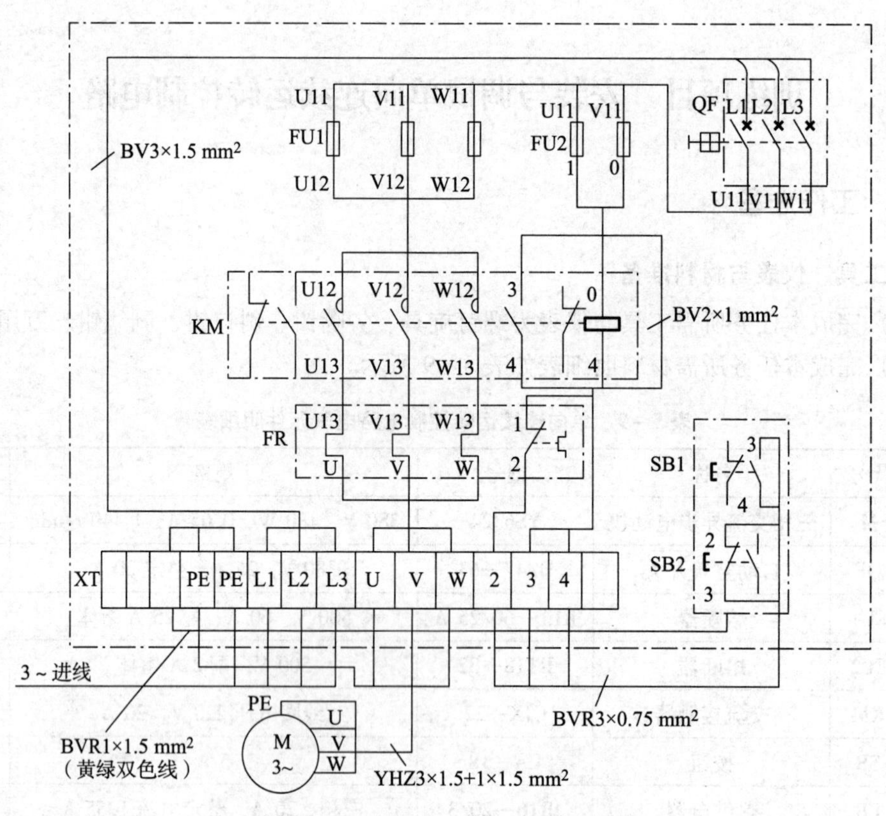

图 5 - 37　单向连续运转控制电路接线图

二、实训过程

1. 检测电气元件

根据表 5 - 9 配齐所需电气元件，其各项技术指标均应符合规定要求，目测其外观有无损坏，检查手动触点动作是否灵活，并用万用表进行质量检验，如不符合要求，则予以更换。

2. 安装电路

1）安装电气元件

工艺要求：

（1）断路器、熔断器的受电端子应安装在控制板的外侧，并确保熔断器的受电端为底座的中心端。

（2）各元件的安装位置应整齐、匀称，间距合理，便于元件的更换。

（3）紧固各元件时，用力要均匀，紧固程度适当。在紧固熔断器、接触器等易碎元件时，应该用手按住元件一边轻轻摇动，一边用螺钉旋具轮换旋紧对角线上的螺钉，直到手摇不动后，再适当加固旋紧些即可。

根据图5－36元件布置图，安装电气元件，并贴上醒目的文字符号。其排列位置、相互距离，应符合要求。紧固力适当，无松动现象。安装好元件的电路板如图5－38所示。

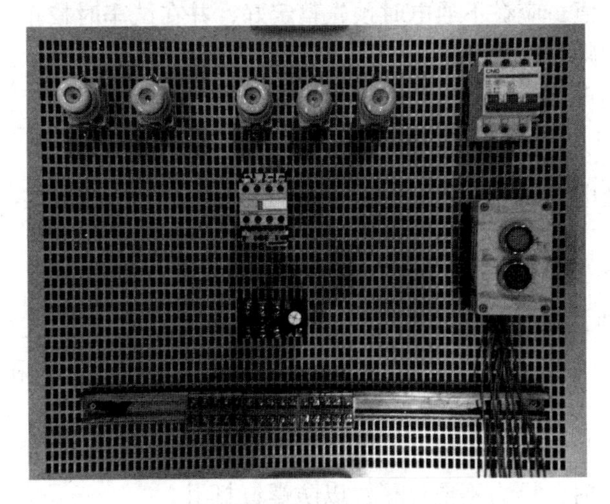

图5－38　元件安装后的电路板

2）布线

机床电气控制电路的布线方式一般有两种：一种是采用板前明线布线（明敷）；另一种是采用线槽布线（明、暗敷结合）。

3）安装电动机

（1）电动机固定必须牢固。

（2）控制板必须安装在操作时能看到电动机的地方，以保证操作安全。

（3）连接电源到端子板的导线和主电路到电动机的导线。

（4）机壳与保护接地的连接可靠。

4）通电前检测

工艺要求：

（1）通电前，应对照原理图、接线图认真检查有无错接、漏接而造成不能正常运转或短路事故的错误接线。

（2）万用表检测：在确保电源切断情况下，分别测量主电路、控制电路通断是否正常。

①未压下KM时，测量L1－U、L2－V、L3－W；压下KM后再次测量L1－U、L2－V、L3－W。

②未压下启动按钮SB1时，测量控制电路电源两端（U11－V11）。

③压下启动按钮SB1后，测量控制电路电源两端（U11－V11）。

3. 通电试车

※ 特别提示：

通电试车前要检查安全措施，试车时要遵守安全操作规程，出现故障时要停电检查。

为保证人身安全，在通电试车时，要认真执行安全操作规程的有关规定，一人监护，一人操作。试车前，应检查与通电试车有关的电气设备是否有不安全的因素存在，若检查出应立即整改，然后方能试车。

热继电器的整定值，应在不通电时预先整定好，并在试车时校正，检查熔体规格是否符合要求。在指导教师监护下进行，根据电路图的控制要求独立测试。观察电动机有无振动及异常噪声，若出现故障应及时断电查找排除故障。

4. 整理现场

整理现场工具及电气元件，清理现场，根据工作过程填写任务书，整理工作资料。

三、注意事项

（1）所用元器件在安装到控制电路板前一定要检查质量，避免正确安装电路后，发现电路却没有正常的功能，再拆装，因而给实训过程造成不必要的麻烦或造成元器件的损伤。

（2）电源进线应接在螺旋式熔断器的下接线桩上，出线则应接在上接线桩上。

（3）按钮内接线时，用力不要过猛，以防螺钉打滑。

（4）安装完毕的控制电路必须经过认真检查后才允许通电试车，以防错接、漏接，造成不能正常运转或短路事故。

（5）试车时要先接负载端，后接电源端。

（6）要做到安全操作和文明生产。

思考与练习

1. 交流接触器有什么用途？其型号 CJ20—60 的含义是什么？
2. 图 5－39 所示电路能否正常启动？为什么？

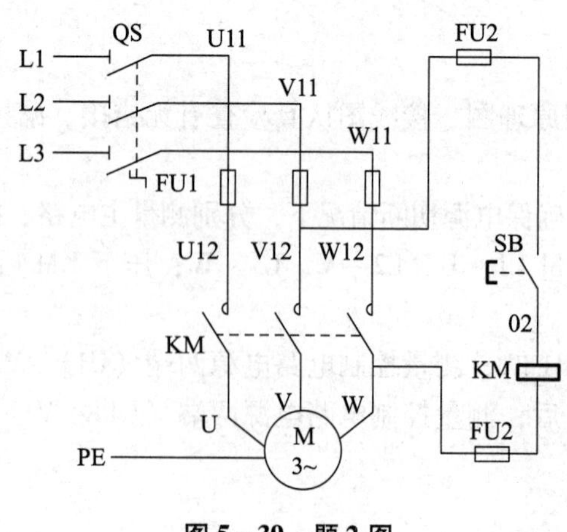

图 5－39　题 2 图

3. 图 5－40 中，组合开关在（a）和（b）中所起的作用有什么不同？
4. 什么是欠压保护？什么是失压保护？利用哪些电气元件可以实现失压、欠压保护？

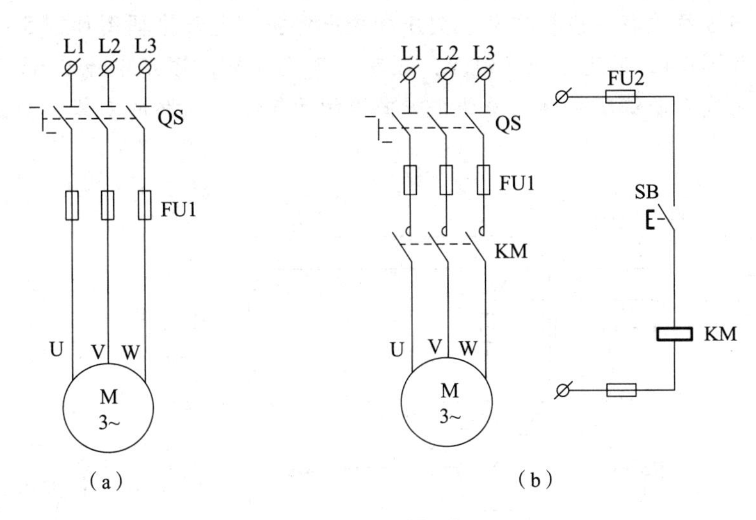

图5-40　题3图

5. 什么是过载保护？为什么对电动机要采取过载保护？

6. 在电动机的控制电路中，短路保护和过载保护各由什么电器来实现？它们能否相互代替使用？为什么？

7. 图5-41所示电路能否正常启动？试分析指出其中的错误及出现的现象。

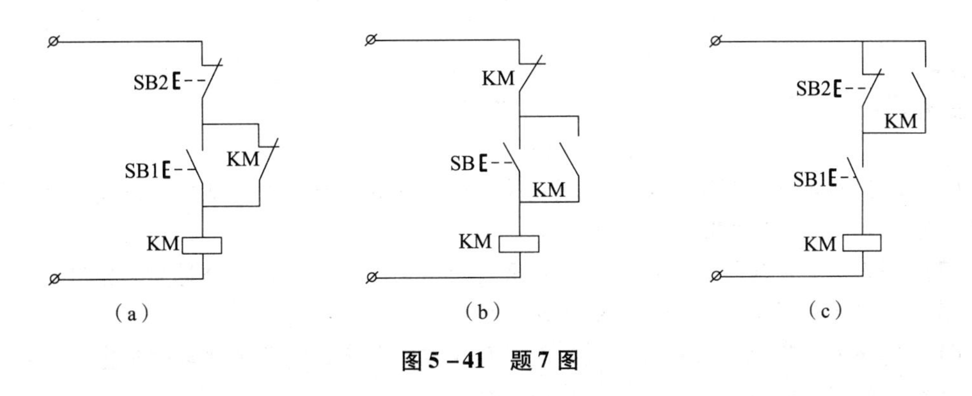

图5-41　题7图

单元2　三相异步电动机正反转控制电路

任务描述

单向转动的控制电路比较简单，但是只能使电动机朝一个方向旋转，同时带动生产机械的运动部件也朝一个方向运动。但很多生产机械往往要求运动部件能向正反两个方向运动。如机床工作台的前进和后退，万能铣床主轴的正反转，起重机的上升和下降等。这就要求电动机能实现正、反转控制。

现在要为某车间万能铣床安装主轴电气控制电路，要求采用接触器-继电器控制，实现正反两个方向连续运转，设置短路、欠压和失压保护，电气原理图如图 5－42 所示。电动机的型号为 YS6324，额定电压 380 V，额定功率 180 W，额定电流 0.65 A，额定转速 1 440 r/min。完成万能铣床主轴正反两个方向连续运转控制电路的安装、调试，并进行简单故障的排查。

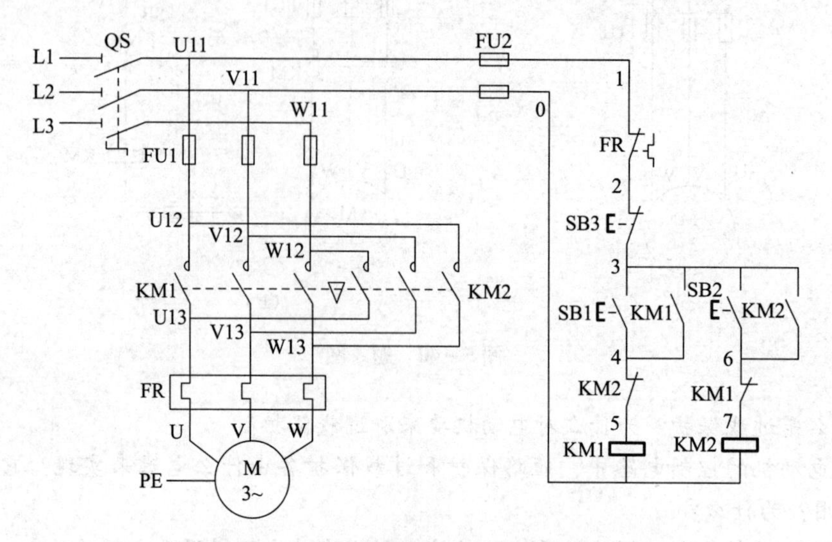

图 5－42　电气互锁正反转控制线路原理

任务目标

（1）会正确识别、安装、使用倒顺开关，熟悉它的功能、基本结构、工作原理及型号意义，熟记它的图形符号和文字符号。

（2）会正确识读接触器联锁电动机正反转控制电路原理图，会分析其工作原理。

（3）会安装、调试接触器联锁的正反转控制电路。

（4）能根据故障现象对接触器联锁的正反转控制电路的简单故障进行排查。

（5）了解倒顺开关控制的正反转控制电路。

相关知识

一、电动机正反转的实现

由三相异步电动机的工作原理可知，电动机的旋转方向取决于定子旋转磁场的旋转方向。因此只要改变旋转磁场的转向，就能使三相异步电动机反转。图 5－43 所示是利用控制开关来实现电动机正反转的原理电路图。当正转开关 S1 闭合，反转开关 S2 断开时，L1 接 U 相，L2 接 V 相，L3 接 W 相，电动机正转。当正转开关 S1 断开，反转开关 S2 闭合时，L1 接 U 相，L2 接 W 相，L3 接 V 相，将电动机 V 相和 W 相绕组与电源的接线互换，则旋转磁场反向，电动机跟着反转。

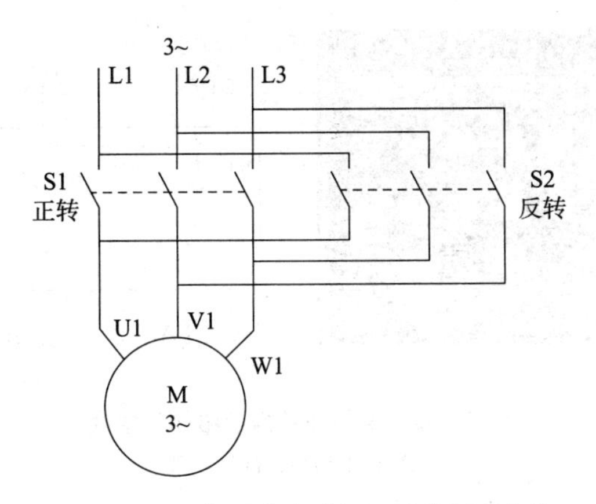

图 5-43　三相异步电动机正反转原理电路

二、倒顺开关

倒顺开关也叫顺逆开关。它的作用是连通、断开电源或负载，可以使电动机正转或反转，它主要是给单相和三相电动机做正反转用的电气元件，但不能作为自动化元件。其外形如图 5-44 所示。

图 5-44　倒顺开关外形

倒顺开关由手柄、凸轮、触点组成，凸轮、触点装在防护外壳内，触点共有 5 对，其中两对控制正转，两对控制反转，一对正反转共用。转动手柄，凸轮转动，使触点进行接通和断开。接线时，只需将三个接线柱 L1、L2、L3 接电源，T1、T2、T3 接向电动机即可。HY2 系列倒顺开关内部结构和接线示意图如图 5-45 所示。

倒顺开关的手柄有三个位置：当手柄处于“停”位置时，触点接通状况如图 5-45（b）所示，电动机不转；当手柄拨到“顺”位置时，触点接通状况如图 5-46（a）所示，电动机接通电源正向运转；当电动机需向反方向运转时，可把倒顺开关手柄拨到“倒”位置上，触点接通状况如图 5-46（b）所示，电动机换相反转。在使用过程中电动机处于正转状态时，欲使它反转，必须先把手柄拨至“停”位置，使它停转，然后再把手柄拨至反转位置，使它反转。

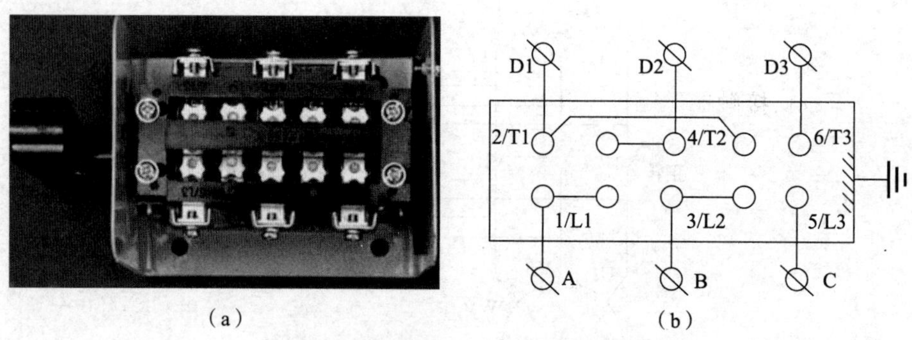

（a）　　（b）

图 5－45　倒顺开关内部结构和接线

（a）内部结构；（b）接线

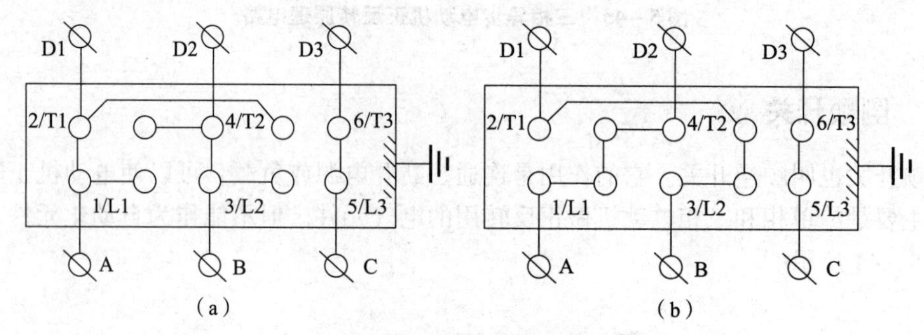

（a）　　（b）

图 5－46　倒顺开关触点状态

（a）手柄位于顺；（b）手柄位于倒

倒顺开关主要应用在设备需正、反两方向旋转的场合，如电动车、吊车、电梯、升降机等。其图形符号如图 5－47 所示。

三、倒顺开关正反转控制电路

倒顺开关正反转控制电路如图 5－48 所示。电路工作原理如下：操作倒顺开关 QS，当手柄处于“停”位置时，QS 的动、静触点不接触，电路不通，电动机不转；当手柄扳至“顺”位置时，QS 的动触点与左边的静触点相接触，电路按 L1－U、L2－V、L3－W

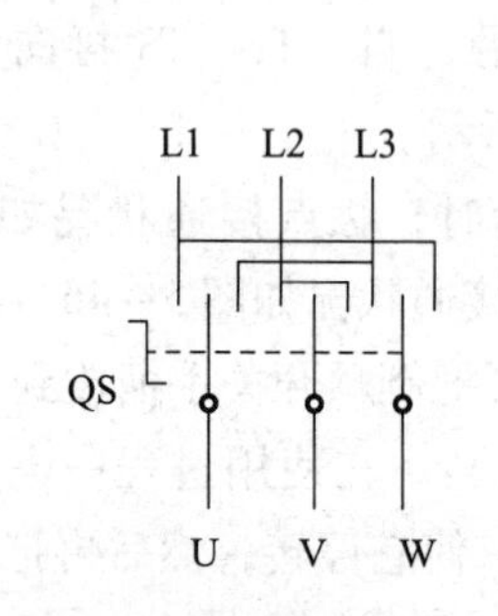

图 5－47　倒顺开关的符号

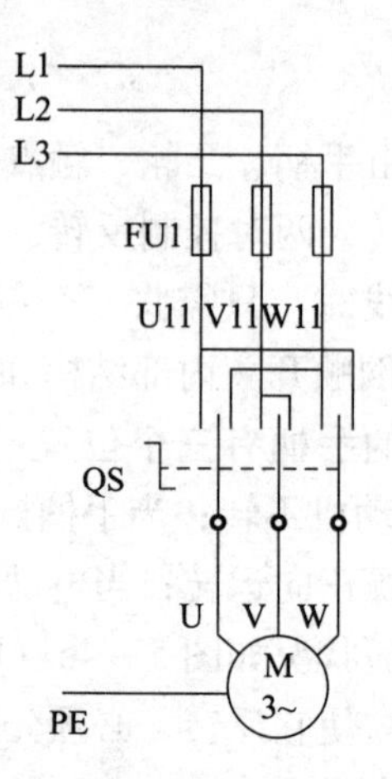

图 5－48　倒顺开关正反转控制电路

接通，输入电动机定子绕组的电源电压相序为 L1 - L2 - L3，电动机正转；当手柄处于“倒”位置时，QS 的动触点与右边的静触点相接触，电路按 L1 - W、L2 - V、L3 - U 接通，输入电动机定子绕组的电源电压相序为 L3 - L2 - L1，电动机反转。

倒顺开关正反转控制电路虽然使用电器较少，电路比较简单，但它是一种手动控制电路，在频繁换向时，操作人员劳动强度大，操作安全性差，所以这种电路一般用于控制额定电流 10 A、功率在 3 kW 及以下的小容量电动机。在实际生产中，更常用的是用按钮、接触器来控制电动机的正反转。

四、接触器联锁正反转控制电路

接触器联锁的正反转控制电路如图 5 - 49 所示。电路中采用了两个接触器，即正转接触器 KM1 和反转接触器 KM2，它们分别由正转按钮 SB1 和反转按钮 SB2 控制。从主电路图中可以看出，这两个接触器的主触点所接通的电源相序不同，KM1 按 L1 - L2 - L3 相序接线，KM2 则按 L3 - L2 - L1 相序接线。相应地，控制电路有两条：一条是由按钮 SB1 和 KM1 线圈等组成的正转控制电路；另一条是由按钮 SB2 和 KM2 线圈等组成的反转控制电路。

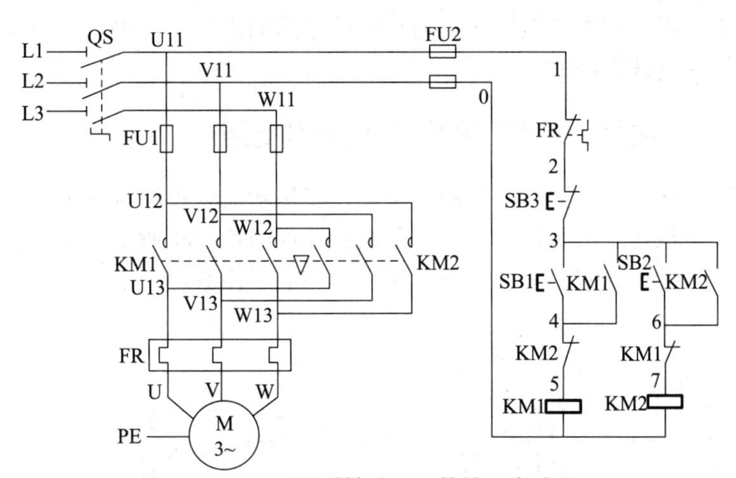

图 5 - 49　接触器联锁的正反转控制电路原理

必须指出，接触器 KM1 和 KM2 的主触点绝不允许同时闭合，否则将造成两相电源（L1 相和 L3 相）短路事故。为了避免两个接触器 KM1 和 KM2 同时得电动作，就在正、反转控制电路中分别串接对方接触器的一对常闭辅助触点，这样，当一个接触器得电动作，通过其常闭辅助触点使另一个接触器不能得电动作，接触器间这种相互制约的作用叫接触器联锁（或互锁）。实现联锁作用的常闭辅助触点称为联锁触点（或互锁触点）。电路的工作原理如下。

先合上电源开关 QS。

1. 正转控制

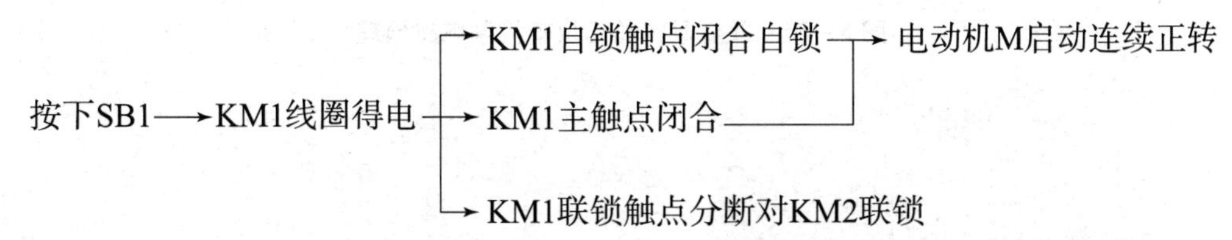

2. 反转控制

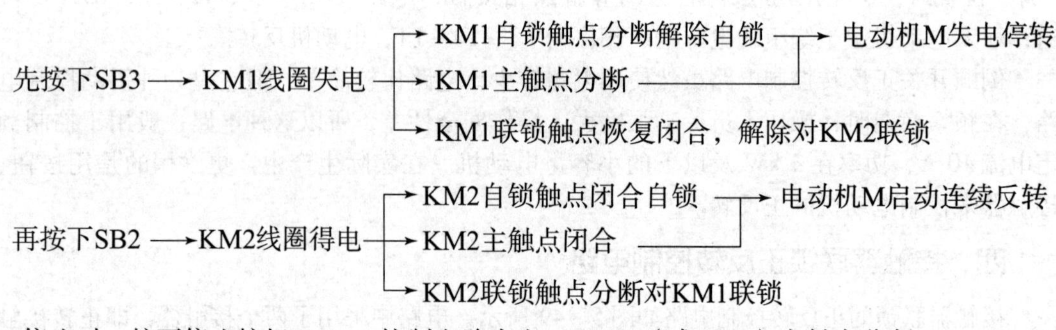

停止时，按下停止按钮SB3→控制电路失电→KM1（或KM2）主触点分断→电动机M失电停转

从以上分析可见，接触器联锁正反转控制电路的优点是工作安全可靠，缺点是操作不便，因电动机从正转变为反转时，必须先按下停止按钮后，才能按反转启动按钮，否则由于接触器的联锁作用，不能实现反转。为克服此电路的不足，可采用按钮联锁或按钮和接触器双重联锁的正反转控制电路。

五、按钮、接触器双重联锁的正反转控制电路

为克服接触器联锁正反转控制电路的不足，在接触器联锁的基础上，又增加了按钮联锁，构成按钮、接触器双重联锁正反转控制电路，如图 5 - 50 所示。该电路兼有两种联锁控制电路的优点，操作方便，工作安全可靠。电路的工作原理如下。

先合上电源开关 QF。

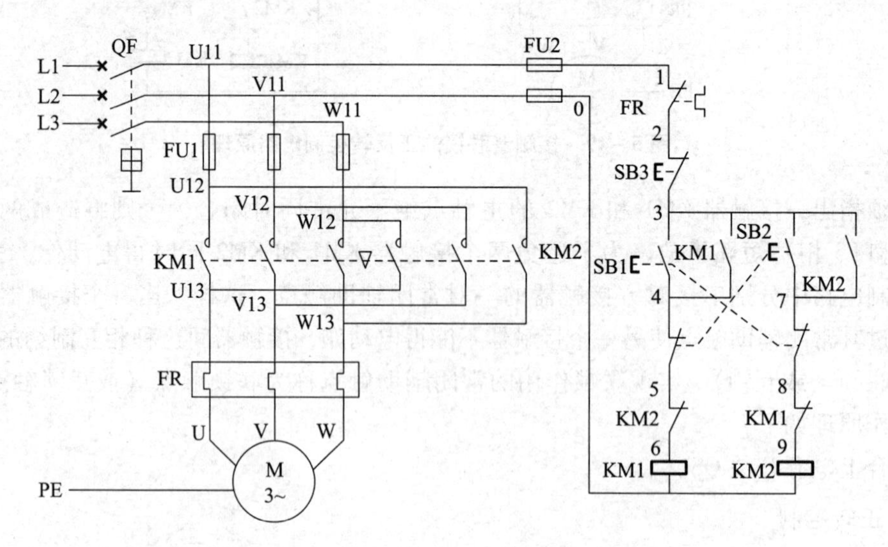

图 5 - 50　双重联锁的正反转控制电路原理

1. 正转控制

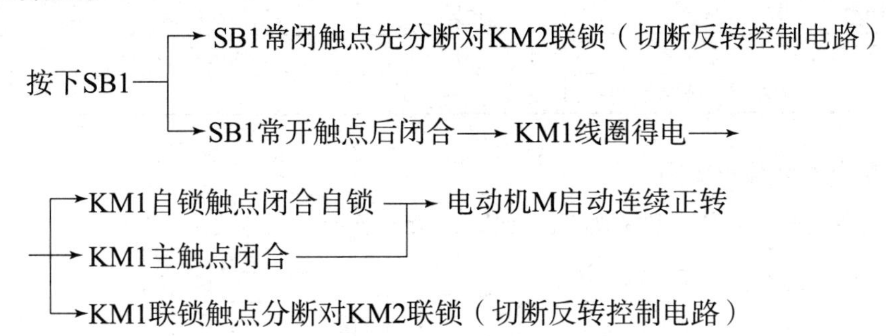

2. 反转控制

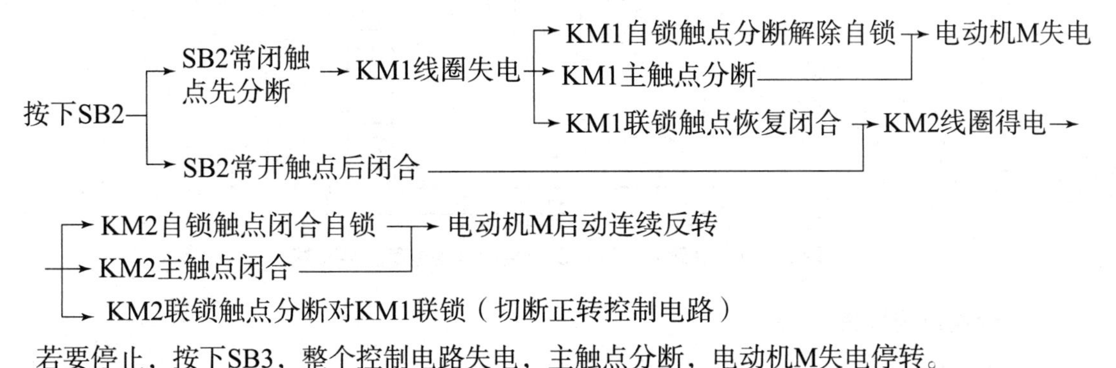

若要停止，按下SB3，整个控制电路失电，主触点分断，电动机M失电停转。

操作训练

训练项目　安装与调试三相异步电动机正反转控制电路

一、工作准备

1. 工具、仪表与材料准备

（1）完成本任务所需工具与仪表：螺钉旋具、尖嘴钳、斜口钳、剥线钳、万用表等。

（2）完成本任务所需材料明细表如表5-10所示。

表5-10　接触器联锁正反转控制电路电气元件明细表

序号	代号	名称	型号	规格	数量
1	M	三相交流异步电动机	YS6324	380 V，180 W，0.65 A，1 440 r/min	1
2	QF	自动空气开关	DZ47—63	380 V，25 A，整定20 A	1
3	FU1	熔断器	RL1—60/25A	500 V，60 A，配25 A熔体	3
4	FU2	熔断器	RT18—32	500 V，配2 A熔体	2
5	KM	交流接触器	CJX—22	线圈电压220 V，20 A	2
6	SB	按钮	LA—18	5 A	3
7	FR	热继电器	JR16—20/3	三相，20 A，整定电流1.55 A	1

续表

序号	代号	名称	型号	规格	数量
8	XT	端子板	TB1510	600 V，15 A	1
9		控制板安装套件			1

2. 绘制电气元件布置图

根据原理图绘制电气元件布置图，如图 5－51 所示。

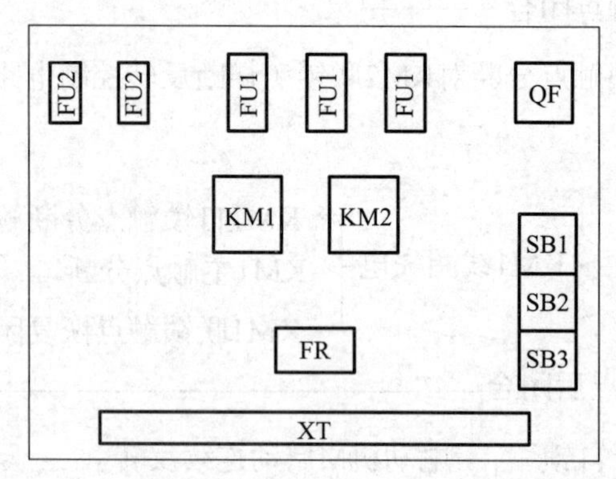

图 5－51　接触器联锁正反转控制电路电气元件布置

3. 绘制电路接线图

接触器联锁正反转控制电路接线图如图 5－52 所示。

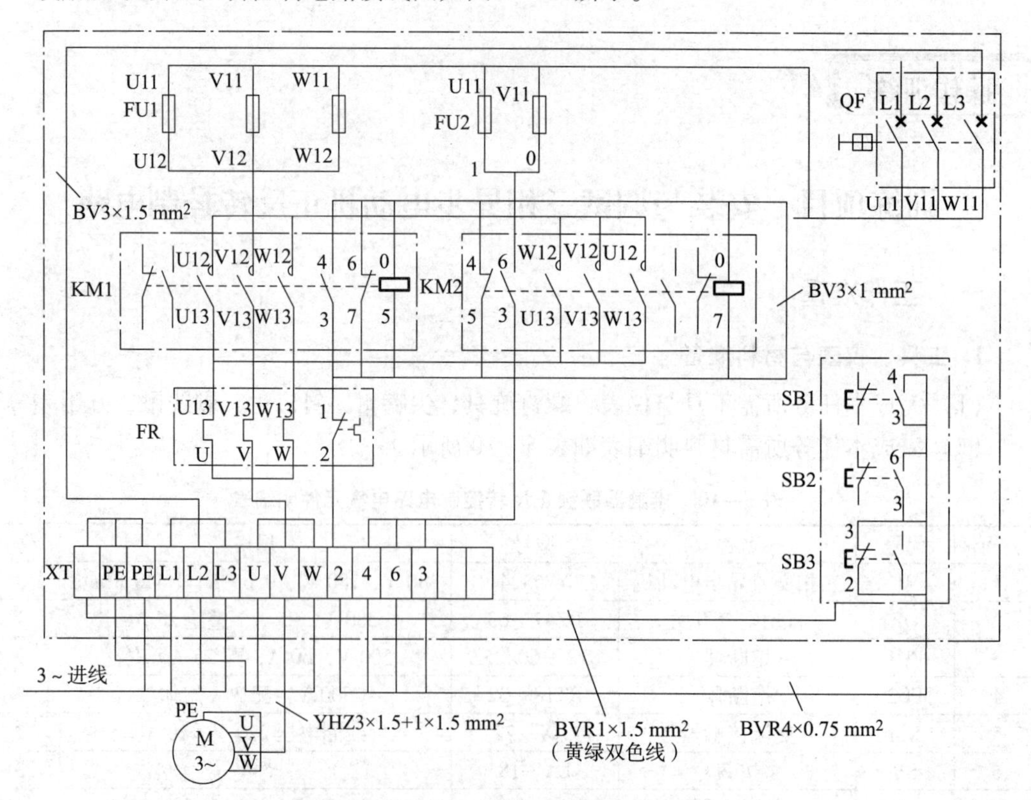

图 5－52　接触器联锁正反转控制电路接线

二、实训过程

1. 检测电气元件

根据表 5-10 配齐所需电气元件，其各项技术指标均应符合规定要求，目测其外观有无损坏，检查手动触点动作是否灵活，并用万用表进行质量检验，如不符合要求，则予以更换。

2. 安装电路

1）安装电气元件

在控制板上按图 5-51 安装电气元件。各元件的安装位置整齐、匀称、间距合理，便于元件的更换，元件紧固时用力适当，无松动现象。工艺要求参照本模块单元 1，实物布置图如图 5-53 所示。

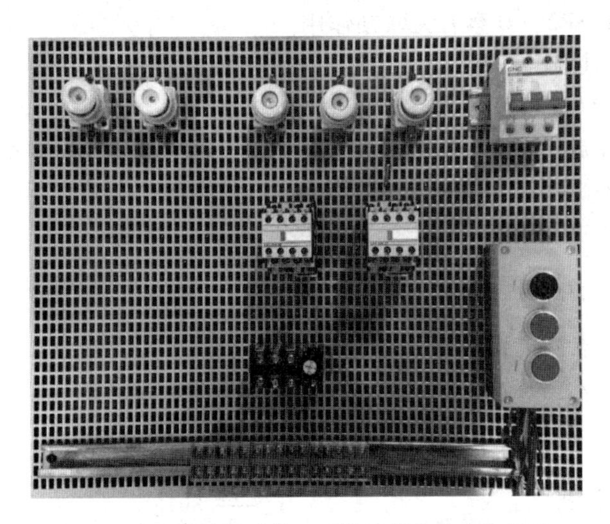

图 5-53　接触器联锁正反转控制电路实物布置

2）布线

在控制板上按照图 5-49 和图 5-51 进行板前布线，并在导线两端套编码套管和冷压接线头。板前明线配线的工艺要求请参照本模块单元 1。

3）安装电动机

具体操作可参考本模块单元 1。

4）通电前检测

（1）通电前，应对照原理图、接线图认真检查有无错接、漏接而造成不能正常运转或短路事故的错误接线。

（2）万用表检测：在确保电源切断情况下，分别测量主电路、控制电路通断是否正常。

①未压下 KM1、KM2 时，测量 L1-U、L2-V、L3-W；压下 KM1 后再次测量 L1-U、L2-V、L3-W；压下 KM2 后再次测量 L1-W、L2-V、L3-U。

②未压下正转启动按钮 SB1 时，测量控制电路电源两端（U11-V11）。

③压下正转启动按钮 SB1 后，测量控制电路电源两端（U11-V11）。

④压下反转启动按钮 SB2 后，测量控制电路电源两端（U11-V11）。

3. 通电试车

◈ **特别提示：**

通电试车前要检查安全措施，试车时要遵守安全操作规程，出现故障时要停电检查。

4. 整理现场

整理现场工具及电气元件，清理现场，根据工作过程填写任务书，整理工作资料。

三、注意事项

（1）接触器联锁触点接线必须正确，否则将会造成主电路中两相电源短路事故。

（2）通电试车时，应先合上 QF，再按下 SB1（或 SB2）及 SB3，看控制是否正常，并在按下 SB1 后再按下 SB2，观察有无联锁作用。

（3）安装完毕的控制板，必须经过认真检查后，才允许通电试车，以防止错接、漏接，造成不能正常运转或短路事故。

（4）带电检修故障时，必须有教师在现场监护，并要确保用电安全。

（5）要做到安全操作和文明生产。

思考与练习

1. 什么是互锁？互锁有哪几种方式？

2. 图 5－54 所示是几种正反转控制电路，试分析各电路能否正常工作？若不能正常工作，请找出原因，并加以改正。

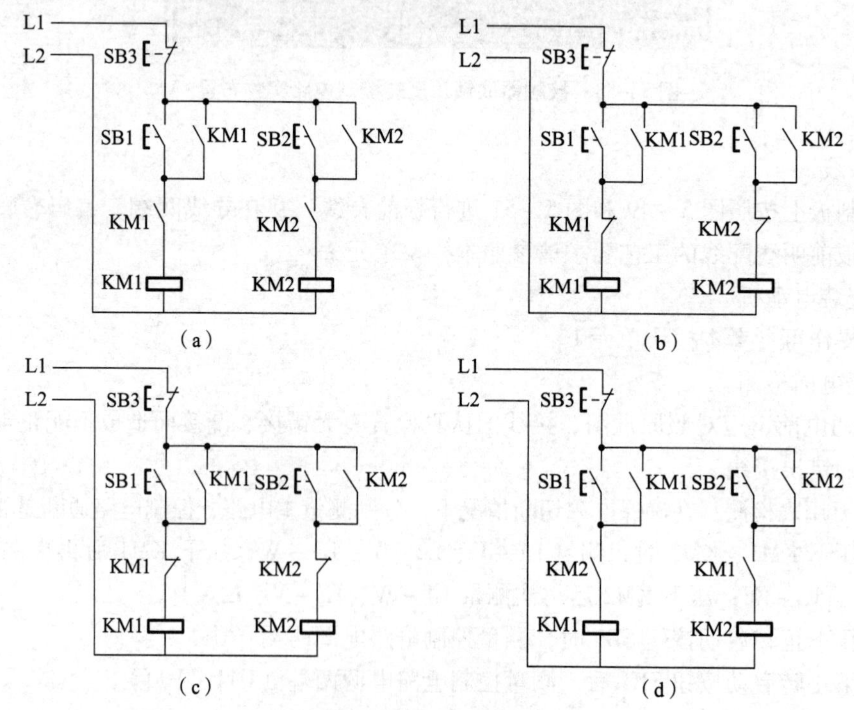

图 5－54　题 2 用图

3. 图 5－50 所示双重联锁的正反转控制电路中使用了哪些电气元件？各电气元件的作用是什么？并分析电路的工作原理。

4. 安装、调试双重联锁的正反转控制电路。

单元 3　三相异步电动机位置控制、自动往返控制、顺序控制和多地控制电路

任务描述

在生产过程中，一些自动或半自动的生产机械要求运动部件的行程或位置要受到限制，或者要求其运动部件在一定范围内自动往返循环工作，以方便对工件进行连续加工，提高生产效率。如摇臂钻床的摇臂上升限位保护、万能铣床工作台的自动往返等。

在装有多台电动机的生产机械上，由于各电动机所起的作用不同，有时需要按一定的顺序启动或停止某些电动机才能保证整个系统安全可靠地工作。如 CA6140 型车床中，要求主轴电动机启动后冷却泵电动机才能启动，主轴电动机停止时冷却泵电动机也停止；X62 万能铣床中，要求主轴启动后，进给电动机才能启动；M7130 平面磨床中，要求砂轮电动机启动后，冷却泵电动机才能启动。像这种要求几台电动机的启动或停止必须按一定的先后顺序来完成的控制方式，称为顺序控制。

图 5－55 是某工作台自动往返运动示意图。现要安装该工作台自动往返控制电路，要求采用接触器－继电器控制，实现自动往返功能，设置短路、欠压和失压保护。电动机的型号为 YS6324，额定电压 380 V，额定功率 180 W，额定电流 0.65 A，额定转速 1 440 r/min。完成工作台自动往返控制电路的安装、调试，并进行简单故障的排查。

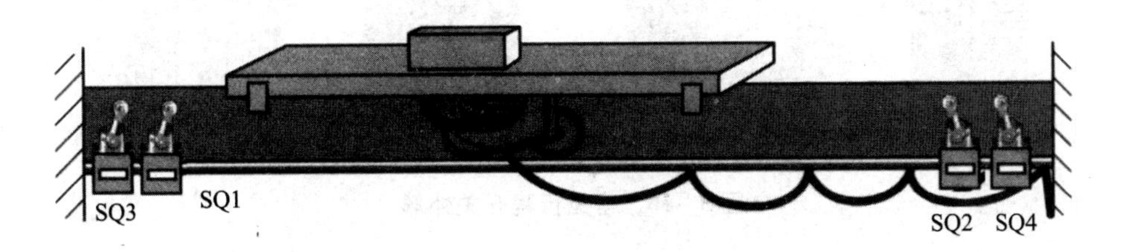

图 5－55　工作台自动往返运行示意图

任务目标

（1）会正确识别、选用、安装、使用行程开关、接近开关，熟悉它们的功能、基本结构、工作原理及型号意义，熟记它们的图形符号和文字符号。

（2）会正确识读三相异步电动机自动往返控制、顺序控制和多地控制电路原理图，能分析其工作原理。

（3）会安装、调试三相异步电动机自动往返控制电路。

相关知识

一、行程开关（限位开关）

某些生产机械的运动状态的转换，是靠部件运行到一定位置时由行程开关发出信号进行自动控制的。例如，行车运动到终端位置自动停车，工作台在指定区域内的自动往返移动，都是由运动部件运动的位置或行程来控制的，这种控制称为行程控制。

行程控制是以行程开关代替按钮来实现对电动机的启动和停止控制的，它可分为限位断电、限位通电和自动往复循环等控制。

行程开关又称限位开关或位置开关，它是根据运动部件位置自动切换电路的控制电器，可以将机械位移信号转换成电信号，常用来做位置控制、自动循环控制、定位、限位及终端保护。

1. 行程开关的结构

行程开关有机械式、电子式两种，机械式又有按钮式和滑轮式两种。机械式行程开关与按钮相同，一般由一对或多对常开触点、常闭触点组成，但不同之处在于按钮是由人手指“按”，而行程开关是由机械“撞”来完成。它们的外形如图 5－56 所示。

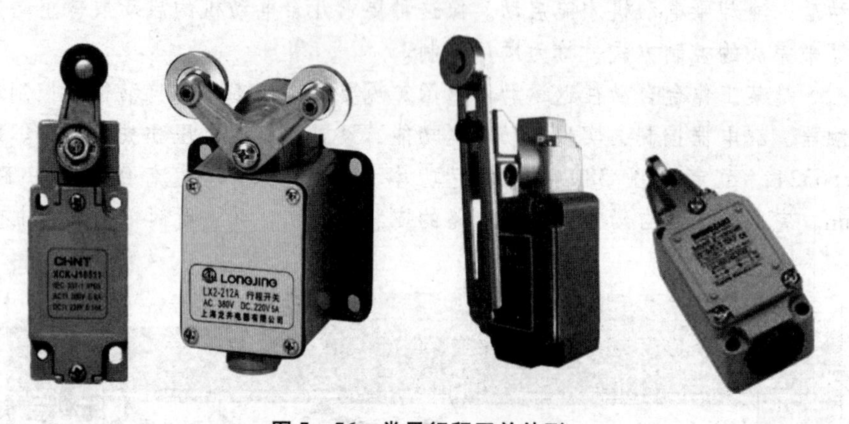

图 5－56　常见行程开关外形

各种系列的行程开关的基本结构大体相同，都是由操作头、触点系统和外壳组成。但不同型号结构有所区别。图 5－57 所示是 JLXK1—111 型行程开关的结构和工作原理。

2. 行程开关的工作原理

行程开关的工作原理如图 5－57（b）所示，当生产机械的运动部件到达某一位置时，运动部件上的撞块碰压行程开关的操作头，使行程开关的触点改变状态，对控制电路发出接通、断开或变换某些控制电路的指令，以达到设定的控制要求。其图形符号如图 5－58 所示。

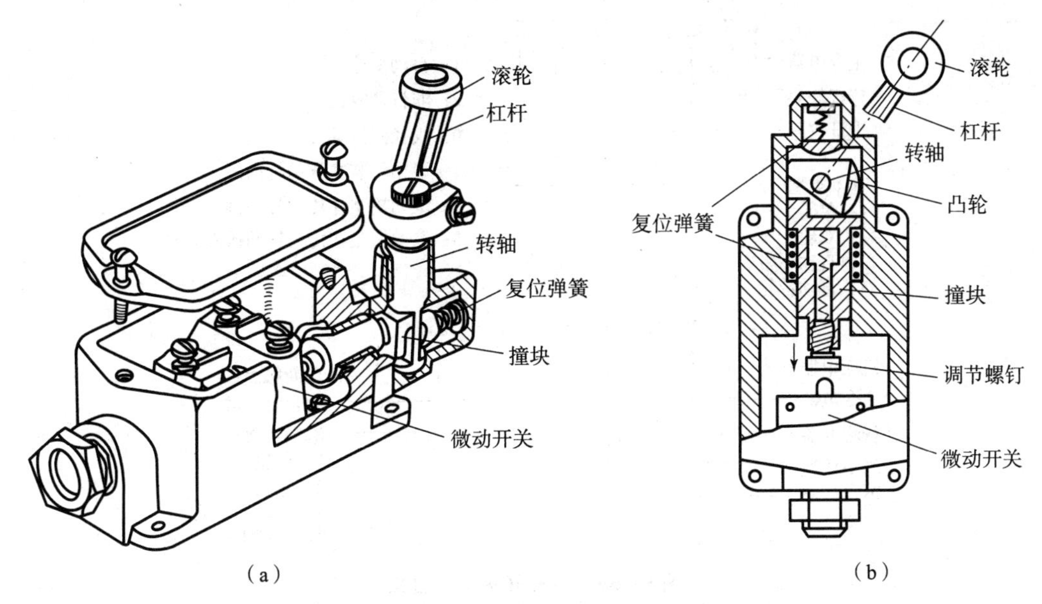

图 5－57　JLXK1—111 型行程开关的结构和工作原理

(a) 结构；(b) 工作原理

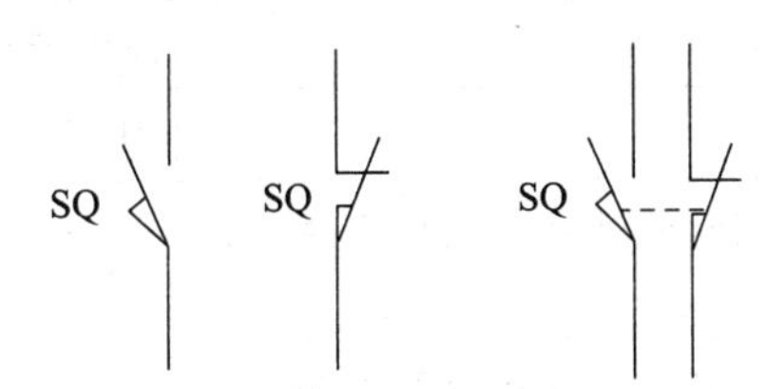

图 5－58　直动式行程开关的结构示意和行程开关的符号

3. 行程开关的选择和使用

1) 行程开关的选择

(1) 根据安装环境选择防护形式，是开启式还是防护式。

(2) 根据控制回路的电压和电流选择采用何种系统的行程开关。

(3) 根据机械与行程开关的传力与位移关系选择合适的头部结构形式。

2) 行程开关的使用

(1) 行程开关安装时位置要准确，安装要牢固，滚轮的方向不能装反，挡铁与撞块位置应符合控制电路的要求，并确保能可靠地与挡铁碰撞。

(2) 行程开关在使用中，要定期检查和保养，除去油垢及粉尘，清理触点，经常检查其动作是否灵活、可靠。防止因行程开关接触不良或接线松脱产生误动作而导致人身和设备安全事故。

4. 行程开关的型号含义

常规行程开关中 LX19 系列和 JLXK1 系列行程开关的型号如图 5－59 所示。其主要技术参数见表 5－11。

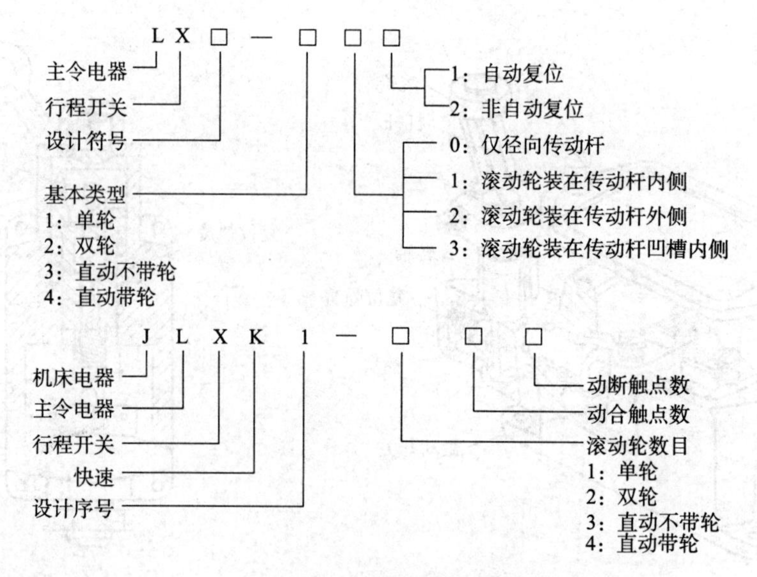

图 5-59　行程开关型号含义

表 5-11　LX19 系列和 JLXK1 系列行程开关主要技术参数

型号	额定电压 额定电流	结构特点	触点对数		工作行程	超行程	触点转换时间
			常开	常闭			
LX19	380 V 5 A	元件	1	1	3 mm	1 mm	≤0.04 s
LX19—111		单轮，滚动轮装在传动杆内侧，能自动复位	1	1	约 30°	约 20°	
LX19—121		单轮，滚动轮装在传动杆外侧，能自动复位	1	1	约 30°	约 20°	
LX19—131		单轮，滚动轮装在传动杆凹槽内侧，能自动复位	1	1	约 30°	约 20°	
LX19—212		双轮，滚动轮装在 U 形传动杆内侧，不能自动复位	1	1	约 30°	约 15°	
LX19—222		双轮，滚动轮装在 U 形传动杆外侧，不能自动复位	1	1	约 30°	约 15°	
LX19—232		双轮，滚动轮装在 U 形传动杆内外侧各一个，不能自动复位	1	1	约 30°	约 15°	
LX19—001		无滚动轮，仅有径向传动杆，能自动复位	1	1	<4 mm	3 mm	
JLXK1—111	500 V 5 A	单轮防护式	1	1	12°~15°	≤30°	
JLXK1—211		双轮防护式	1	1	约 45°	≤45°	
JLXK1—311		直动防护式	1	1	1~3 mm	2~4 mm	
JLXK1—411		直动滚动轮防护式	1	1	1~3 mm	2~4 mm	

二、接近开关

接近开关是一种无须与运动部件进行机械直接接触而可以操作的位置开关，当物体接近开关的感应面到动作距离时，不需要机械接触及施加任何压力即可使开关动作，从而驱动直流电器或给计算机（PLC）装置提供控制指令。接近开关是一种开关型传感器（无触点开关），它既有行程开关、微动开关的特性，同时具有传感性能，且动作可靠、性能稳定、频率响应快、应用寿命长、抗干扰能力强等，并具有防水、防振、耐腐蚀等特点，是理想的电子开关量传感器。当金属检测体接近开关的感应区域，开关就能无接触、无压力、无火花、迅速地发出电气指令，准确反映出运动机构的位置和行程，即使用于一般的行程控制，其定位精度、操作频率、使用寿命、安装调整的方便性和对恶劣环境的适用能力，也是一般机械式行程开关所不能相比的。它广泛地应用于机床、冶金、化工、轻纺和印刷等行业。在自动控制系统中可作为限位、计数、定位控制和自动保护环节等。接近开关外形如图 5－60 所示。

图 5－60　接近开关外形

接近开关常见有电感式、电容式、霍尔式等，电源种类有交流型和直流型。按其外形形状可分为圆柱型、方型、沟型、穿孔（贯通）型和分离型等。

接近开关除了用于行程控制和限位保护外，在航空、航天技术以及工业生产中都有广泛的应用。在日常生活中，如宾馆、饭店、车库的自动门、自动热风机上都有应用。在安全防盗方面，如资料档案、财会、金融、博物馆、金库等重地，通常都装有由各种接近开关组成的防盗装置。在测量技术中，如长度、位置的测量；在控制技术中，如位移、速度、加速度的测量和控制，也都使用着大量的接近开关。

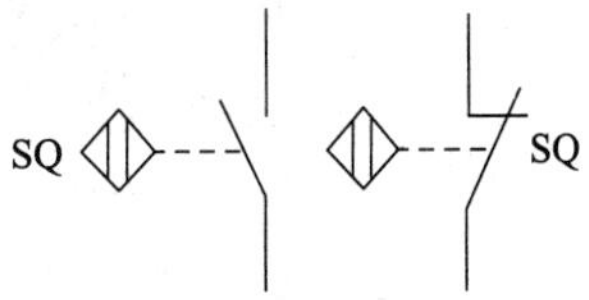

SQ　　SQ

图 5－61　接近开关的符号

接近开关的符号如图 5－61 所示。其型号含义如图 5－62 所示。

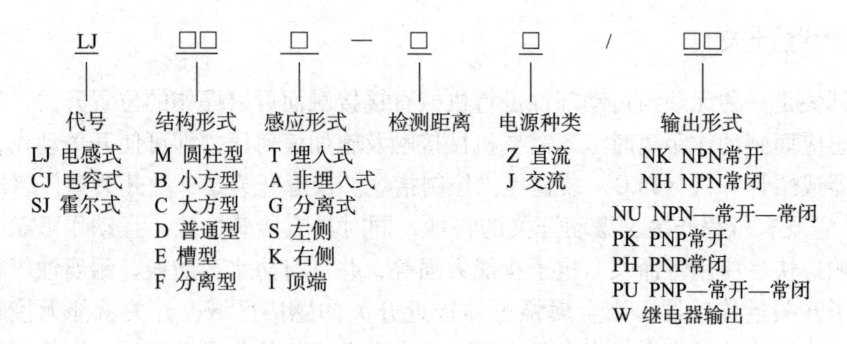

图 5-62　接近开关型号含义

三、位置控制电路（又称行程控制或限位控制电路）

利用生产机械运动部件上的挡铁与行程开关碰撞，使其触点动作来接通或断开电路，以实现对生产机械运动部件的位置或行程的自动控制的方法称为位置控制，又称行程控制或限位控制。实现这种控制要求所依靠的主要电器是行程开关。

位置控制电路图如图 5-63 所示。右下角是某车间行车运动示意图，行车的两头终点处各安装了一个行程开关 SQ1 和 SQ2，在位置控制电路图的正转控制电路和反转控制电路中分别串接了这两个行程开关的常闭触点。行车前后各装有挡铁 1 和挡铁 2，行车的行程和位置可通过移动行程开关的安装位置来调节。电路的工作原理如下。

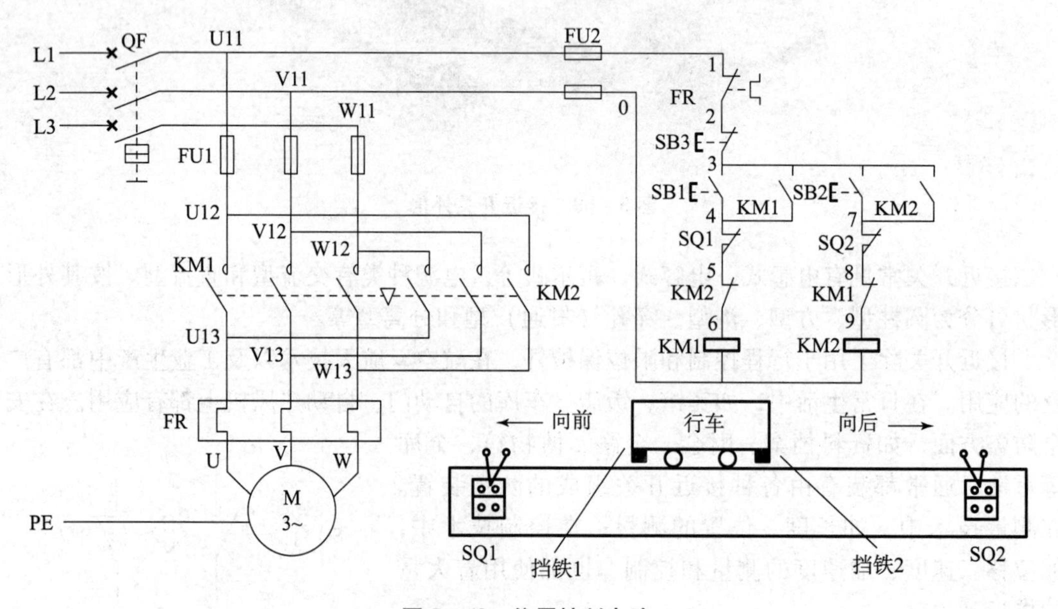

图 5-63　位置控制电路

先合上电源开关 QF。

1. 行车向前运动

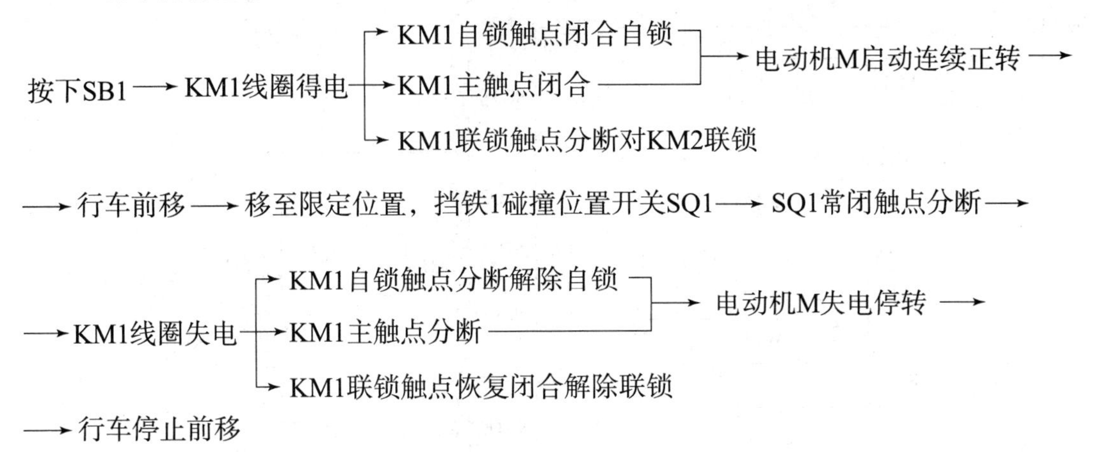

2. 行车向后运动

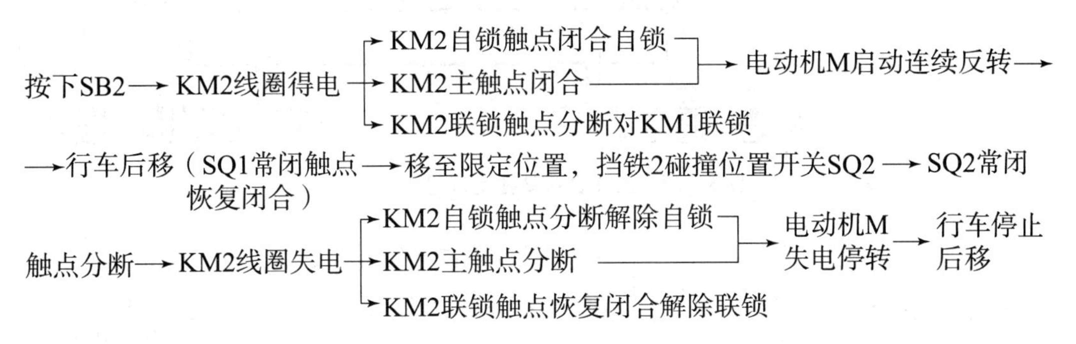

停车时只需按下 SB3 即可。

四、工作台自动往返控制电路

图 5－64 的右下角是工作台自动往返运动的示意图。在工作台上装有挡铁 1 和挡铁 2，机床床身上装有行程开关 SQ1 和 SQ2，当挡铁碰撞行程开关后，自动换接电动机正反转控制电路，使工作台自动往返移动。工作台的行程可通过移动挡铁的位置来调节，以适应加工零件的不同要求，SQ3 和 SQ4 用作限位保护。由行程开关控制的工作台自动往返控制电路图如图 5－64 所示。电路的工作原理如下。

先合上电源开关 QF。

1. 自动往返运动

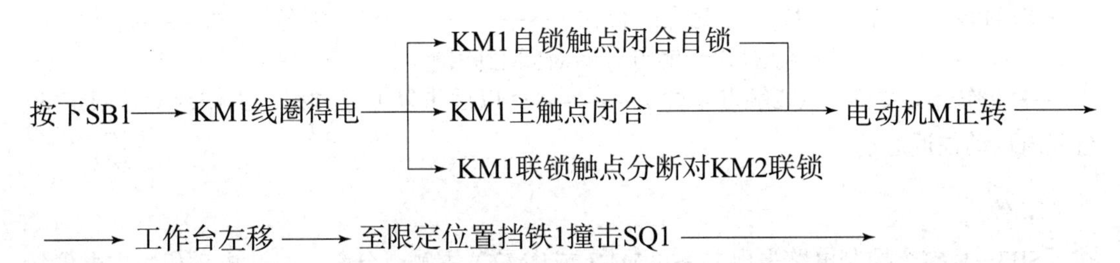

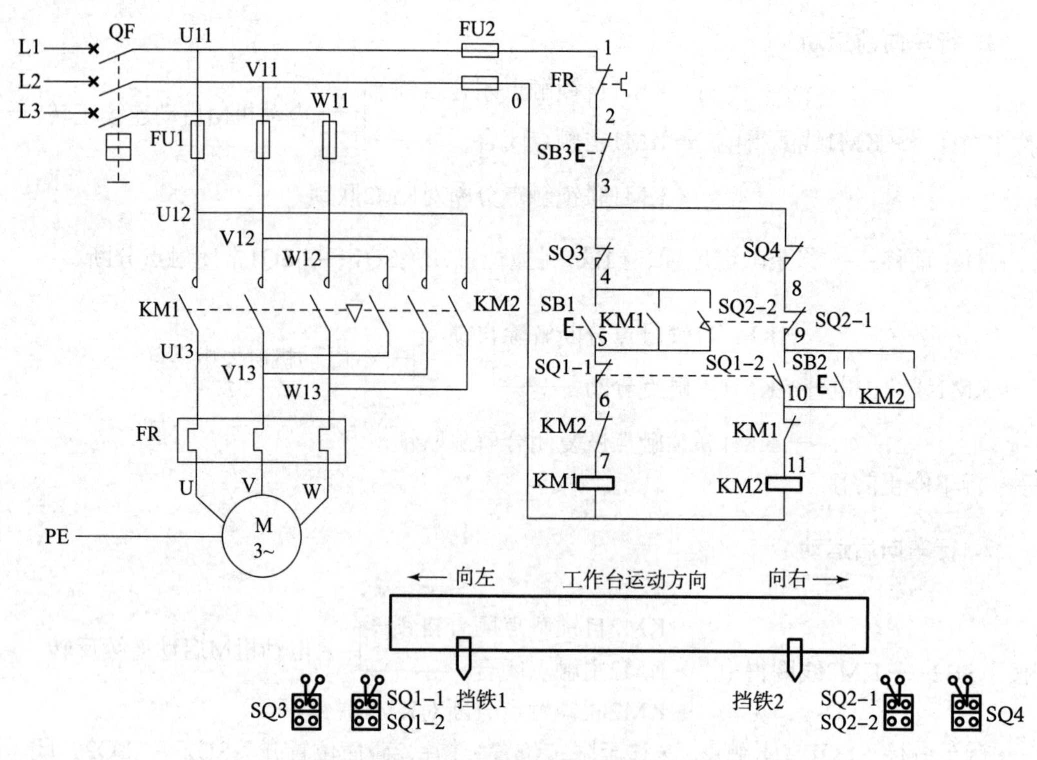

图 5-64　工作台自动往返行程控制电路

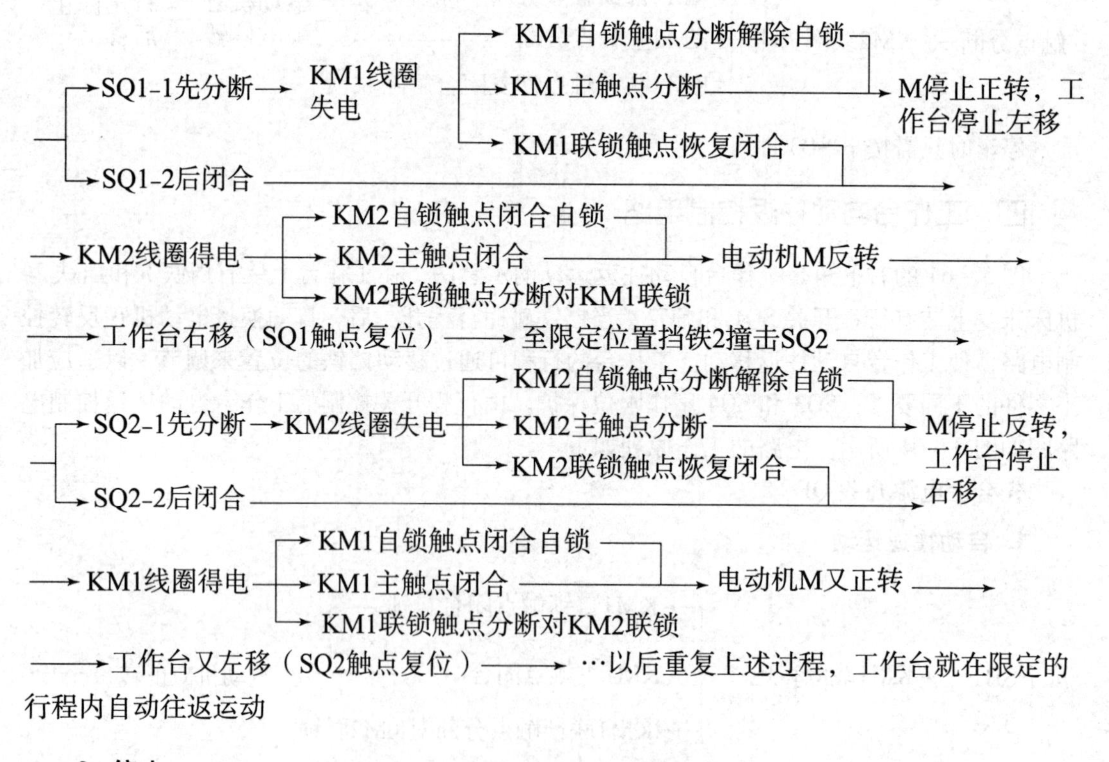

2. 停止

按下SB3→整个控制电路失电→KM1（或KM2）主触点分断→电动机M失电停转

五、顺序控制电路

一、主电路顺序控制

图 5－65 和图 5－66 是主电路实现顺序控制的电路图，其特点是电动机 M2 的主电路接在 KM（或 KM1）主触点的下面。

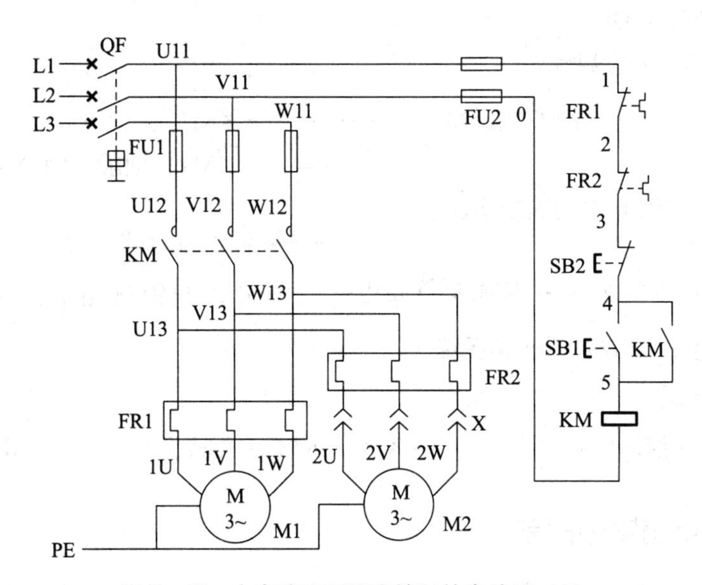

图 5－65　主电路实现顺序控制的电路图（1）

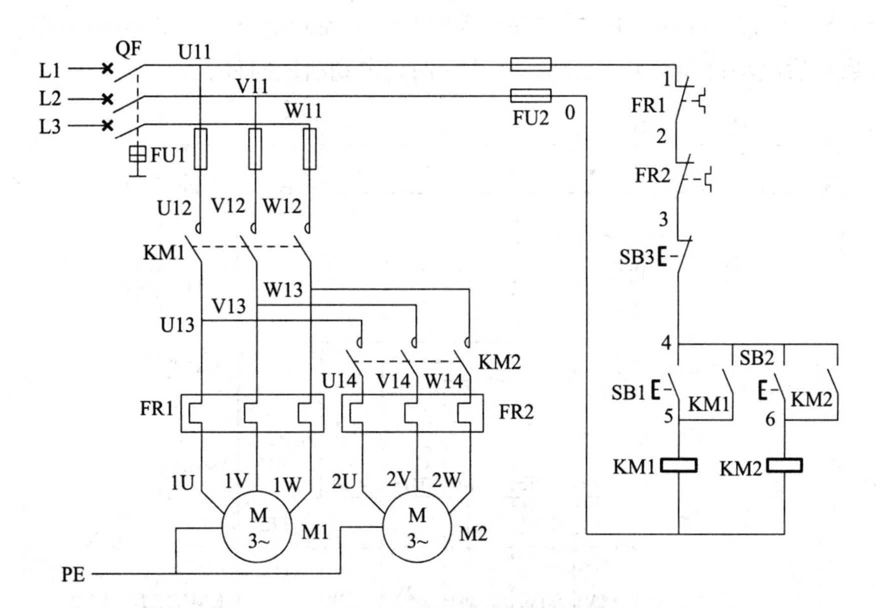

图 5－66　主电路实现顺序控制的电路图（2）

主电路实现顺序控制的控制电路多用于控制小功率电动机，或用于机床设备中主机与冷却泵电动机顺序控制。如 CA6140 型车床中主机与冷却泵电动机的顺序控制、M7130 型平面磨床中砂轮电动机与冷却泵电动机的顺序控制等。

在图 5－65 所示控制电路中，电动机 M2 通过接插器 X 接在接触器 KM 主触点的下面，因此，只有当 KM 主触点闭合，电动机 M1 启动运转后，电动机 M2 才可能接通电源运转。

在图 5－66 所示控制电路中，电动机 M1 和 M2 分别通过接触器 KM1 和 KM2 来控制，接触器 KM2 的主触点接在接触器 KM1 主触点的下面，这样就保证了当 KM1 主触点闭合，电动机 M1 启动运转后，电动机 M2 才能接通电源运转。电路的工作原理如下。

先合上电源开关 QF。

M1 启动后 M2 才能启动：

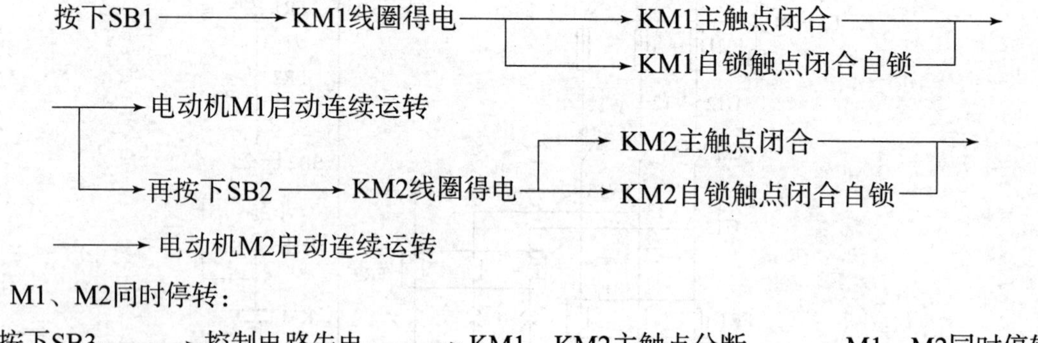

二、控制电路顺序控制

1. 顺序启动同时停止控制电路

图 5－67 所示为两台电动机的顺序启动同时停止控制电路。该电路的控制特点是：电动机 M1 启动后电动机 M2 才能启动，停止时两台电动机同时停止。

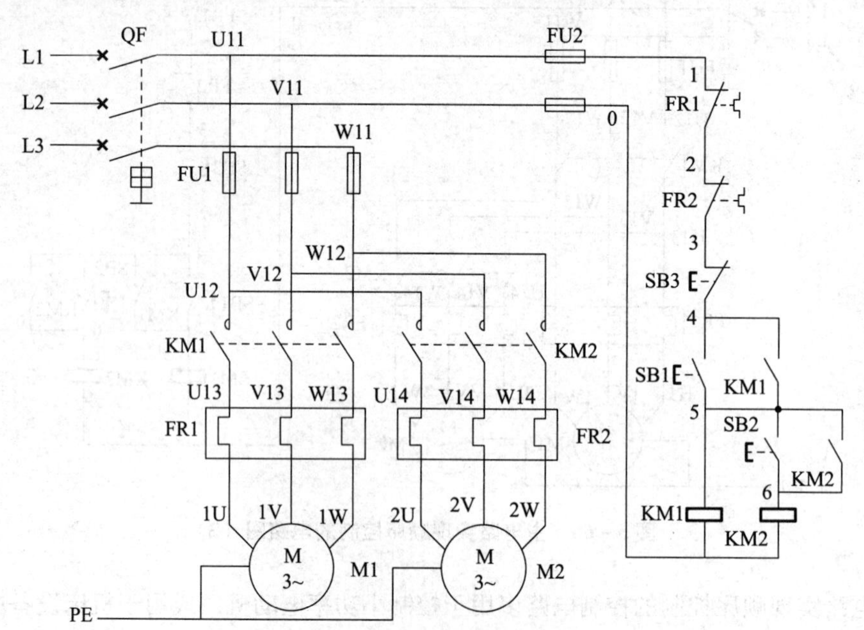

图 5－67　顺序启动同时停止控制电路（1）

由控制电路可知，控制电动机 M2 的接触器 KM2 的线圈接在接触器 KM1 的辅助动合触点之后，这就保证了只有当 KM1 线圈通电、其主触点和辅助动合触点接通、M1 电动机启动之后，M2 电动机才能启动。而且，如果由于某种原因如过载或欠压等，使接触器 KM1 线圈断电或使电磁机构释放，引起 M1 停转，那么接触器 KM2 线圈也立即断电，使电动机 M2 停止，即 M1 和 M2 同时停止。若按下停止按钮 SB3，电动机 M1 和 M2 也会同时停止。

图 5－68 所示也是顺序启动同时停止控制电路，它的功能和图 5－67 相同，但是结构不同。图 5－67 的 KM1 辅助动合触点不仅起自锁作用，还起顺序控制作用，而在图 5－68 中，KM1 的自锁触点和顺序控制触点是两个不同的触点。

2. 顺序启动单独停止控制电路

图 5－69 所示为顺序启动单独停止控制电路，该电路的特点是：启动时，电动机 M1 启动后电动机 M2 才能启动，停止时，两台电动机可以同时停止，也可以 M2 先单独停止，然后 M1 停止。

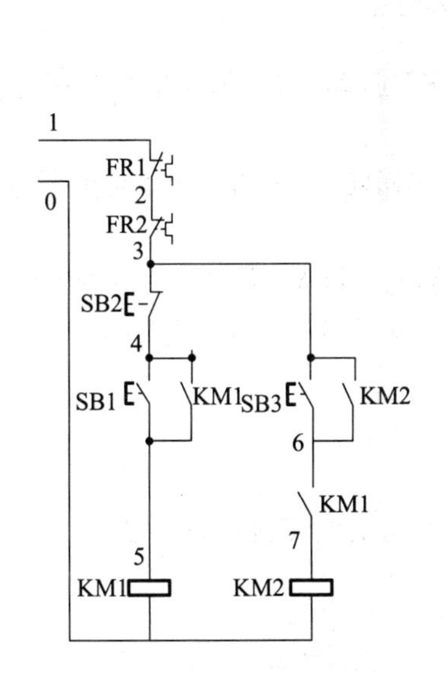

图 5－68　顺序启动同时停止控制电路（2）

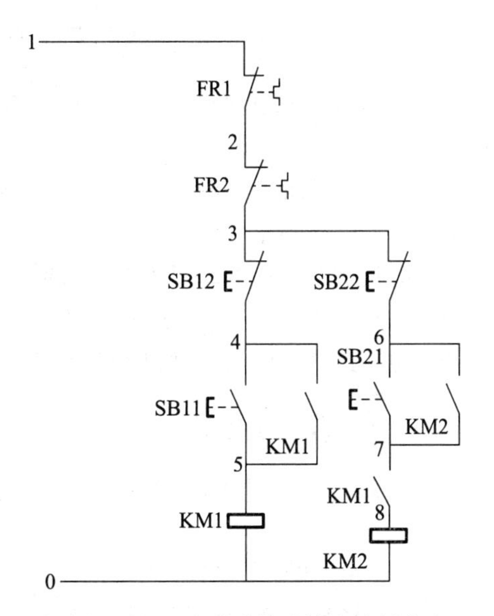

图 5－69　顺序启动单独停止控制电路

3. 顺序启动逆序停止控制电路

图 5－70 所示是电动机的顺序启动逆序停止控制电路，其控制特点是：启动时必须先启动电动机 M1，才能启动电动机 M2；停止时必须先停止 M2，M1 才能停止。电路工作原理分析如下。

合上电源开关 QF，主电路和控制电路接通电源，此时电路无动作。

启动时，若先按下 SB21，因 KM1 的辅助动合触点断开而使 KM2 的线圈不可能通电，电动机 M2 也不会启动。

此时应先按下 SB11，KM1 线圈通电，主触点接通使电动机 M1 启动；两个辅助动合触点也接通，一个实现自锁，另一个为启动 M2 做准备。再按下 SB21，KM2 线圈因 KM1 的

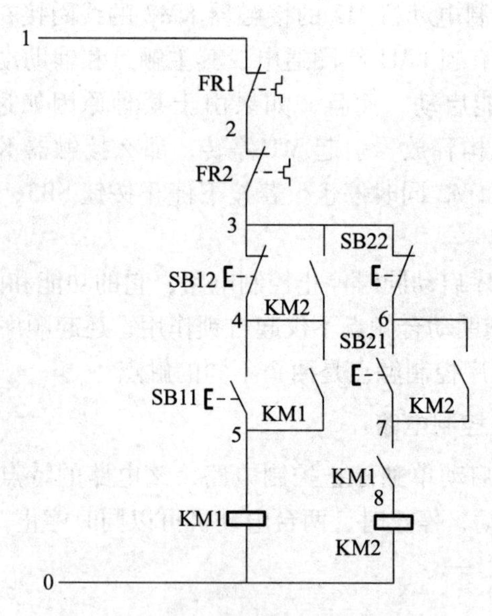

图 5-70 顺序启动逆序停止控制电路

辅助动合触点已接通而通电，主触点接通使电动机 M2 启动，辅助动合触点接通实现自锁。

停止时若先按下 SB12，因 KM2 的辅助动合触点的接通使 KM1 的线圈不可能断电，电动机 M1 不可能停止。

此时应先按下 SB22，KM2 线圈断电，主触点断开使电动机 M2 停止；两个辅助动合触点断开，一个解除自锁，另一个为停止 M1 做准备。再按下 SB12，KM1 线圈断电，主触点断开使电动机 M1 停止，辅助动合触点断开解除自锁。

六、多地控制电路

能在两地或多地控制同一台电动机的控制方式叫电动机的多地控制。图 5-71 为两

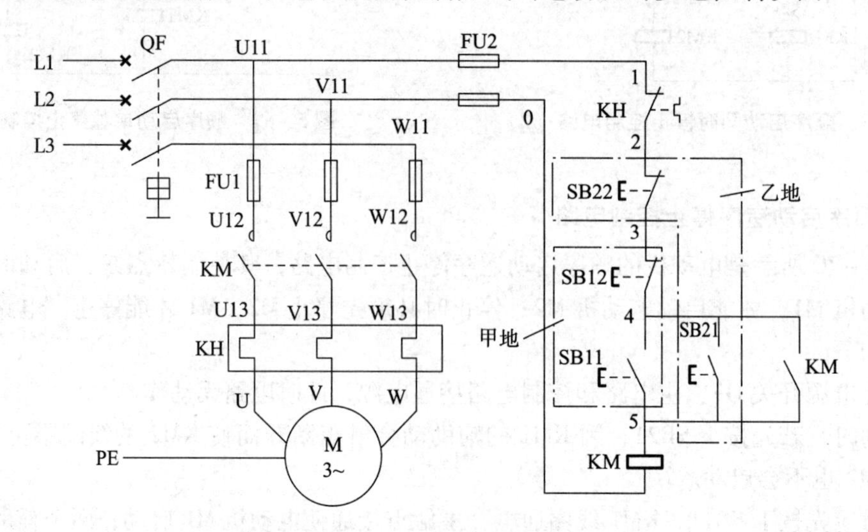

图 5-71 两地控制电路

地控制的具有过载保护接触器自锁正转控制电路图。其中 SB11、SB12 为安装在甲地的启动按钮和停止按钮；SB21、SB22 为安装在乙地的启动按钮和停止按钮。电路的特点是：两地的启动按钮 SB11、SB21 要并联接在一起；停止按钮 SB12、SB22 要串联接在一起。这样就可以分别在甲、乙两地启动和停止同一台电动机，达到操作方便之目的。

对于要实现三地或多地控制，只要把各地的启动按钮并联、停止按钮串联就可以了。

多地控制电路常应用在床身较大的机床设备上，以方便操作。例如 X62W 卧式铣床，在铣床的前面和侧面各有黑、绿、红三个按钮，分别是停止、启动、快速移动按钮，如图 5－72 所示。

图 5－72　X62W 卧式铣床两地控制

操作训练

训练项目　安装与调试工作台自动往返控制电路

一、工作准备

1. 工具、仪表与材料准备

（1）完成本任务所需工具与仪表为螺钉旋具、尖嘴钳、斜口钳、剥线钳、万用表等。

（2）完成本任务所需材料明细表如表 5－12 所示。

表 5－12　工作台自动往返控制电路电气元件明细表

序号	代号	名称	型号	规格	数量
1	M	三相交流异步电动机	YS6324	380 V，180 W，0.65 A，1 440 r/min	1
2	QF	自动空气开关	DZ47—63	380 V，25 A，整定 20 A	1
3	FU1	熔断器	RL1—60/25A	500 V，60 A，配 25 A 熔体	3
4	FU2	熔断器	RT18—32	500 V，配 2 A 熔体	2
5	KM	交流接触器	CJX—22	线圈电压 220 V，20 A	2
6	SB	按钮	LA—18	5 A	3
7	FR	热继电器	JR16—20/3	三相，20 A，整定电流 1.55 A	1
8	XT	端子板	TB1510	600 V，15 A	1
9	SQ1 ~ SQ4	行程开关	JLX1—111	380 V，5 A	4
10		控制板安装套件			1

2. 绘制电气元件布置图

根据原理图绘制电气元件布置图，如图 5－73 所示。

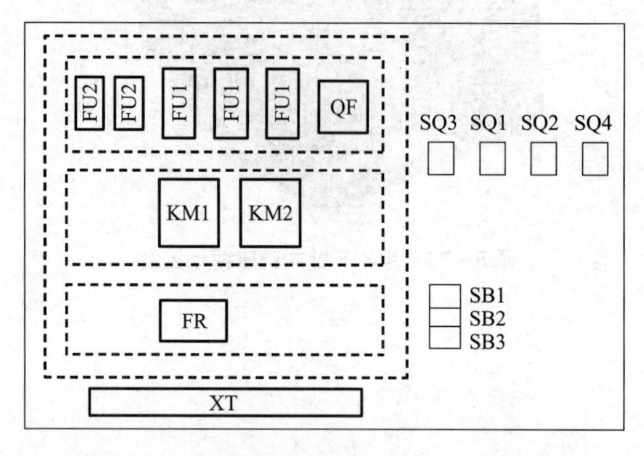

图 5－73　工作台自动往返控制电路电气元件布置

3. 绘制电路接线图

工作台自动往返控制电路接线图如图 5－74 所示。

二、实训过程

1. 检测电气元件

根据表 5－12 配齐所需电气元件，其各项技术指标均应符合规定要求，目测其外观有无损坏，检查手动触点动作是否灵活，并用万用表进行质量检验，如不符合要求，则予以更换。

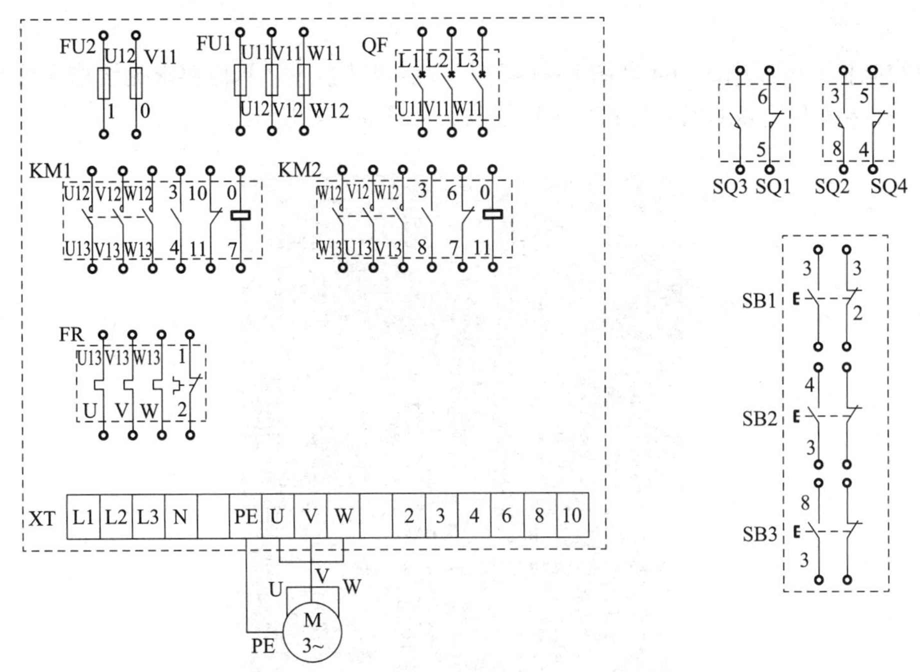

图 5 –74　工作台自动往返控制电路接线

2. 安装电路

1）安装电气元件

在控制板上按图 5 –73 安装电气元件。各元件的安装位置整齐、匀称、间距合理、便于元件的更换，元件紧固时用力适当，无松动现象。工艺要求参照本模块单元 1，实物布置图如图 5 –75 所示。

图 5 –75　工作台自动往返控制电路实物布置

2）布线

在控制板上按照图 5－64 和图 5－74 进行板前线槽布线（具体要求见线槽布线工艺要求），并在导线两端套编码套管和冷压接线头，如图 5－76 所示。

图 5－76　工作台自动往返控制电路电路板

3）安装电动机

具体操作可参考本模块单元 1。

4）通电前检测

（1）对照原理图、接线图检查，确保连接无遗漏。

（2）万用表检测：确保电源切断情况下，分别测量主电路、控制电路通断是否正常。

①未压下 KM1 时测量 L1－U、L2－V、L3－W；压下 KM1 后再次测量 L1－U、L2－V、L3－W。

②未按下正转启动按钮 SB1 时，测量控制电路电源两端（U11－V11）。

③按下启动按钮 SB1 后，测量控制电路电源两端（U11－V11）。

④按下反转启动按钮 SB2 后，测量控制电路电源两端（U11－V11）。

3. 通电试车

※ 特别提示：

通电试车前要检查安全措施，试车时要遵守安全操作规程，出现故障时要停电检查。

4. 整理现场

整理现场工具及电气元件，清理现场，根据工作过程填写任务书，整理工作资料。

三、注意事项

(1) 行程开关可以先安装好，不占定额时间。行程开关必须牢固安装在合适的位置上。安装后，必须用手动工作台或受控机械进行试验，合格后才能使用。训练中，若无条件进行实际机械安装试验时，可将行程开关安装在控制板上方（或下方）两侧，进行手控模拟试验。

(2) 通电校验时，必须先手动行程开关，试验各行程控制和终端保护动作是否正常可靠。

(3) 走线槽安装后可不必拆卸，以供后面课题训练时使用。安装线槽的时间不计入定额时间内。

(4) 通电校验时，必须有指导教师在现场监护，学生应根据电路的控制要求独立进行校验，若出现故障也应自行排除。

(5) 安装训练应在规定的定额时间内完成，同时要做到安全操作和文明生产。

思考与练习

1. 什么是位置控制？什么是自动往返控制？

2. 简述板前线槽配线的工艺要求。

3. 某工厂车间需要用一行车，要求按图 5－77 所示示意图自动往返运动。试画出满足要求的控制电路图。

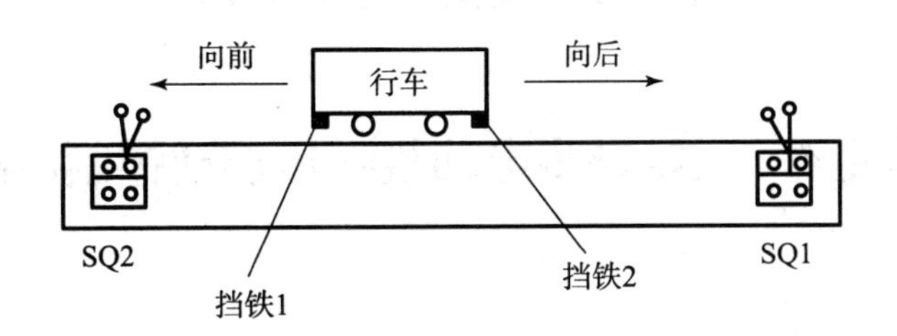

图 5－77　题 3 图

4. 图 5－78 所示电路是一种顺序启停控制电路，试分析其工作原理。

5. 图 5－79 所示是三条传送带运输机的示意图，对于这三条传送带运输机的电气要求是：

(1) 启动顺序为 1 号、2 号、3 号，即顺序启动，以防止货物在带上堆积。

(2) 停止顺序为 3 号、2 号、1 号，即逆序停止，以保证停车后带上不残存货物。

(3) 当 1 号或 2 号出现故障停止时，3 号能随即停止，以免继续进料。

试画出三条传送带运输机的电路图。

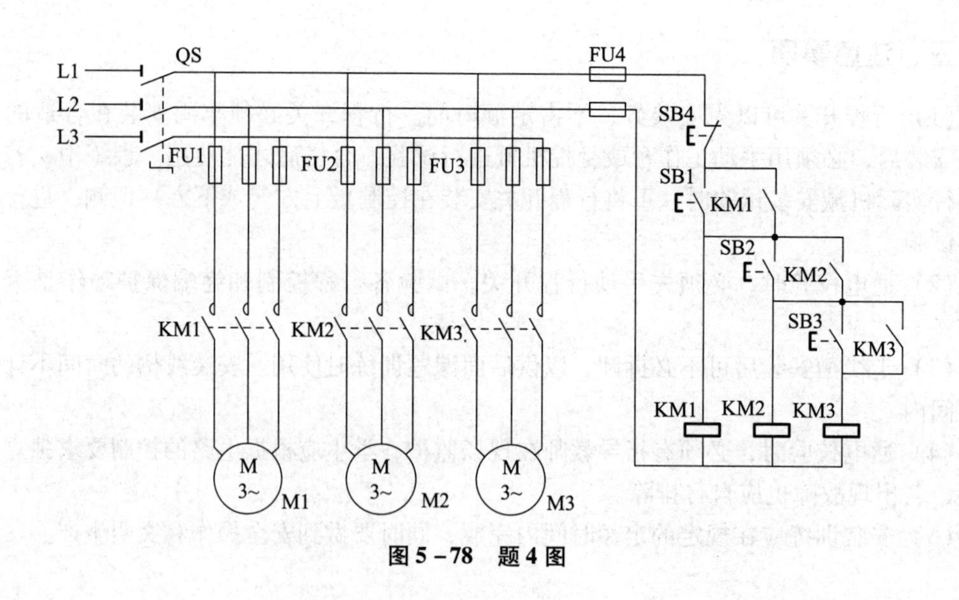

图 5－78　题 4 图

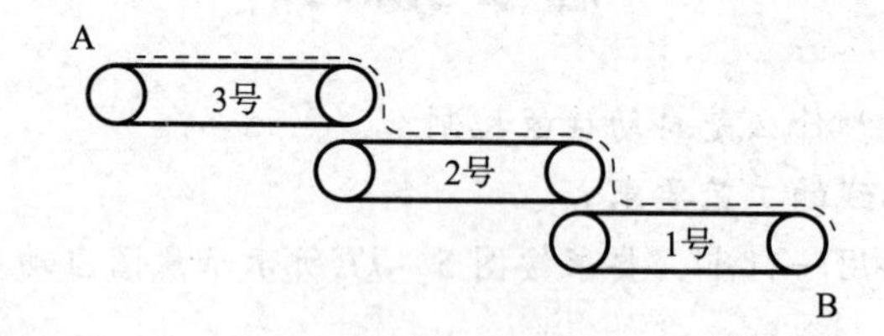

图 5－79　三条传送带运输机示意图

单元 4　三相异步电动机降压启动控制电路

任务描述

前面学习的各种控制电路在启动时，加在电动机定子绕组上的电压为电动机的额定电压，属于全压启动，也称直接启动。直接启动的优点是电气设备少，电路简单，维修量较小。但是异步电动机直接启动时，启动电流一般为额定电流的 4～7 倍，在电源变压器容量不够大，而电动机功率较大的情况下，直接启动将会使电源变压器输出电压下降，不仅影响电动机本身的启动转矩，也会影响同一供电电路中其他电气设备的正常工作。因此，较大容量的电动机启动时，需要采用降压启动的方法。

降压启动是指利用启动设备将电压适当降低后，加到电动机的定子绕组上进行启动，待电动机启动运转后，再使其电压恢复到额定值正常运转。由于电流随电压的降低而减小，所以降压启动达到了减小启动电流的目的。常见的降压启动方法有定子绕组串接电阻降压启动、自耦变压器降压启动、Y－△降压启动、延边△降压启动等。

某工厂机加工车间有一台加工设备，启动方式采用 Y－△降压启动，现在要为此加工设备安装启动控制电路，要求采用接触器－继电器控制，设置必要的短路、过载、欠压和失压保护，电气原理图如图5－80所示。设备所用电动机的型号为YS6324，额定电压380 V，额定功率180 W，额定电流0.65 A，额定转速1 440 r/min。完成此加工设备Y－△降压启动运行控制电路的安装、调试，并进行简单故障排查。

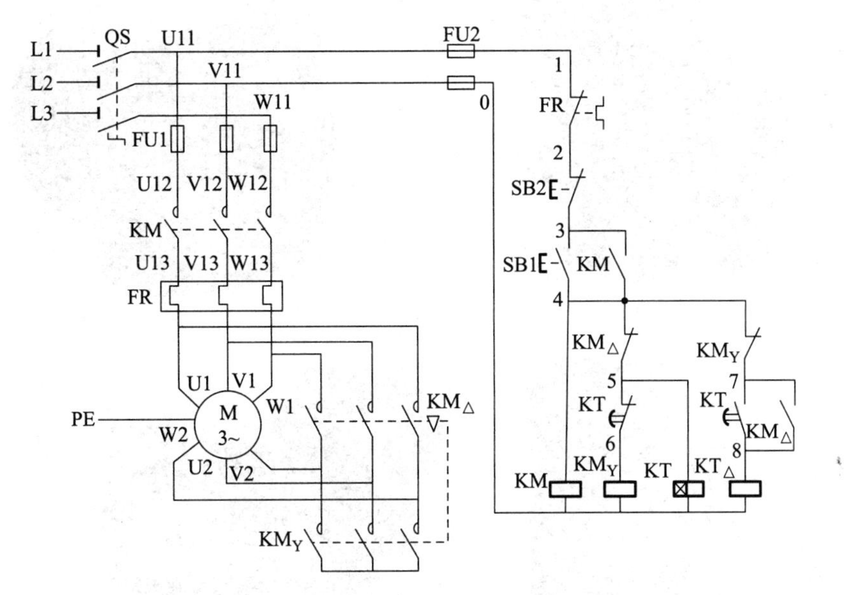

图5－80　Y－△降压启动控制电路原理

任务目标

（1）会正确识别、选用、安装、使用时间继电器，熟悉它的功能、基本结构、工作原理及型号意义，熟记它的图形符号和文字符号。

（2）会正确识读三相异步电动机定子绕组串接电阻降压启动、自耦变压器降压启动、Y－△降压启动、延边△降压启动控制电路原理图，能分析其工作原理。

（3）会安装、调试三相异步电动机Y－△降压启动控制电路。

（4）能根据故障现象对三相异步电动机Y－△降压启动控制电路的简单故障进行排查。

相关知识

一、时间继电器

时间继电器也称为延时继电器，是指当加入（或去掉）输入的动作信号后，其输出电路需经过规定的准确时间才产生跳跃式变化（或触点动作）的一种继电器。也是一种利用电磁原理或机械原理实现延时控制的控制电器。时间继电器种类繁多，但目前常用的时间继电器主要有空气阻尼式、电动式、晶体管式及电磁式等几大类。其外形如图 5 - 81 所示。

图 5 - 81　时间继电器外形

(a) 电磁式；(b) 电动式；(c) 晶体管式；(d) 空气阻尼式

空气阻尼式时间继电器又称为气囊式时间继电器，它是根据空气压缩产生的阻力来进行延时的，其结构简单，价格便宜，延时范围宽（0.4 ~ 180 s），但延时精度低。

电磁式时间继电器延时时间短（0.3 ~ 1.6 s），结构比较简单，通常用在断电延时场合和直流电路中。

电动式时间继电器的原理与钟表类似，它是由内部电动机带动减速齿轮转动而获得延时的。这种继电器延时精度高，延时范围宽（0.4 ~ 72 h），但结构比较复杂，价格很贵。

晶体管式时间继电器又称为电子式时间继电器，它是利用延时电路来进行延时的。这种继电器具有机械结构简单、延时范围宽、整定精度高、消耗功率小、调整方便及寿命长等优点，所以发展迅速，其应用也越来越广。

时间继电器按延时方式可分为通电延时型和断电延时型两种。通电延时型时间继电器在其感测部分接收信号后开始延时，一旦延时完毕，就通过执行部分输出信号以操纵控制电路，当输入信号消失时，继电器就立即恢复到动作前的状态（复位）。断电延时型与通电延时型相反。断电延时型时间继电器在其感测部分接收输入信号后，执行部分立即动作，但当输入信号消失后，继电器必须经过一定的延时，才能恢复到原来（动作前）的状态（复位），并且有信号输出。

1. 时间继电器的结构和工作原理

气囊式时间继电器的外形结构示意图如图 5－82 所示。

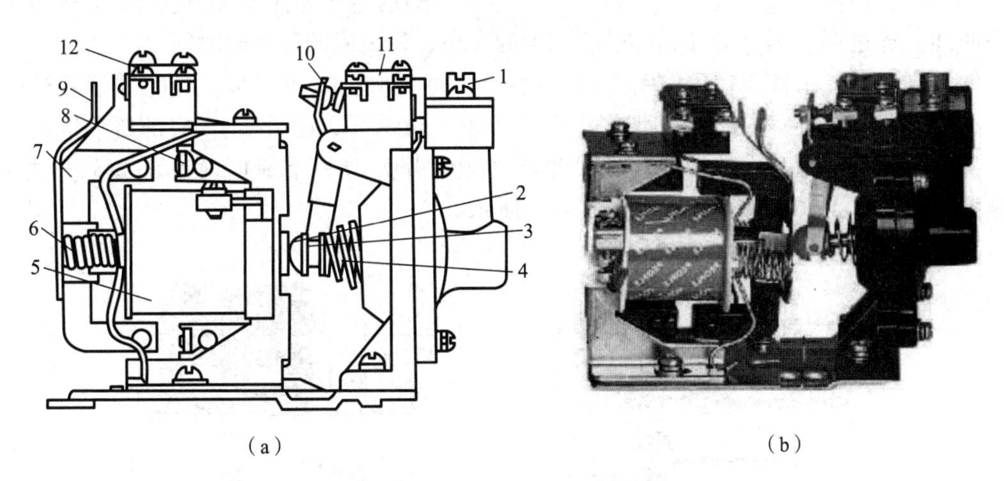

图 5－82　时间继电器外形结构

(a) 断电延时型；(b) 通电延时型

1—调节螺钉；2—推板；3—推杆；4—宝塔弹簧；5—电磁线圈；6—反作用弹簧；

7—衔铁；8—铁芯；9—弹簧片；10—杠杆；11—延时触点；12—瞬时触点。

图 5－83 为 JS7—A 系列时间继电器的内部结构示意图。它由电磁机构、延时机构和工作触点三部分组成。将电磁机构翻转 180°安装后，通电延时型可以改换成断电延时型，同样，断电延时型也可改换成通电延时型。

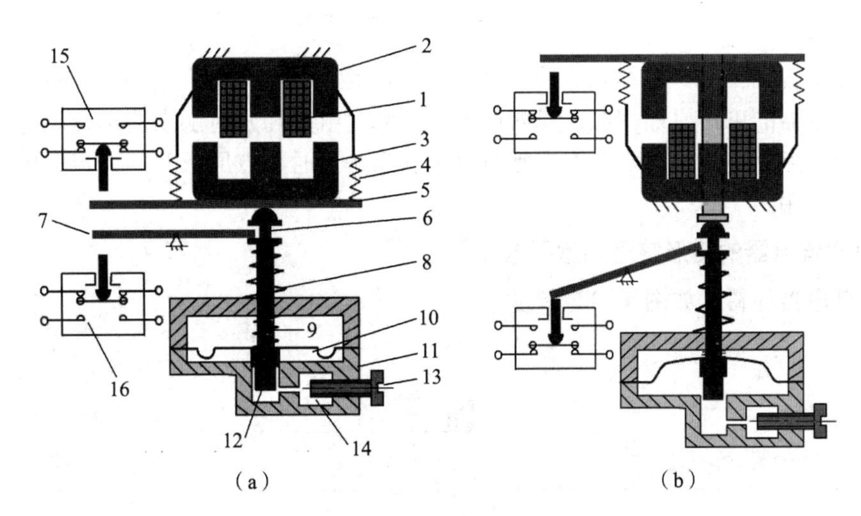

图 5－83　JS7—A 系列时间继电器内部结构示意

(a) 通电延时型；(b) 断电延时型

1—线圈；2—铁芯；3—衔铁；4—反作用弹簧；5—推板；6—活塞杆；7—杠杆；8—宝塔弹簧；

9—弱弹簧；10—橡皮膜；11—空气室壁；12—活塞；13—调节螺钉；14—进气孔；15，16—微动开关。

在通电延时型时间继电器中，当线圈 1 通电后，铁芯 2 将衔铁 3 吸合，瞬时触点迅速动作（推板 5 使微动开关 16 立即动作），活塞杆 6 在宝塔弹簧 8 作用下，带动活塞 12 及橡皮膜10向上移动，由于橡皮膜下方气室空气稀薄，形成负压，因此活塞杆6不能迅速上移。当空气由进气孔14进入时，活塞杆6才逐渐上移。当移到最上端时，延时触点动作（杠杆7使微动开关15动作），延时时间即为线圈通电开始至微动开关15动作为止的这段时间。通过调节螺钉13调节进气孔14的大小，就可以调节延时时间。

线圈断电时，衔铁3在反作用弹簧4的作用下将活塞12推向最下端。因活塞被往下推时，橡皮膜下方气室内的空气都通过橡皮膜10、弱弹簧9和活塞12肩部所形成的单向阀，经上气室缝隙顺利排掉，因此瞬时触点（微动开关16）和延时触点（微动开关15）均迅速复位。其工作原理示意图如图5－84所示。

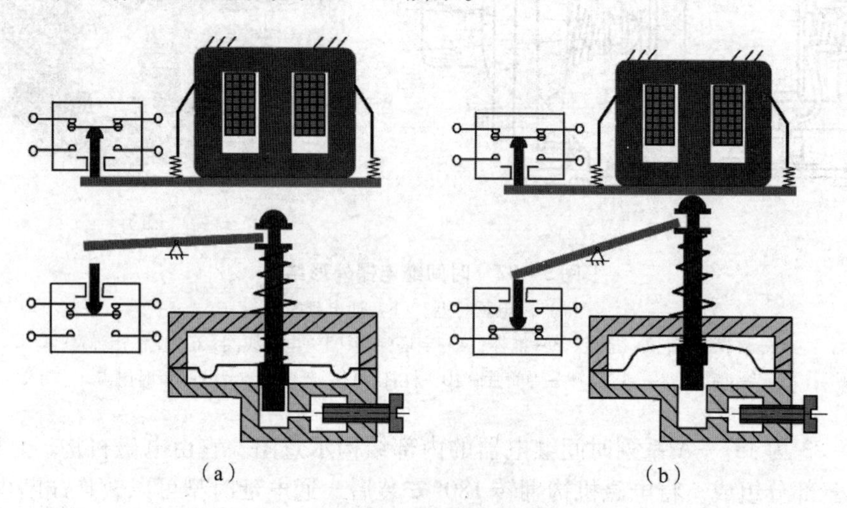

图5－84　通电延时型时间继电器工作原理

（a）刚通电瞬间；（b）延时时间到

将电磁机构翻转180°安装后，可形成断电延时型时间继电器。它的工作原理与通电延时型时间继电器的工作原理相似，线圈通电后，瞬时触点和延时触点均迅速动作；线圈失电后，瞬时触点迅速复位，延时触点延时复位。只是延时触点原常开的要当常闭用，原常闭的要当常开用。

2. 时间继电器的图形符号和型号含义

时间继电器的符号如图5－85所示。

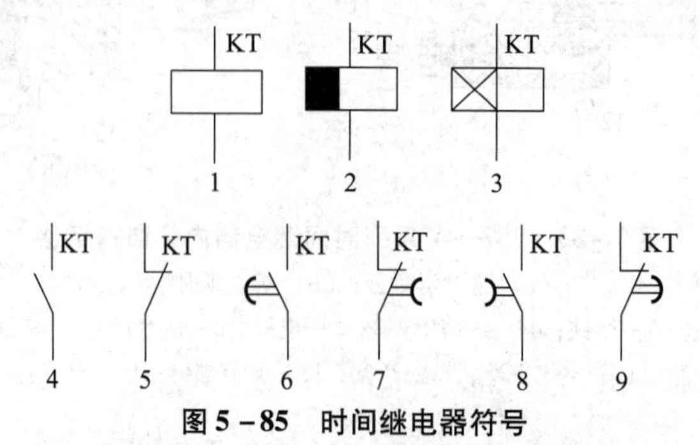

图5－85　时间继电器符号

1—线圈一般符号；2—断电延时型线圈；3—通电延时型线圈；4—瞬时动合触点；5—瞬时动断触点；6—延时闭合动合触点；7—延时断开动断触点；8—延时断开动合触点；9—延时闭合动断触点。

JS7—A 系列时间继电器型号含义如图 5－86 所示。JS7—A 系列空气阻尼式时间继电器主要技术参数见表 5－13；JS20 系列晶体管式时间继电器主要技术参数见表 5－14。

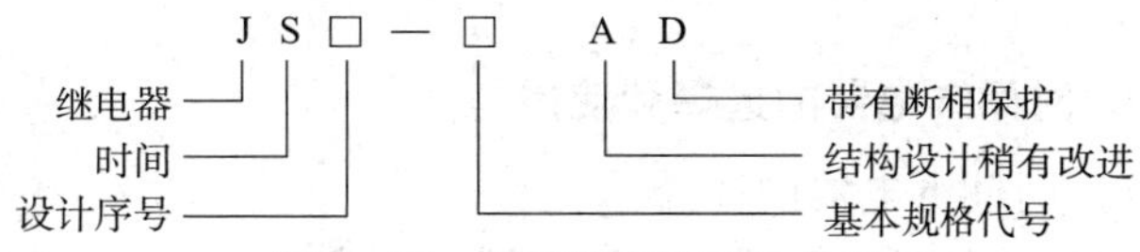

图 5－86　时间继电器型号含义

其中规格代号含义：1—通电延时，无瞬时触点；2—通电延时，有瞬时触点；3—断电延时，无瞬时触点；4—断电延时，有瞬时触点。

表 5－13　JS7－A 系列空气阻尼式时间继电器主要技术参数

型号	瞬时动作触点对数		有延时的触点对数				触点额定电压/V	触点额定电流/A	线圈电压/V	延时范围/s	额定操作频率/(次·h^{-1})
			通电延时		断电延时						
	常开	常闭	常开	常闭	常开	常闭					
JS7—1A	—	—	1	1	—	—	380	5	24、36、110、127、220、380、420	0.4～60 及 0.4～180	600
JS7—2A	1	1	1	1	—	—					
JS7—3A	—	—	—	—	1	1					
JS7—4A	1	1	—	—	1	1					

表 5－14　JS20 系列晶体管式时间继电器主要技术参数

型号	结构形式	延时整定元件位置	延时范围/s	延时触点对数				不延时触点对数		误差/%		环境温度/℃	工作电压/V		功率消耗/W	机械寿命/(万次)
				通电延时		断电延时										
				常开	常闭	常开	常闭	常开	常闭	重复	综合		交流	直流		
JS20—□/00	装置式	内接	0.1～300	2	2	—	—	—	—	±3	±10	－10～40	36、110、127、220、380	24、48、110	≤5	1 000
JS20—□/01	面板式	内接		2	2											
JS20—□/02	装置式	外接		2	2											
JS20—□/03	装置式	内接		1	1	—	—	1	1							
JS20—□/04	面板式	内接		1	1			1	1							
JS20—□/05	装置式	外接		1	1			1	1							
JS20—□/10	装置式	内接	0.1～3 600	2	2	—	—	—	—							
JS20—□/11	面板式	内接		2	2											
JS20—□/12	装置式	外接		2	2											
JS20—□/13	装置式	内接		1	1	—	—	1	1							
JS20—□/14	面板式	内接		1	1			1	1							
JS20—□/15	装置式	外接		1	1			1	1							
JS20—□D/00	装置式	内接	0.1～180	—	—	2	2	—	—							
JS20—□D/01	面板式	内接				2	2									
JS20—□D/02	装置式	外接				2	2									

3. 时间继电器的选择和使用

1）时间继电器的选择

（1）类型选择：凡是对延时要求不高的场合，一般采用价格较低的 JS7—A 系列时间继电器，对于延时要求较高的场合，可选用晶体管式时间继电器。

（2）延时方式的选择：时间继电器有通电延时型和继电延时型两种，应根据控制电路的要求来选择哪一种延时方式的时间继电器。

（3）线圈电压的选择：根据控制电路电压来选择时间继电器线圈的电压。

2）时间继电器的使用

（1）时间继电器的整定值应预先在不通电时整定好，并在试车时校验。

（2）JS7—A 系列时间继电器只要将线圈转动 180°即可将通电延时型改为断电延时型。

（3）JS7—A 系列时间继电器由于无刻度，故不能准确地调整延时时间。

4. 时间继电器的检测

1）测量线圈（如图 5－87 所示）

（1）将万用表打在电阻 $R\times100$ 挡，调零。

（2）通过表笔接触线圈两端接线螺钉 A1、A2，测量线圈电阻，若为零，说明短路；若为无穷大，则为开路；若测得电阻，则为正常。

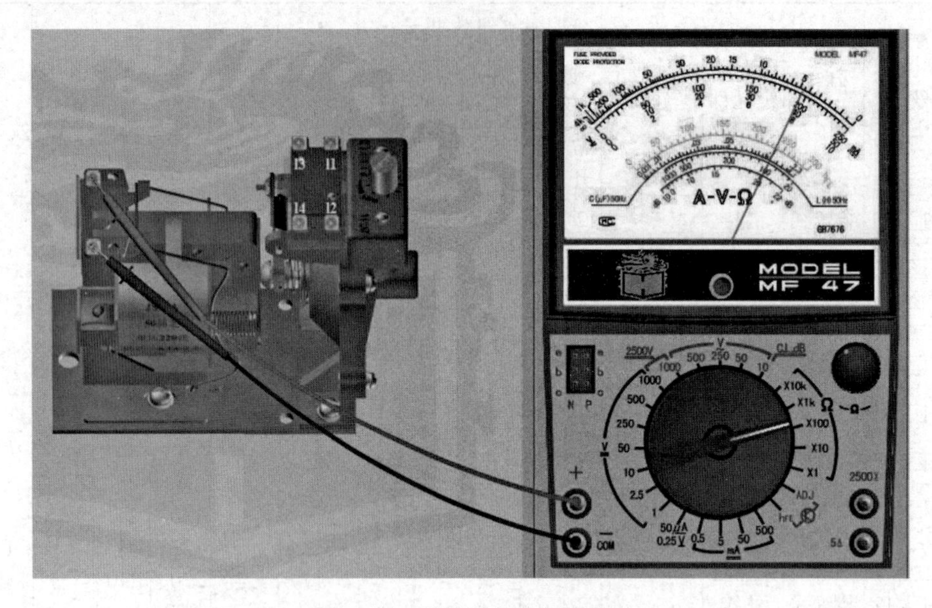

图 5－87　测量时间继电器线圈

2）测量触点（如图 5－88 所示）

将表笔点击任意两端点，手动推动衔铁，模拟时间继电器动作，延时时间到后，若表针从无穷大指向零，说明这对触点是动合触点；若表针从零指向无穷大，说明这对触点是动断触点；若表针不动，说明这两点不是一对触点。

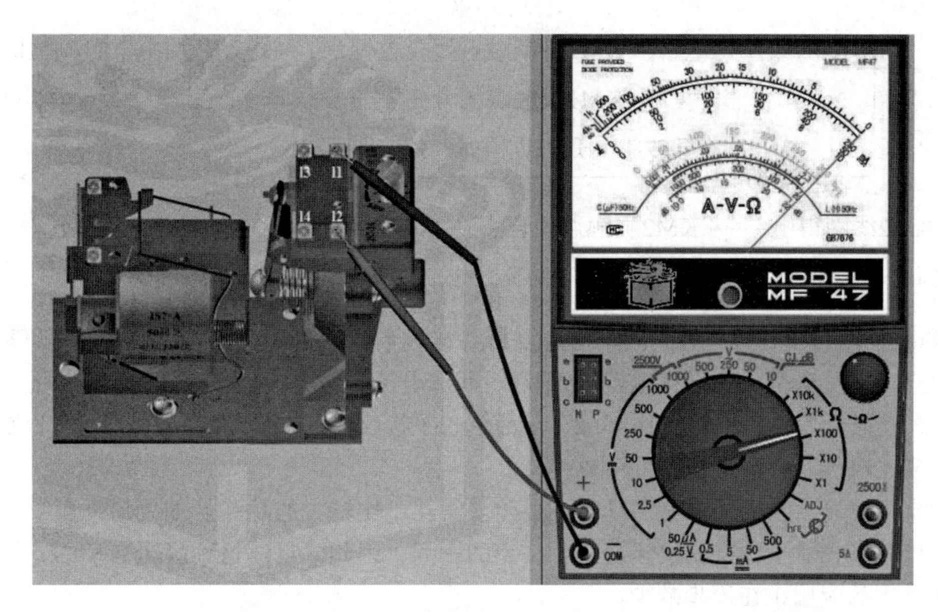

图 5－88　测量时间继电器触点

二、定子绕组串接电阻降压启动控制电路

定子绕组串接电阻降压启动是指在电动机启动时，把电阻串接在电动机定子绕组与电源之间，通过电阻的分压作用来降低定子绕组上的启动电压。待电动机启动后，再将电阻短接，使电动机在额定电压下正常运行。时间继电器实现的定子绕组串接电阻降压启动自动控制电路图如图 5－89 所示。电路的工作原理如下。

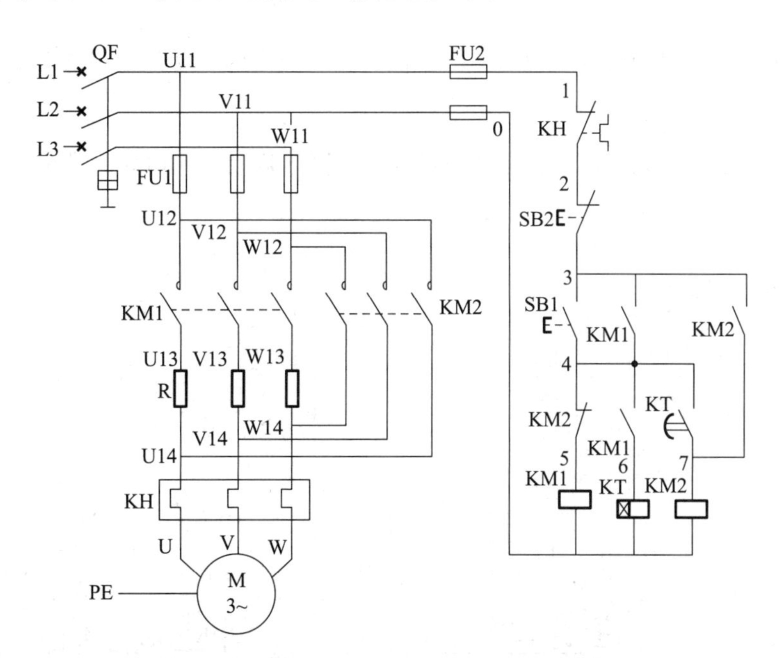

图 5－89　定子绕组串接电阻降压启动控制电路

合上电源开关 QF。

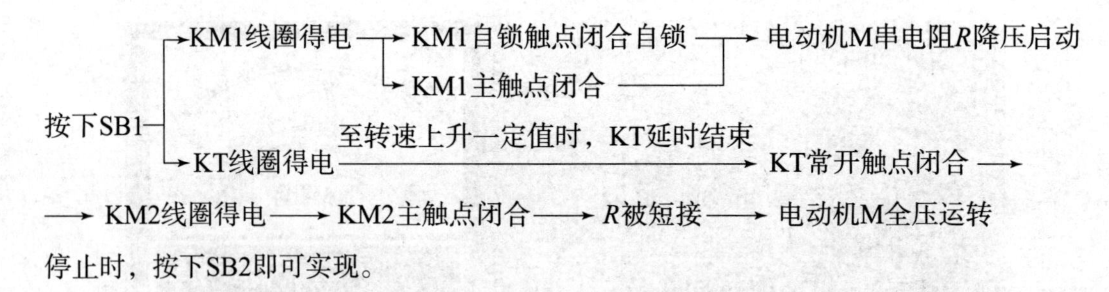

停止时，按下SB2即可实现。

该电路中，KM2 的三对主触点不是直接并接在启动电阻 R 两端，而是把接触器 KM1 的主触点并接了进去，这样接触器 KM1 和时间继电器 KT 只作短时间的降压启动用，待电动机全压运转后就全部从电路中切除，从而延长了接触器 KM1 和时间继电器 KT 的使用寿命，节省了电能，提高了电路的可靠性。

串电阻降压启动的缺点是启动时在电阻上消耗了比较大的功率。如果启动频繁，则电阻的温度很高，对于精密的机床会产生一定的影响，因此，目前这种降压启动的方法，在生产实际中的应用正在逐步减少。

三、Y－△降压启动控制电路

Y－△降压启动是指电动机启动时，把定子绕组接成 Y 形，以降低启动电压，限制启动电流。待电动机启动后，再把定子绕组改接成△形，使电动机在额定电压下正常运行。凡是在正常运行时定子绕组作△形连接的异步电动机，均可采用这种降压启动方法。

电动机启动时接成 Y 形，加在每相定子绕组上的启动电压只有△形接法的$\frac{1}{\sqrt{3}}$，启动电流为△形接法的$\frac{1}{3}$，启动转矩也只有△形接法的$\frac{1}{3}$。所以这种降压启动方法，只适用于轻载或空载下启动。

图 5－90 所示是时间继电器自动控制的 Y－△降压启动控制电路，该电路由三个接触

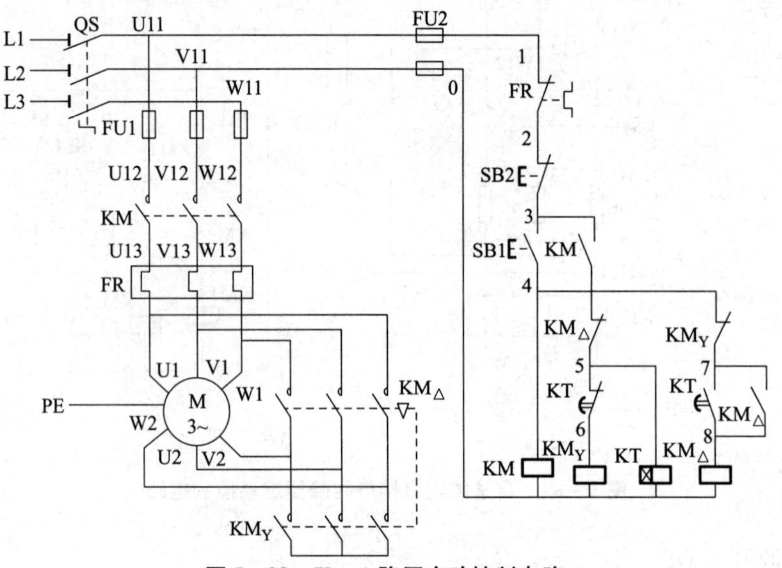

图 5－90 Y－△降压启动控制电路

器、一个热继电器、一个时间继电器和两个按钮组成。时间继电器 KT 用作控制 Y 形降压启动时间和完成 Y－△自动切换。电路的工作原理如下。

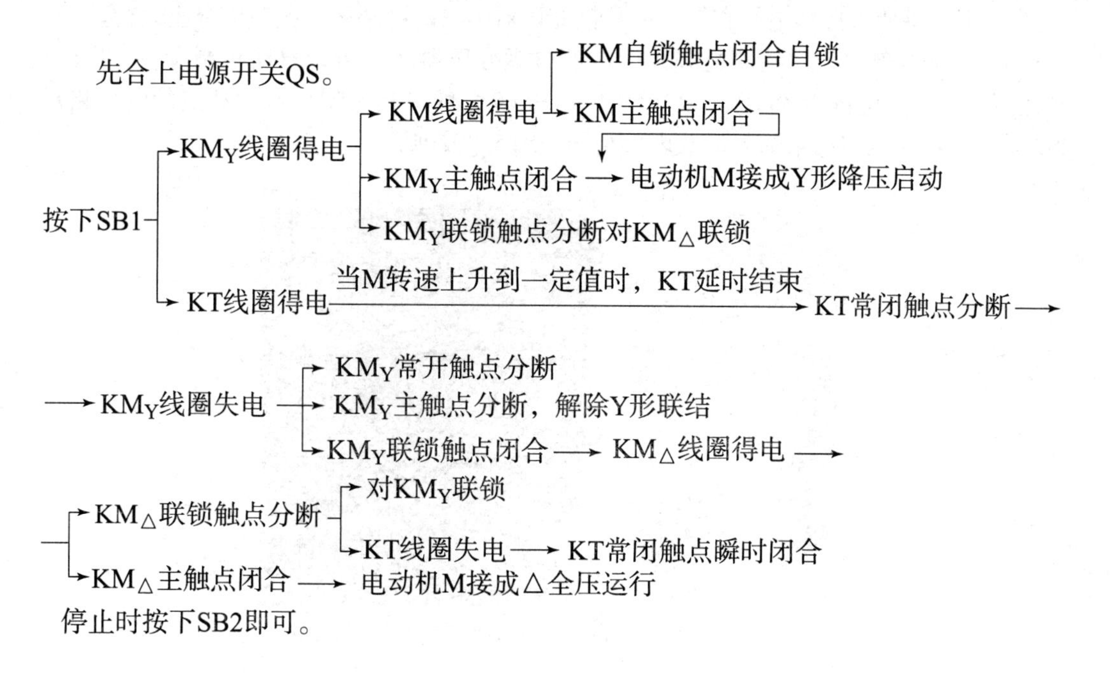

四、自耦变压器降压启动控制电路

自耦变压器降压启动是指电动机启动时利用自耦变压器来降低加在电动机定子绕组上的启动电压。待电动机启动后，再使电动机与自耦变压器脱离，在额定电压下正常运行。

图 5－91 所示为用自耦变压器降压启动控制电路的主电路。启动时，接触器 KM1、

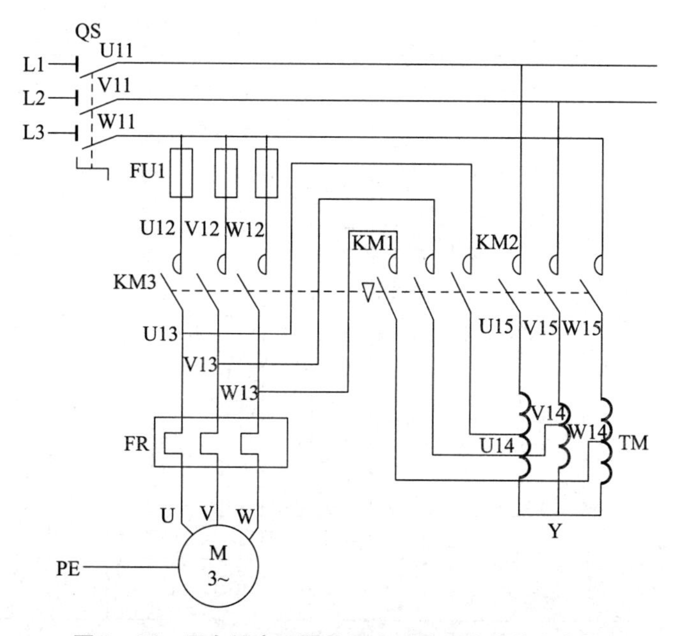

图 5－91　用自耦变压器降压启动控制电路的主电路

KM2 主触点闭合，使电动机的定子绕组接到自耦变压器的副绕组。此时加在定子绕组上的电压小于电网电压，从而减小了启动电流。等到电动机的转速升高后，接触器 KM3 主触点闭合，电动机便直接和电网相接，而自耦变压器则与电网断开，电动机全压运行。

XJ01 系列自耦降压启动箱是我国生产的自耦变压器降压启动自动控制设备，广泛用于频率为 50 Hz、电压为 380 V、功率为 14 ~ 300 kW 的三相笼型异步电动机的降压启动。XJ01 系列自耦降压启动箱的外形及内部结构如图 5 - 92 所示。

图 5 - 92　XJ01 系列自耦降压启动箱外形及内部结构

XJ01 系列自耦降压启动箱是由自耦变压器、交流接触器、中间继电器、热继电器、时间继电器和按钮等电气元件组成的。

XJ01 型自耦降压启动箱降压启动的电路图如图 5 - 93 所示。虚线框内的按钮是异地控制按钮。整个控制电路分为三部分：主电路、控制电路和指示电路。其电路的工作原理如下。

合上电源开关 QS。

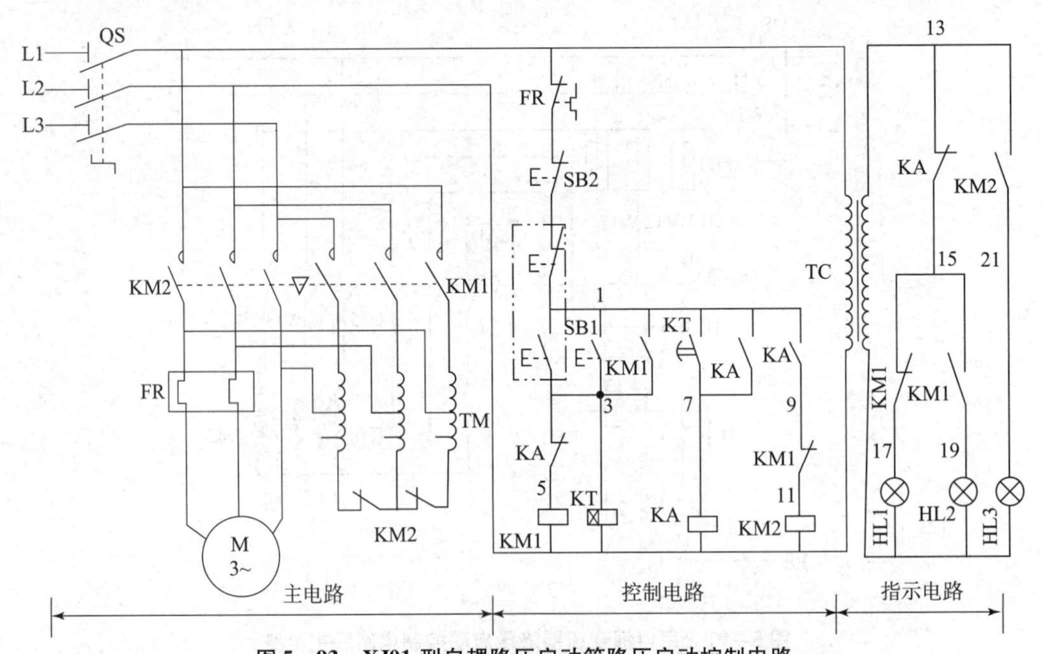

图 5 - 93　XJ01 型自耦降压启动箱降压启动控制电路

1）降压启动

2）全压运转

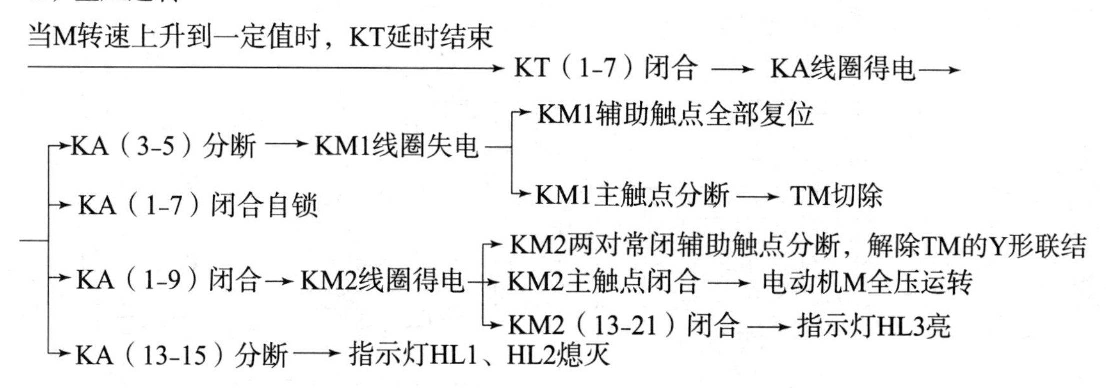

由以上分析可见，指示灯 HL1 亮，表示电源有电，电动机处于停止状态；指示灯 HL2 亮，表示电动机处于降压启动状态；指示灯 HL3 亮，表示电动机处于全压运转状态。

停止时，按下停止按钮 SB2，控制电路失电，电动机停转。

五、延边△降压启动控制电路

延边△降压启动是指电动机启动时，把定子绕组的一部分接成“△”，另一部分接成“Y”，使整个绕组接成延边△，如图 5－94（a）所示。待电动机启动后，再把定子绕组改接成△形全压运行，如图 5－94（b）所示。

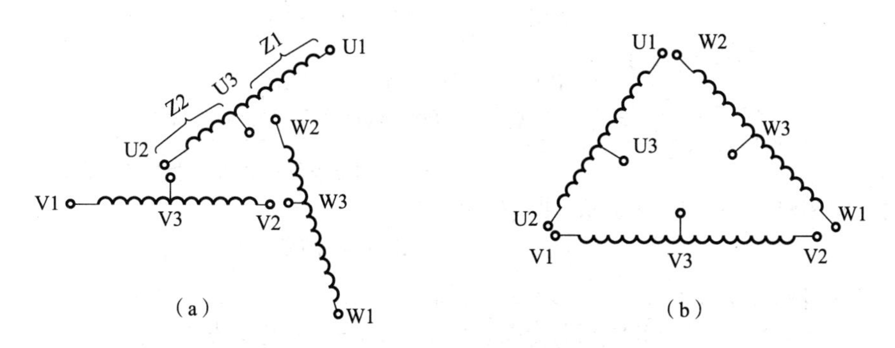

图 5－94　延边△降压启动定子绕组接线图

（a）延边△接法；（b）△形接法

延边△降压启动是在 Y－△降压启动的基础上加以改进而形成的一种启动方式，它把 Y 形和△形两种接法结合起来，使电动机每相定子绕组承受的电压小于△形接法时的相电压，而大于 Y 形接法时的相电压，并且每相绕组电压的大小可随电动机绕组的抽头（U3、V3、W3）位置的改变而调节，从而克服了 Y－△降压启动时的启动电压偏低、启动转矩偏小的缺点。采用延边△启动的电动机需要有 9 个出线端。

延边△降压启动的电路图如图 5－95 所示。其工作原理如下。

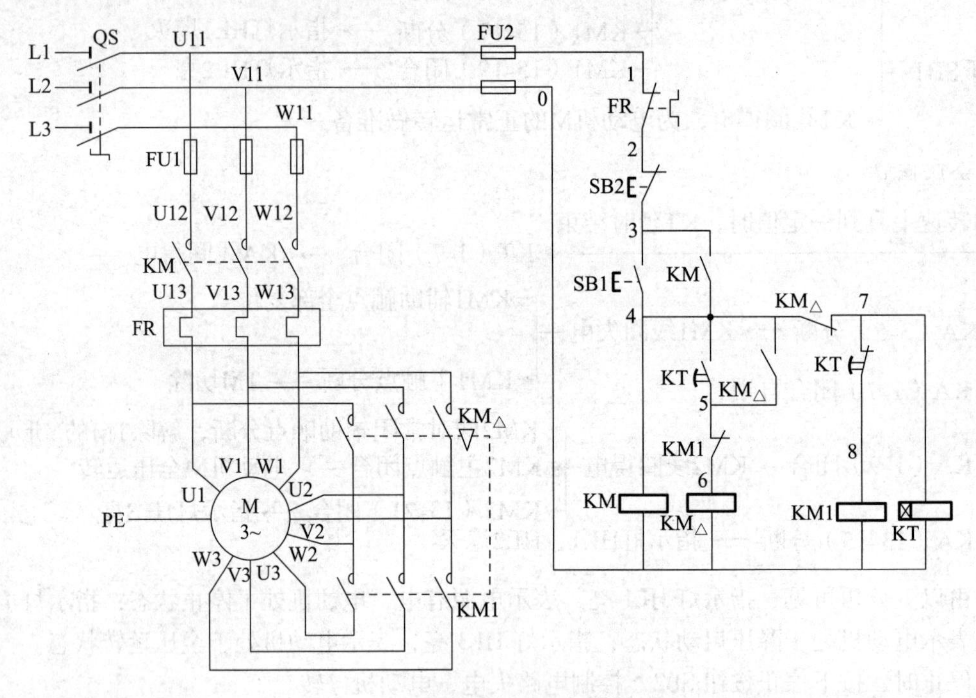

图 5－95　延边△降压启动控制电路

合上电源开关 QS。

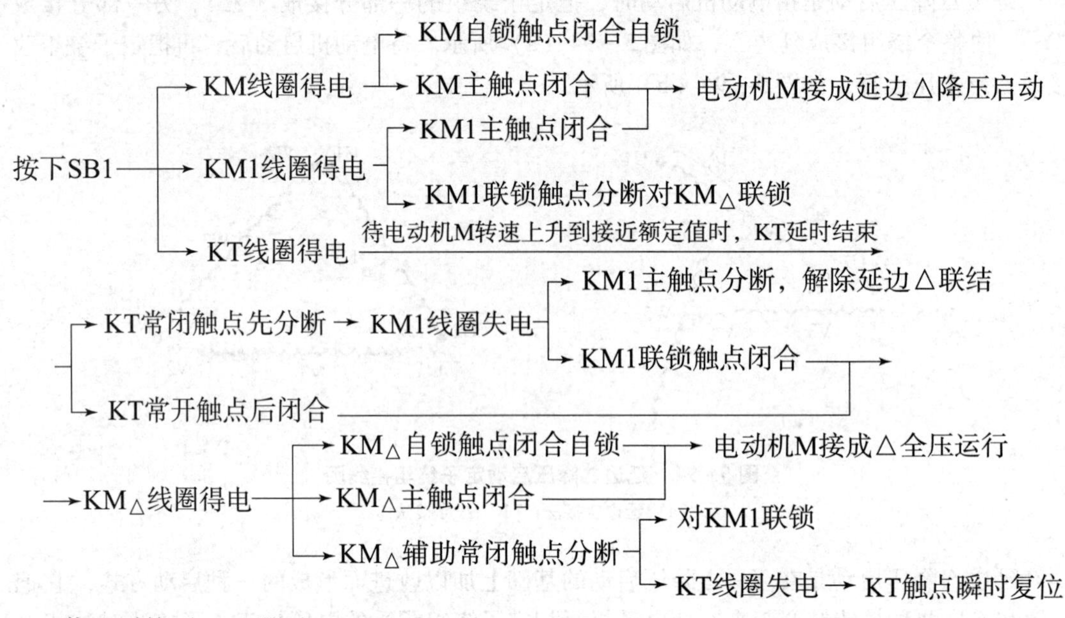

停止时按下 SB2 即可。

操作训练

训练项目　安装与调试Y－△降压启动控制电路

一、工作准备

1. 工具、仪表与材料准备

（1）完成本任务所需工具与仪表为螺钉旋具、尖嘴钳、斜口钳、剥线钳、万用表等。

（2）完成本任务所需材料明细表如表5－15所示。

表5－15　Y－△降压启动控制电路电气元件明细表

序号	代号	名称	型号	规格	数量
1	M	三相交流异步电动机	YS6324	380 V，180 W，0.65 A，1 440 r/min	1
2	QF	自动空气开关	DZ47—63	380 V，25 A，整定20 A	1
3	FU1	熔断器	RL1—60/25A	500 V，60 A，配25 A熔体	3
4	FU2	熔断器	RT18—32	500 V，配2 A熔体	2
5	KM	交流接触器	CJX—22	线圈电压220 V，20 A	3
6	SB	按钮	LA—18	5 A	2
7	FR	热继电器	JR16—20/3	三相，20 A，整定电流1.55 A	1
8	KT	时间继电器	JS7—2A	380 V	1
9	XT	端子板	TB1510	600 V，15 A	1
10		控制板安装套件			1

2. 绘制电气元件布置图

根据原理图（图5－90）绘制电气元件布置图，如图5－96所示。

3. 绘制电路接线图

Y－△降压启动控制电路接线图，如图5－97所示。

二、实训过程

1. 检测电气元件

根据表5－15配齐所用电气元件，其各项技术指标均应符合规定要求，目测其外观有无损坏，检查手动触点动作是否灵活，并用万用表进行质量检验，如不符合要求，则予以更换。

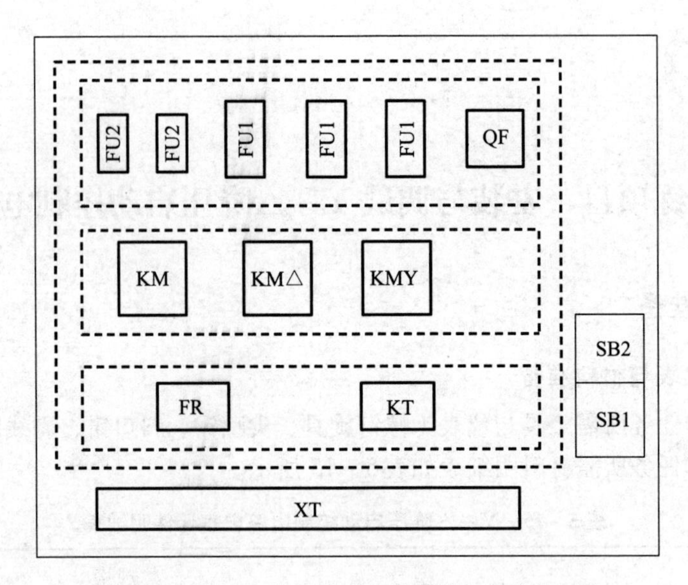

图 5－96　Y－△降压启动控制电路电气元件布置

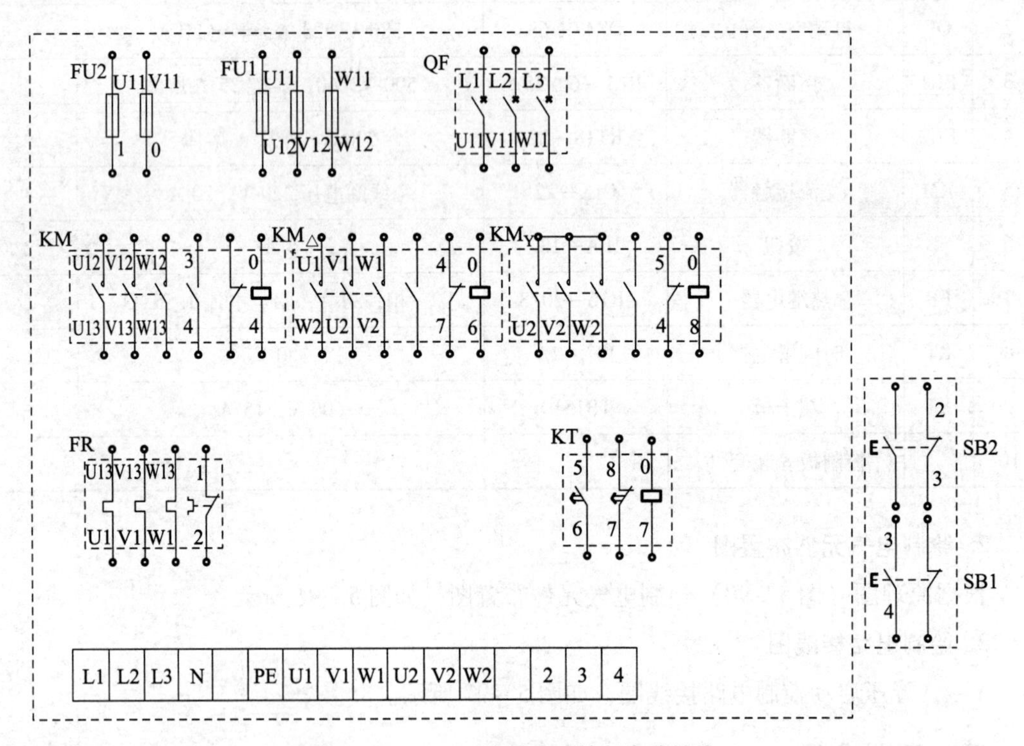

图 5－97　Y－△降压启动控制电路接线

2. 安装电路

1）安装电气元件

在控制板上按图 5－96 安装电气元件和走线槽，其排列位置、相互距离应符合要求。紧固力适当，无松动现象。工艺要求参照本模块单元 1，实物布置图如图 5-98 所示。

2）布线

在控制板上按照图 5-90 和图 5-97 进行板前线槽布线，并在导线两端套编码套管和冷压接线头，先安装电源电路，再安装主电路、控制电路；安装好后清理线槽内杂物，并整理导线；盖好线槽盖板，整理线槽外部电路，保持导线的高度一致性。安装完成的电路板如图 5-99 所示。板前线槽配线的工艺要求参照本模块单元 1。

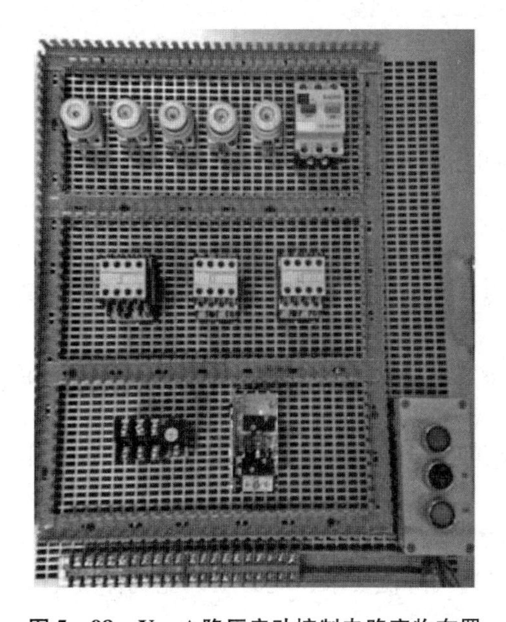

图 5-98　Y-△降压启动控制电路实物布置

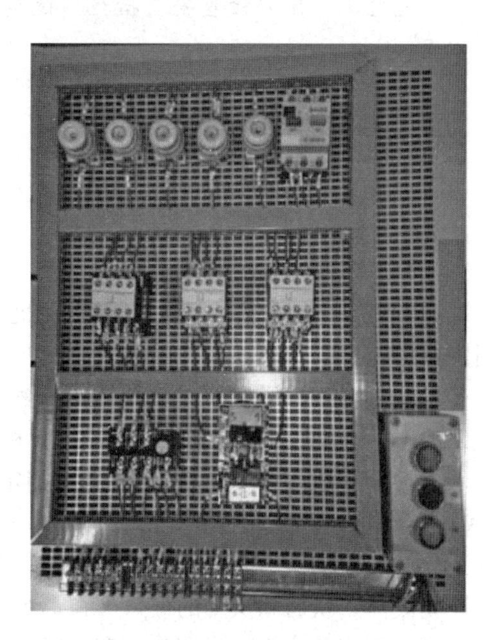

图 5-99　Y-△降压启动控制电路电路板

3）安装电动机

具体操作可参考本模块单元 1。

4）通电前检测

（1）对照原理图、接线图检查，确保连接无遗漏。

（2）万用表检测：在确保电源切断情况下，分别测量主电路、控制电路通断是否正常。

主电路的检测：万用表打在 $R\times100$ 挡，闭合 QS 开关。

①未压下 KM 时，测量 L1-U1、L2-V1、L3-W1，这时表针应指示无穷大；压下 KM 后再次测量 L1-1U、L2-1V、L3-1W，这时表针应右偏指零。

②压下 KM_Y，测量 W2-U2、U2-V2、V2-W2，这时表针应右偏指零。

③压下 $KM_\triangle$，测量 U1-W2、V1-U2、W1-V2，这时表针应右偏指零。

控制电路的检测：万用表打在 $R\times100$ 或 $R\times1$ k 挡，表笔分别置于熔断器 FU2 的 1 和 0 位置（测 KM、KM_Y、$KM_\triangle$、KT 线圈阻值均为 2 kΩ）。

④按下 SB1，表针右偏，指示数值一般小于 1 kΩ，为 KM、KM_Y、KT 三线圈并联直流电阻值。

⑤同时按下 SB1、$KM_{\triangle}$，表针微微左偏，指示数值为 KM、$KM_{\triangle}$并联直流电阻值。

⑥同时按下 SB1、$KM_{\triangle}$、KM_Y，表针继续左偏，指示数值为 KM 直流电阻值。

⑦按下 SB1，再按下 SB2，表针指示无穷大。

（3）用兆欧表检查电路的绝缘电阻的阻值，应不得小于 1 MΩ。

3. 通电试车

❈ **特别提示：**

通电试车前要检查安全措施，试车时要遵守安全操作规程，出现故障时要停电检查。

4. 整理现场

整理现场工具及电气元件，清理现场，根据工作过程填写任务书，整理工作资料。

三、注意事项

（1）用 Y－△降压启动控制的电动机，必须有 6 个出线端子，且定子绕组在△形接法时的额定电压等于三相电源的线电压。

（2）接线时，要保证电动机△形接法的正确性，即接触器主触点闭合时，应保证定子绕组的 U1 与 W2、V1 与 U2、W1 与 V2 相连接。

（3）接触器 KM_Y的进线必须从三相定子绕组的末端引入，若误将其首端引入，则在 KM_Y吸合时，会产生三相电源短路事故。

（4）控制板外部配线，必须按要求一律装在导线通道内，使导线有适当的机械保护，以防止液体、铁屑和灰尘的侵入。在训练时，可适当降低要求，但必须以能确保安全为条件，如采用多芯橡皮线或塑料护套软线。

（5）通电校验前，要再检查一下熔体规格及时间继电器、热继电器的各整定值是否符合要求。

（6）通电校验时，必须有指导教师在现场监护，学生应根据电路的控制要求独立进行校验，若出现故障也应自行排除。

（7）做到安全操作和文明生产。

思考与练习

1. 什么叫降压启动？常见的降压启动方法有哪几种？
2. 图 5－100 能否正常实现 Y－△降压启动？若不能，请说明原因并改正。
3. 分析图 5－93 XJ01 型自耦降压启动箱降压启动控制电路工作原理。
4. 图 5－101 能否正常实现串联电阻降压启动？若不能，请说明原因并改正。

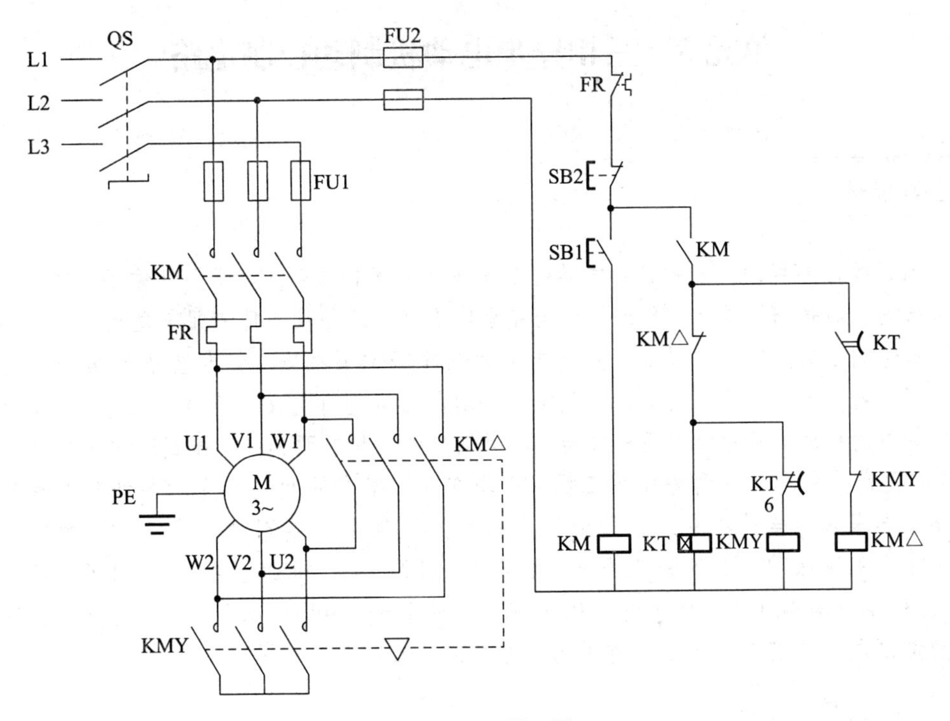

图 5-100　题 2 图

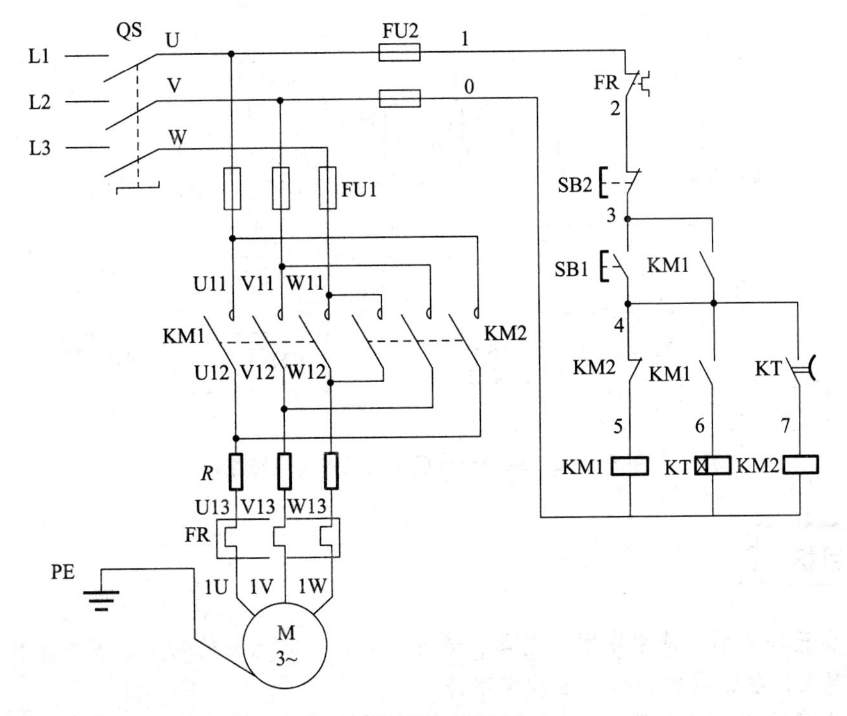

图 5-101　题 4 图

单元5　三相异步电动机制动控制电路

任务描述

由前面的任务可知，三相异步电动机定子绕组脱离电源后，由于惯性作用，转子不会马上停止转动，而是需要转动一段时间才会完全停下来。这往往不能满足某些生产机械的工艺要求，也影响了生产效率的提高，并造成运动部件停位不准确。如起重机的吊钩需要准确定位、万能铣床要求立即停转等，为此应对驱动电动机进行制动。所谓制动，是给电动机一个与转动方向相反的转矩使它迅速停转。制动的方法一般有两类：机械制动和电力制动。

T68 型卧式镗床是一种精密加工机床，现在要为某车间此镗床主轴电动机安装制动控制电路，要求采用接触器－继电器控制，制动方式采用反接制动，设置必要的短路、过载、欠压和失压保护，电气原理图可参照图 5－102。电动机的型号为 YS6324，额定电压 380 V，额定功率 180 W，额定电流 0.65 A，额定转速 1 440 r/min。试完成镗床主轴电动机制动控制电路的安装、调试，并进行简单故障排查。

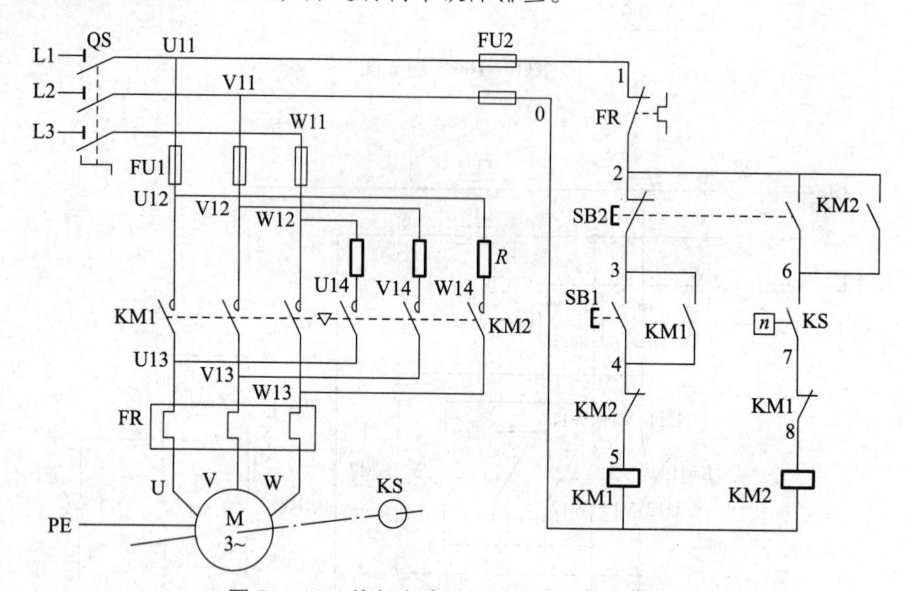

图 5－102　单向启动反接制动控制电路原理

任务目标

（1）会正确识别、使用中间继电器、速度继电器，熟悉它的功能、基本结构、工作原理及型号意义，熟记它的图形符号和文字符号。

（2）会正确识读三相异步电动机电磁抱门制动器断电制动和通电制动控制电路、单向启动能耗制动控制电路、单向启动反接制动控制电路原理图，能分析其工作原理。

（3）会安装、调试三相异步电动机单向启动反接制动控制电路。

相关知识

一、中间继电器

中间继电器是用来增加控制电路中的信号数量或将信号放大的继电器。其输入信号是线圈的通电和断电，输出信号是触点的动作。当触点的数量较多时，可以用中间继电器来控制多个元件或回路。

中间继电器可分为直流与交流两种，其结构一般由电磁机构和触点系统组成。电磁机构与接触器相似，其触点因为通过控制电路的电流容量较小，所以不需加装灭弧装置。

1. 中间继电器的外形结构与符号

中间继电器的外形如图 5－103（a）所示，结构如图 5－103（b）所示，图 5－103（c）为中间继电器的图形符号，其文字符号为 KA。

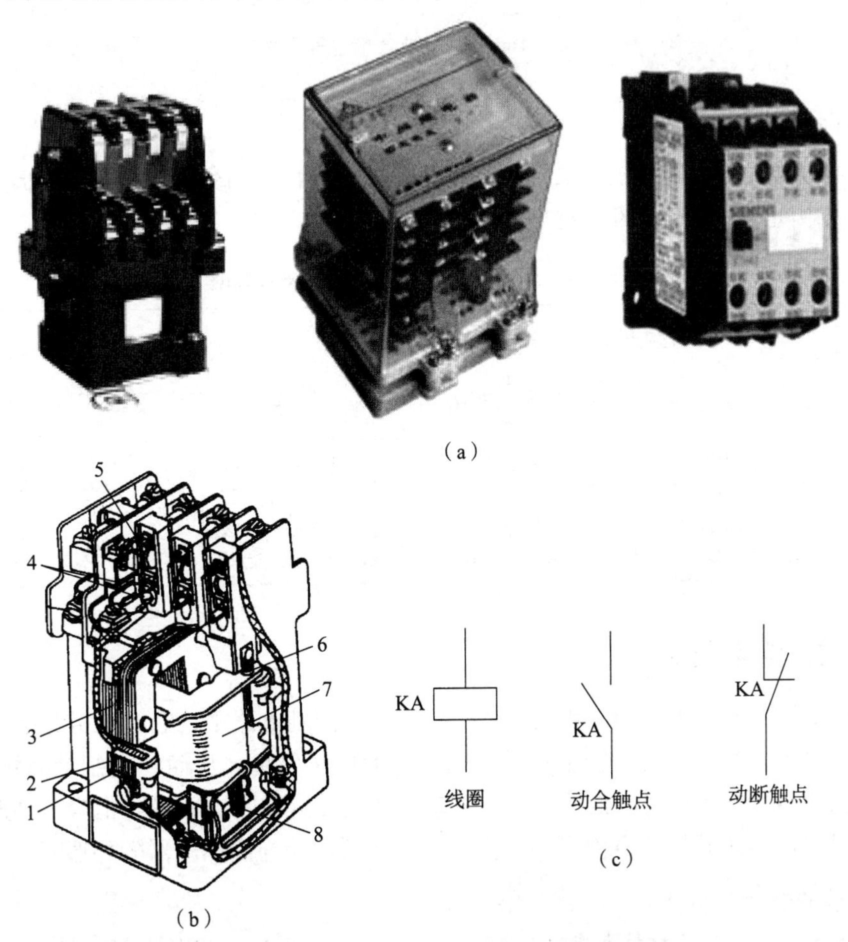

图 5－103　中间继电器外形、结构及图形符号

（a）外形；（b）结构；（c）图形符号

1—静铁芯；2—短路环；3—衔铁；4—动合触点；5—动断触点；6—反作用弹簧；7—线圈；8—缓冲弹簧。

中间继电器的结构和交流接触器基本一样，其外壳一般由塑料制成，为开启式。外壳上的相间隔板将各对触点隔开，以防止因飞弧而发生短路事故。触点一般有 8 动合、6 动合 2 动断、4 动合 4 动断三种组合形式。

2. 中间继电器的动作原理

中间继电器与交流接触器相似，动作原理也相同，当电磁线圈得电时，铁芯被吸合，触点动作，即动合触点闭合，动断触点断开；电磁线圈断电后，铁芯释放，触点复位。

3. 中间继电器的型号含义

中间继电器的型号含义如图 5－104 所示。

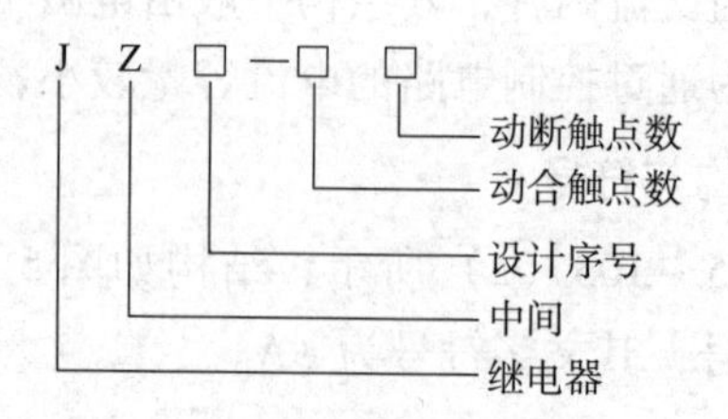

图 5－104　中间继电器型号含义

4. 中间继电器的选用

中间继电器主要依据被控制电路的电压等级、所需触点的数量、种类、容量等要求来选择。常用中间继电器的技术数据见表 5－16。

表 5－16　JZ7 系列中间继电器的技术数据

<table>
<tr><th rowspan="2">型号</th><th colspan="2">触点额定电压/V</th><th rowspan="2">触点额定电流/A</th><th colspan="2">触点数量</th><th rowspan="2">操作频率/(次·h^{-1})</th><th colspan="2">吸引线圈电压/V</th><th colspan="2" rowspan="2">吸引线圈消耗功率/(V·A)</th></tr>
<tr><th>直流</th><th>交流</th><th>常开</th><th>常闭</th><th>50 Hz</th><th>60 Hz</th></tr>
<tr><td>JZ7—44</td><td>440</td><td>500</td><td>5</td><td>4</td><td>4</td><td>1 200</td><td rowspan="3">12、24、36、48、110、127、220、380、420、440、500</td><td rowspan="3">12、36、110、127、220、380、440</td><td>75</td><td>12</td></tr>
<tr><td>JZ7—62</td><td>440</td><td>500</td><td>5</td><td>6</td><td>2</td><td>1 200</td><td>75</td><td>12</td></tr>
<tr><td>JZ7—80</td><td>440</td><td>500</td><td>5</td><td>8</td><td>0</td><td>1 200</td><td>75</td><td>12</td></tr>
</table>

二、速度继电器

速度继电器主要用于三相异步电动机反接制动的控制电路中，它的任务是当三相电源的相序改变以后，产生与实际转子转动方向相反的旋转磁场，从而产生制动力矩。因此，使电动机在制动状态下迅速降低速度。在电动机转速接近零时立即发出信号，切断电源使之停车（否则电动机开始反方向启动），图 5－105 所示为速度继电器的外形。

1. 速度继电器的结构

JY1 型速度继电器的结构如图 5－106（a）所示，它主要由定子、转子、可动支架、触点及端盖组成。转子由永久磁铁制成，固定在转轴上；定子由硅钢片叠成并装有笼型短路绕组，能做小范围偏转；触点有两组，一组在转子正转时动作，另一组在反转时动作。

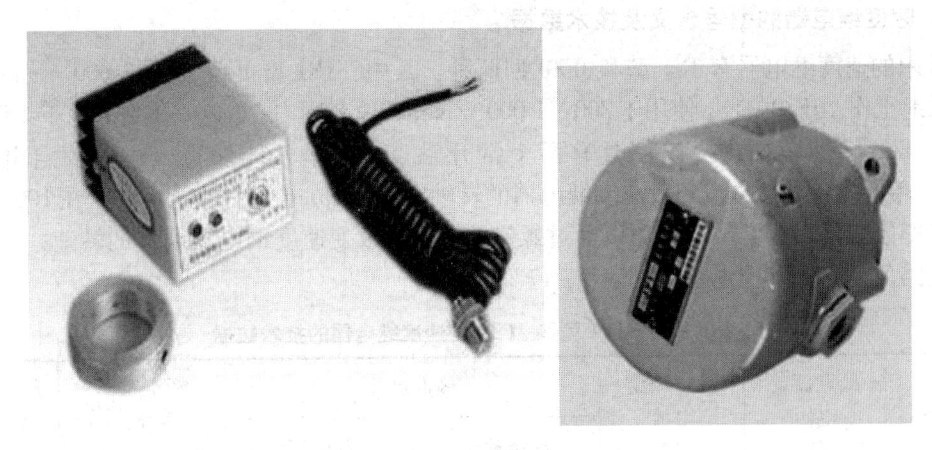

图 5－105 速度继电器外形

2. 速度继电器的工作原理

JY1 型速度继电器的原理如图 5－106（b）所示。使用时，速度继电器的转轴 6 与电动机的转轴连接在一起。当电动机旋转时，速度继电器的转子 7 随之旋转，在空间产生旋转磁场，旋转磁场在定子绕组 9 上产生感应电动势及感应电流，感应电流又与旋转磁场相互作用而产生电磁转矩，使得定子 8 以及与之相连的胶木摆杆偏转。当定子偏转到一定角度时，胶木摆杆推动簧片 11，使继电器触点动作；当转子转速减小到接近零时，由于定子的电磁转矩减小，胶木摆杆恢复原状态，触点也随即复位。

速度继电器在电路图中的符号如图 5－106（c）所示。

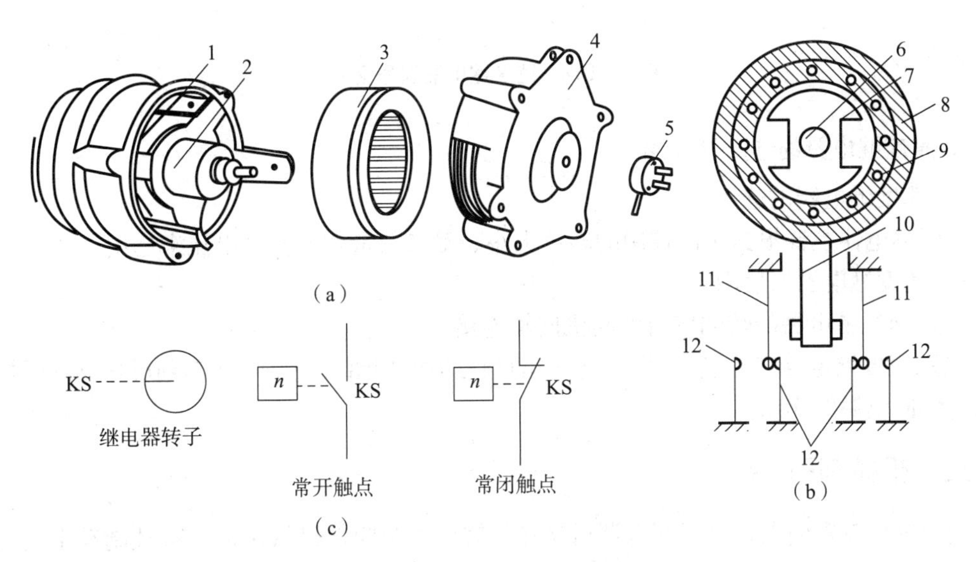

图 5－106 JY1 型速度继电器

（a）结构；（b）原理；（c）符号

1—可动支架；2，7—转子；3，8—定子；4—端盖；5—连接头；6—转轴；9—定子绕组；10—胶木摆杆；11—簧片（动触点）；12—静触点。

3. 速度继电器的型号含义及技术数据

常用的速度继电器有 JY1 型和 JFZ0 型两种。其中，JY1 型可在 700 ~ 3 600 r/min 范围内可靠地工作；JFZ0—1 型使用于 300 ~ 1 000 r/min 转速范围内；JFZ0—2 型适用于 1 000 ~ 3 600 r/min 转速范围内。它们具有两个常开触点、两个常闭触点，触点额定电压为 380 V，额定电流为 2 A。一般速度继电器的转轴在 130 r/min 左右即能动作，在 100 r/min 时触点即能恢复到正常位置。可以通过螺钉的调节来改变速度继电器动作的转速，以适应控制电路的要求。其技术数据见表 5 – 17。

表 5 – 17　JY1 型和 JFZ0 型速度继电器的技术数据

型号	触点额定电压/V	触点额定电流/A	触点对数		额定工作转速/($r \cdot min^{-1}$)	允许操作频率/(次·h^{-1})
			正转动作	反转动作		
JY1			1 组转换触点	1 组转换触点	100 ~ 3 000	
JFZ0—1	380	2	1 常开、1 常闭	1 常开、1 常闭	300 ~ 1 000	<30
JFZ0—2			1 常开、1 常闭	1 常开、1 常闭	1 000 ~ 3 000	

JFZ0 型速度继电器型号含义如图 5 – 107 所示。

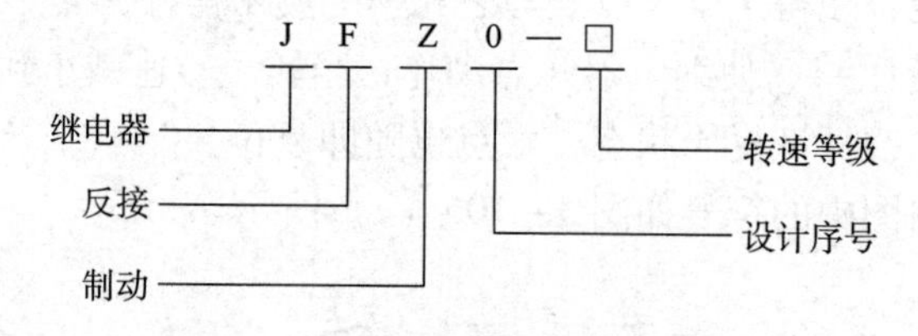

图 5 – 107　速度继电器型号含义

4. 速度继电器的选择与使用

1）速度继电器的选择

速度继电器主要根据所需控制的转速大小、触点数量和电压、电流来选用。

2）速度继电器的使用

（1）速度继电器的转轴应与电动机同轴连接。

（2）速度继电器安装接线时，正反向的触点不能接错，否则不能起到反接制动时接通和断开反向电源的作用。

三、机械制动

利用机械装置使电动机断开电源后迅速停转的方法叫作机械制动。机械制动常用的方法有电磁抱闸制动器制动和电磁离合器制动两种。两者的制动原理类似，控制电路也基本相同。

1. 电磁抱闸制动器

图 5 – 108 所示为常用的交流制动电磁铁与闸瓦制动器的外形，它们配合使用共同组

成电磁抱闸制动器，其结构和符号如图 5－109 所示。

图 5－108　制动电磁铁与闸瓦制动器外形

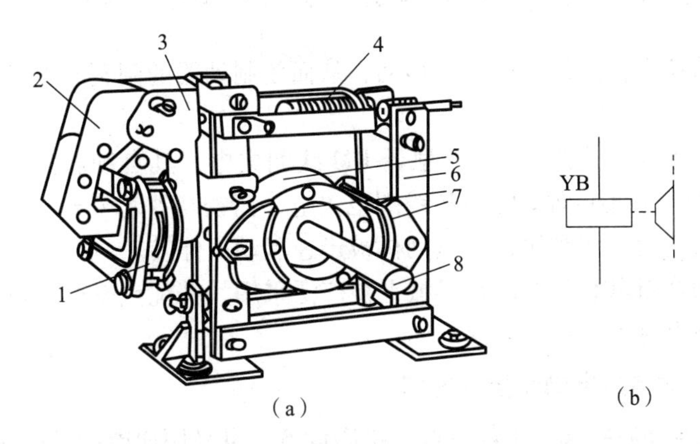

图 5－109　电磁抱闸制动器结构及符号

（a）结构；（b）符号

1—线圈；2—衔铁；3—铁芯；4—弹簧；5—闸轮；6—杠杆；7—闸瓦；8—转轴。

制动电磁铁由铁芯、衔铁和线圈三部分组成。闸瓦制动器包括闸轮、闸瓦、杠杆和弹簧等部分，闸轮与电动机装在同一根转轴上。电磁抱闸制动器分为断电制动型和通电制动型两种。

2. 电磁抱闸制动器断电制动控制电路

电磁抱闸制动器断电制动型的工作原理是：当制动电磁铁的线圈得电时，制动器的闸瓦与闸轮分开，无制动作用；当线圈失电时，制动器的闸瓦紧紧抱住闸轮制动。

电磁抱闸制动器断电制动控制电路如图 5－110 所示。电路工作原理如下。

启动运转：先合上电源开关 QS；按下启动按钮 SB1，接触器 KM 线圈得电，其自锁触点和主触点闭合，电动机 M 接通电源，同时电磁抱闸制动器 YB 线圈得电，衔铁与铁芯吸

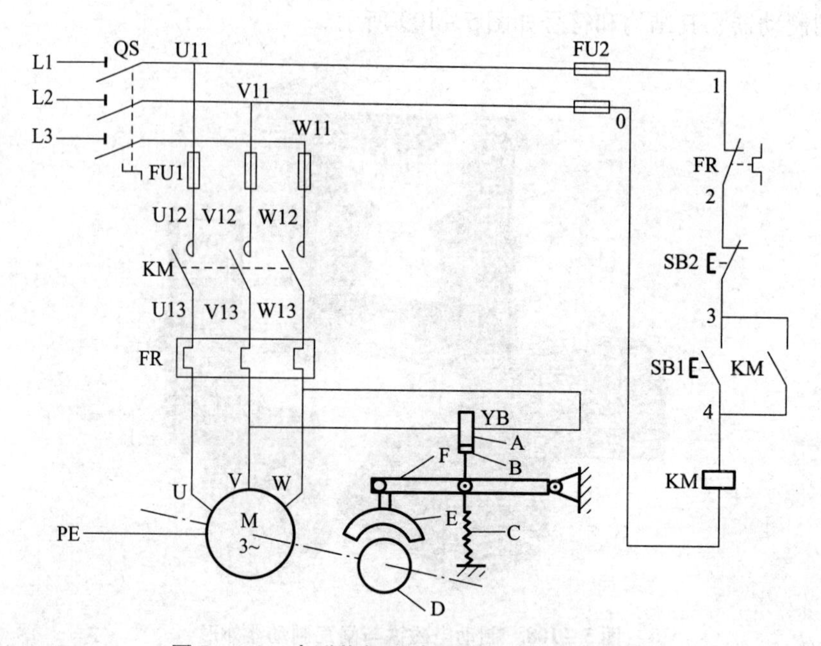

图 5-110　电磁抱闸制动器断电制动控制电路

A—线圈；B—衔铁；C—弹簧；D—闸轮；E—闸瓦；F—杠杆。

合，衔铁克服弹簧拉力，迫使杠杆向上移动，从而使制动器的闸瓦与闸轮分开，电动机正常运转。

制动停转：按下停止按钮 SB2，接触器 KM 线圈失电，其自锁触点和主触点分断，电动机 M 失电，同时电磁抱闸制动器 YB 线圈也失电，衔铁与铁芯分开，在弹簧拉力的作用下，制动器的闸瓦紧紧抱住闸轮，使电动机被迅速制动而停转。

电磁抱闸制动器断电制动在起重机械上被广泛采用。其优点是能够准确定位，同时可防止电动机突然断电时重物自行坠落。

3. 电磁抱闸制动器通电制动控制电路

对要求电动机制动后能调整工件位置的机床设备，可采用通电制动控制电路，如图 5-111 所示。这种通电制动与上述断电制动方法稍有不同。当电动机得电运转时，电磁抱闸制动器线圈断电，闸瓦与闸轮分开，无制动作用；当电动机失电需停转时，电磁抱闸制动器的线圈得电，使闸瓦紧紧抱住闸轮制动；当电动机处于停转常态时，线圈也无电，闸瓦与闸轮分开，这样操作人员可以用手扳动主轴进行调整工件、对刀等操作。

四、电力制动

使电动机在切断电源停转的过程中，产生一个和电动机实际旋转方向相反的电磁力矩（制动力矩），迫使电动机迅速制动停转的方法叫作电力制动。电力制动常用的方法有反接制动、能耗制动和再生发电制动等。

1. 能耗制动

1）能耗制动原理

在图 5-112（a）所示电路中，断开电源开关 QS1，切断电动机的交流电源后，这时

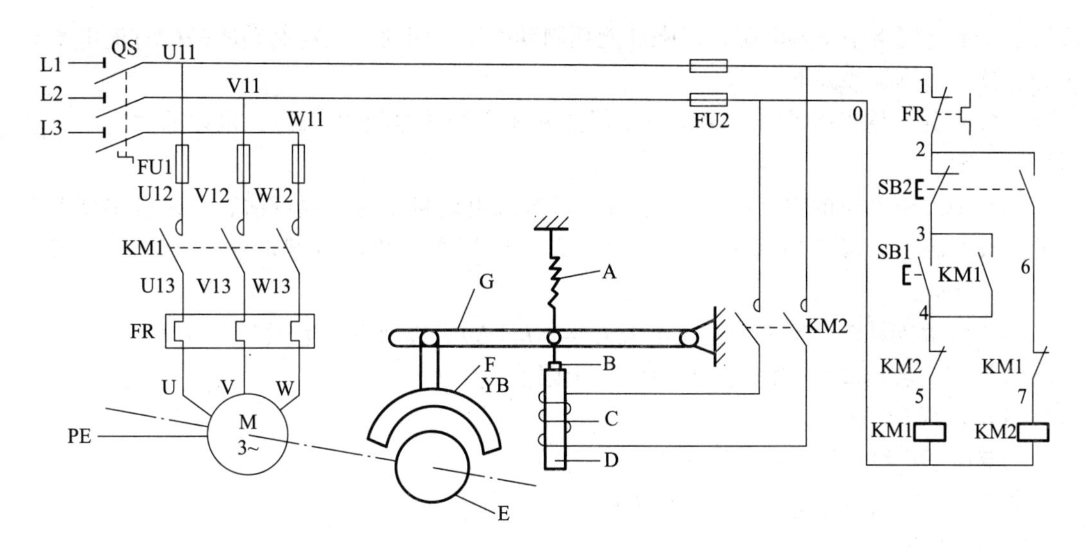

图 5-111 电磁抱闸制动器通电制动控制电路

A—弹簧；B—衔铁；C—线圈；D—铁芯；E—闸轮；F—闸瓦；G—杠杆。

转子仍沿原方向惯性运转；随后立即合上开关 QS2，并将 QS1 向下合闸，电动机 V、W 两相定子绕组通入直流电，使定子中产生一个恒定的静止磁场，这样做惯性运转的转子因切割磁感线而在转子绕组中产生感应电流，其方向用右手定则判断，如图 5-112（b）所示。转子绕组中一旦产生了感应电流，又立即受到静止磁场的作用，就会产生电磁转矩，用左手定则判断可知，此转矩的方向正好与电动机的转向相反，使电动机受到制动迅速停转。

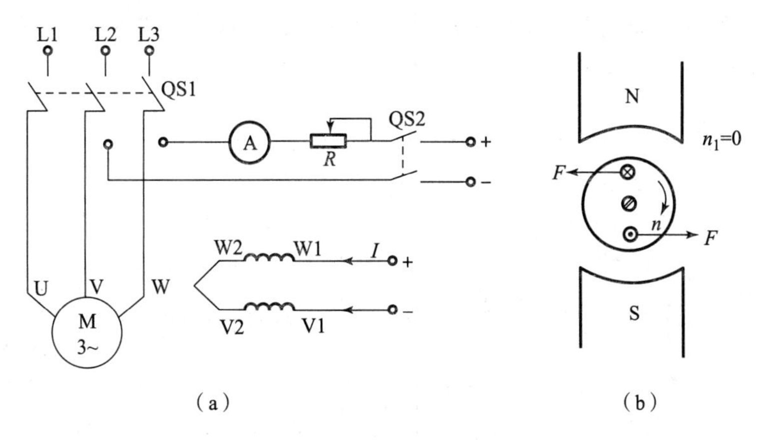

图 5-112 能耗制动原理

由以上分析可知，这种制动方法是在电动机切断交流电源后，通过立即在定子绕组的任意两相中通入直流电，以消耗转子惯性运转的动能来进行制动的，所以称为能耗制动。

2）制动直流电源

能耗制动时产生的制动力矩大小与通入定子绕组的直流电流大小、电动机转速的高低以及转子电路中的电阻有关。电流越大产生的磁场就越强，而转速越高，转子切割磁场的速度就越大，产生的制动力矩也就越大。对于笼型异步电动机，增大制动力矩只能通过增大通入电动机的直流电流来实现，而通入的直流电流又不能太大，过大会烧坏电动机定子绕组。在定子绕组中串入电阻，以限制能耗制动电流。因此，能耗制动所需的直流电源要进行计算。计算步骤如下：

（1）首先测量出电动机三相绕组中任意两相之间的电阻 R（Ω），也可通过查阅电动机手册得知。

（2）测量电动机的空载电流 I_0（A）。可查阅电动机手册，也可估算，一般小型电动机的空载电流约为额定电流的 30% ~70%，大中型电动机的空载电流约为额定电流的 20% ~40%。

（3）计算能耗制动所需的直流电流 $I_L = KI_0$（A），以及直流电压 $U_L = I_LR$（V）。K 一般取 3.5 ~4，转速高、惯性大的电动机取上限值 4。

（4）选择变压器。

①变压器次级电压 $U_2 = U_L/0.9$（V）。

②变压器次级电流 $I_2 = I_L/0.9$（A）。

③变压器容量 $S = U_2I_2$（V·A）。

不频繁制动可取 $S = (1/3 \sim 1/4)$（V·A）。

（5）选择整流二极管。二极管选择一般考虑流过二极管的平均电流 I_F 和二极管承受的最大反向电压 U_{RM}。

$$I_F = 0.5I_L, U_{RM} = 1.57U_L$$

（6）选择可调电阻，阻值取 2 Ω，功率 $P = I_L^2R$（W）。

3）单向启动能耗制动自动控制电路

无变压器单相半波整流单向启动能耗制动自动控制电路如图 5 -113 所示，电路采用单相半波整流器作为直流电源，所用附加设备较少，电路简单，成本低，常用于 10 kW 以下小容量电动机，且对制动要求不高的场合。

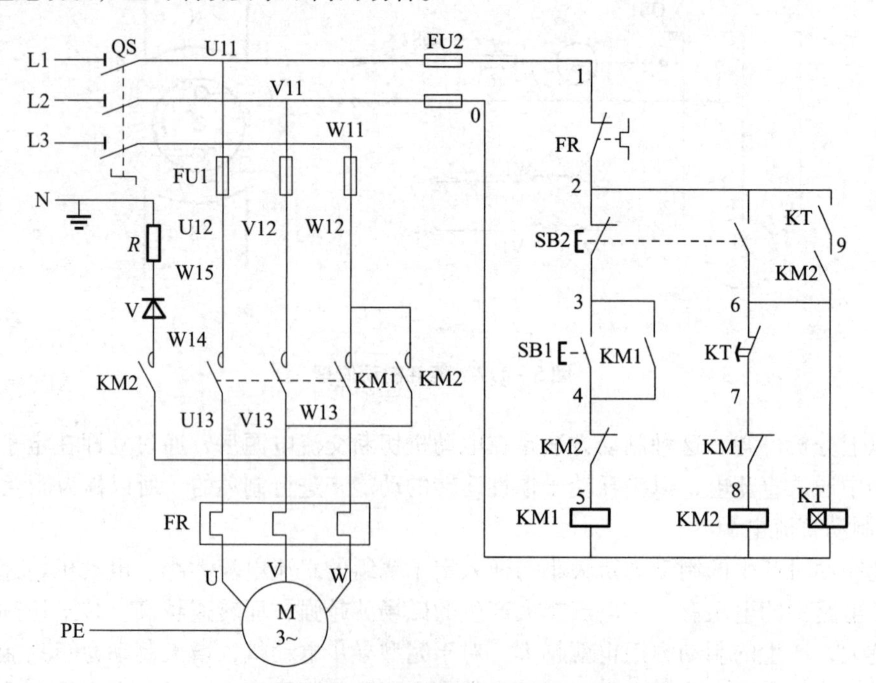

图 5 -113　无变压器单相半波整流单向启动能耗制动自动控制电路

线路的工作原理如下。

先合上电源开关QS。

单向启动运转：

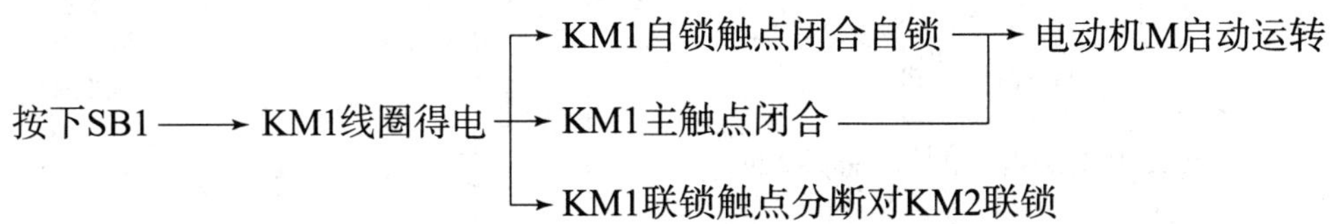

能耗制动停转：

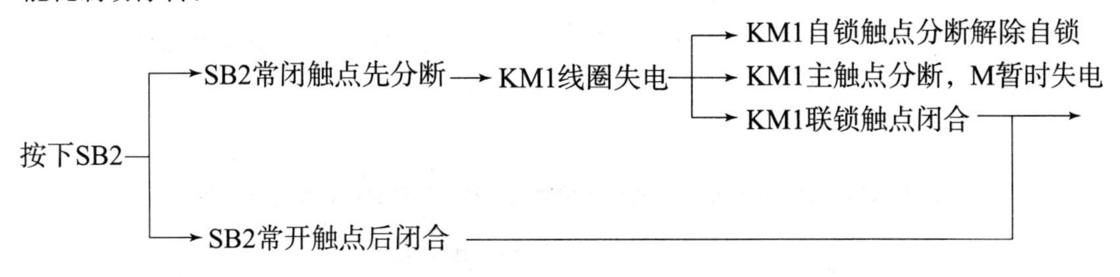

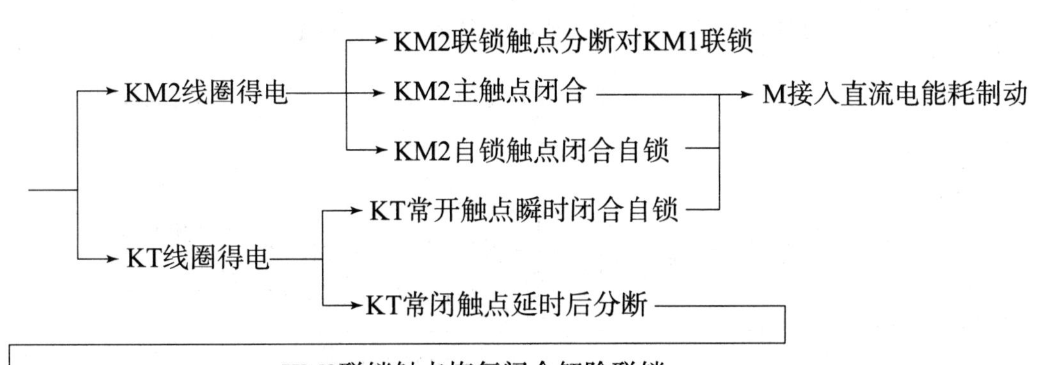

图5－113中KT瞬时闭合常开触点的作用是：当KT出现线圈断线或机械卡住等故障时，按下SB2后能使电动机制动后脱离直流电源。

4）有变压器单相桥式整流单向启动能耗制动自动控制电路

对于10 kW以上容量的电动机，多采用有变压器单相桥式整流单向启动能耗制动自动控制电路，如图5－114所示。其中直流电源由单相桥式整流器VC供给，TC是整流变压器，电阻R用来调节直流电流，从而调节制动强度，整流变压器一次侧与整流器的直流侧同时进行切换，有利于提高触点的使用寿命。

原理分析：

首先合上电源开关QS。

启动：

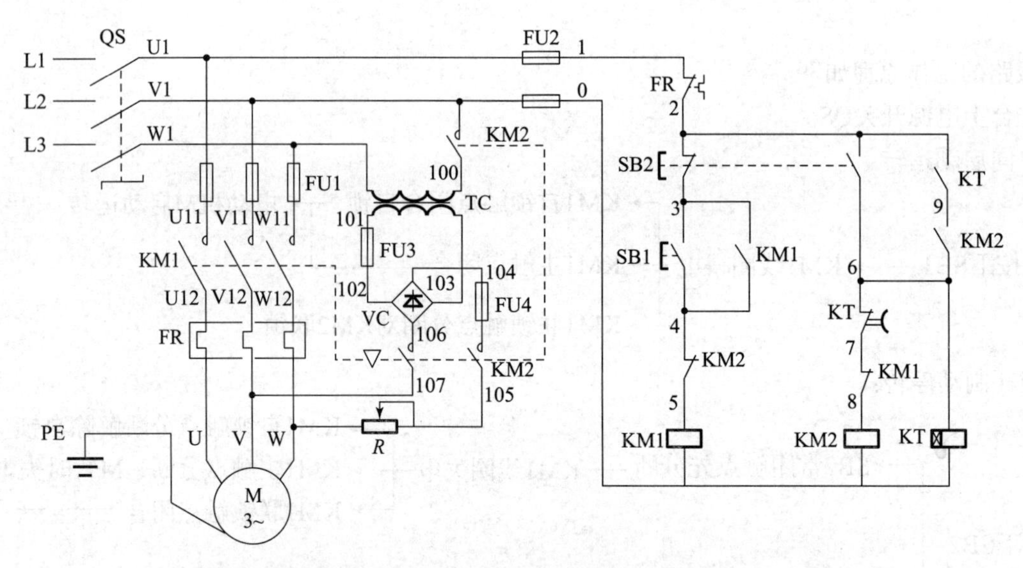

图 5－114　有变压器单相桥式整流单向启动能耗制动自动控制电路原理

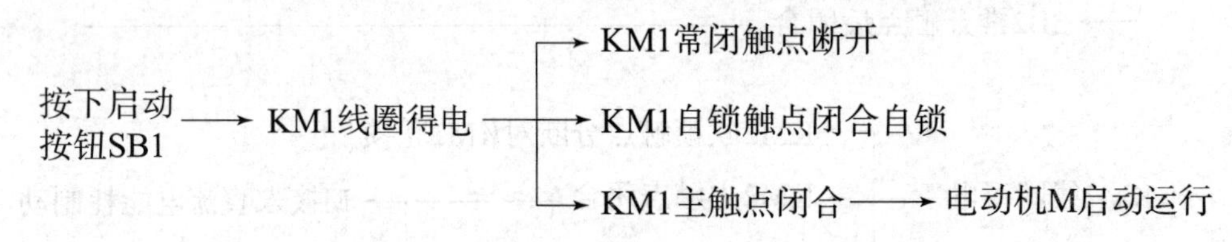

停止制动：

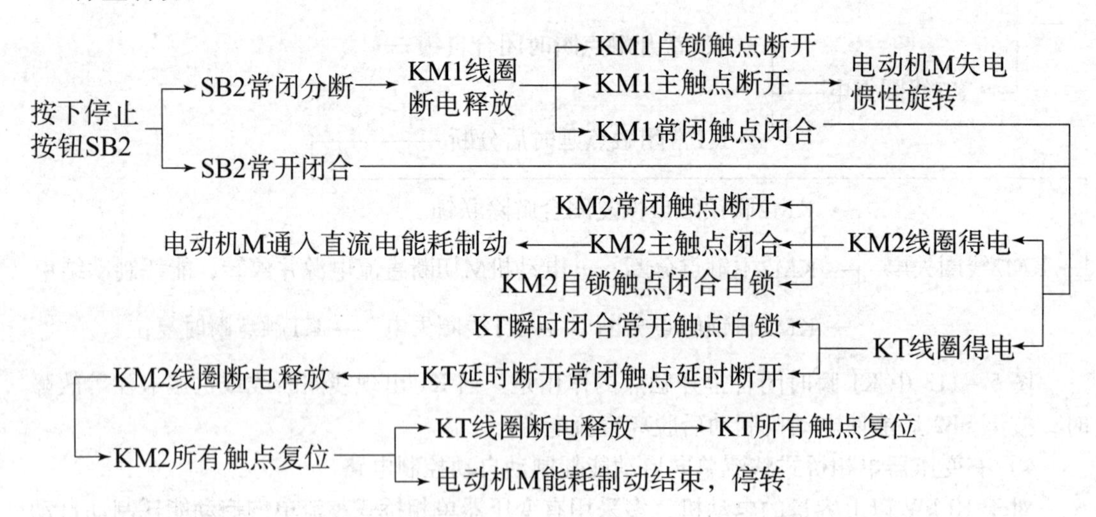

2. 反接制动

1）反接制动原理

在图 5－115（a）所示电路中，当 QS 向上投合时，电动机定子绕组电源电压相序为 L1－L2－L3，电动机将沿旋转磁场方向（图 5－115（b）中顺时针方向），以 $n < n_1$（同步转速）的转速正常运转。

当电动机需要停转时，拉下开关 QS，使电动机先脱离电源（此时转子由于惯性仍按原方向旋转）。随后，将开关 QS 迅速向下投合，由于 L1、L2 两相电源线对调，电动机定子绕组电源电压相序变为 L2 - L1 - L3，旋转磁场反转（图 5 - 115（b）中的逆时针方向），此时转子将以 n_1+n 的相对转速沿原转动方向切割旋转磁场，在转子绕组中产生感应电流，用右手定则判断出其方向如图 5 - 115（b）所示。而转子绕组一旦产生电流，又受到旋转磁场的作用，就产生电磁转矩，其方向可用左手定则判断出来，如图 5 - 115（b）所示。可见，此转矩方向与电动机的转动方向相反，使电动机受到制动迅速停转。

可见，反接制动是依靠改变电动机定子绕组的电源相序来产生制动力矩，迫使电动机迅速停转的。

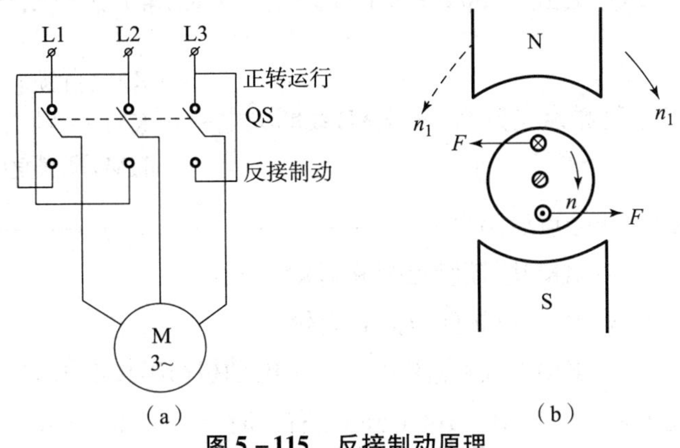

图 5 - 115　反接制动原理

各种机械设备上，当电动机转速接近零值时，应立即切断电动机电源，否则电动机将反转。为此，在反接制动设施中，为保证电动机的转速被制动到接近零值时，能迅速切断电源，防止反向启动，常利用速度继电器来自动地及时切断电源。

2）单向启动反接制动控制电路

图 5 - 116 所示为单向启动反接制动控制电路，此电路的主电路和正反转控制电路的主电路相同，只是在反接制动时增加了三个限流电阻 R。电路中 KM1 为正转运行接触器，KM2 为反接制动接触器，KS 为速度继电器，其转轴与电动机转轴相连。

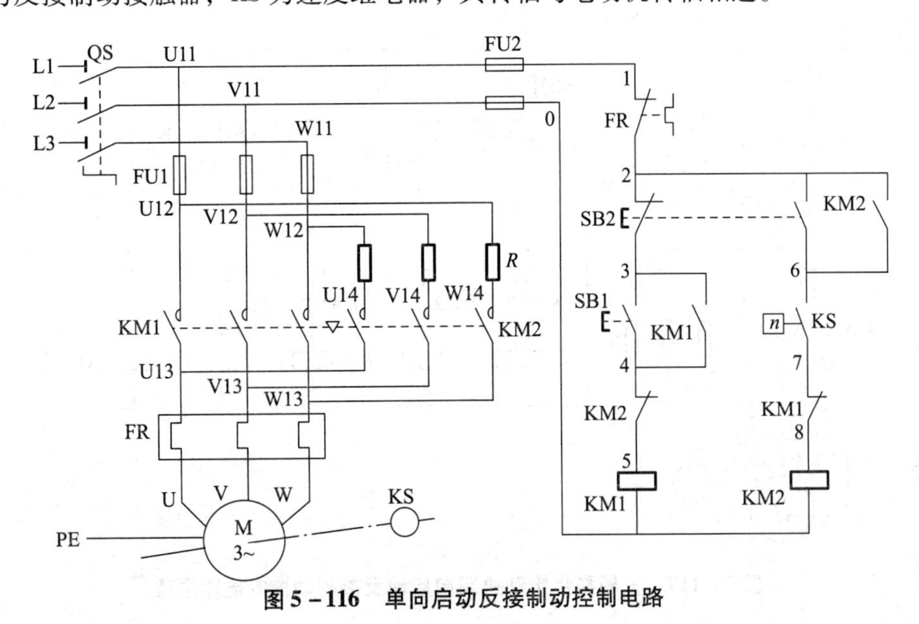

图 5 - 116　单向启动反接制动控制电路

电路的工作原理如下：

先合上电源开关QS。

单向启动：

按下SB1 → KM1线圈得电 → KM1自锁触点闭合自锁 → 电动机M启动运转 →
KM1线圈得电 → KM1主触点闭合 → 电动机M启动运转
KM1线圈得电 → KM1联锁触点分断对KM2联锁

→ 至电动机转速上升到一定值（150 r/min左右）时 → KS常开触点闭合为制动做准备

反接制动：

按下SB2 → SB2常闭触点先分断 → KM1线圈失电 → KM1自锁触点分断解除自锁
KM1线圈失电 → KM1主触点分断，M暂失电
KM1线圈失电 → KM1联锁触点闭合 →
按下SB2 → SB2常开触点后闭合 →

→ KM2线圈得电 → KM2联锁触点分断对KM1联锁
KM2线圈得电 → KM2自锁触点闭合自锁
KM2线圈得电 → KM2主触点闭合 → 电动机M串接电阻R反接制动 →

→ 至电动机转速下降到一定值（100 r/min左右）时 → KS常开触点分断 →

→ KM2线圈失电 → KM2联锁触点闭合解除联锁
KM2线圈失电 → KM2自锁触点分断解除自锁
KM2线圈失电 → KM2主触点分断 → 电动机M脱离电源停转，反接制动结束

3）双向启动反接制动控制电路

双向启动反接制动控制电路如图 5－117 所示。电路工作原理如下。

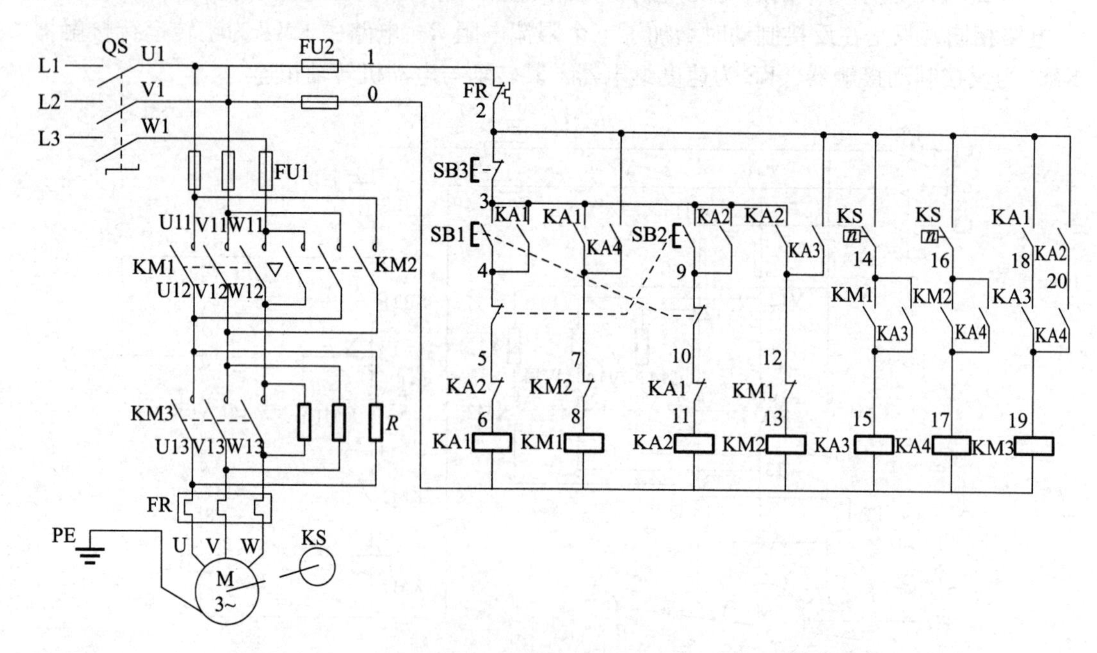

图 5－117　三相异步电动机双向启动反接制动控制电路原理

（1）正转。

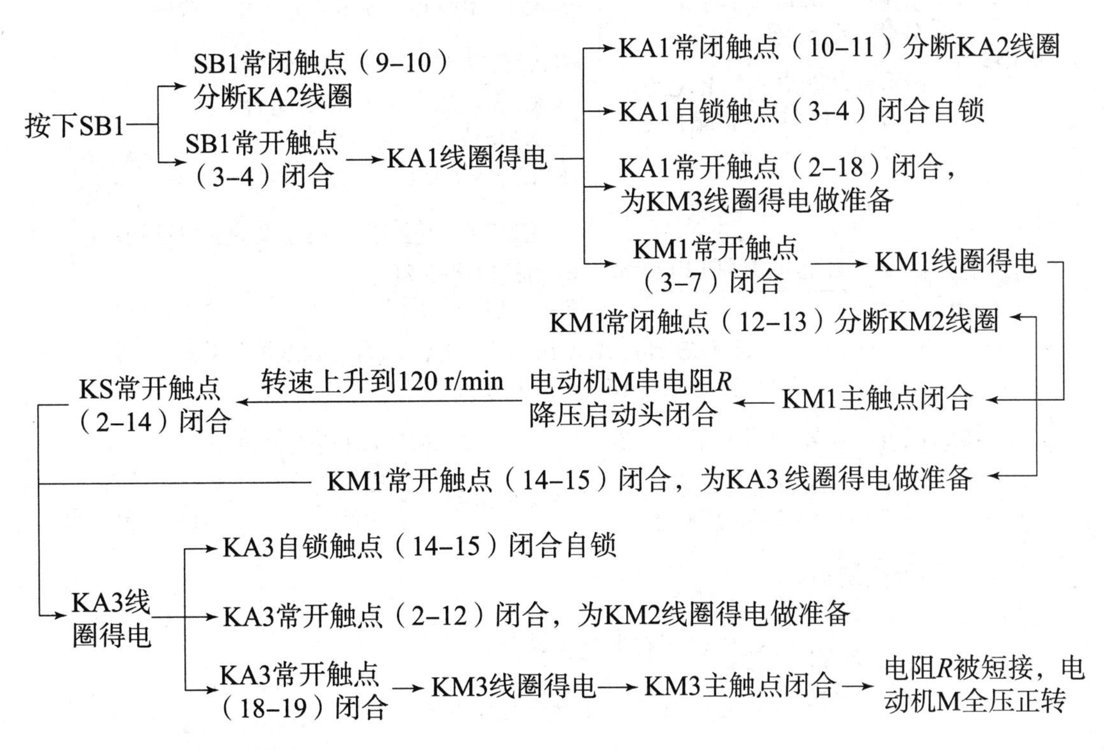

（2）正转停止制动。

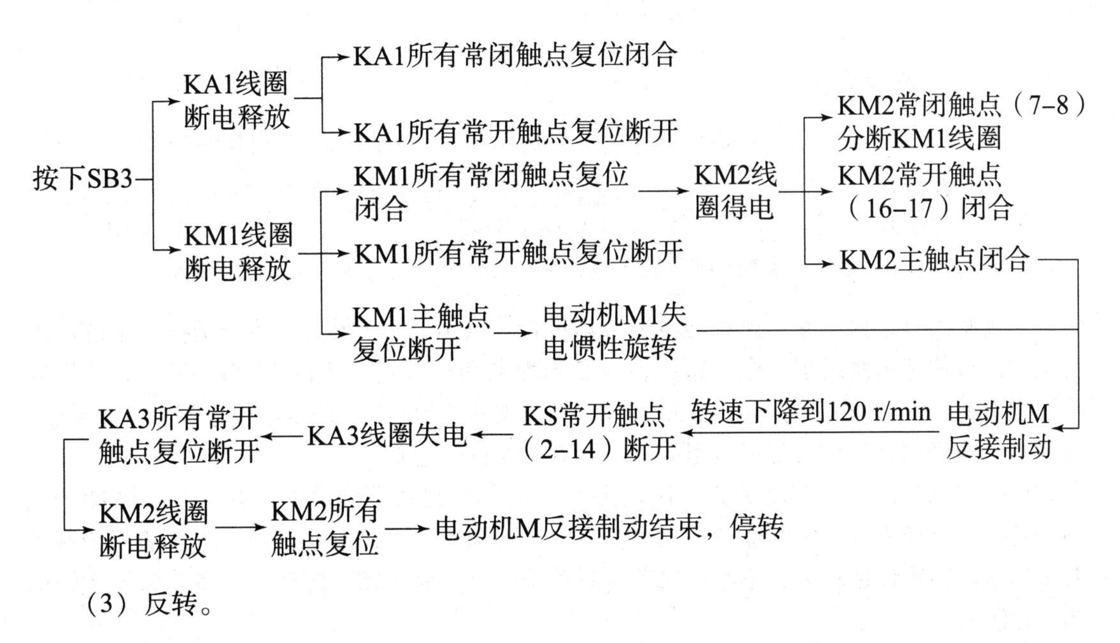

（3）反转。

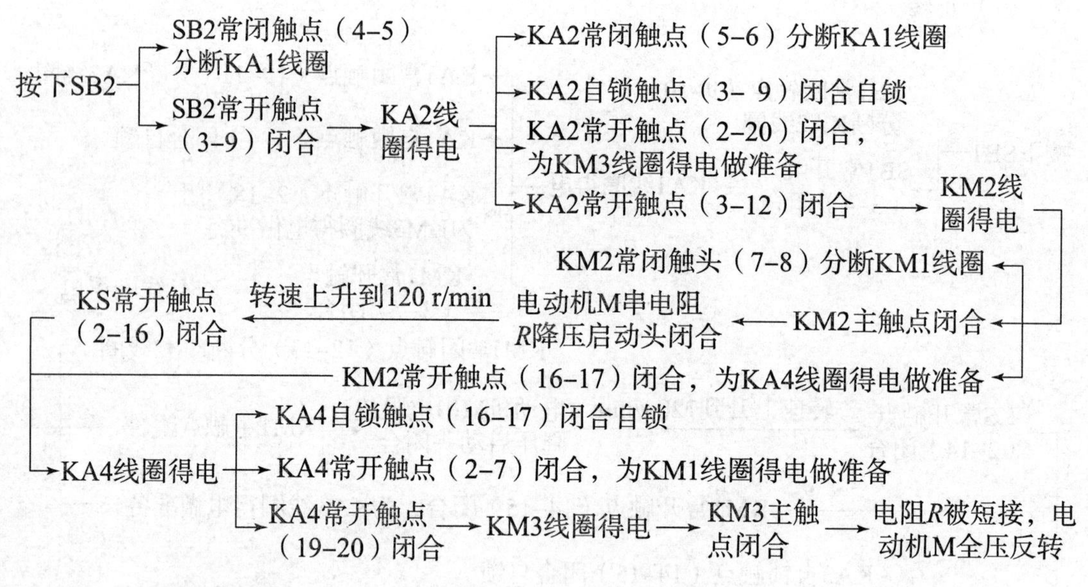

（4）反转停止制动。

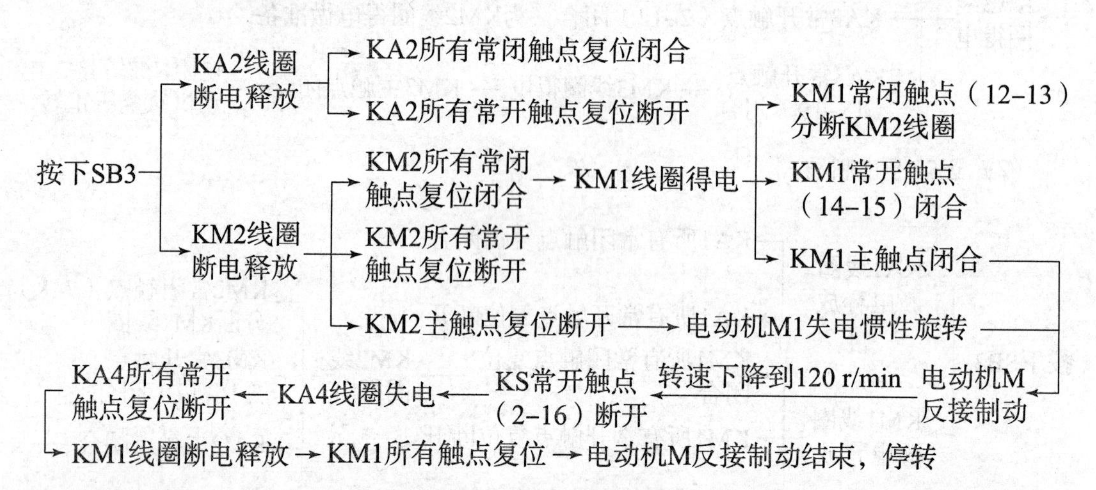

反接制动时，由于旋转磁场与转子的相对转速（n_1+n）很高，故转子绕组中感应电流很大，致使定子绕组中的电流很大，一般约为电动机额定电流的 10 倍。因此，反接制动适用于 10 kW 以下小容量电动机的制动，并且对 4.5 kW 以上的电动机进行反接制动时，需在定子绕组回路中串入限流电阻 R，以限制反接制动电流。

反接制动的优点是制动力强，制动迅速。缺点是制动准确性差，制动过程中冲击强烈，易损坏传动零件，制动能量消耗大，不宜经常制动。因此，反接制动一般适用于制动要求迅速、系统惯性较大、不经常启动与制动的场合，如铣床、镗床、中型车床等主轴的制动控制。

操作训练

训练项目　安装与调试三相异步电动机单向启动反接制动控制电路

一、工作准备

1. 工具、仪表与材料准备

（1）完成本任务所需工具与仪表为螺钉旋具、尖嘴钳、斜口钳、剥线钳、万用表等。
（2）完成本任务所需材料明细表如表 5－18 所示。

表 5－18　三相异步电动机单向启动反接制动控制电路电气元件明细表

序号	代号	名称	型号	规格	数量
1	M	三相交流异步电动机	YS6324	380 V，180 W，0.65 A，1 440 r/min	1
2	QF	自动空气开关	DZ47—63	380 V，25 A，整定 20 A	1
3	FU1	熔断器	RL1—60/25 A	500 V，60 A，配 25 A 熔体	3
4	FU2	熔断器	RT18—32	500 V，配 2 A 熔体	2
5	KM	交流接触器	CJX—22	线圈电压 220 V，20 A	2
6	SB	按钮	LA—18	5 A	2
7	FR	热继电器	JR16—20/3	三相，20 A，整定电流 1.55 A	1
8	KS	速度继电器	YJ1	380 V，2 A	1
9	XT	端子板	TB1510	600 V，15 A	1
10		控制板安装套件			1

2. 绘制电气元件布置图

根据原理图绘制电气元件布置图，如图 5－118 所示。实际工作中，速度继电器安装在电动机轴上，所以控制板上不安装速度继电器。

3. 绘制电路接线图

三相异步电动机单向启动反接制动控制电路接线图如图 5－119 所示。

二、实训过程

1. 检测电气元件

根据表 5－18 配齐用电气元件，其各项技术指标应符合规定要求，目测其外观无损坏，手动触点动作灵活，并用万用表进行质量检验，如不符合要求，则予以更换。

2. 安装电路

1）安装电气元件

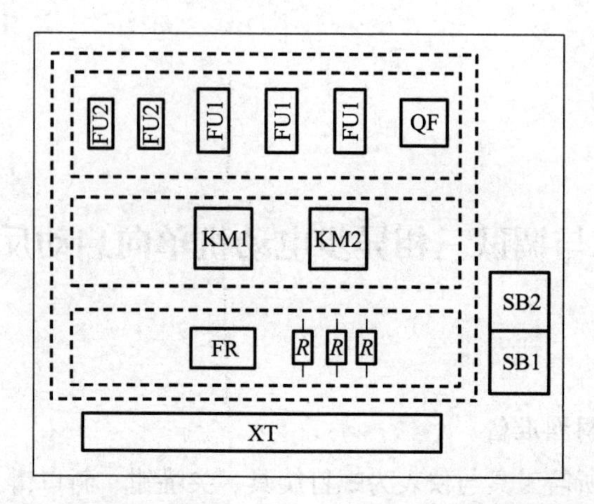

图 5－118　三相异步电动机单向启动反接制动控制电路电器元件布置

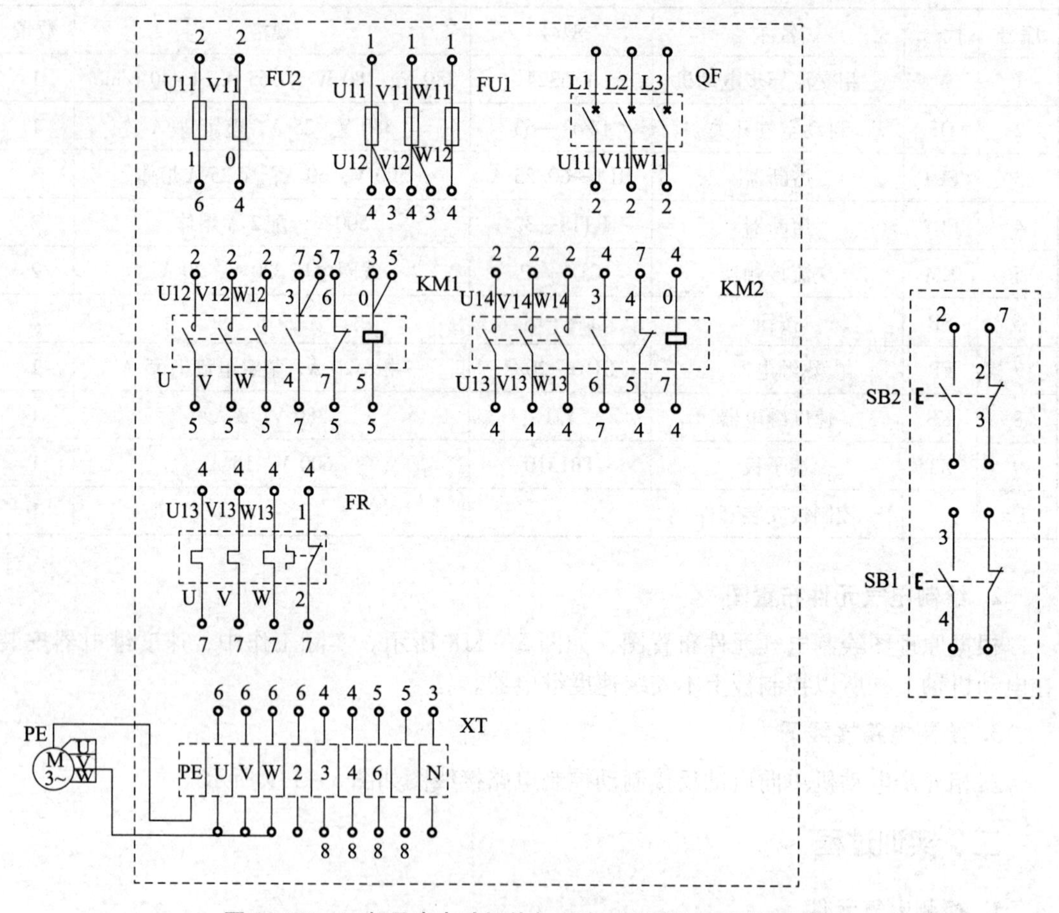

图 5－119　三相异步电动机单向启动反接制动控制电路接线

在控制板上按图 5－118 安装电气元件和走线槽，实物布置图如图 5－120 所示。

2）布线

布线完成的电路板如图 5－121 所示。

图 5－120　三相异步电动机单向启动反接制动控制电路实物布置

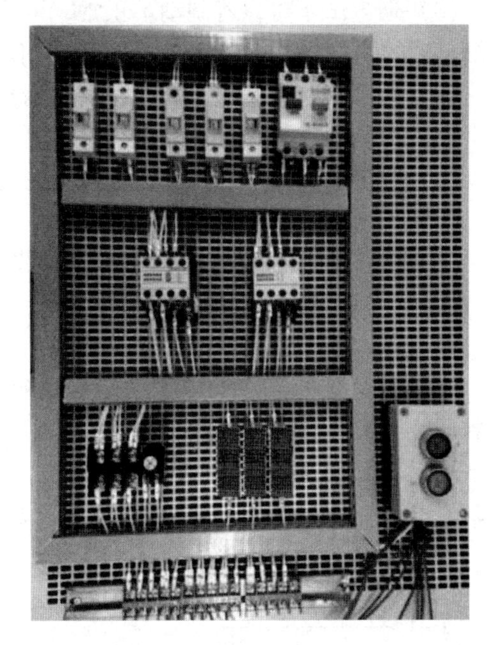

图 5－121　三相异步电动机单向启动反接制动控制电路电路板

3）安装电动机

4）通电前检测

（1）对照原理图、接线图检查，确保连接无遗漏。

（2）万用表检测：在确保电源切断情况下，分别测量主电路、控制电路通断是否正常。

①未压下 KM1、KM2 时测量 L1－U、L2－V、L3－W；压下 KM1 后再次测量 L1－U、L2－V、L3－W；压下 KM2 后再次测量 L1－W、L2－V、L3－U。

②未压下启动按钮 SB1 时，测量控制电路电源两端（U11－V11）。

③压下启动按钮 SB1 后，测量控制电路电源两端（U11－V11）。

3. 通电试车

※ 特别提示：

通电试车前要检查安全措施，试车时要遵守安全操作规程，出现故障时要停电检查。

4. 整理现场

整理现场工具及电气元件，清理现场，根据工作过程填写任务书，整理工作资料。

三、注意事项

（1）安装速度继电器前，要弄清楚其结构，辨明常开触点的接线端。

（2）安装时，采用速度继电器的连接头与电动机转轴直接连接的方法，并使两轴中心线重合。

(3) 通电试车时，若制动不正常，可检查速度继电器是否符合规定要求。若需调节速度继电器的调整螺钉，必须切断电源，以防止出现相对地短路事故。

(4) 速度继电器动作值和返回值的调整，应先由教师示范后，再由学生自己调整。

(5) 制动操作不宜过于频繁。

(6) 通电试车时，必须有指导教师在现场监护，同时做到安全文明生产。

思考与练习

1. 什么叫制动？制动的方法有哪些？

2. 试将图 5－113 由时间继电器控制的无变压器单相半波整流单向启动能耗制动自动控制电路图改成速度继电器控制。

3. 试分析图 5－122 所示两种单向启动反接制动控制电路在控制方法上有什么不同，并叙述图 5－122 (b) 所示电路的工作原理。

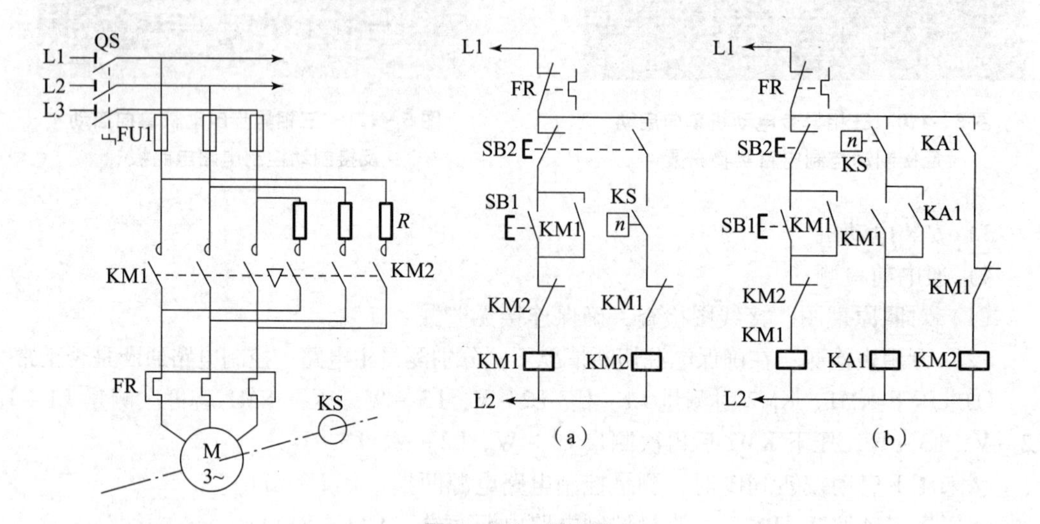

图 5－122　题 3 图

单元 6　多速异步电动机控制电路

任务描述

双速电动机（双速异步电动机）属于异步电动机变极调速，是通过改变定子绕组的联结方法达到改变定子旋转磁场极对数，从而改变电动机的转速。在正常运行状态下，双速电动机有低速和高速两种运行状态。在低速运行时，电动机定子绕组接成△接法；在高速运行时，电动机定子绕组接成 YY 接法。电动机由低速到高速之间可以直接进行切换，为了实现这种切换方式，可以采用按钮接触器控制电路，也可以采用时间继电器自动控制电路。

某车间需安装一台卧式镗床，外形结构示意图如图 5－123 所示。现在要为此镗床安装主运动的控制。为满足加工要求，主运动主轴由一台双速笼型异步电动机拖动，现为此双速电动机安装控制电路，要求双速电动机能够实现自动换速，要求设置短路、欠压、失压保护。电动机的型号为YD112M－4/2，额定电压为380 V、额定功率为3.3/4 kW、额定转速为1 420/2 860 r/min。完成上述主轴双速电动机控制电路的安装、调试，并进行简单故障排查。

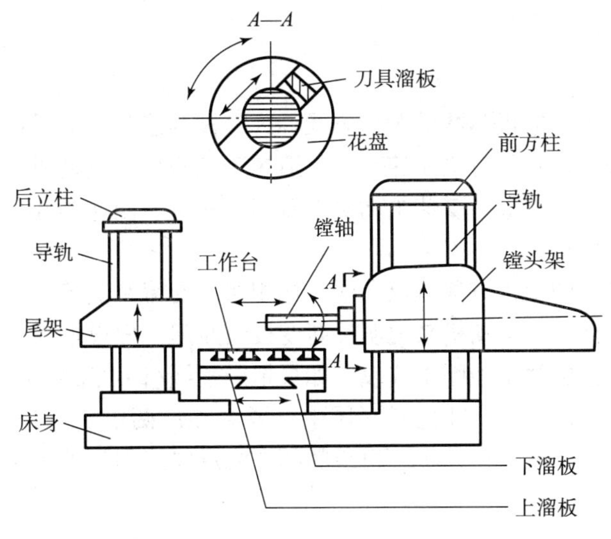

图5－123　卧式镗床外形

任务目标

(1) 认识双速异步电动机的变极调速方法，掌握双速异步电动机在高、低速时定子绕组的接线图。

(2) 正确识读按钮接触器控制和时间继电器控制的双速电动机控制电路原理图，会分析其工作原理。

(3) 能根据时间继电器控制的双速电动机控制电路原理图安装、调试电路。

相关知识

一、认识双速异步电动机

由电机学原理可知，异步电动机的转速为

$$n = (1 - s)n_1 = \frac{60f_1}{p}(S - 1)$$

式中 n_1 为电动机同步转速，s 为转差率，f_1 为定子供电频率，p 为电动机定子绕组极对数。由转速表达式可知，改变异步电动机转速可以通过三种方法来实现：一是改变电源频率 f_1；二是改变转差率 s；三是改变电动机极对数 p。

双速电动机属于异步电动机变极调速，它通过改变定子绕组的连接方法来改变定子旋转磁场的极对数，从而改变电动机的转速。根据公式 $n_1=60f_1/p$ 可知异步电动机的同步转速与极对数成反比，极对数增加一倍，同步转速 n_1 下降至原转速的一半，电动机额定转速 n 也将下降近似一半，所以改变极对数可以达到改变电动机转速的目的。

双速电动机主要用于要求随负载的性质逐级调速的各种传动机械，如机床、煤矿、石油天然气、石油化工和化学工业。此外，在纺织、冶金、城市煤气、交通、粮油加工、造纸、医药等部门也被广泛应用。

1. 变极调速原理

改变三相异步电动机的极对数的调速方式称为变极调速。变极调速是通过改变定子绕组的连接方式来实现的，它是有级调速，且只适用于笼型异步电动机。凡极对数可改变的电动机称为多速电动机，常见的多速电动机有双速、三速、四速等几种类型。下面介绍双速异步电动机的变极原理。

单绕组双速电动机的变极方法有反向法、换相法、变跨距法等。其中以反向法应用得最普遍。下面以 2/4 极双速电动机来说明反向变极的原理。假设电动机定子每相有两组线圈，每组线圈用一个集中绕组线圈来代表。如果把定子绕组 U 相的两组线圈 1U1 - 1U2 和 2U1 - 2U2 反向并联，如图 5 - 124 所示（图中只画 U 相的两组），则气隙中将形成两极磁场；若把两组线圈正向串联，使其中一组线圈的电流反向，则气隙中将形成四极磁场，如图 5 - 125 所示。

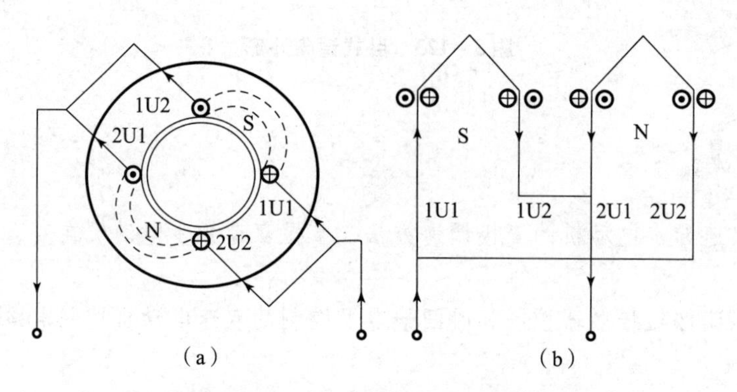

图 5 - 124　$p=1$ 时的一相绕组连接

（a）绕组分布简图；（b）绕组连接图

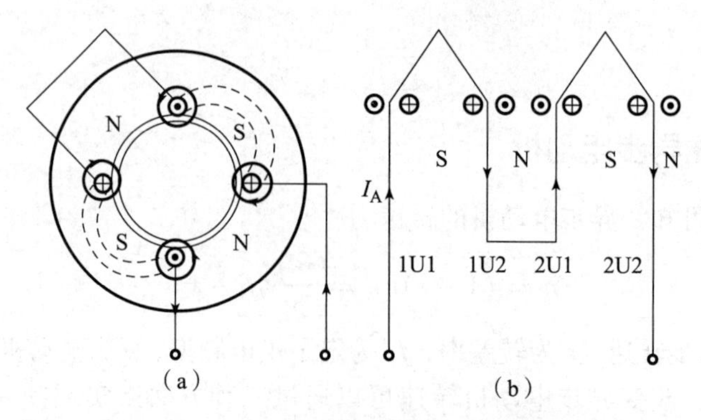

图 5 - 125　$p=2$ 时的一相绕组连接

（a）绕组分布简图；（b）绕组连接图

由此可见，欲使极对数增加一倍，只要改变定子绕组的接线方式，使其中一半绕组中的电流反向即可实现。

2. 双速异步电动机定子绕组的连接

双速电动机的定子绕组的连接方式常用的有两种：一种是绕组从 Y 改成 YY，如图 5－126（b）所示的连接方式转换成如图 5－126（c）所示的连接方式；另一种是从△改成 YY，如图 5－126（a）所示的连接方式转换成如图 5－126（c）所示的连接方式，这两种接法都能使电动机产生的极对数减少一半即电机的转速提高一倍。

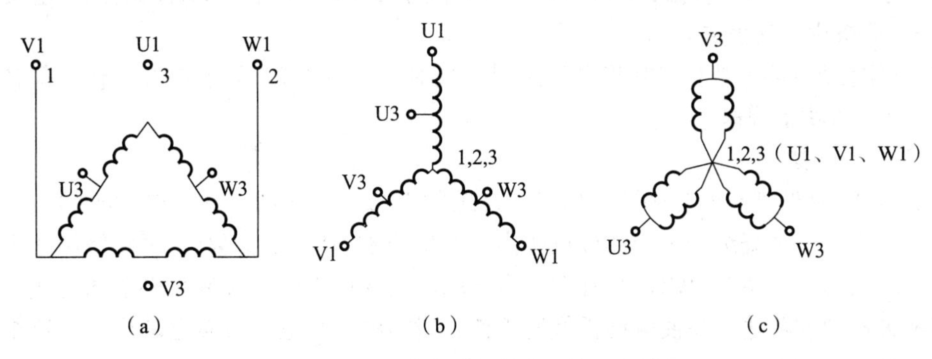

图 5－126　双速电动机的定子绕组的接线

1）△/YY 接法

图 5－127 为双速异步电动机三相定子绕组的△/YY 接线图，图中电动机的三相定子绕组接成三角形，三个绕组的三个连接点接出三个出线端 U1、V1、W1，每相绕组的中点各接出一个出线端 U2、V2、W2，共有六个出线端。改变这六个出线端与电源的连接方法就可得到两种不同的转速。要使电动机低速工作，只需将三相电源接至电动机定子绕组三角形连接顶点的出线端 U1、V1、W1 上，其余三个出线端 U2、V2、W2 空着不接，此时电动机定子绕组接成△，如图 5－127（a）所示，极数为 4 极，同步转速为 1 500 r/min。

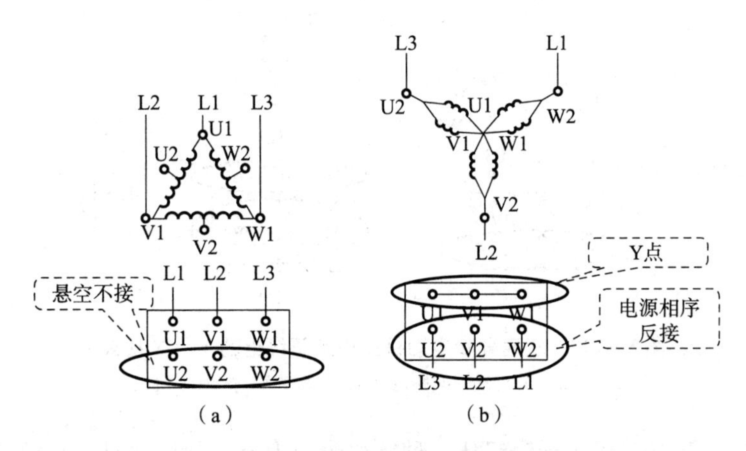

图 5－127　双速异步电动机三相定子绕组的△/YY 接线

（a）低速－△接法（4 极）；（b）高速－YY 接法（2 极）

若要电动机高速工作，把电动机定子绕组的三个出线端 U1、V1、W1 连接在一起，电源接到 U2、V2、W2 三个出线端上，这时电动机定子绕组接成 YY 联结，如图 5－127（b）所示。此时极数为2 极，同步转速为3 000 r/min。可见，双速电动机高速运转时的转速是低速运转转速的两倍。

注意：双速异步电动机定子绕组从一种接法改变为另一种接法时，必须把电源相序反接，以保证电动机的旋转方向不变。

△/YY 接法的主要特点：

（1）低速△接法：U1、V1、W1 端接电源，U2、V2、W2 开路，电动机为△接法，磁极多，转速低。高速 YY 接法：U1、V1、W1 端短接，U2、V2、W2 端接电源，电动机为 YY 接法，磁极少，转速高。

（2）当电动机转速从低速切换到高速时，极对数减少 1/2，转速提高 1 倍，但转矩减少 1/2，属于恒功率调速。

2）Y/YY 接法

图 5－128 为双速异步电动机三相定子绕组的 Y/YY 接线图，图中电动机的三相定子绕组接成星形，三个绕组的三个连接点接出三个出线端 U1、V1、W1，每相绕组的中点各接出一个出线端 U2、V2、W2，共有六个出线端。改变这六个出线端与电源的连接方法就可得到两种不同的转速。要使电动机低速工作，只需将三相电源接至电动机定子绕组星形联结顶点的出线端 U1、V1、W1 上，其余三个出线端 U2、V2、W2 空着不接，此时电动机定子绕组接成 Y，如图 5－128（a）所示，极数为 4 极。

若要电动机高速工作，把电动机定子绕组的三个出线端 U1、V1、W1 连接在一起，电源接到 U2、V2、W2 三个出线端上，这时电动机定子绕组接成 YY 联结，如图 5－128（b）所示。此时极数为 2 极。可见，双速电动机高速运转时的转速是低速运转转速的两倍。

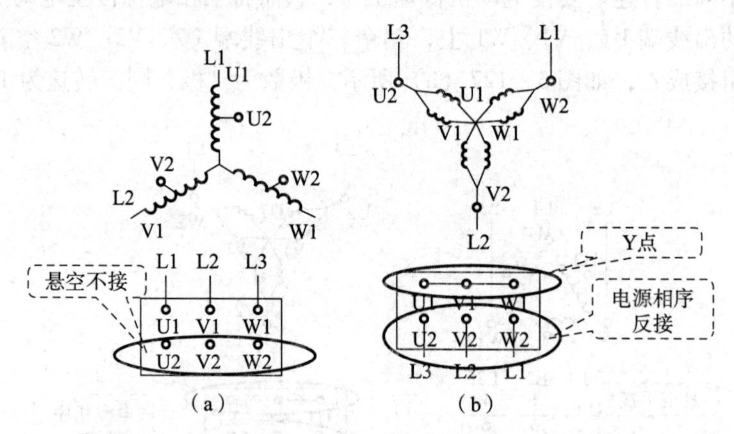

图 5－128 双速异步电动机三相定子绕组的 Y/YY 接线

（a）低速－Y 接法（4 极）；（b）高速－YY 接法（2 极）

注意：双速异步电动机定子绕组从一种接法改变为另一种接法时，必须把电源相序反接，以保证电动机的旋转方向不变。

Y/YY 接法的主要特点：

（1）低速 Y 接法：U1、V1、W1 端接电源，U2、V2、W2 开路，电动机为 Y 接法，磁极多，转速低。高速 YY 接法：U1、V1、W1 端短接，U2、V2、W2 端接电源，电动机为 YY 接法，磁极少，转速高。

（2）当电动机转速从低速切换到高速时，每相绕组由串联变为并联，极对数减少 1/2，转速提高 1 倍，高速时输出功率将比低速时增大 1 倍，属于恒转矩调速。

二、按钮接触器控制双速电动机控制电路

图 5－129 为按钮接触器控制双速电动机控制电路原理图。主电路中，当接触器 KM1 吸合，KM2、KM3 断开时，三相电源从接线端 U1、V1、W1 进入双速电动机 M 绕组中，双速电动机 M 绕组接成△接法低速运行；而当接触器 KM1 断开，KM2、KM3 吸合时，三相电源从接线端 U2、V2、W2 进入双速电动机 M 绕组中，双速电动机 M 绕组接成 YY 接法高速运行，即 SB1、KM1 控制双速电动机 M 低速运行，SB2、KM2、KM3 控制双速电动机 M 高速运行。

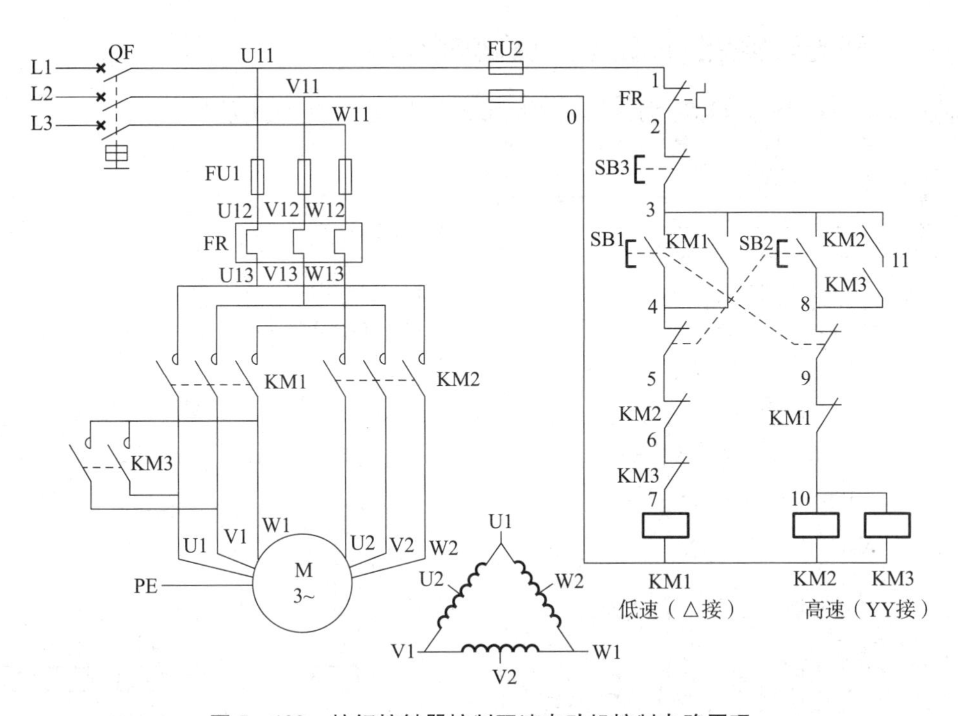

图 5－129　按钮接触器控制双速电动机控制电路原理

电路工作原理如下：

先合上电源开关 QF。

1. △形低速启动运转

按下SB1 → SB1常闭触点先分断，对KM2、KM3联锁
按下SB1 → SB1常开触点闭合 → KM1线圈得电 → KM1自锁触点闭合自锁 →
KM1线圈得电 → KM1主触点闭合 →
KM1线圈得电 → KM1联锁触点分断，对KM2、KM3联锁

→ 电动机接成△形低速启动运转

2. YY 形高速启动运转

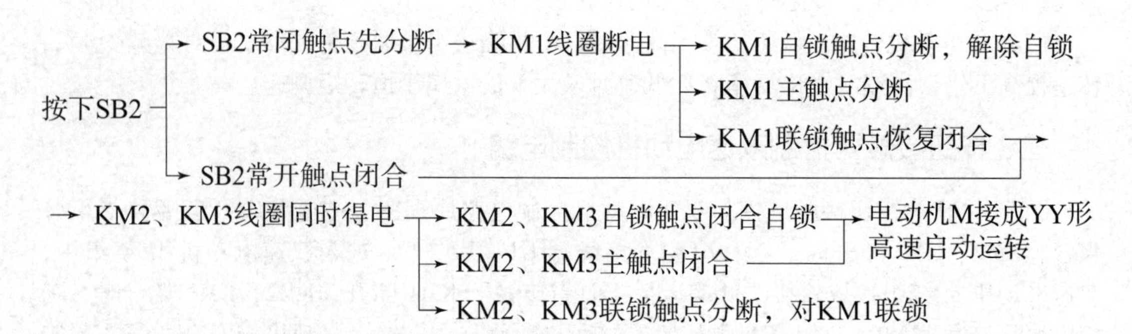

3. 停止

停车时，按下停止按钮 SB3 即可实现。

三、时间继电器控制的双速电动机控制电路

时间继电器控制的双速电动机控制电路原理图如图 5－130 所示。

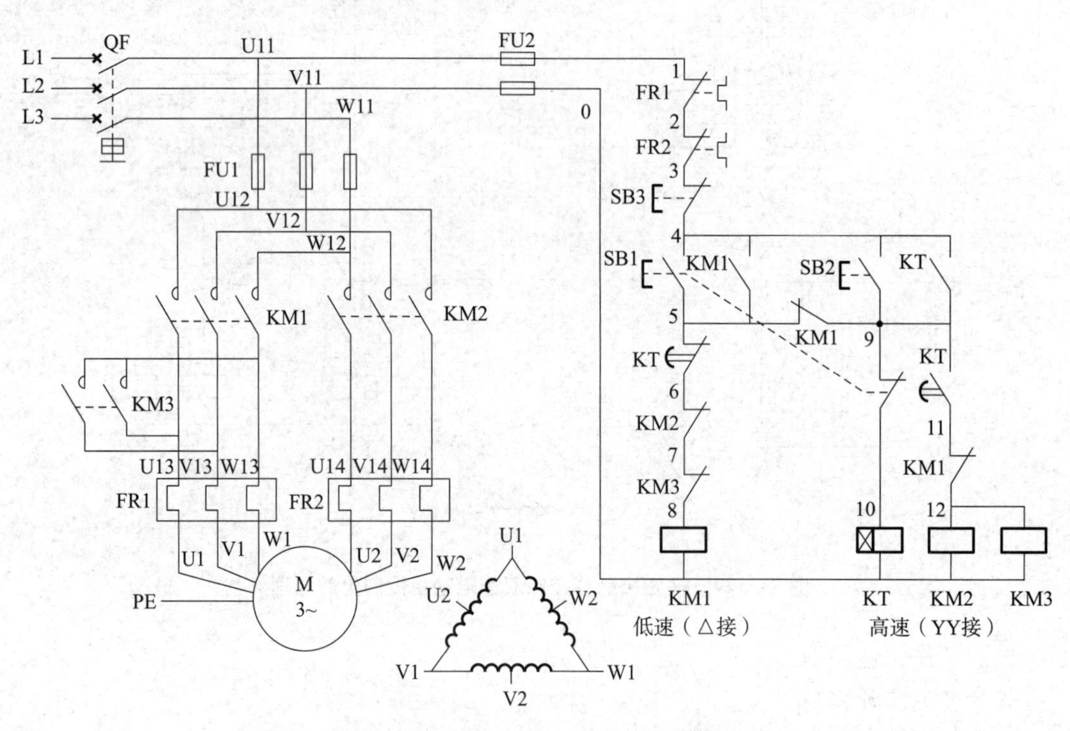

图 5－130　时间继电器控制的双速电动机控制电路原理

电路工作原理如下：

先合上电源开关 QF。

1. △形低速启动运转

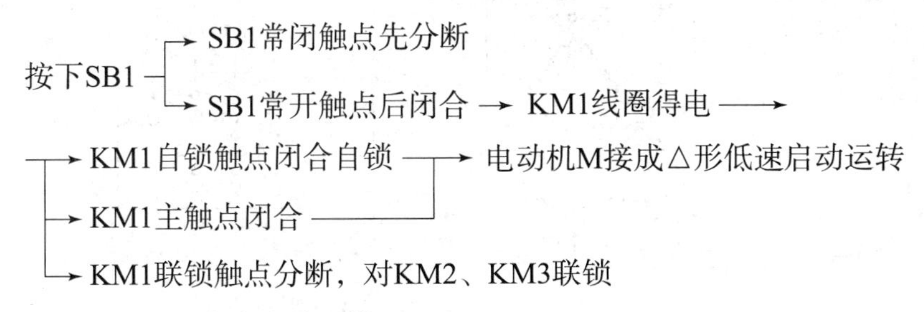

2. YY 形高速启动运转

按下SB2→ KT线圈得电→ KT瞬时常开触点（4-9）闭合自锁→

经KT延时结束后 → KT常闭触点（5-6）先分断 → KM1线圈断电 → KM1常开触点恢复分断；KM1常闭触点恢复闭合 →
　　　　　　　 → KT常开触点（9-11）后闭合 →

→KM2、KM3线圈同时得电 → KM2、KM3主触点闭合 →电动机M接成YY形高速启动运转
　　　　　　　　　　　 → KM2、KM3联锁触点分断，对KM1联锁

3. 停止

停车时，按下停止按钮 SB3 即可实现。

若电动机只需高速启动，可直接按下 SB2，则电动机定子绕组先△形联结低速启动，经时间继电器 KT 延时后，再将电动机定子绕组 YY 联结高速运转。

四、三速异步电动机控制电路

1. 三速异步电动机定子绕组的连接

三速异步电动机有两套定子绕组，分两层安放在定子槽内，两套定子绕组共有 10 个出线端，改变这 10 个出线端与电源的连接方式，就可得到三种不同的转速。三速异步电动机定子绕组的接线方式如图 5－131 所示。

第一套绕组（双速）有七个出线端：U1、V1、W1、U3、U2、V2、W2，可作△或 YY 联结。要使电动机低速运行，只需将三相电源接线接至 U1、V1、W1，并将 W1 和 U3 出线端接在一起，其余六个出线端空着不接，如图 5－131（b）所示，则电动机定子绕组接成△低速运转。若将三相电源接至 U2、V2、W2 出线端，将 U1、V1、W1 和 U3 接在一起，其余三个出线端空着不接，如图 5－131（d）所示，则电动机定子绕组接成 YY 高速运转。

第二套绕组（单速）有三个出线端：U4、V4、W4，只作 Y 联结。若将三相电源接至 U4、V4、W4 的出线端，并将其余七个出线端空着不接，如图 5－131（c）所示，则电动机定子绕组接成 Y 以中速运转。

图 5－131 中 W1 和 U3 出线端分开的目的是当电动机定子绕组接成 Y 中速运转时，不会在△的定子绕组中产生感应电流。

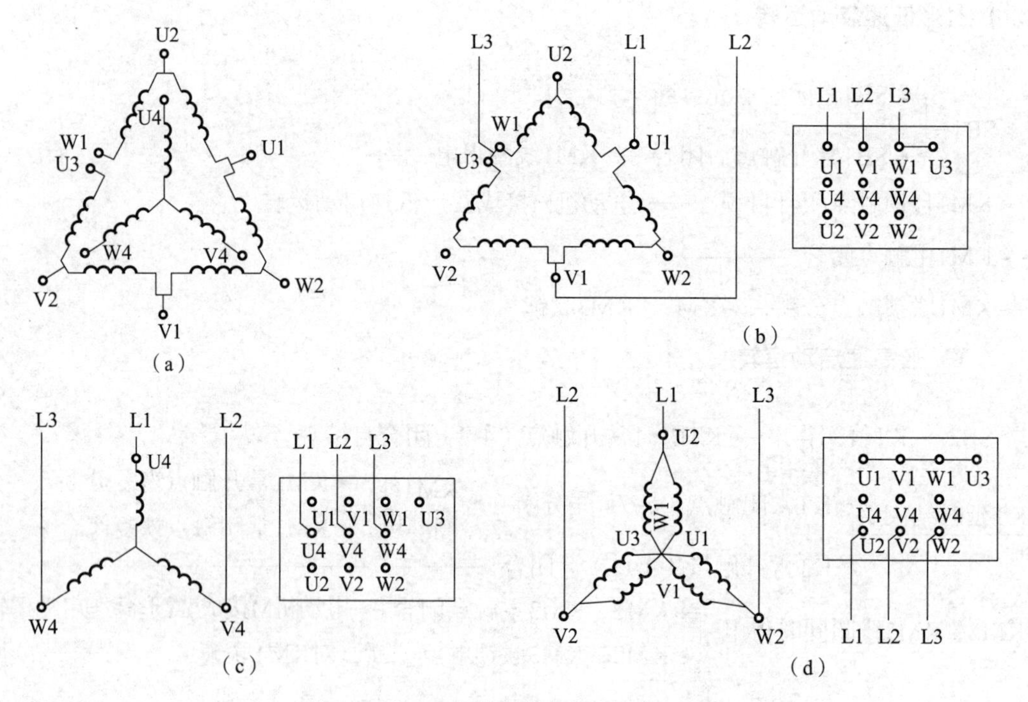

图 5-131　三速异步电动机定子绕组接线

(a) 两套绕组；(b) △接法（低速）；(c) Y 接法（中速）；(d) YY 接线（高速）

2. 接触器控制三速异步电动机的控制电路

用接触器控制三速异步电动机的控制电路如图 5-132 所示。

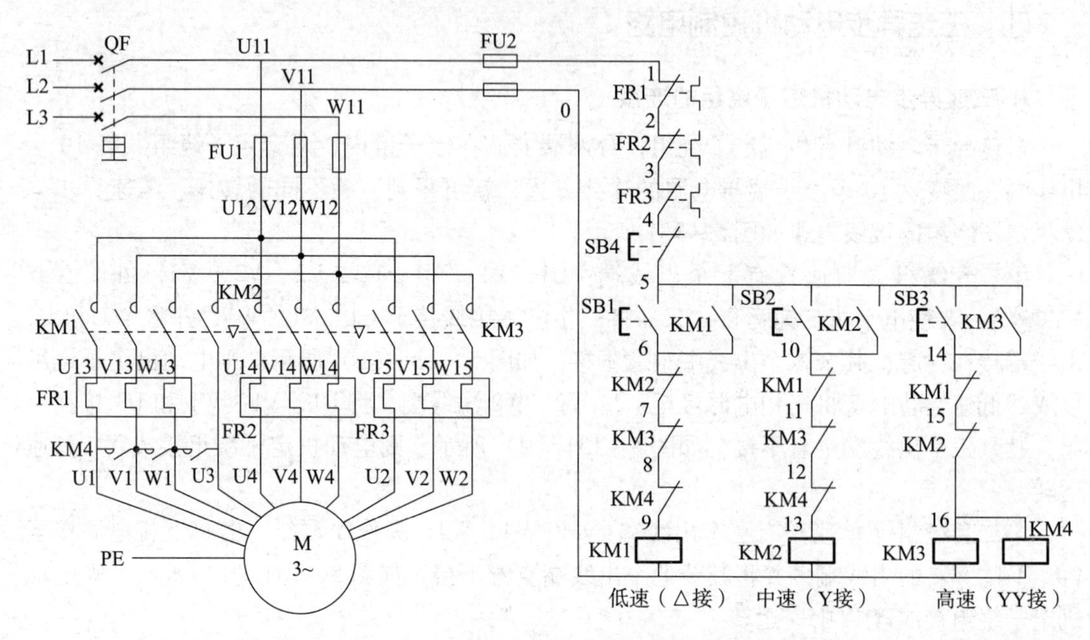

图 5-132　接触器控制三速异步电动机控制电路原理

电路工作原理如下：

先合上电源开关 QF。

1）△形低速启动运转

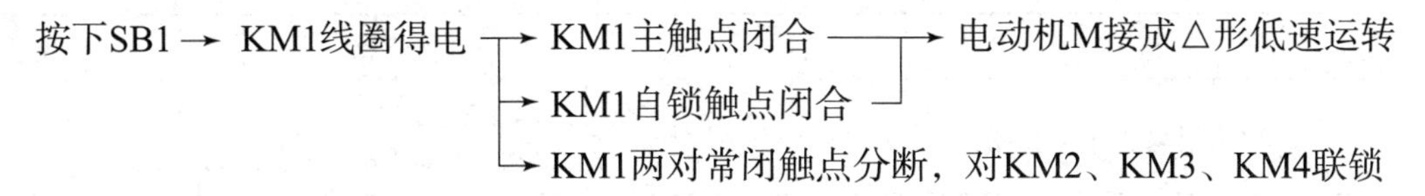

2）低速转为中速运转

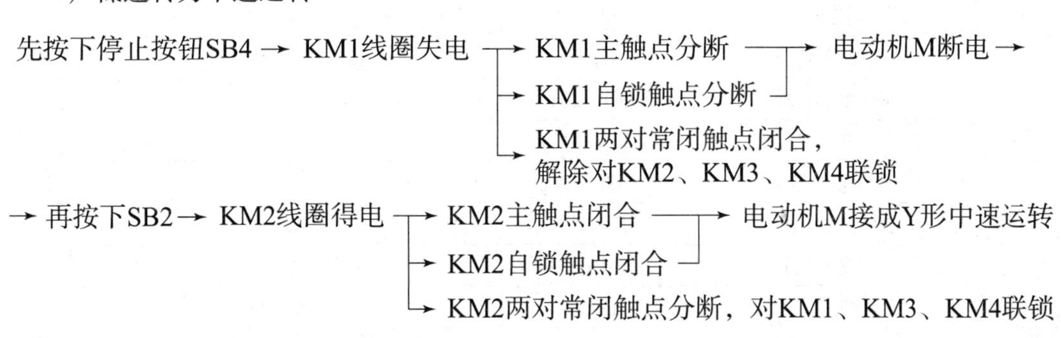

3）中速转为高速运转

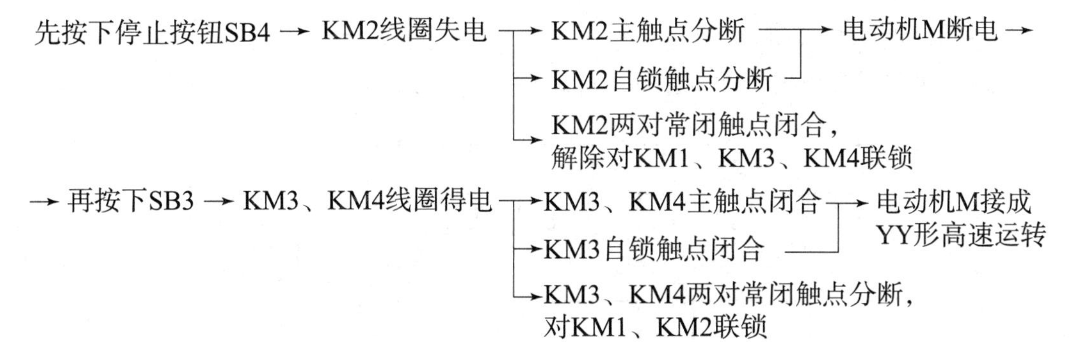

4）停止

停止时，按下停止按钮 SB4 即可实现。

该控制电路的缺点是：在进行速度转换时，必须先按下停止按钮 SB4 后，才能再按下相应的启动按钮进行变速，所以操作不方便。

操作训练

训练项目　安装与调试时间继电器控制的双速电动机控制电路

一、工作准备

1. 工具、仪表与材料准备

（1）完成本任务所需工具与仪表为螺钉旋具、尖嘴钳、斜口钳、剥线钳、万用表、测速表等。

（2）完成本任务所需材料明细表如表 5－19 所示。

表 5－19　时间继电器控制的双速电动机控制电路电气元件明细表

代号	名称	型号	规格	数量
M	三相笼型双速异步电动机	YD112M—4/2	3.3/4 kW、380 V、7.4/8.6 A △/YY 接法、1 420 r/min 或 2 860 r/min	1 台
QF	低压断路器	DZ108—20		1 只
FU	熔断器	RL1—15	熔体 15 A	5 只
KM	交流接触器	CJ20	线圈电压交流 380 V	3 只
KT	时间继电器	JS7—2 A		1 只
SB	按钮	LA10—3 A		3 只
FR	热继电器	JR36—20		2 只
XT	接线端子排	TB—1520	15A20 位	1 件
	单芯铝线	BLV	2.5 mm^2	20 m
	多股铜芯软线	RV0.5	0.5 mm^2	5 m
	紧固螺钉、螺母			若干

2. 绘制电气元件布置图

根据原理图绘制电气元件布置图，如图 5－133 所示。

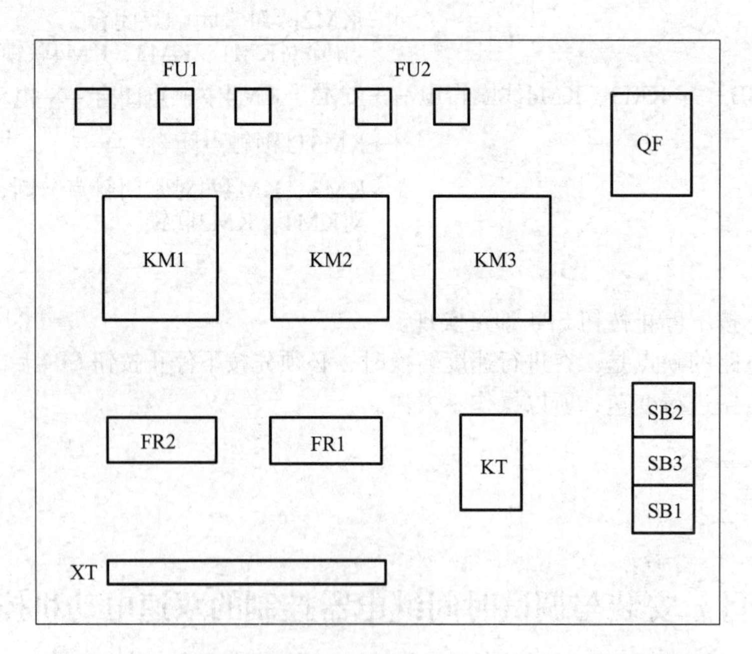

图 5－133　时间继电器控制的双速电动机控制电路电气元件布置

3. 绘制电路接线图

时间继电器控制的双速电动机控制电路接线图如图 5－134 所示。

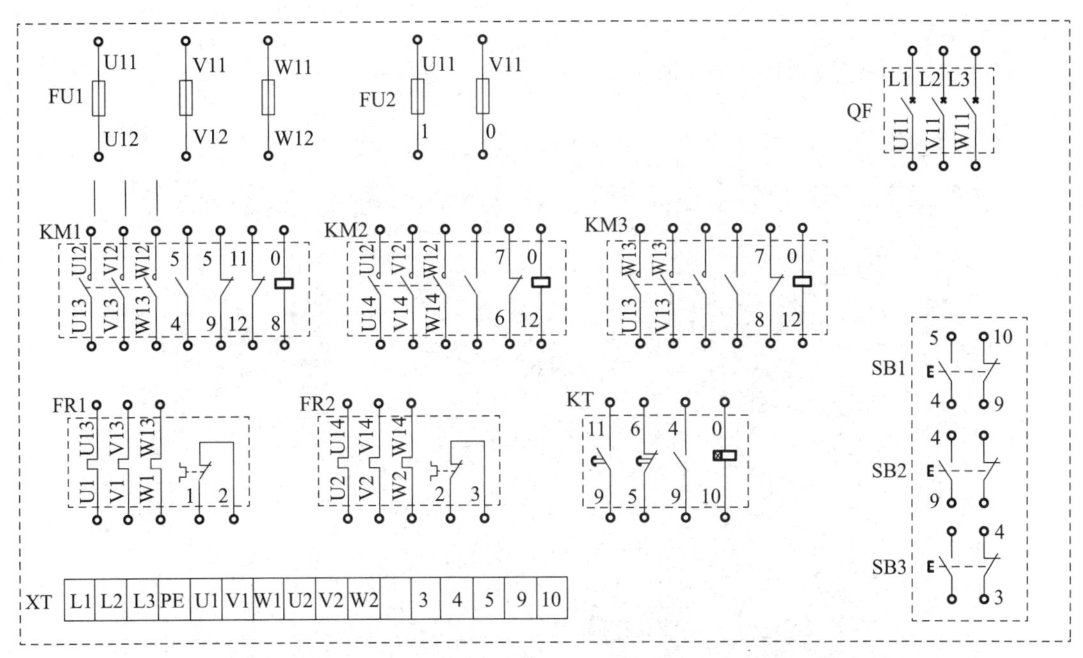

图 5－134　时间继电器控制的双速电动机控制电路接线

二、实训过程

1. 检测电气元件

根据表 5－19 配齐所有电气元件，其各项技术指标均应符合现定要求，目测其外观无损坏，手动触点动作灵活，并用力用表进行质量检验，如不符合要求，则予以更换。

2. 安装电路

1）安装电气元件

在控制板上按图 5－133 安装电气元件，实物布置图如图 5－135 所示。

图 5－135　时间继电器控制的双速电动机控制电路电气元件实物布置

2）布线

布好线的实物图如图 5－136 所示。

图 5－136　时间继电器控制的双速电动机控制电路电路板

3）安装电动机

4）通电前检测

（1）对照原理图、接线图检查，确保连接无遗漏。

（2）用电阻测量法，配合手动方式操作电气元件得电动作进行检查。在检查过程中，注意万用表指示电阻值的变化，通过电阻值的变化分析，判断接线的正确性。

①把万用表的两支表笔放在控制回路的熔断器 FU2 上，万用表显示的电阻值为无穷大，说明控制回路无短路或短接。

②按下低速启动控钮 SB1，接通的是 KM1 线圈，此时测得的电阻值为 KM1 线圈的直流电阻值。

③在②的基础上，按下停止按钮 SB3，断开 KM1 线圈，此时电阻值又显示无穷大。

④按下高速启动按钮 SB2，此时接通的是 KT、KM1 线圈，测得的电阻值是 KT、KM1 线圈并联后的直流电阻值。

⑤在④的基础上，按下停止按钮 SB3，断开 KT 和 KM1 线圈，此时电阻值为无穷大。

⑥按下高速启动按钮 SB2，KT 动作，此时首先动作的是 KT 和 KM1，经 KT 整定时间后 KM1 断开，同时 KM2 和 KM3 线圈接通，此时测得的电阻值为 KT、KM2 和 KM3 线圈并联后的直流电阻值。

⑦在⑥的基础上，动作 KM1，KM1 的常闭触点断开，断开 KM2 和 KM3 线圈。此时，测得的直流电阻值变大，为 KT 线圈的直流电阻值。

⑧在⑥的基础上，按下停止按钮 SB3，此时断开 KT、KM2 和 KM3 线圈，测得电阻值为无穷大。

⑨KM1 动作，此时接通的是 KM1 线圈，测得的电阻值为 KM1 线圈的直流电阻值。

⑩KT 动作，此时首先接通的是 KT 和 KM1 线圈，经时间继电器的设定整定时间后，KM1 线圈失电，同时 KT 延时闭合触点接通 KM2 和 KM3 线圈，此时测得的电阻值为 KT、KM2 和 KM3 线圈并联后的直流电阻值。

3. 通电试车

※特别提示：

通电试车前要检查安全措施，试车时要遵守安全操作规程，出现故障时要停电检查。

注意：在双速电动机的控制电路中存在一个高、低速转换同向的问题，即电动机在低速运行时，如果转向是正转（逆时针方向旋转），而在转换为高速时则为反转（顺时针方向旋转），这就说明双速电动机在高、低速转换时不同向，解决这个问题的方法是将双速电动机 M 的接线端 U1、V1、W1 或 U2、V2、W2 中的任意两相调换。

4. 整理现场

整理现场工具及电气元件，清理现场，根据工作过程填写任务书，整理工作资料。

三、注意事项

（1）接线时，注意主电路中接触器 KM1、KM2 在两种转速下电源相序的改变，不能接错，否则，两种转速下的电动机转向相反，换向时将产生很大的冲击电流。

（2）控制双速电动机△接法的接触器 KM1 和 YY 接法的 KM2 的主触点不能调换接线，否则不但无法实现双速控制要求，而且会在 YY 运转时造成电源短路事故。

（3）热继电器 FR1、FR2 的整定电流不能设错，其在主电路中的接线不能接错。

（4）控制板外配线必须用套管加以防护，以确保安全。

（5）电动机、按钮等金属外壳必须保护接地。

（6）通电试车、调试及检修时，必须在指导教师的监护和允许下进行。

（7）当电动机运转平稳后，用钳形电流表测量电动机三相电路电流是否平衡。

（8）要做到安全操作和文明生产。

思考与练习

1. 三相异步电动机的转速与哪些因素有关？笼型异步电动机的变极调速是如何实现的？

2. 双速电动机的定子绕组共有几个出线端？分别画出△/YY 双速电动机在低、高速时定子绕组的接线图。

3. 三速异步电动机有几套定子绕组？定子绕组共有几个出线端？分别画出三速异步

电动机在低、中、高速时定子绕组的接线图。

4. 现有一双速电动机，试按下述要求设计控制电路：

(1) 分别用两个按钮操作电动机的高速启动与低速启动，用一个总停止按钮操作电动机停止。

(2) 启动高速时，应先接成低速，然后经延时后再换接到高速。

(3) 有短路保护和过载保护。

5. 图 5－137 为时间继电器控制三速异步电动机的控制电路图，试分析其工作原理。

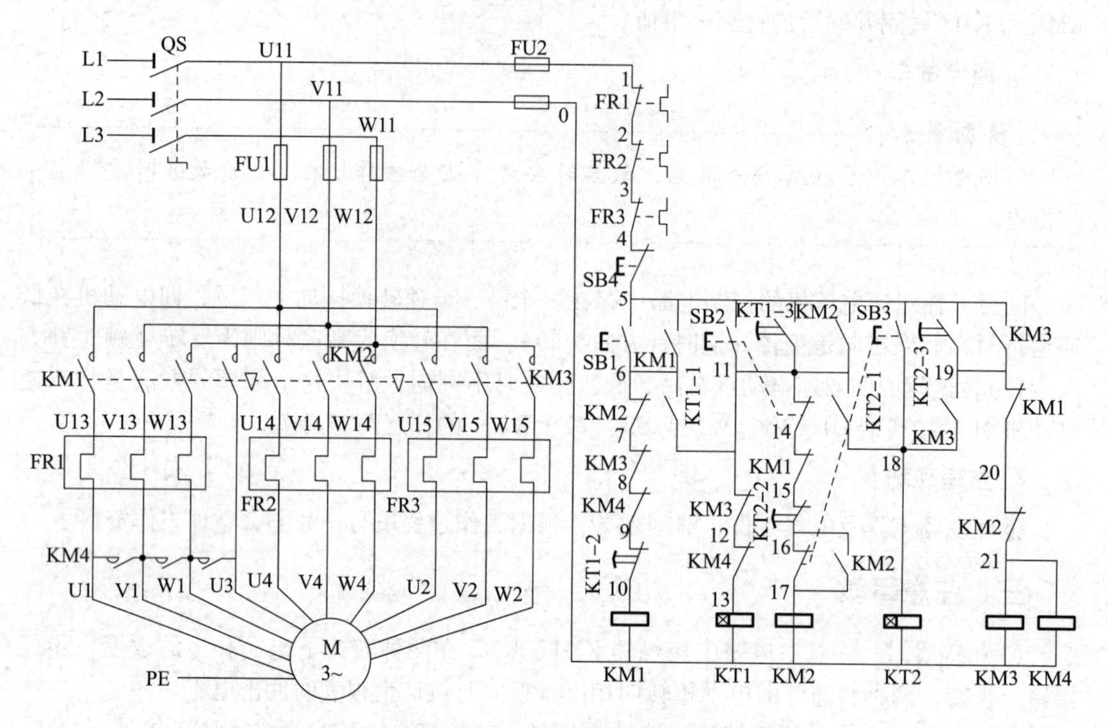

图 5－137 时间继电器控制三速异步电动机的控制电路

单元 7 绕线转子异步电动机的基本控制电路

任务描述

绕线转子异步电动机串电阻启动是指启动时，在转子回路串入作 Y 联结、分级切换的三相启动电阻器，以减小启动电流、增加启动转矩。随着电动机转速的升高，逐级减小可变电阻，启动完毕后，切除可变电阻，转子绕组被直接短接，电动机便在额定状态下运行。为了实现这种切换方式，可以采用按钮控制、时间继电器控制，也可以采用电流继电器控制。

绕线转子异步电动机采用转子绕组串电阻的方法启动，要想获得良好的启动特性，一般需要将启动电阻分为多级，这样所用的电器较多，控制电路复杂，设备投资大，维修不便，并且在逐级切除电阻的过程中，会产生一定的机械冲击。因此，在工矿企业中对于不频繁启动的设备，广泛采用频敏变阻器代替启动电阻来控制绕线转子异步电动机的启动。

凸轮控制器是利用凸轮来操作动触点动作的控制器，主要用于控制容量不大于 30 kW 的中小型绕线转子异步电动机的启动、调速和换向。在桥式起重机等设备中有着广泛的应用。

某工厂机加工车间需安装桥式起重机电气控制柜，要求通过凸轮控制器来实现启动、调速及正反转控制，设置相应的过载、短路、欠压、失压保护。起重机用绕线转子异步电动机，其型号为 YZR－132M1－6、额定电压为 380 V，额定功率为 2.2 kW，额定转速为 908 r/min，额定电流为 15.4 A。完成上述绕线转子异步电动机凸轮控制器控制电路的安装、调试，并进行简单故障排查。

任务目标

(1) 识别电流继电器、电压继电器、凸轮控制器、频敏变阻器，掌握其结构、符号、原理及作用，并能正确使用它们；了解绕线转子异步电动机结构，会正确连接绕线转子异步电动机。

(2) 正确识读时间继电器控制绕线转子异步电动机转子回路串电阻启动控制电路原理图、转子绕组凸轮控制器控制电路原理图、绕线转子异步电动机串联频敏变阻器启动控制电路原理图，会分析其工作原理。

(3) 能根据转子绕组凸轮控制器控制电路图正确安装、调试电路。

相关知识

一、电流继电器

反映输入量为电流的继电器叫作电流继电器。如图 5－138 所示是常见的电流继电器。使用时，电流继电器的线圈串联在被测电路中，当通过线圈的电流达到预定值时，其触点动作。为了降低串入电流继电器线圈后对原电路工作状态的影响，电流继电器线圈的匝数少，导线粗，阻抗小。

图 5－138　电流继电器外形

电流继电器分为过电流继电器和欠电流继电器两种。电流继电器在电路图中的符号如图 5－139 所示。

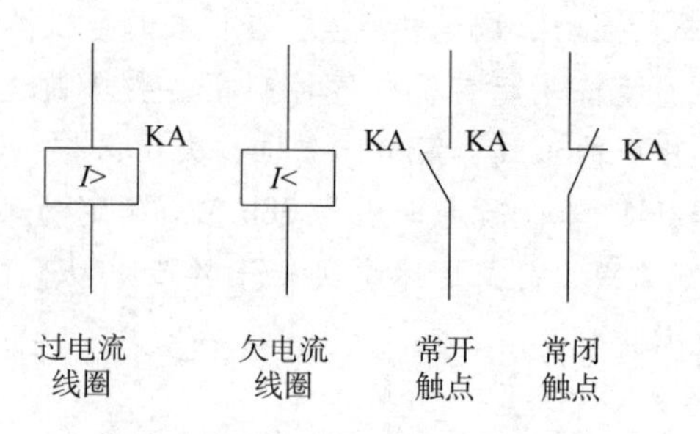

图 5－139　电流继电器图形符号

1. 过电流继电器

当通过继电器的电流超过预定值时就动作的继电器称为过电流继电器。过电流继电器的吸合电流为 1.1～4 倍的额定电流，也就是说，在电路正常工作时，过电流继电器线圈通过额定电流时是不吸合的；当电路中发生短路或过载故障，通过线圈的电流达到或超过预定值时，铁芯和衔铁才吸合，带动触点动作。

过电流继电器常用于直流电动机或绕线转子电动机的控制电路中，用于频繁及重载启动的场合，作为电动机和主电路的过载或短路保护。

2. 欠电流继电器

当通过继电器的电流减小到低于其整定值时就动作的继电器称为欠电流继电器。欠电流继电器的吸合电流一般为线圈额定电流的 0.3～0.65 倍，释放电流为额定电流的 0.1～0.2 倍。因此，在电路正常工作时，欠电流继电器的衔铁与铁芯始终是吸合的。只有当电流降至低于整定值时，欠电流继电器释放，发出信号，从而改变电路的状态。

欠电流继电器常用于直流电动机和电磁吸盘电路中做弱磁保护。

3. 型号含义

常用 JT4 系列交流通用继电器及 JL14 系列交直流通用继电器型号含义如图 5－140 所示，其技术数据见表 5－20 及表 5－21。

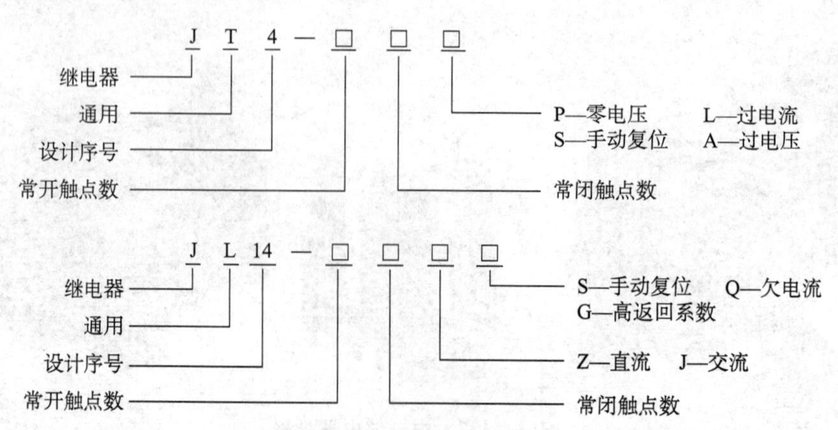

图 5－140　常用 JT4 系列交流通用继电器及 JL14 系列交直流通用继电器型号含义

表 5－20　JT4 系列交流通用继电器技术数据

<table>
<tr><th rowspan="2">型号</th><th rowspan="2">可调参数调整范围</th><th rowspan="2">标称误差</th><th rowspan="2">返回系数</th><th rowspan="2">触点数量</th><th colspan="2">吸引线圈</th><th rowspan="2">复位方式</th><th rowspan="2">机械寿命/万次</th><th rowspan="2">电寿命/万次</th><th rowspan="2">质量/kg</th></tr>
<tr><th>额定电压（或电流）</th><th>消耗功率</th></tr>
<tr><td>JT4—□□A 过电压继电器</td><td>吸合电压（1.05～1.20）U_N</td><td rowspan="4">±10%</td><td>0.1～0.3</td><td>1 常开 1 常闭</td><td>110 V、220 V、380 V</td><td rowspan="2">75 W</td><td rowspan="2">自动</td><td>1.5</td><td>1.5</td><td>2.1</td></tr>
<tr><td>JT4—□□P 零电压（或中间）继电器</td><td>吸合电压（0.60～0.85）U_N 或释放电压（0.10～0.35）U_N</td><td>0.2～0.4</td><td rowspan="3">1 常开、1 常闭或 2 常开、2 常闭</td><td>110 V、127 V、220 V、380 V</td><td>100</td><td>10</td><td>1.8</td></tr>
<tr><td>JT4—□□L 过电流继电器</td><td rowspan="2">吸合电流（1.10～3.50）I_N</td><td rowspan="2">0.1～0.3</td><td rowspan="2">5 A、10 A、15 A、20 A、40 A、80 A、150 A、300 A、600 A</td><td rowspan="2">5 W</td><td rowspan="2">手动</td><td rowspan="2">1.5</td><td rowspan="2">1.5</td><td rowspan="2">1.7</td></tr>
<tr><td>JT4—□□S 手动过电流继电器</td></tr>
</table>

表 5－21　JT4 系列交流通用继电器技术数据

<table>
<tr><th rowspan="2">电流种类</th><th rowspan="2">型号</th><th rowspan="2">吸引线圈额定电流 I_N/A</th><th rowspan="2">可调参数调整范围</th><th colspan="2">触点组合形式</th><th rowspan="2">备注</th></tr>
<tr><th>常开</th><th>常闭</th></tr>
<tr><td rowspan="3">直流</td><td>JL14—□□Z</td><td rowspan="6">1、1.5、2.5、10、15、25、40、60、100、150、300、500、1 200、1 500</td><td>吸合电流（0.70～3.00）I_N</td><td>3</td><td>3</td><td></td></tr>
<tr><td>JL14—□□ZS</td><td rowspan="2">吸合电流（0.30～0.65）I_N 或释放电流（0.10～0.20）I_N</td><td>2</td><td>1</td><td>手动复位</td></tr>
<tr><td>JL14—□□ZQ</td><td>1</td><td>2</td><td>欠电流</td></tr>
<tr><td rowspan="3">交流</td><td>JL14—□□J</td><td rowspan="3">吸合电流（1.10～4.00）I_N</td><td>1</td><td>1</td><td></td></tr>
<tr><td>JL14—□□JS</td><td>2</td><td>2</td><td>手动复位</td></tr>
<tr><td>JU4—□□JG</td><td>1</td><td>1</td><td>返回系数大于 0.65</td></tr>
</table>

4. 选用

（1）电流继电器的额定电流一般可按电动机长期工作的额定电流来选择。对于频繁启动的电动机，额定电流可选大一个等级。

（2）电流继电器的触点种类、数量、额定电流及复位方式应满足控制电路的要求。

（3）过电流继电器的整定电流一般取电动机额定电流的 1.7～2 倍，频繁启动的场合可取电动机额定电流的 2.25～2.5 倍。欠电流继电器的整定电流一般取额定电流的 0.1～0.2 倍。

二、电压继电器

反映输入量为电压的继电器叫作电压继电器。使用时电压继电器的线圈并联在被测量的电路中，根据线圈两端电压的大小而接通或断开电路，因此这种继电器线圈的导线细、匝数多、阻抗大。电压继电器外形如图 5 - 141 所示。

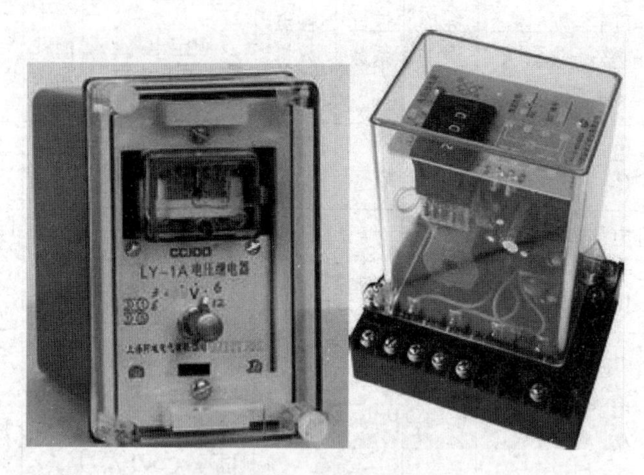

图 5 - 141　电压继电器外形

根据实际应用的要求，电压继电器分为过电压继电器、欠电压继电器和零电压继电器。过电压继电器是当电压大于其整定值时动作的电压继电器，主要用于对电路或设备做过电压保护。常用的过电压继电器为 JT4—A 系列，其动作电压可在 105% ~120% 额定电压范围内调整。欠电压继电器是当电压降至某一规定范围时动作的电压继电器。可见欠电压继电器和零电压继电器在电路正常工作时，铁芯与衔铁是吸合的，当电压降至低于整定值时，衔铁释放，带动触点动作，对电路实现欠电压或零电压保护。常用的欠电压继电器和零电压继电器有 JT4—P 系列，欠电压继电器的释放电压可在 40% ~70% 额定电压范围内整定，零电压继电器的释放电压可在 10% ~35% 额定电压范围内调节。

电压继电器在电路图中的符号如图 5 - 142 所示。其技术数据见表 5 - 20。

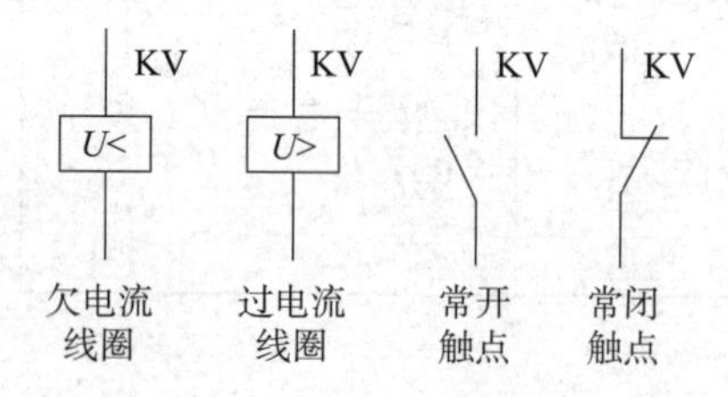

图 5 - 142　电压继电器图形符号

电压继电器的选择，主要依据继电器的线圈额定电压、触点的数目和种类进行。

三、凸轮控制器

凸轮控制器是利用凸轮来操作动触点动作的控制器，中、小容量绕线转子异步电动机的启动、调速及正反转控制，常常采用凸轮控制器来实现，以简化操作。图 5 - 143 是常用凸轮控制器的外形图。

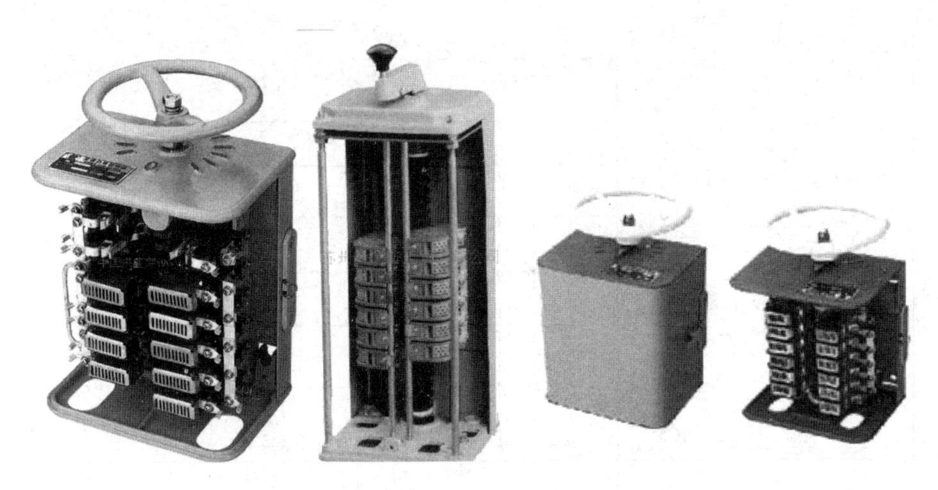

图 5－143　凸轮控制器外形

1. 凸轮控制器的结构原理

KTJ1 系列凸轮控制器的结构如图 5－144 所示。它主要由手轮、触点系统、转轴、凸轮和外壳等部分组成。其触点系统共有 12 对触点，9 对常开，3 对常闭。其中，4 对常开触点接在主电路中，用于控制电动机的正反转，配有石棉水泥制成的灭弧罩。其余 8 对触点用于控制电路中，不带灭弧罩。

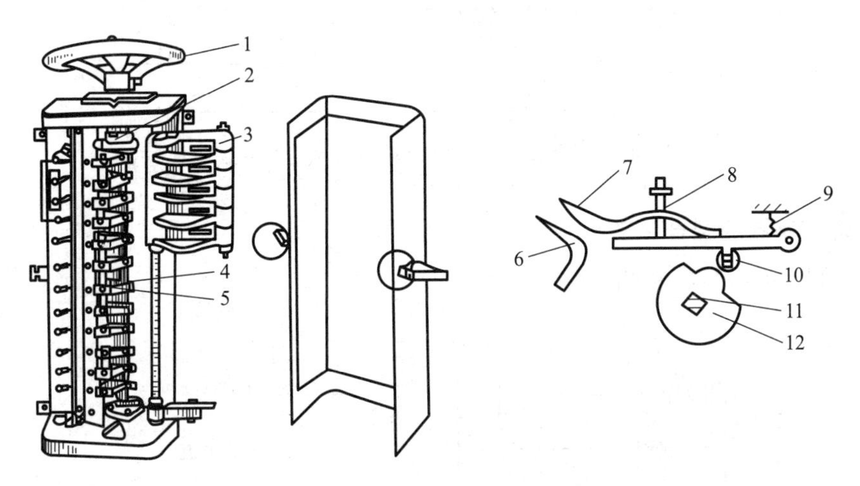

图 5－144　KTJ1 系列凸轮控制器结构

1—手轮；2，11—转轴；3—灭弧罩；4，7—动触点；5，6—静触点；
8—触点弹簧；9—弹簧；10—滚轮；12—凸轮。

凸轮控制器的触点分合情况，通常用触点分合表来表示。KTJ1—50/1 型凸轮控制器的触点分合表如图 5－145 所示。图 5－145 中的上面两行表示手轮的 11 个位置，左侧表示凸轮控制器的 12 对触点。各触点在手轮处于某一位置时的接通状态用符号“×”标记，无此符号表示触点是分断的。

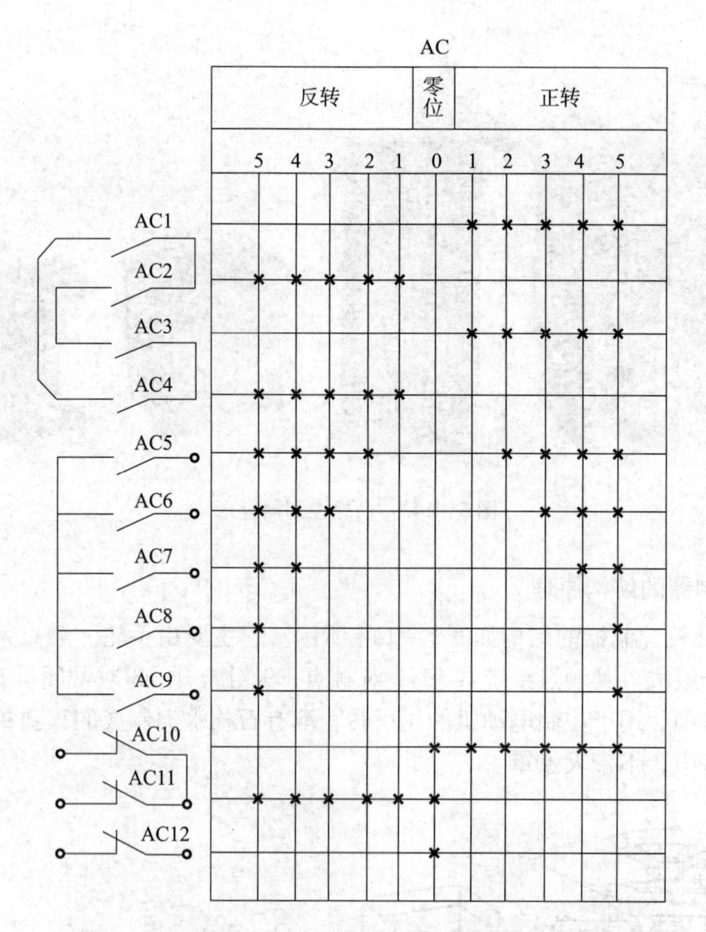

图 5－145　KTJ1—50/1 型凸轮控制器的触点分合表

2. 凸轮控制器的型号含义

凸轮控制器的型号含义如图 5－146 所示。

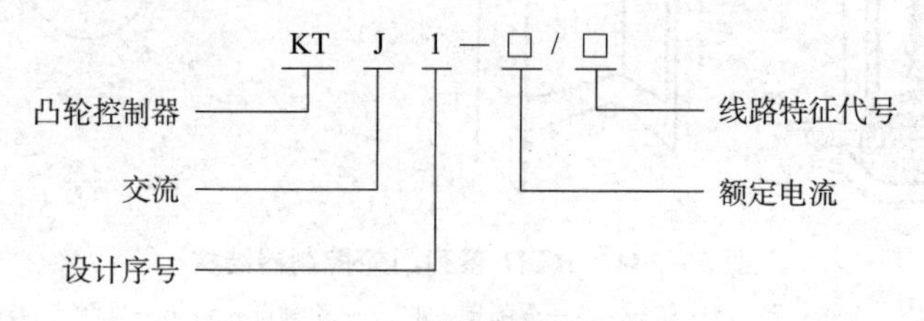

图 5－146　凸轮控制器的型号含义

3. 凸轮控制器的选用

凸轮控制器主要根据所控制电动机的容量、额定电流、工作制和控制位置数目等来选择。

KTJ1 系列凸轮控制器的技术数据见表 5－22。

表 5－22　KTJ1 系列凸轮控制器的技术数据

型号	位置数		额定电流/A		额定控制功率/kW		每小时操作次数不高于	质量/kg
	向前（上升）	向后（下降）	长期工作制	通电持续率在40%以下的工作制	220 V	380 V		
KTJ1—50/1	5	5	50	75	16	16	600	28
KTJ1—50/2	5	5	50	75	*	*		26
KTJ1—50/3	1	1	50	75	11	11		28
KTJ1—50/4	5	5	50	75	11	11		23
KTJ1—50/5	5	5	50	75	2×11	2×11		28
KTJ1—50/6	5	5	50	75	11	11		32
KTJ1—80/1	6	6	80	120	22	30		38
KTJ1—80/3	6	6	80	120	22	30		38
KTJ1—150/1	7	7	150	225	60	100		—

4. 安装与使用

（1）安装前应检查外观及零部件有无损坏。

（2）安装前应转动手轮检查有无卡轧现象，次数不得少于 5 次。

（3）必须牢固安装在墙壁或支架上，金属外壳必须可靠接地保护。

（4）应按触点分合表和电路图的要求接线，反复检查确认无误后才能通电。

（5）安装结束后，应进行空载试验。启动时若凸轮控制器转到“2”位置后电动机仍没有转动，应停止启动，检查电路。

（6）启动操作时，手轮不能转动太快，每级之间保持至少约 1 s 的时间间隔。

5. 凸轮控制器的常见故障及处理方法

凸轮控制器的常见故障及处理方法见表 5－23。

表 5－23　凸轮控制器的常见故障及处理方法

故障现象	可能原因	处理方法
主电路中常开主触点间短路	灭弧罩破裂	调换灭弧罩
	触点间绝缘损坏	调换凸轮控制器
	手轮转动过快	降低手轮转动速度
触点过热使触点支持件烧焦	触点接触不良	修整触点
	触点压力变小	调整或更换触点弹簧
	触点上连接螺钉松动	旋紧螺钉
	触点容量过小	调换凸轮控制器
触点熔焊	触点弹簧脱落或断裂	调换触点弹簧
	触点脱落或磨光	更换触点

续表

故障现象	可能原因	处理方法
操作时有卡轧现象及噪声	滚动轴承损坏	调换轴承
	异物嵌入凸轮鼓或触点	清除异物

四、频敏变阻器

频敏变阻器是一种阻抗值随频率明显变化、静止的无触点电磁元件。它实质上是一个铁芯损耗非常大的三相电抗器，其外形如图 5－147（a）所示。适用于绕线转子异步电动机的转子回路做启动电阻。在电动机启动时，将频敏变阻器串接在转子绕组中，由于频敏变阻器的等效阻抗随转子电流频率的减小而减小，从而减小机械和电流冲击，实现电动机的平稳无级启动。

频敏变阻器启动绕线转子异步电动机的优点是：启动性能好，无电流和机械冲击，结构简单，价格低廉，使用维护方便。但功率因数较低，启动转矩较小，不宜用于重载启动的场合。

常用的频敏变阻器有 BP1、BP2、BP3、BP4 和 BP6 等系列，其在电路图中的符号如图 5－147（b）所示。

(a)　　(b)

图 5－147　频敏变阻器

(a) 外形；(b) 符号

1. 频敏变阻器的结构

频敏变阻器主要由铁芯和绕组两部分组成。它的上、下铁芯用四根拉紧螺栓固定，拧开螺栓上的螺母，可以在上、下铁芯之间增减非磁性垫片，以调整空气隙长度。出厂时上、下铁芯间的空气隙为零。

频敏变阻器的绕组备有四个抽头，一个抽头在绕组背面，标号为 N；另外三个抽头在绕组的正面，标号分别为 1、2、3。抽头 1～N 之间为 100% 匝数，2～N 之间为 85% 匝数，3～N 之间为 71% 匝数。出厂时三组线圈均接在 85% 匝数抽头处，并接成 Y 形。

2. 频敏变阻器的型号含义

频敏变阻器的型号含义如图 5－148 所示。

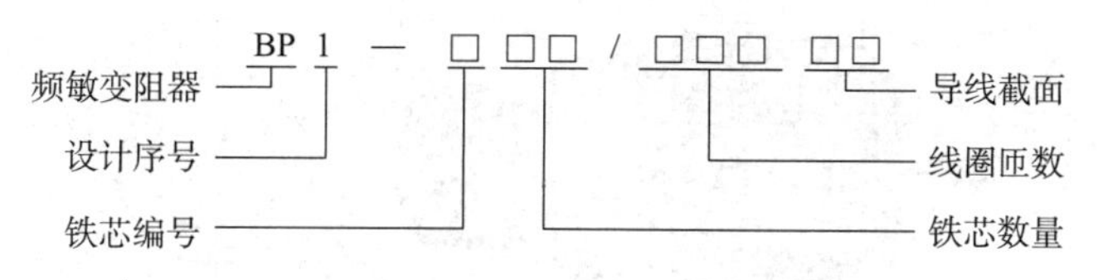

图 5－148　频敏变阻器型号含义

3. 频敏变阻器的选用

频敏变阻器的系列应根据电动机所拖动生产机械的启动负载特性和操作频繁程度来选择，再按电动机功率选择其规格。频敏变阻器大致的适用场合见表 5－24。

表 5－24　频敏变阻器大致的适用场合

负载特性			轻载	重载
适用频敏变阻器系列	频繁程度	偶尔	BP1、BP2、BP4	BP4G、BP6
		频繁	BP3、BP1、BP2	

4. 频敏变阻器的安装与使用

（1）频敏变阻器应牢固地固定在基座上，当基座为铁磁物质时应在中间垫放 10 mm 以上的非磁性垫片，以防影响频敏变阻器的特性。同时频敏变阻器还应可靠接地。

（2）连接线应按电动机转子额定电流选用相应截面的电缆线。

（3）试车前，应先测量频敏变阻器对地绝缘电阻，其值应不小于 1 MΩ，否则须先进行烘干处理，然后方可使用。

（4）试车时，如发现启动转矩或启动电流过大或过小，应按以下方法对频敏变阻器的匝数和气隙进行调整。

①启动电流过大、启动过快时，应换接抽头，使匝数增加。增加匝数可使启动电流和启动转矩减小。

②启动电流和启动转矩过小、启动太慢时，应换接抽头，使匝数减少。可使用 80% 或更少的匝数，匝数减少将使启动电流和启动转矩同时增大。如果刚启动时启动转矩偏大，有机械冲击现象，而启动完成后的转速又偏低，这时可在上、下铁芯间增加气隙。可拧开变阻器两面的四个拉紧螺栓的螺母，在上、下铁芯之间增加非磁性垫片。增加气隙将使启动电流略微增加，启动转矩稍有减小，但启动完毕后的转矩稍有增加。

（5）使用过程中应定期清除尘垢，并检查线圈的绝缘电阻。

五、绕线转子异步电动机

绕线转子异步电动机实物和电路符号如图 5－149 所示。其剖面图如图 5－150 所示，绕线转子异步电动机可以通过集电环在转子绕组中串接外加电阻，来减小启动电流，提高转子电路的功率因数，增加启动转矩。并且还可通过改变所串的电阻大小进行调速，所以在一般要求启动转矩较高和需要调速的场合，绕线转子异步电动机得到了广泛的应用。

绕线转子异步电动机的启动方式有：在转子绕组中串接启动电阻和接入频敏变阻器等。绕线转子异步电动机转子回路接线示意图如图 5－151 所示。

图 5－149　绕线转子异步电动机实物和电路符号

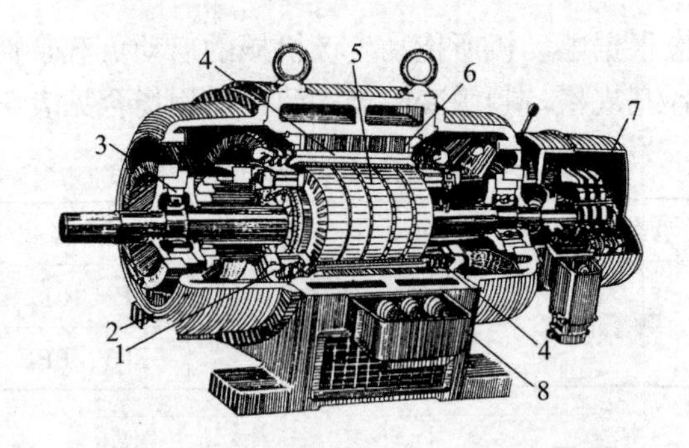

图 5－150　绕线转子异步电动机剖面

1—转子绕组；2—端盖；3—轴承；4—定子绕组；5—转子；6—定子；7—集电环；8—出线盒。

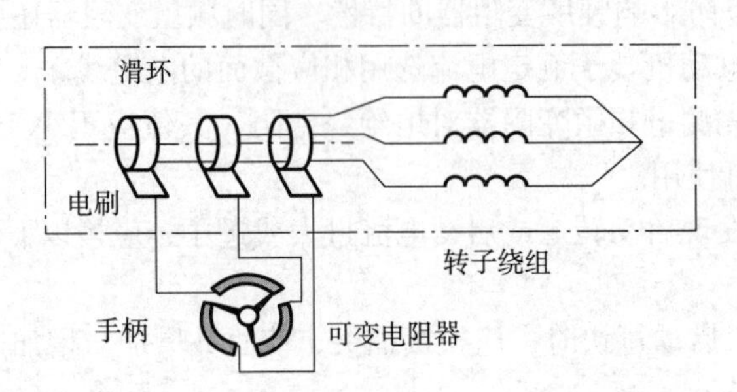

图 5－151　绕线转子异步电动机转子回路接线示意图

六、绕线转子异步电动机转子绕组串电阻启动控制电路

1. 转子绕组串电阻启动控制电路的构成与工作原理

绕线转子异步电动机转子绕组串电阻启动是指启动时，在转子回路串入作 Y 形联结、分级切换的三相启动电阻器，以减小启动电流、增加启动转矩。随着电动机转速的升高，逐级减小可变电阻，启动完毕后，切除可变电阻，转子绕组被直接短接，电动机便在额定状态下运行。

如果电动机转子绕组中串接的外加电阻在每段切除前和切除后，三相电阻始终是对称的，称为三相对称电阻器，如图 5－152（a）所示。如果启动时串入的全部三相电阻是不对称的，且每段切除后仍是不对称的，称为三相不对称电阻器，如图 5－152（b）所示。

2. 按钮操作控制电路

按钮操作的绕线转子异步电动机转子绕组串接电阻启动控制电路如图 5－153 所示。

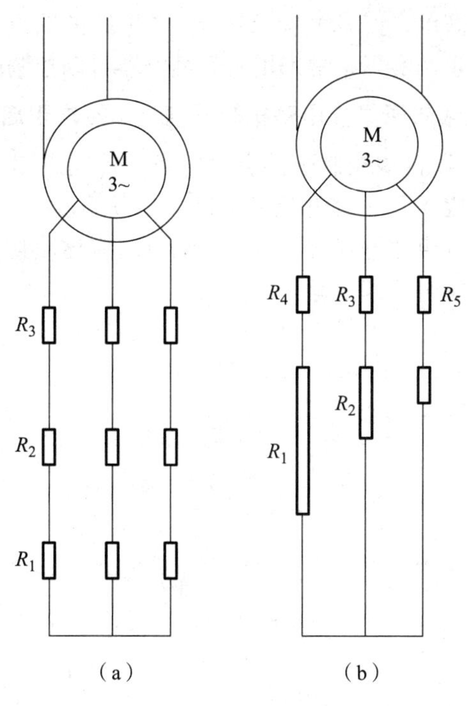

图 5－152　转子串接三相电阻

（a）转子串接三相对称电阻器；（b）转子串接三相不对称电阻器

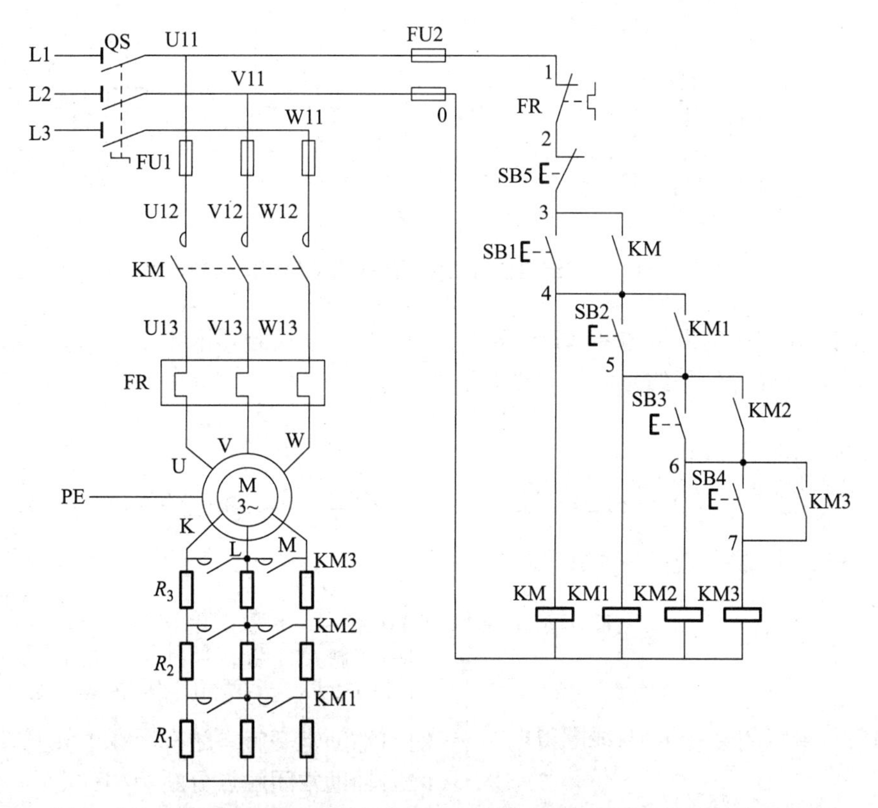

图 5－153　按钮操作的绕线转子异步电动机转子绕组串接电阻启动控制电路

该电路的工作原理较简单，读者可自行分析。该电路的缺点是操作不便，工作的安全性和可靠性较差，所以在生产实际中常采用时间继电器自动控制的电路。

3. 时间继电器控制绕线转子异步电动机转子绕组串接电阻启动控制电路

图 5－154 为时间继电器自动控制短接启动电阻的控制电路图。串接在三相转子绕组中的启动电阻，一般都接成 Y 形。在开始启动时，启动电阻全部接入，以减小启动电流，保持较高的启动转矩。随着启动过程的进行，启动电阻应逐段切除。启动完毕时，启动电阻全部被切除，电动机在额定转速下运行。

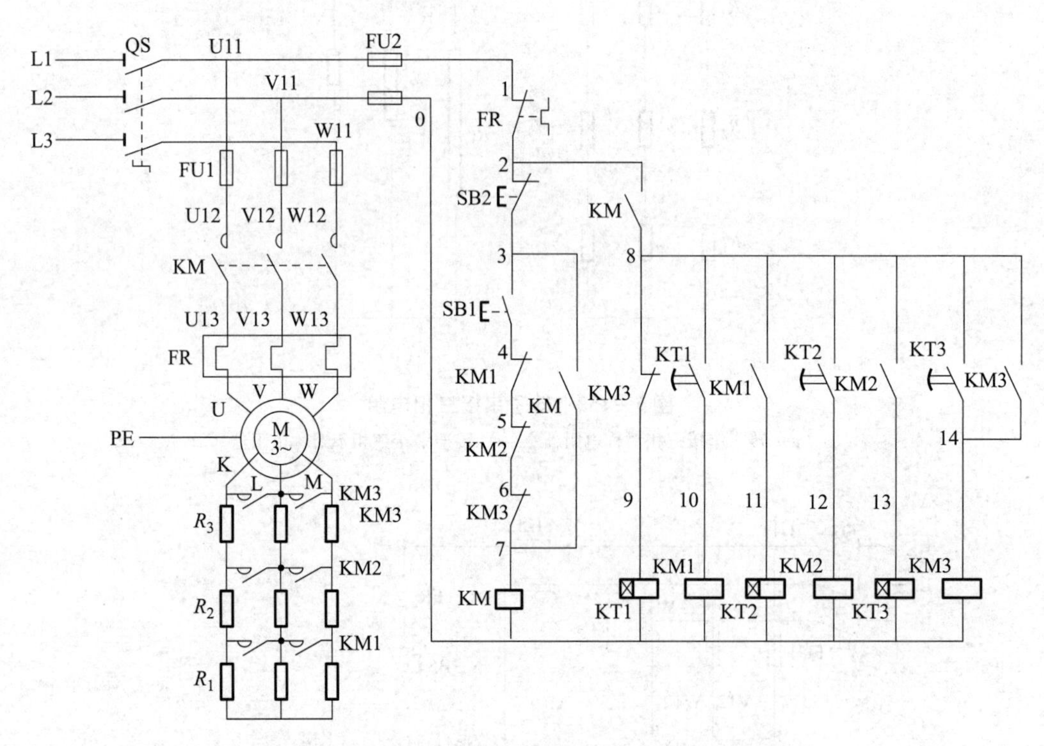

图 5－154　时间继电器自动控制短接启动电阻的控制电路

该电路利用三个时间继电器 KT1、KT2、KT3 和三个接触器 KM1、KM2、KM3 的相互配合来依次自动切除转子绕组中的三级电阻。

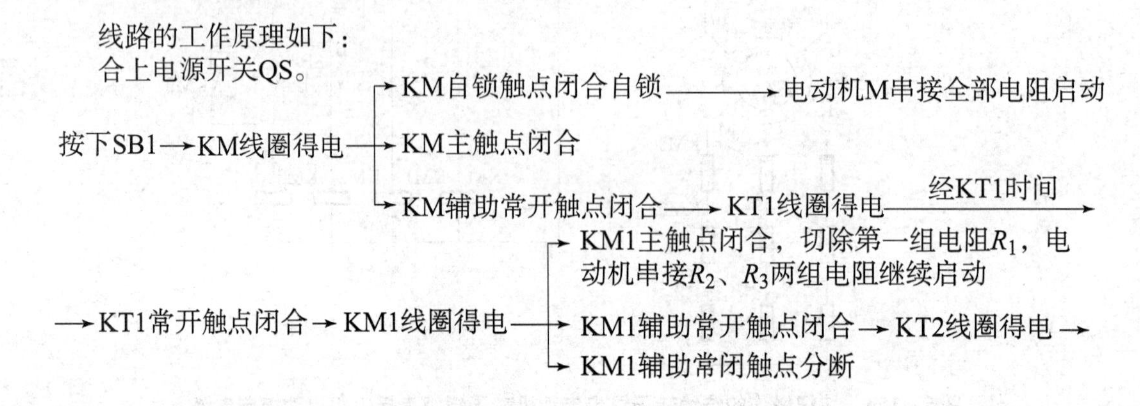

经KT2整定时间 → KT2常开触点闭合 → KM2线圈得电 →
- KM2主触点闭合，切除第二组电阻 R_2，电动机串接第三组电阻R_3继续启动
- KM2辅助常开触点闭合 →
- KM2辅助常闭触点分断

→ KT3线圈得电 经KT3整定时间 → KT3常开触点闭合 → KM3线圈得电 →
- KM3自锁触点闭合自锁
- KM3主触点闭合，切除第三组电阻 R_3，电动机M启动结束，正常运转
- KM3辅助常闭触点分断 → KT1、KM1、KT2、KM2、KT3依次断电释放，触点复位
- KM3辅助常开触点闭合

为保证电动机只有在转子绕组串入全部外加电阻的条件下才能启动，将接触器 KM1、KM2、KM3 的辅助常闭触点与启动按钮 SB1 串接，这样，如果接触器 KM1、KM2、KM3 中的任何一个因触点熔焊或机械故障而不能正常释放时，即使按下启动按钮 SB1，控制电路也不会得电，电动机就不会接通电源启动运转。

停止时，按下 SB2 即可。

4. 电流继电器控制绕线转子异步电动机转子绕组串接电阻启动控制电路

图 5－155 为电流继电器自动控制绕线转子异步电动机转子绕组串接电阻启动控制电

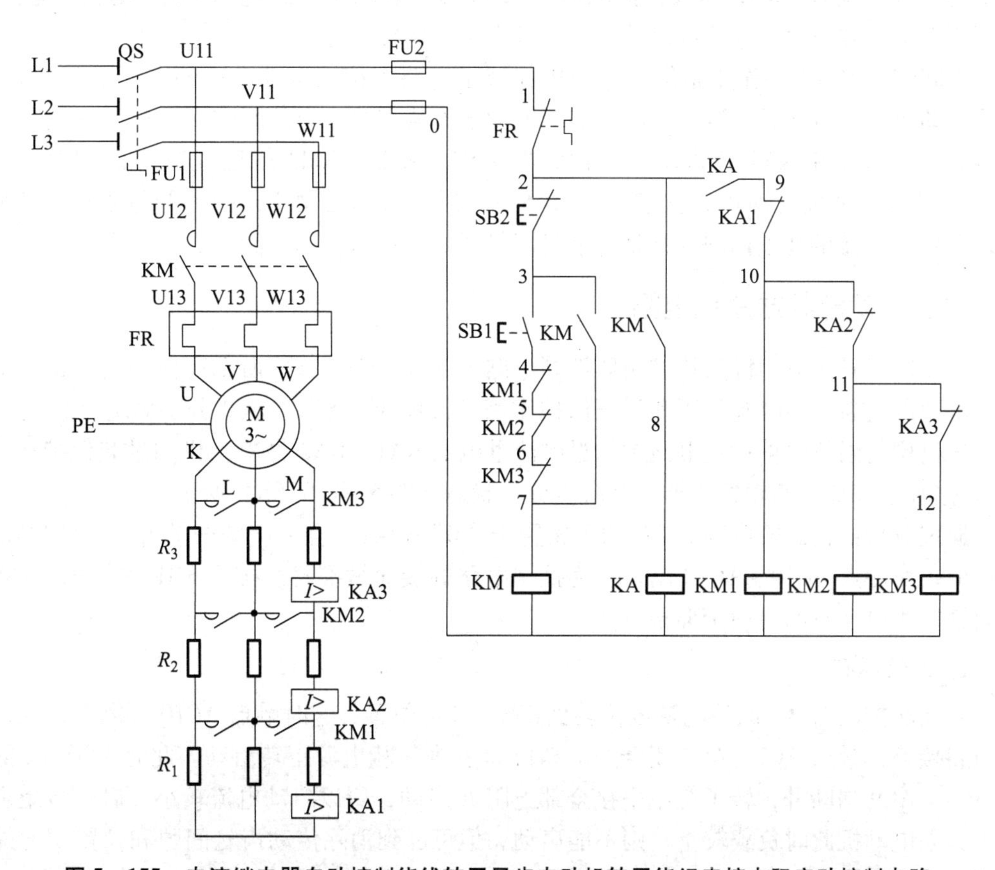

图 5－155　电流继电器自动控制绕线转子异步电动机转子绕组串接电阻启动控制电路

路图，它是根据电动机在启动过程中转子回路里电流的大小来逐级切除电阻的。三个过电流继电器 KA1、KA2 和 KA3 的线圈串接在转子回路中，它们的吸合电流都一样，但释放电流不同，KA1 最大，KA2 次之，KA3 最小，从而能根据转子电流的变化，控制接触器 KM1、KM2、KM3 依次动作，逐级切除启动电阻。

线路的工作原理如下：
合上电源开关QS。

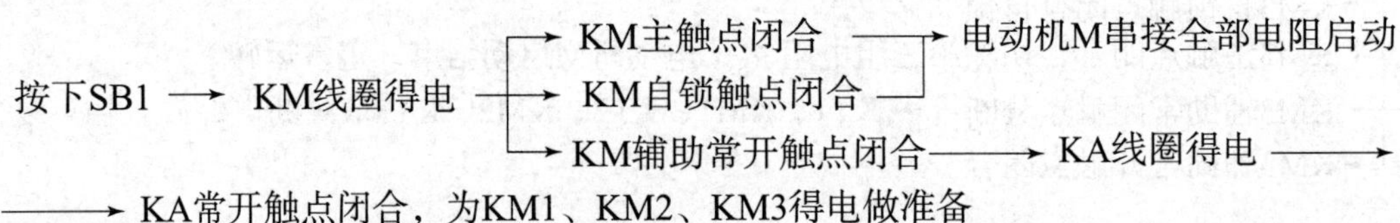

由于电动机 M 启动时转子电流较大，三个过电流继电器 KA1、KA2 和 KA3 均吸合，它们接在控制电路中的常闭触点均断开，使接触器 KM1、KM2、KM3 的线圈都不能得电，接在转子电路中的常开触点都处于断开状态，启动电阻被全部串接在转子绕组中。随着电动机转速的升高，转子电流逐渐减小，当减小至 KA1 的释放电流时，KA1 首先释放，其常闭触点恢复闭合，接触器 KM1 得电，主触点闭合，切除第一组电阻 R_1。当 R_1 被切除后，转子电流重新增大，但随着电动机转速的继续升高，转子电流又会减小，待减小至 KA2 的释放电流时，KA2 释放，接触器 KM2 动作，切除第二组电阻 R_2，如此继续下去，直至全部电阻被切除，电动机启动完毕，进入正常运转状态。

中间继电器 KA 的作用是保证电动机在转子电路中接入全部电阻的情况下开始启动。因为电动机开始启动时，转子电流从零增大到最大值需要一定的时间，这样有可能电流继电器 KA1、KA2 和 KA3 还未动作，接触器 KM1、KM2、KM3 就已经吸合而把电阻 R_1、R_2、R_3 短接，造成电动机直接启动。接入 KA 后，启动时由 KA 的常开触点断开 KM1、KM2、KM3 线圈的通电回路，保证了启动时转子回路串入全部电阻。

七、凸轮控制器控制电路

绕线转子异步电动机凸轮控制器控制电路如图 5－156（a）所示。接触器 KM 控制电动机电源的通断，同时起欠压和失压保护作用；行程开关 SQ1、SQ2 分别做电动机正反转时工作机构的限位保护；主电路中的过电流继电器 KA1、KA2 做电动机的过载保护；R 是不对称电阻；AC 为凸轮控制器，其触点分合状态如图 5－156（b）所示。

原理分析：将凸轮控制器 AC 的手轮置于“0”位后，合上电源开关 QS，这时 AC 最下面的 3 对触点 AC10 ~ AC12 闭合，为控制电路的接通做准备。按下 SB1，接触器 KM 得电自锁，为电动机的启动做准备。

1. 正转控制

将凸轮控制器 AC 的手轮从零位转到正转“1”位置，这时触点 AC10 仍闭合，保持控制电路接通；触点 AC1、AC3 闭合，电动机 M 接通三相电源正转启动，此时由于 AC 的触点 AC5 ~ AC9 均断开，转子绕组串接全部电阻 R 启动，所以启动电流较小，启动转矩也较小。如果电动机此时负载较重，则不能启动，但可起到消除传动齿轮间隙和拉紧钢丝绳的作用。

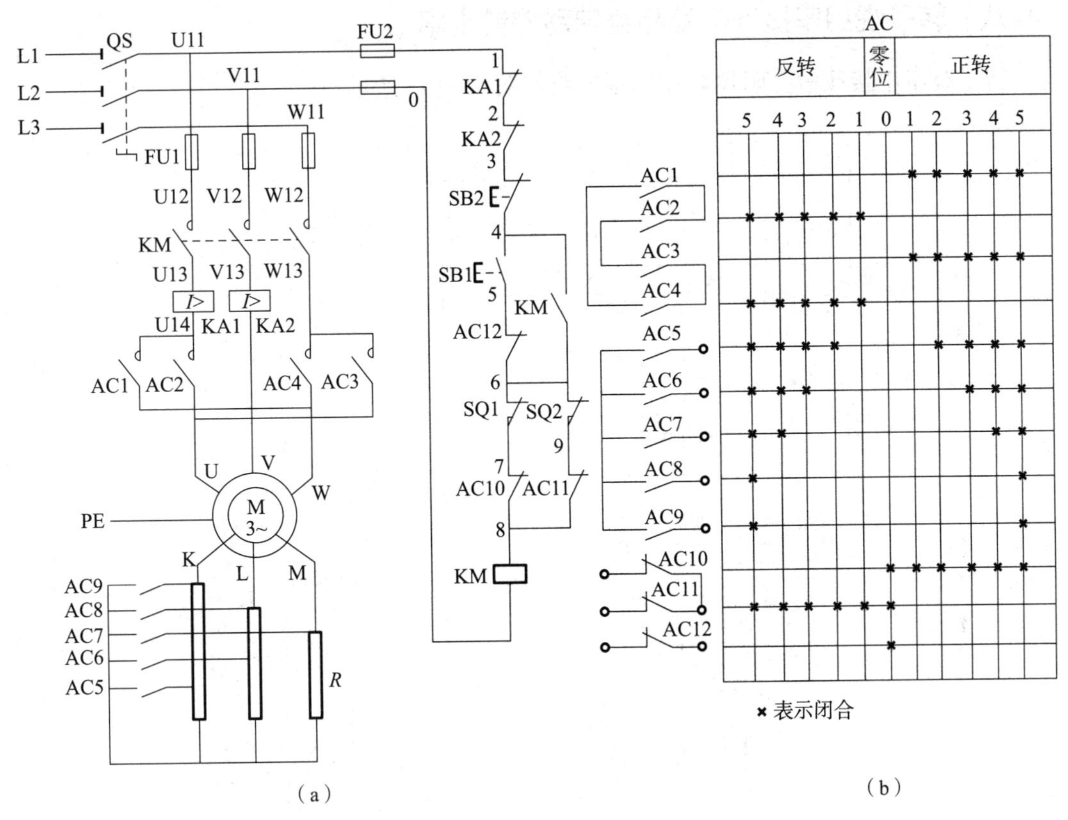

（a）　　　　　　　　　　（b）

图 5-156　绕线转子异步电动机凸轮控制器控制电路

（a）电路；（b）触点分合表

当 AC 手轮从正转“1”位转到“2”位时，触点 AC10、AC1、AC3 仍闭合，AC5 闭合，把电阻器 R 上的一级电阻短接切除，电动机转矩增加，正转加速。同理，当 AC 手轮依次转到正转“3”和“4”位置时，触点 AC10、AC1、AC3、AC5 仍闭合，AC6、AC7 先后闭合，把电阻器 R 上的两级电阻相继短接，电动机 M 继续加速正转。当手轮转到“5”位置时，AC5 ~ AC9 五对触点全部闭合，转子回路电阻被全部切除，电动机启动完毕进入正常运转。

停止时，将 AC 手轮扳回零位即可。

2. 反转控制

当将 AC 手轮扳到反转“1”~“5”位置时，触点 AC2、AC4 闭合，接入电动机的三相电源相序改变，电动机将反转。反转的控制过程与正转相似，请自行分析。

凸轮控制器最下面的三对触点 AC10 ~ AC12 只有当手轮置于零位时才全部闭合，而手轮在其余各挡位置时都只有一对触点闭合（AC10 或 AC11），而其余两对断开。从而保证了只有手轮置于零位时，按下启动按钮 SB1 才能使接触器 KM 线圈得电动作，然后通过凸轮控制器 AC 使电动机进行逐级启动，避免了电动机在转子回路不串启动电阻的情况下直接启动，同时也防止了由于误按 SB1 使电动机突然快速运转而产生的意外事故。

八、转子绕组串接频敏变阻器启动控制电路

转子绕组串接频敏变阻器启动控制电路如图 5 – 157 所示。

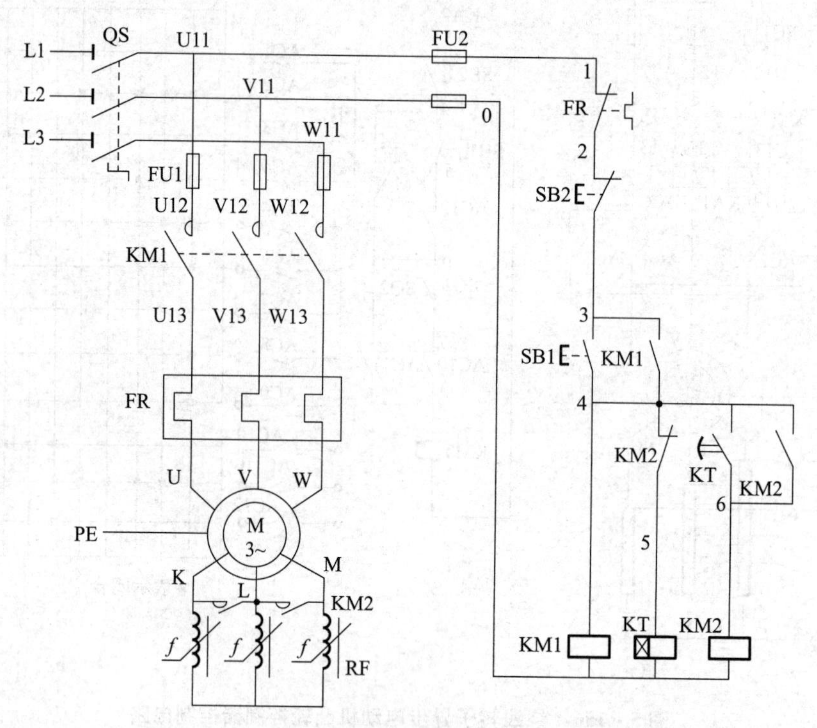

图 5 – 157　转子绕组串接频敏变阻器启动控制电路

电路的工作原理如下：

先合上电源开关 QS。

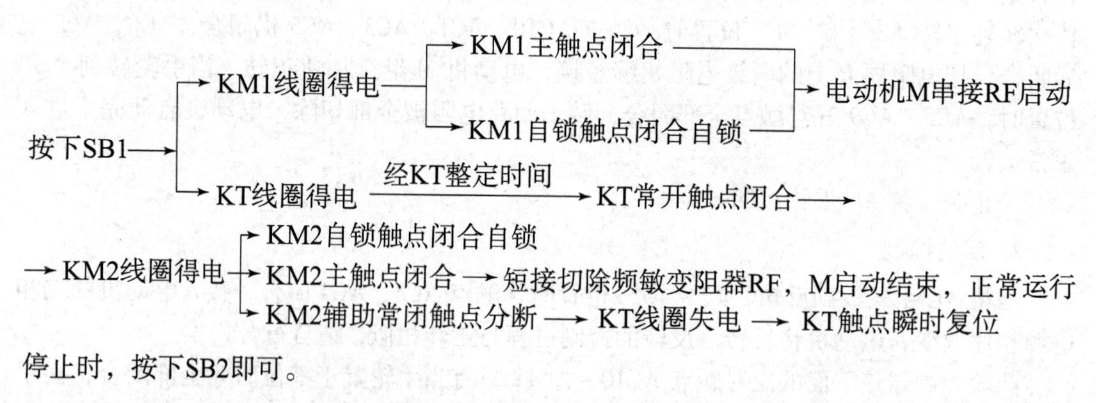

停止时，按下SB2即可。

九、自动与手动相互转换的绕线转子异步电动机串联频敏变阻器启动控制电路

自动与手动相互转换的绕线转子异步电动机串联频敏变阻器启动控制电路如图 5 – 158 所示，启动过程可以利用转换开关 SA 实现自动控制与手动控制的转换。

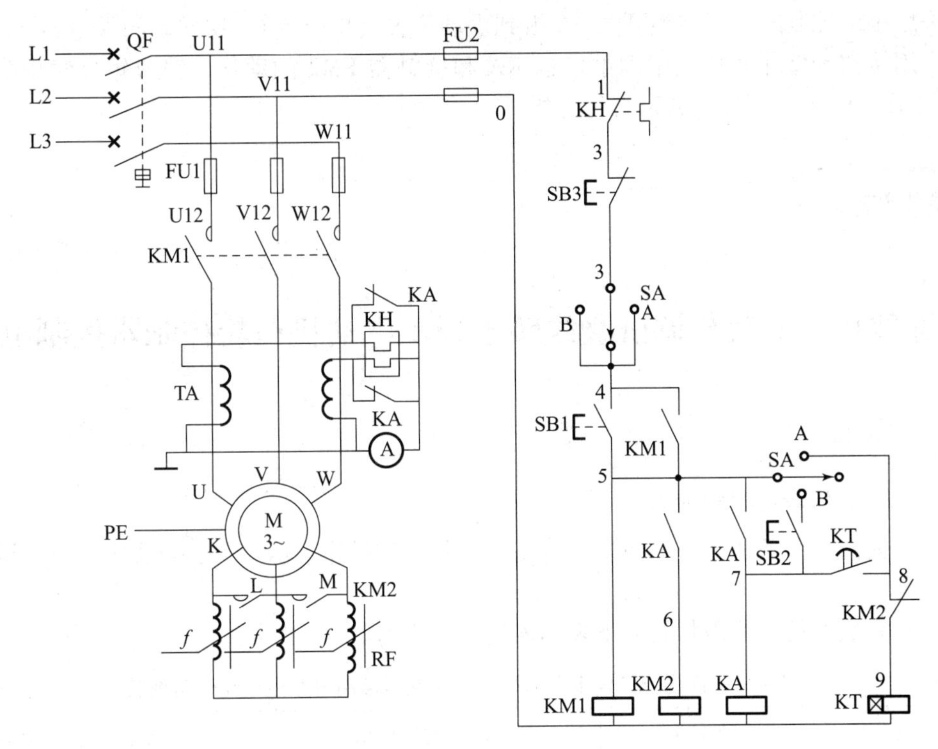

图 5－158　自动与手动相互转换的绕线转子异步电动机串联频敏变阻器启动控制电路

采用自动控制时，将转换开关 SA 扳到自动位置（A 位置）即可，电路的工作原理如下：

先合上电源开关 QF。

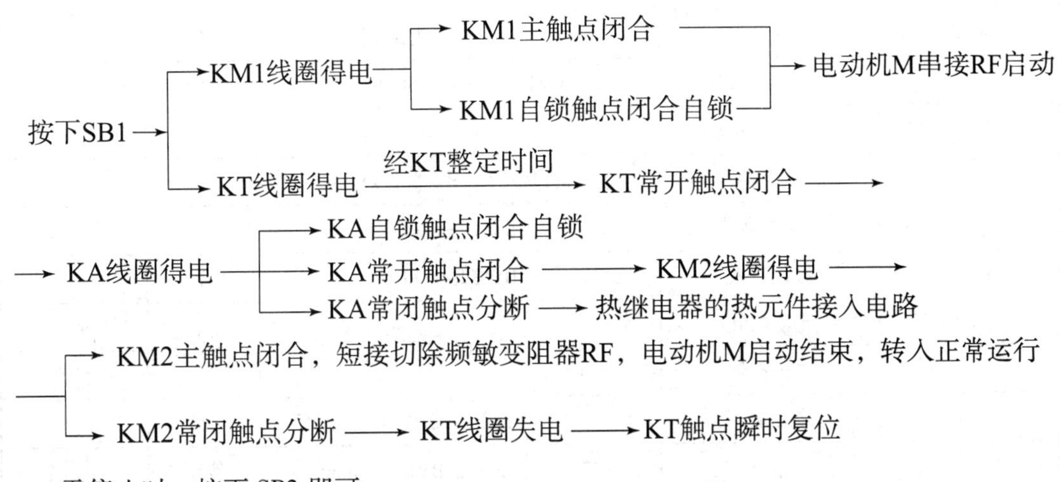

需停止时，按下 SB3 即可。

启动过程中，中间继电器 KA 未得电，KA 的两对常开触点将热继电器 FR 的热元件短接，以免因启动时间过长，而使热继电器过热产生误动作。启动结束后，中间继电器 KA 得电动作，其两对常闭触点分断，FR 的热元件接入主电路工作。电流互感器 TA 的作用是将主电路的大电流变换成小电流后串入热继电器的热元件反映过载程度。

采用手动控制时，将转换开关 SA 扳到手动位置（B 位置），这样时间继电器 KT 不起作用，用按钮 SB2 手动控制中间继电器 KA 和接触器 KM2 的动作，完成短接频敏变阻器 RF 的工作，其工作原理读者可自行分析。

操作训练

训练项目　安装与调试绕线转子异步电动机凸轮控制器控制电路

一、工作准备

1. 工具、仪表与材料准备

（1）完成本任务所需工具与仪表为螺钉旋具、尖嘴钳、斜口钳、剥线钳、压线钳、万用表等。

（2）完成本任务所需材料明细表如表 5－25 所示。

表 5－25　绕线转子异步电动机凸轮控制器控制电路电气元件明细表

图上代号	元件名称	型号规格	数量	备注
M	绕线式异步电动机	YZR132M1—6，2.2 kW，Y 接法，定子电压 380 V，电流 6.1 A；转子电压 132 V，电流 12.6 A；908 r/min	1	
QS	转换开关	HZ10—25/3	1	
FU1	熔断器	RL1—60/25 A	3	
FU2	熔断器	RL1—15/2 A	2	
KM	交流接触器	CJ10—10，380 V	1	
KA1，KA2	过电流继电器	JL12—10	2	
R	电阻器	RT12—6/1B，2.2 kW	1	
AC	凸轮控制器	KTJ1—50/2	1	
SQ1，SQ2	行程开关	JLXK1—111	2	
SB1，SB2	启动按钮	LA10—2H	1	绿色
	停止按钮			红色
	接线端子	JX2—Y010	2	
	导线	BV—2.5 mm^2，BVR—1 mm^2	若干	
	冷压接头	1 mm^2	若干	
	异型管	1.5 mm^2	若干	
	开关板	木制，500 mm × 400 mm	1	

2. 绘制电气元件布置图

根据原理图绘制电气元件布置图，如图 5－159 所示。

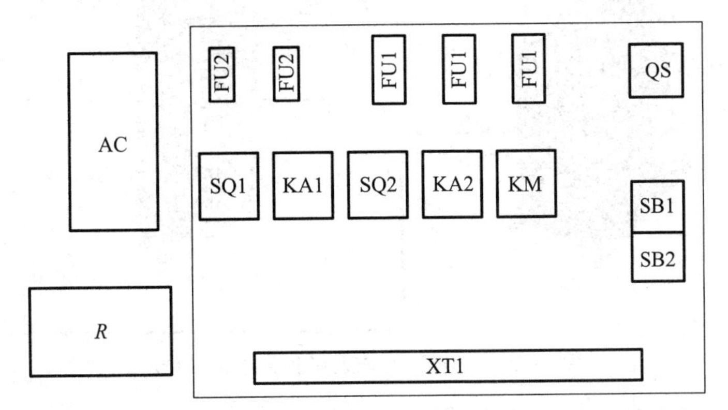

图 5－159　绕线转子异步电动机凸轮控制器控制电路电气元件布置

二、实训过程

1. 检测电气元件

根据表 5－25 配齐所用电气元件，其各项技术指标均应符合规定要求，目测其外观无损坏，手动触点动作灵活，并用万用表进行质量检验，如不符合要求，则予以更换。

2. 安装电路

（1）安装电气元件。

（2）布线。

（3）安装并连接行程开关。

（4）安装凸轮控制器，并连接电阻器、控制板、电动机。

①将电阻器与凸轮控制器连接。连接电阻器的 R_6 与凸轮控制器的公共点，如图 5－160 所示。连接电阻器的 R_5 与凸轮控制器 AC5，如图 5－161 所示。按此方法将电阻器的 R_4 与凸轮控制器 AC6 连接，电阻器的 R_3 与凸轮控制器 AC7 连接，电阻器的 R_2 与凸轮控制器 AC8 连接，电阻器的 R_1 与凸轮控制器 AC9 连接，如图 5－162 所示。

图 5－160　连接 R_6 与凸轮控制器的公共点

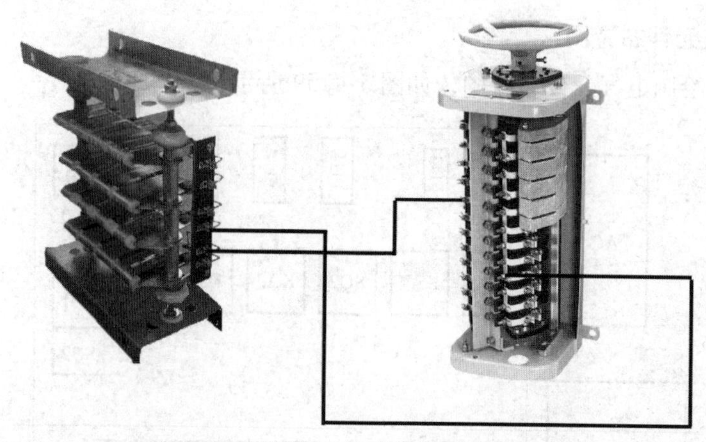

图 5－161　连接 R_5 与凸轮控制器的 AC5

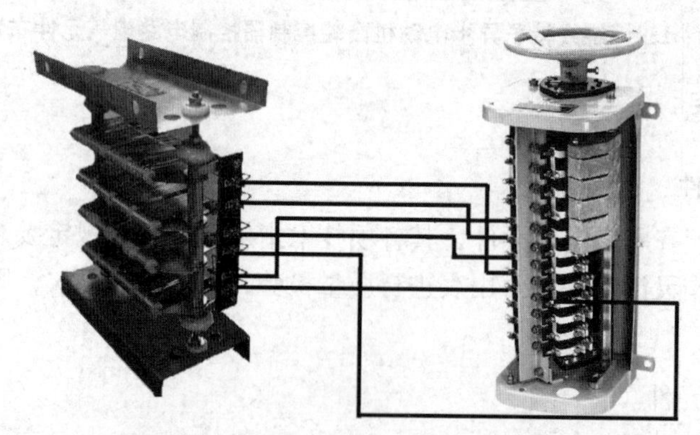

图 5－162　电阻器与凸轮控制器的连接

②将控制板与凸轮控制器连接。连接控制板的 8#线与凸轮控制器 AC10 和 AC11 的公共点，如图 5－163 所示；连接控制板的 7#线与凸轮控制器 AC10，如图 5－164 所示；按此方法将控制板的 9#线与凸轮控制器 AC11 连接，控制板的 5#线与凸轮控制器 AC12 连接，控制板的 6#线与凸轮控制器 AC12 连接，连接结果如图 5－165 所示。

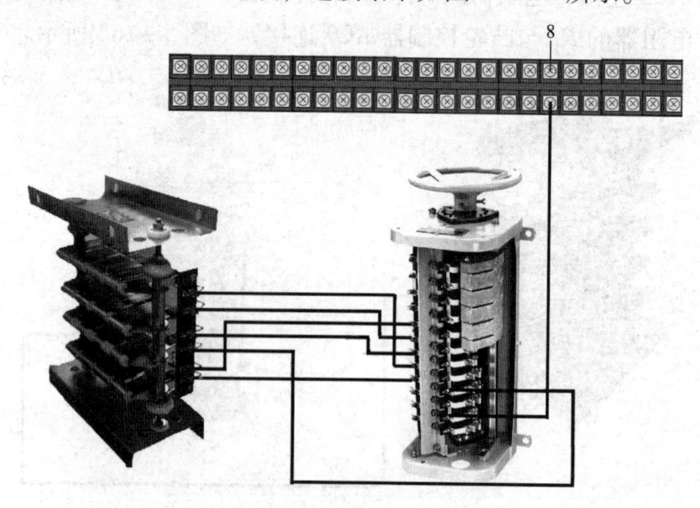

图 5－163　连接 8#线与凸轮控制器 AC10 和 AC11 的公共点

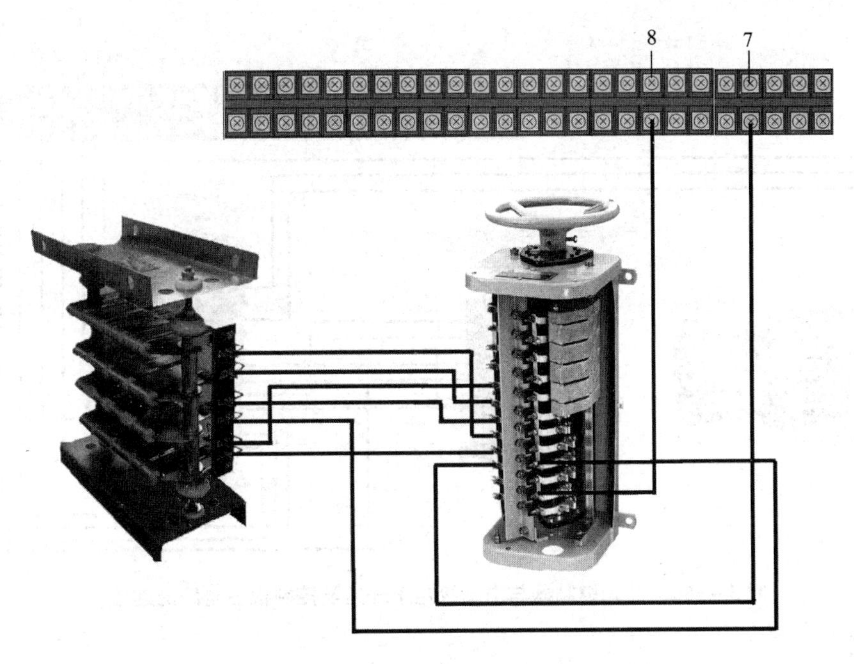

图 5－164　连接 7#线与凸轮控制器 AC10

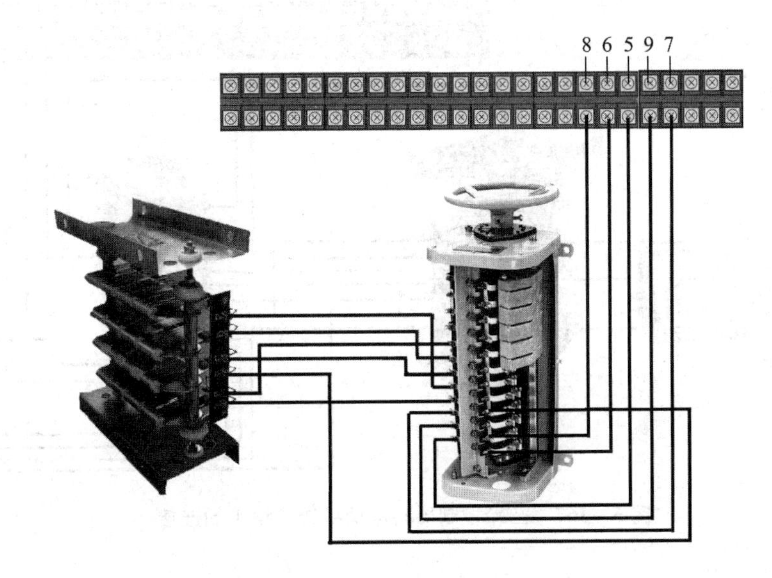

图 5－165　控制板与凸轮控制器的连接

③将电动机与凸轮控制器连接。连接控制板的主电路与凸轮控制器，连接凸轮控制器与电动机的定子绕组，如图 5－166 所示，连接凸轮控制器与电动机的转子绕组，如图 5－167 所示。

（5）通电前检测。通电前，应认真检查有无错接、漏接，以防造成不能正常运转或短路事故。

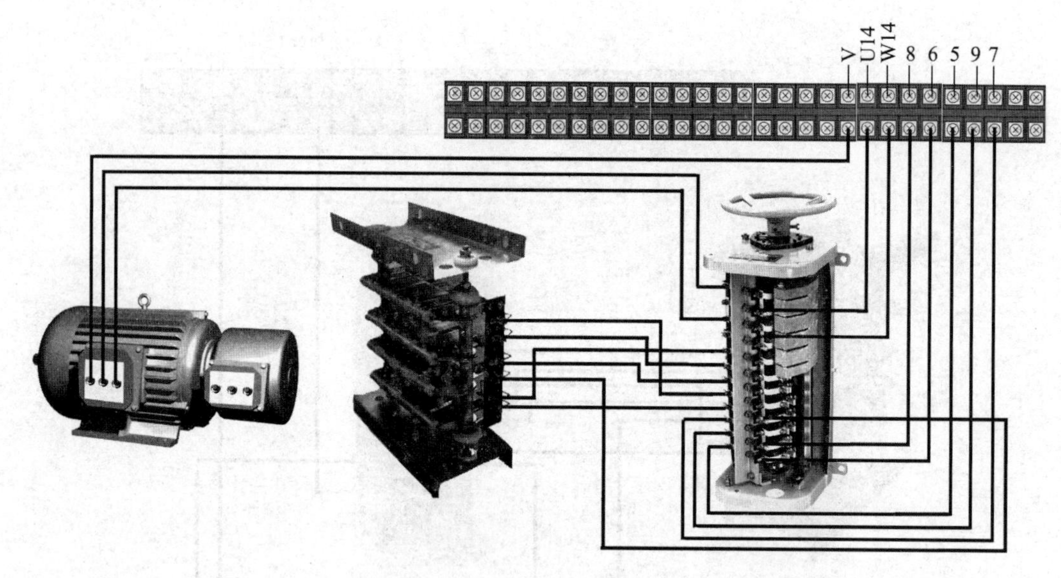

图 5－166　凸轮控制器与电动机定子绕组及控制板主电路的连接

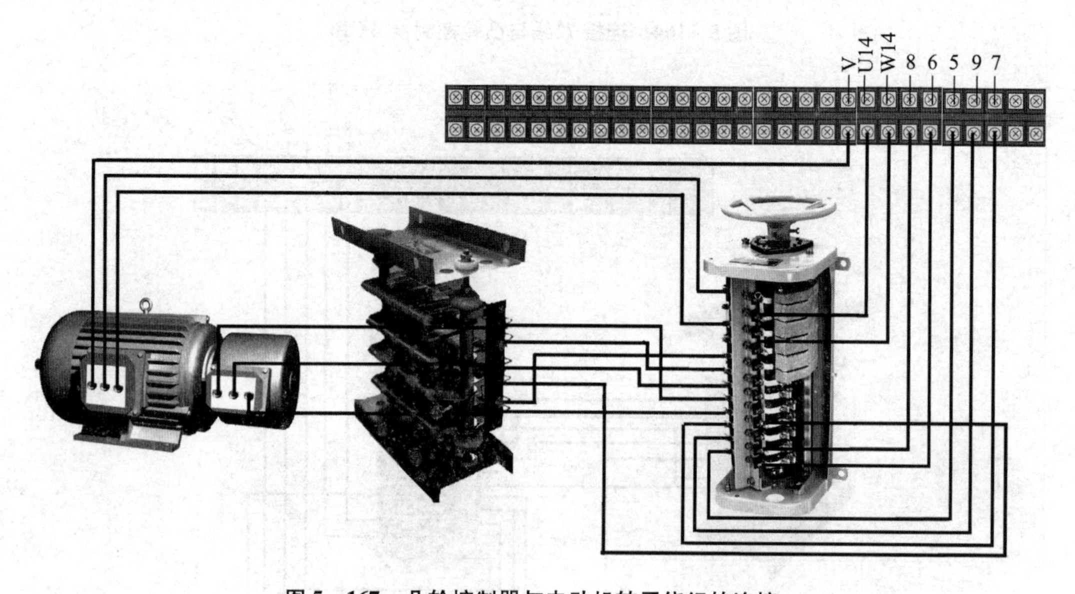

图 5－167　凸轮控制器与电动机转子绕组的连接

3. 通电试车

※ 特别提示：

通电试车前要检查安全措施，试车时要遵守安全操作规程，出现故障时要停电检查。

连接电源，将电流继电器的整定值调整到合适值。通电试车的操作顺序是：将 AC 的手轮置于零位→合上电源开关 QS→按下启动按钮 SB1 使 KM 吸合→将 AC 的手轮依次正转到 1 ~5 挡的位置并分别测量电动机的转速→将 AC 的手轮从正转“5”挡逐渐恢复到零位→将 AC 的手轮依次反转到 1 ~5 挡的位置并分别测量电动机的转速→将 AC 的手轮从反转“5”挡逐渐恢复到零位→按下停止按钮 SB2→切断电源开关 QS。

试车时，注意观察接触器情况。观察电动机运转是否正常，若有异常现象应马上停车。

4. 整理现场

整理现场工具及电气元件，清理现场，根据工作过程填写任务书，整理工作资料。

三、注意事项

（1）凸轮控制器安装前，应转动手轮，检查运动系统是否灵活、触点分合顺序是否与分合表相符合。

（2）凸轮控制器必须牢固安装在墙壁或支架上。

（3）凸轮控制器接线务必正确，接线后必须盖上灭弧罩。

（4）电阻器接线前应检查电阻片的连接线是否牢固、有无松动现象。

（5）控制板外配线必须用套管加以防护，以确保安全。

（6）电动机、电阻器及按钮金属外壳必须保护接地。

（7）通电试车、调试及检修时，必须在指导教师的监护和允许下进行。

（8）启动操作凸轮控制器时，转动手轮不能太快，应逐级启动，每级之间保持至少约 1 s 的时间间隔。

（9）电动机旋转时，注意转子滑环与电刷之间的火花，如果火花大或滑环有灼伤痕迹，应立即停车检查。

（10）电阻器必须采取遮护或隔离措施，以防发生触电事故。

（11）要做到安全操作和文明生产。

思考与练习

1. 叙述绕线转子异步电动机转子串电阻启动时间继电器自动控制电路的工作原理。

2. 比较过电流继电器与时间继电器在控制绕线转子异步电动机转子绕组串接电阻启动控制电路的不同。

3. 凸轮控制器控制电路中，如何实现零压保护？

4. 什么是频敏变阻器？如何正确调整频敏变阻器？

5. 简述图 5 - 157 转子绕组串接频敏变阻器启动控制电路的控制过程。

6. 查阅 20 t/5 t 桥式起重机电气控制电路资料，分析桥式起重机的工作原理。

模块六　常用生产机械电气控制电路调试与检修

单元1　调试与检修 CA6140 型车床电气控制电路

任务描述

车床是一种应用极为广泛的金属切削设备，用于对各种具有旋转表面的工件进行加工，如车削外圆、内圆、端面和螺纹等。除车刀之外，还可用钻头、铰刀和镗刀等刀具进行加工。

某精密机械厂有多台 CA6140 型卧式车床进行轴类零件的加工，现有一台 CA6140 型卧式车床出现故障无法正常使用，需要机床维修技术员进行设备维修，为了不影响工期，该机械厂希望能在一天时间内将机床维修完工。该机械厂将机床维修的任务全部外包给某机床设备公司，该公司接到维修工作任务后迅速委派售后维修技术员进行维修（表 6－1）。

表 6－1　维修工作任务单

流水号：201908250001　　　　日期：2019 年 08 月 25 日

<table>
<tr><td rowspan="8">报修记录</td><td>报修单位</td><td>****精密机械厂</td><td>报修部门</td><td>机加工部</td><td>联系人</td><td>张**</td></tr>
<tr><td>单位地址</td><td colspan="3">****市****区****路208号</td><td>联系电话</td><td>1388530****</td></tr>
<tr><td>故障设备名称型号</td><td colspan="2">CA6140 型普通车床</td><td>设备编号</td><td colspan="2">001</td></tr>
<tr><td>报修时间</td><td colspan="2">2019 年 08 月 25 日</td><td>希望完工时间</td><td colspan="2">2019 年 08 月 26 日</td></tr>
<tr><td>故障现象描述</td><td colspan="5">机床在加工过程中突然主轴停止运行，无法加工，随后操作人员重新上电后操作该机床，按下启动按钮 SB2 主轴无法启动，冷却泵也无法启动，但是快速移动电动机可以正常运行</td></tr>
<tr><td>维修单位</td><td colspan="2">**机床设备公司</td><td>维修部门</td><td colspan="2">售后维修部</td></tr>
<tr><td>接单人</td><td colspan="2">王**</td><td>联系电话</td><td colspan="2">1357412****</td></tr>
<tr><td>接单时间</td><td colspan="2">2019 年 08 月 25 日</td><td>完工时间</td><td colspan="2">2019 年 08 月 26 日</td></tr>
</table>

任务目标

（1）了解 CA6140 型车床的基本结构、主要运动形式及控制要求；
（2）正确识读 CA6140 型车床电气控制原理图，并分析其工作原理；
（3）正确选择和使用常用电工工具和检测仪表进行线路故障检测；
（4）根据故障现象现场分析、判断并排除 CA6140 型车床的电气故障。

相关知识

一、CA6140 车床基本概述

1. 车床的定义与用途

车床是用车刀对旋转的工件进行车削加工的机床，主要用于加工零件的各种回转表面，如内外圆柱表面、内外圆锥表面、成形回转表面以及回转体的端面等。在车床上，除使用车刀进行加工外，还可以使用各种孔加工刀具（如钻头、铰刀等）进行孔加工或者用镗刀加工较大的内孔表面。

2. 车床分类

按用途和结构的不同，车床主要分为卧式车床、落地车床、立式车床、转塔车床、单轴自动车床、多轴自动和半自动车床、仿形车床及多刀车床，以及各种专门化车床，如凸轮轴车床、曲轴车床、车轮车床、铲齿车床，如图 6－1 所示。在所有车床中，以卧式车床应用最为广泛。

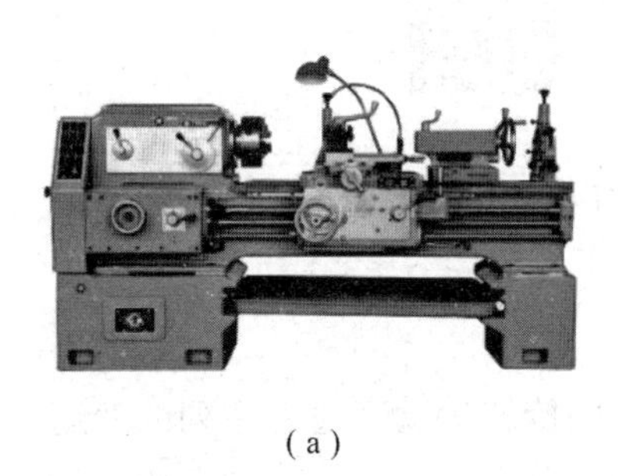
（a）

（b）

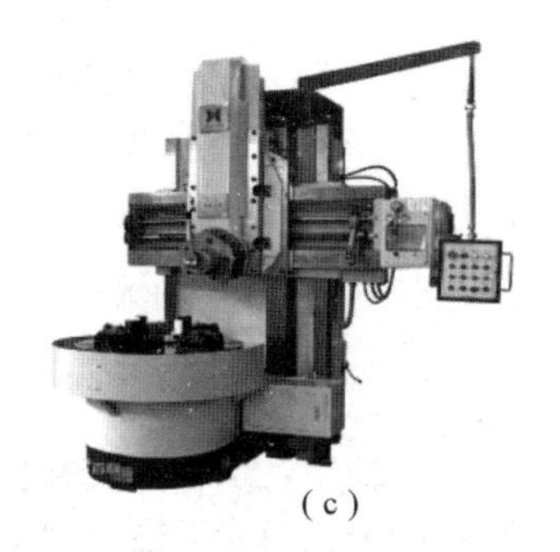
（c）

图 6－1　典型普通车床实物图
（a）卧式车床；（b）落地车床；（c）立式车床

3. CA6140 型车床型号含义

机床的型号是机床产品的代号，用以简明地表示机床的类型、主要技术参数、性能和结构特点等。GB/T 15375—94《金属切削机床型号编制方法》规定，我国的机床型号由汉语拼音字母和阿拉伯数字按一定规律组合而成，适用于各类通用机床和专用机床（组合机床除外)。

CA6140 型车床的型号含义如图 6－2 所示。

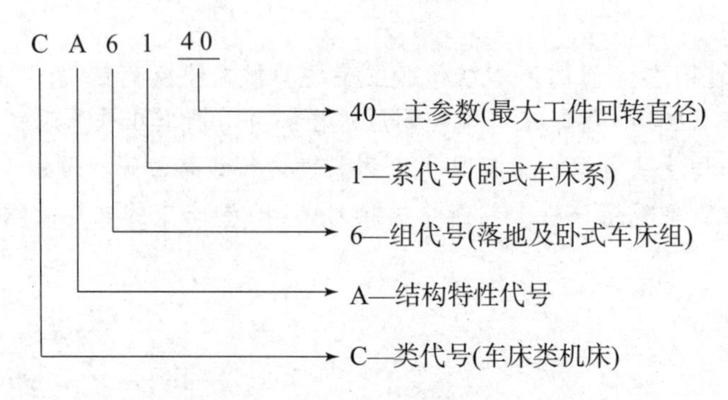

图 6－2 CA6140 型车床型号含义

4. CA6140 型车床的主要结构

CA6140 型车床主要组成部件有主轴箱、进给箱、溜板箱、刀架、尾架、光杠、丝杠、床身、床座和冷却装置，如图 6－3 所示。

图 6－3 CA6140 型卧式车床基本结构

1—主轴箱；2—进给箱；3—溜板箱；4—刀架；5—尾架；6—光杠；7—丝杠；8—床身；9—左床座；10—右床座；11—卡盘。

主轴箱：又称床头箱，它的主要任务是将主电动机传来的旋转运动经过一系列的变速机构使主轴得到所需的正反两种转向的不同转速，同时主轴箱分出部分动力将运动传给进给箱。主轴箱中的主轴是车床的关键零件，主轴在轴承上运转的平稳性直接影响工件的加工质量，一旦主轴的旋转精度降低，则机床的使用价值就会降低。

进给箱：又称走刀箱，进给箱中装有进给运动的变速机构，调整其变速机构，可得到所需的进给量或螺距，通过光杠或丝杠将运动传至刀架以进行切削。

丝杠与光杠：用以连接进给箱与溜板箱，并把进给箱的运动和动力传给溜板箱，使溜板箱获得纵向直线运动。丝杠是为专门车削各种螺纹而设置的，在进行工件的其他表面车削时，只用光杠，不用丝杠。

溜板箱：是车床进给运动的操纵箱，内装有将光杠和丝杠的旋转运动变成刀架直线运动的机构，通过光杠传动实现刀架的纵向进给运动、横向进给运动和快速移动，通过丝杠带动刀架作纵向直线运动，以便车削螺纹。

刀架：由两层滑板（中、小滑板）、床鞍与刀架体共同组成，用于安装车刀并带动车刀作纵向、横向或斜向运动。

尾架：安装在床身导轨上，并沿此导轨纵向移动，以调整其工作位置，尾架主要用来安装后顶尖，以支撑较长工件，也可安装钻头、铰刀等进行孔加工。

床身：是车床带有的精度要求很高的导轨（山形导轨和平导轨）的一个大型基础部件，用于支撑和连接车床各个部件，并保证各部件在工作时有准确的相对位置。

冷却装置：主要通过冷却水泵将水箱中的切削液加压后喷射到切削区域，降低切削温度，冲走切屑，润滑加工表面，以提高刀具使用寿命和工件的表面加工质量。

二、CA6140 型车床的运动形式与控制要求

CA6140 型车床的运动形式与控制要求如表 6－2 所示。

表 6－2　车床的运动形式与控制要求

运动种类	运动形式	控制要求
主运动	主轴通过卡盘或顶尖带动工件的旋转运动	（1）主轴电动机选用三相笼型异步电动机，不进行调速，主轴采用齿轮箱进行机械有级调速 （2）车削螺纹时要求主轴有正反转，一般由机械方法实现，主轴电动机只作单向旋转 （3）主轴电动机的容量不大，可采用直接启动
进给运动	刀架带动刀具的直线运动	进给运动也由主轴电动机拖动，主轴电动机的动力通过挂轮箱传递给进给箱来实现刀具的纵向和横向进给。加工螺纹时，要求刀具移动和主轴转动有固定的比例关系
辅助运动	刀架的快速移动	由刀架快速移动电动机拖动，该电动机可直接启动，也不需要正反转和调速，由机械机构实现刀架正反转
	尾架的纵向移动	由手动操作控制
	工件的夹紧与放松	由手动操作控制
	加工过程的冷却	冷却泵电动机和主轴电动机要实现顺序控制，冷却泵电动机也不需要正反转和调速

三、CA6140 型车床电气原理图分析

1. 电气原理图的基本组成

电气控制系统图一般有三种：电气控制原理图、电气元件布局图和电气安装接线图。图 6－4 所示为 CA6140 卧式车床电气控制原理。

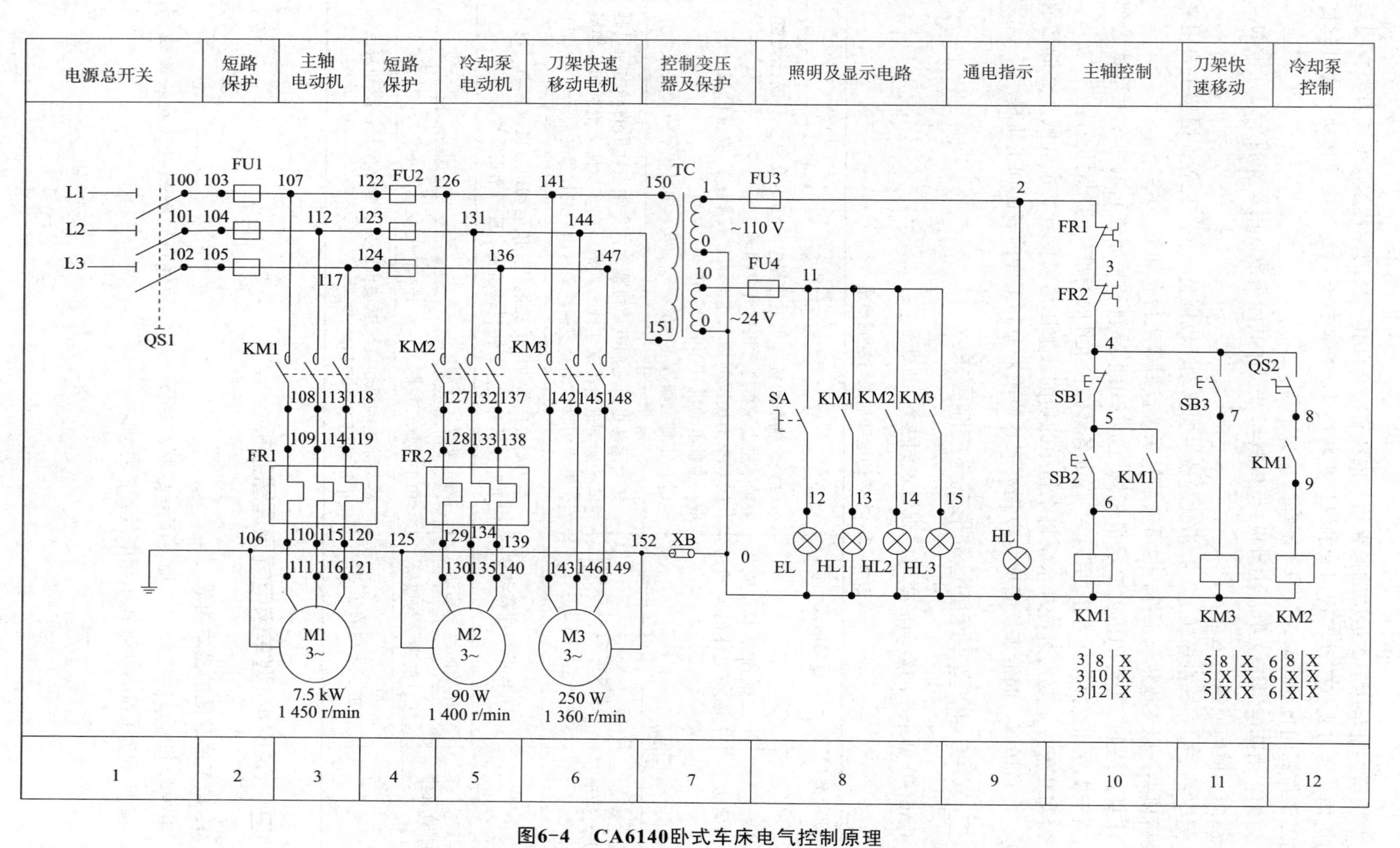

图6-4　CA6140卧式车床电气控制原理

2. CA6140 型车床电气原理图分析

1）CA6140 型车床主电路分析

CA6140 型车床主电路由三台电动机（M1、M2、M3）、三个接触器主触点（KM1、KM2、KM3）、两个热继电器（FR1、FR2）、两个熔断器（FU1、FU2）、转换开关 QS1、电源指示灯 EL 和导线组成。其中三台电动机功能如下：

M1 为主轴电动机，拖动主轴旋转，通过进给机构实现进给运动，该电动机由启停按钮控制，不需要正反转控制和调速，但需要过载保护。

M2 为冷却泵电动机，提供冷却液，冷却泵电动机和主轴电动机要实现顺序控制，冷却泵电动机不需要正反转和调速，但需要过载保护。

M3 为刀架快速移动电动机，该电机实行点动控制，不需要过载保护。

CA6140 电气原理图主电路控制与保护如表 6－3 所示。

表 6－3　CA6140 电气原理图主电路控制与保护

被控对象	相关参数	控制方式	控制电器	过载保护	短路保护	接地保护
M1	功率 7.5 kW 额定转速 1 450 r/min	启保停控制	QS1→FU1→KM1→FR1	热继电器 FR1	熔断器 FU1	有
M2	功率 90 W 额定转速 1 400 r/min	启保停控制	QS1→FU1→FU2→KM2→FR2	热继电器 FR2	熔断器 FU1、FU2（FU1 额定电流大于 FU2）	有
M3	功率 250 kW 额定转速 1 360 r/min	点动控制	QS1→FU1→FU2→KM3	无	熔断器 FU1、FU2（FU1 熔断电流大于 FU2）	有

2）CA6140 型车床控制电路分析

CA6140 型车床控制电路由控制变压器 TC、指示灯、两个熔断器、三个接触器线圈控制回路等组成。控制变压器 TC 用于提供指示灯电源和接触器线圈回路电源，熔断器 FU1 和 FU2 分别用于指示灯电路和接触器线圈电路的短路保护。

a）主轴电动机的控制分析

按下启动按钮 SB2→KM1 线圈得电→
- KM1 主触点闭合→主轴电动机 M1 得电运行
- KM1 常开辅助触点闭合→KM1 线圈自锁得电
- KM1 常开辅助触点闭合→KM2 线圈得电准备

按下停止按钮 SB1→KM1 线圈失电→主轴电动机 M1 失电停止。

b）冷却泵电动机控制分析

闭合 QS2→按下启动按钮 SB2→KM1 线圈得电→KM1 常开辅助触点闭合→KM2 线圈得电→冷却泵电动机 M2 运行；

按下停止按钮 SB1→KM1 线圈失电→KM1 常开触点断开→KM2 线圈失电→冷却泵电动机 M2 停止；

关闭 QS2→冷却泵电动机 M2 停止。

c）刀架快速移动电机控制分析

按下点动按钮 SB3→KM3 线圈得电→快速移动电机 M3 得电运行；
松开点动按钮 SB3→KM3 线圈失电→快速移动电机 M3 失电停止。

d）照明与指示电路分析

EL 为照明灯，由 SA 开关控制；
HL1 为主轴电动机运行指示灯，由 KM1 常开触点控制；
HL2 为冷却泵电动机运行指示灯，由 KM2 常开触点控制；
HL3 为快速移动电动机运行指示灯，由 KM3 常开触点控制；
HL 为接触器线圈电路电源指示灯，TC 得电，HL 就点亮。

四、机床电气维修基本原则和基本方法

1. 机床电气维修的十大原则

1）先动口再动手

对于有故障的电气设备，不应急于动手，应先询问产生故障的前后经过及故障现象。对于生疏的设备，还应先熟悉电路原理和结构特点，遵守相应规则。拆卸前要充分熟悉每个电气部件的功能、位置、连接方式以及与周围器件的关系，在没有组装图的情况下，应一边拆卸，一边画草图，并记上标记。

2）先外部后内部

应先检查设备有无明显裂痕、缺损，了解其维修史、使用年限等，然后再对机内进行检查。拆卸前应排除周边的故障因素，确定为机内故障后才能拆卸，否则，盲目拆卸可能将设备越修越坏。

3）先机械后电气

只有在确定机械零件无故障后，才能进行电气方面的检查。检查电路故障时，应利用检测仪器寻找故障部位，确认无接触不良故障后，再有针对性地查看线路与机械的运作关系，以免误判。

4）先静态后动态

在设备未通电时，判断电气设备按钮、接触器、热继电器以及熔断器的好坏，从而判定故障的所在。通电试验，听其声、测参数、判断故障，最后进行维修。如在电动机缺相时，若测量三相电压值无法判别时，就应该听其声，单独测每相对地电压，方可判断哪一相缺损。

5）先清洁后维修

对污染较重的电气设备，先对其按钮、接线点、接触点进行清洁，检查外部控制键是否失灵。许多故障都是由脏污及导电尘块引起的，一经清洁故障往往会排除。

6）先电源后设备

电源部分的故障率在整个故障设备中占的比例很高，所以先检修电源往往可以事半功倍。

7）先普遍后特殊

因装配配件质量或其他设备故障而引起的故障，一般占常见故障的50%左右。电气设备的特殊故障多为软故障，要靠经验和仪表来测量和维修。

8）先外围后内部

先不要急于更换损坏的电气部件，在确认外围设备电路正常时，再考虑更换损坏的电气部件。

9）先直流后交流

检修时，必须先检查直流回路静态工作点，再检查交流回路动态工作点。

10）先故障后调试

对于调试和故障并存的电气设备，应先排除故障，再进行调试，调试必须在电气线路正常的前提下进行。

2. 机床电气维修的基本方法——直观法

直观法是通过“问、看、听、摸、闻”来发现异常情况，从而找出故障电路和故障所在部位的。

（1）问：向现场操作人员询问故障发生前后的情况，如故障发生前是否过载、频繁启动和停止；故障发生时是否有异常声音和振动，有没有冒烟、冒火等现象。

（2）看：仔细察看各种电气元件的外观变化情况。如看触点是否烧融、氧化，熔断器熔断指示器是否跳出，热继电器是否脱扣，导线是否烧焦，热继电器整定值是否合适，瞬时动作整定电流是否符合要求等。

（3）听：主要听有关电器在故障发生前后声音是否差异，如听电动机启动时是否只“嗡嗡”响而不转；接触器线圈得电后是否噪声很大等。

（4）摸：故障发生后，断开电源，用手触摸或轻轻推拉导线及电器的某些部位，以察觉异常变化，如摸电动机、变压器和电磁线圈表面，感觉湿度是否过高；轻拉导线，看连接是否松动；轻推电器活动机构，看移动是否灵活等。

（5）闻：故障出现后，断开电源，将鼻子靠近电动机、变压器、继电器、接触器、绝缘导线等处，闻闻是否有焦味，如有焦味，则表明电器绝缘层已被烧坏，主要原因则是过载、短路或三相电流严重不平衡等故障。

操作训练

训练项目　调试与检修 CA6140 型车床工作任务单中的故障

一、工作准备

1. 电气维修安全防护措施准备

机床维修技术员需要与电气设备进行接触，为有效防止触电事故，既要有技术措施又要有组织管理措施，并制订正确合理的维修工作计划和工作方案。

1）合理使用防护用具

在电气作业中，合理匹配和使用绝缘防护用具，对防止触电事故，保障操作人员在生产过程中的安全健康具有重要意义。绝缘防护用具可分为两类，一类是基本安全防护用具，如绝缘棒、绝缘钳、高压验电笔等；另一类是辅助安全防护用具，如绝缘手套、绝缘

（靴）鞋、橡皮垫、绝缘台、“维修进行中，暂停作业”标记牌等。

2）安全用电组织措施

防止触电事故，技术措施十分重要，组织管理措施亦必不可少，其中包括制订安全用电措施计划和规章制度，进行安全用电检查、教育和培训，组织事故分析，建立安全资料档案等。

2. 维修工具与仪表准备

在进行机床电气维修时，需要具备如表 6－4 所示工量具，并能够正确使用。

表 6－4　机床电气维修常用工量具

序号	类别	名称	用途
1	测量仪表类	数字万用表	测量电压、电阻、电路、电容、二极管和三极管极性
2		数字转速表	测量与调整电动机的转速
3		示波器	检测信号的动态波形
4		长度测量工具：千分尺	机床的定位精度、重复定位精度、加工精度
5		钳型电流表	不拆分电路情况下测量电流
6		兆欧表	测量绝缘性能
7	电工类	电烙铁	焊接电路或元器件
8		吸锡器	拆分电路或元器件
9		焊锡丝	焊接电路
10		松香	焊接电路
11		验电笔	测量有无电流
12	旋具类	一字螺钉旋具	旋转一字螺栓（钉）
13		十字螺钉旋具	旋转十字螺栓（钉）
14		内六角扳手	旋转内六角螺栓（钉）
15		活动扳手	旋转六边螺母
16	钳具类	斜口钳	剪断导线
17		尖嘴钳	夹持元器件
18		剥线钳	剥除导线绝缘层
19		镊子	夹持小元器件
20		压线钳	压导线端子
21	其他	剪刀	剪断导线等
22		吹尘器	吹除灰尘
23		卷尺	测量尺寸

二、故障分析

根据工作任务单中的故障现象描述，进行故障原因分析。

故障现象：操作人员操作该机床时，按下启动按钮 SB2 主轴无法启动，冷却泵也无法启动，但是快速移动电动机可以正常运行。

分析过程：首先判断故障是在主电路还是在控制回路上。将主轴电动机电源线拆下，合上电源开关，按下启动按钮 SB2 后：

（1）若 KM1 吸合，则故障在主回路。应依次检查主回路熔断器是否熔断；检查断路器是否接触不良；检查 KM1 触点接触是否良好；检查热继电器热元件是否熔断及电动机 M1 及其连线是否断开；最后检查电动机机械部分，排除故障后便可重新启动。

（2）若 KM1 不吸合，则故障在控制回路，应逐一检查控制回路的各电器接线是否良好。

三、故障测量

（1）若 KM1 吸合，可按下列步骤测量，如图 6－5 所示。

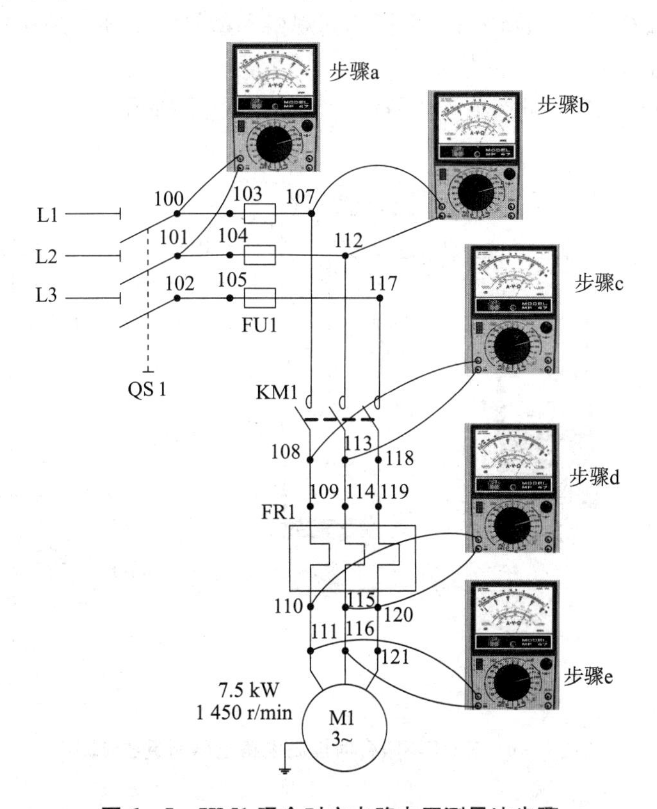

图 6－5　KM1 吸合时主电路电压测量法步骤

a. 合上断路器 QS1，用万用表 500 V 交流电压挡测断路器的下桩头 100、101、102 号端子两两之间的电压，如果均约为 380 V，则电源电压正常；否则电源电压不正常，此时需检查电源供电设备。

b. 如果 a 步骤测量电压正常，则用万用表 500 V 交流电压挡测 FU1 熔断器下桩头 107、112、117 号端子两两之间的电压，如果均约为 380 V，则电压正常；否则电压不正常，此时需检查 FU1 熔断器熔体是否烧断或接触不良。

c. 如果 b 步骤测量电压正常，则用万用表 500 V 交流电压挡测 KM1 接触器下桩头 108、113、118 号端子两两之间的电压，如果均约为 380 V，则电压正常；否则电压不正常，此时需检查 KM1 接触器主触点是否烧断或接触不良。

d. 如果 c 步骤测量电压正常，则用万用表 500 V 交流电压挡测 FR1 热继电器下桩头 110、115、120 号端子两两之间的电压，如果均约为 380 V，则电压正常；否则电压不正常，此时需检查 FR1 热继电器主触点是否烧断或接触不良。

e. 如果 d 步骤测量电压正常，则用万用表 500 V 交流电压挡测 M1 电动机进线头 111、116、121 号端子两两之间的电压，如果均约为 380 V，则电压正常；否则电压不正常，此时需检查 FR1 热继电器主触点与 M1 电动机的连接导线是否烧断或接触不良。

f. 如果 e 步骤测量电压正常，此时需用万用表电阻挡 $R\times10\ \Omega$ 测量 M1 电动机线圈三相绕组的电阻值，如果三相绕组电阻值不相等，说明电动机绕组有问题，电动机已损坏，需要更换电动机。

根据以上步骤查明损坏原因后，更换相同规格和型号的熔体、断路器、接触器、热继电器、电动机及连接导线，排除故障。

（2）若 KM1 不吸合，可按下列步骤测量，如图 6－6 所示。

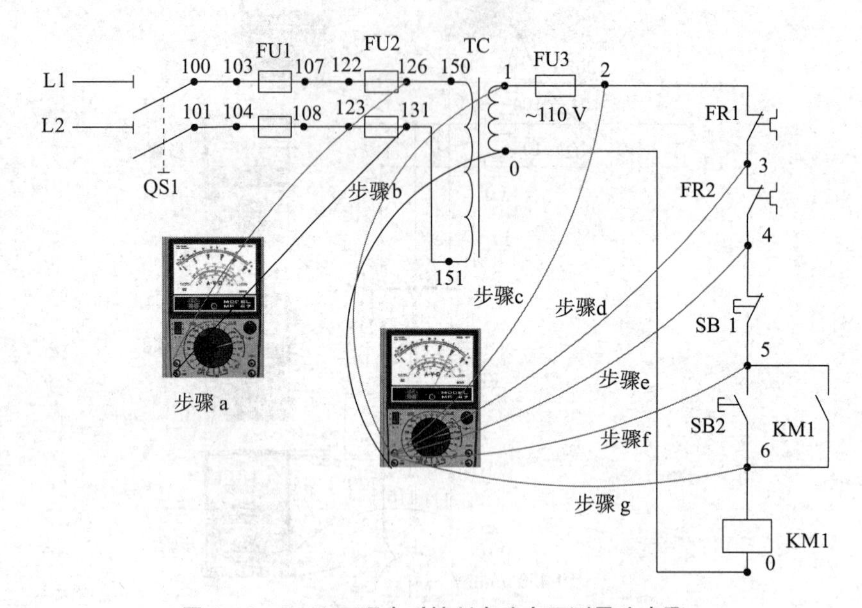

图 6－6　KM1 不吸合时控制电路电压测量法步骤

a. 先闭合 QS1，然后用万用表 500 V 交流电压挡测量 FU2 下桩头 126、131 号端子两端电压，若约为 380 V，则电压正常；否则电压不正常，此时需检查 FU2 熔断器熔体是否烧断或接触不良。

b. 如果 a 步骤测量电压正常，则用万用表 500 V 交流电压挡测 TC 控制变压器出线端 0 号和 1 号端子之间的电压，如果约为 110 V，则电压正常；否则电压不正常，此时需检查 TC 控制变压器连接导线是否烧断或接触不良。

c. 如果 b 步骤测量电压正常，则用万用表 250 V 交流电压挡测 FU3 熔断器出线端 0 号和 2 号端子之间的电压，如果约为 110 V，则电压正常；否则电压不正常，此时需检查 FU3 熔断器熔体是否烧断或接触不良。

d. 如果 c 步骤测量电压正常，则用万用表 250 V 交流电压挡测 FR1 热继电器常闭触点 0 号和 3 号端子之间的电压，如果约为 110 V，则电压正常；否则电压不正常，此时需检查 FR1 热继电器常闭触点是否烧断或接触不良。

e. 如果 d 步骤测量电压正常，则用万用表 250 V 交流电压挡测 FR2 热继电器常闭触点 0 号和 4 号端子之间的电压，如果约为 110 V，则电压正常；否则电压不正常，此时需检查 FR2 热继电器常闭触点是否烧断或接触不良。

f. 如果 e 步骤测量电压正常，则用万用表 250 V 交流电压挡测 SB1 停止按钮常闭触点 0 号和 5 号端子之间的电压，如果约为 110 V，则电压正常；否则电压不正常，此时需检查 SB1 停止按钮常闭触点是否烧断或接触不良。

g. 如果 f 步骤测量电压正常，则按住 SB2 启动按钮不放，用万用表 250 V 交流电压挡测 SB2 启动按钮常开触点 0 号和 6 号端子之间的电压，如果约为 110 V，则电压正常；否则电压不正常，此时需检查 SB2 启动按钮常开触点是否烧断或接触不良。

h. 如果 g 步骤测量电压正常，此时需用万用表电阻挡 $R \times 100\ \Omega$ 测量 KM1 接触器线圈电阻值，如果电阻值约为 500 Ω，说明接触器线圈正常；如果阻值不正常（0 Ω 为短路，∞ 为开路），此时 KM1 接触器损坏，需要更换 KM1 接触器。

四、故障排除

根据故障测量具体方法和步骤，逐步寻找故障原因，假设该维修任务最终故障原因为 KM1 接触器损坏，此时需要更换 KM1 接触器。

五、维修记录

维修技术员完成维修任务后，需要填写维修记录单，如表 6－5 所示。

表 6－5　维修记录单

<table>
<tr><td rowspan="7">维修内容</td><td>故障现象</td><td colspan="6">操作人员操作该机床时，按下启动按钮 SB2 主轴电动机无法启动，冷却泵电动机也无法启动，但是快速移动电动机可以正常运行</td></tr>
<tr><td>维修情况</td><td colspan="6">在规定时间内完成维修，维修人员工作态度认真</td></tr>
<tr><td rowspan="4">元件更换情况</td><td>元件编码</td><td>元件名称及型号</td><td>单位</td><td>数量</td><td>金额</td><td>备注</td></tr>
<tr><td>KM1</td><td>交流接触器
CJX2－09 $U_a = 110$ V</td><td>个</td><td>1</td><td>50 元</td><td rowspan="3">无</td></tr>
<tr><td></td><td></td><td></td><td></td><td></td></tr>
<tr><td></td><td></td><td></td><td></td><td></td></tr>
<tr><td>维修结果</td><td colspan="6">故障排除，设备正常运行</td></tr>
</table>

六、任务拓展

CA6140 常见故障整理

1. 故障现象：主轴电动机缺相运行

现象分析：开机时缺相，按下启动按钮，电动机不启动或运转很慢，并发出“嗡嗡”声。出现缺相运行，应立即切断电源，以免烧毁电动机。

排除方法：故障原因是三相电源中有一相断路，检查断路点，排除故障。

2. 故障现象：主轴电动机启动后不能自锁

现象分析：按下启动按钮，电动机运转，松开启动按钮，电动机停转，检查接触器KM1 的常开辅助触点接头是否接触不良或连接导线松脱。

排除方法：合上 QS1，用万用表电压 AC500 V 挡测量 KM1 自锁触点（5－6 号线）两端的电压，若电压正常，则为故障时自锁触点接触不良；若无电压，则为故障时连线（5－6 号线）断线或脱落。

3. 故障现象：照明灯不亮

现象分析：接通照明开关，灯不亮，故障原因可能是照明电路熔断器烧断，灯泡损坏或照明电路出现断路。

排除方法：应首先检查照明变压器接线，排除变压器接线松脱，初、次级线圈断线等故障，如果排除后，灯仍不亮，则更换熔断器或灯泡，便可恢复正常照明。

4. 故障现象：刀架快速移动电动机不能启动

现象分析：首先检查 FU1、FU2、FU3 熔断器是否熔断，其次检查热继电器 FR1、FR2常闭触点的接触是否良好。按下 SB3 时，若交流接触器 KM3 不吸合，则故障必定在控制电路中。

排除方法：检查 FR1、FR2 常闭触点、点动按钮 SB3、交流接触器 KM3 线圈是否断路。

5. 故障现象：主轴电动机进行中停车

现象分析：热继电器 FR1 动作，动作原因可能是：电源电压不平衡或过低；整定值偏小；负载过重；连接导线接触不良等。

排除方法：找出 FR1 动作的原因，排除后使其复位。

思考与练习

1. 试分析 CA6140 普通车床控制电路工作原理。
2. 写出 CA6140 型车床冷却泵电动机不能正常工作的故障排除方法和思路。
3. 写出 CA6140 型车床刀架快速移动电动机不能正常工作的故障排除方法和思路。

单元2　调试与检修 M7130 型平面磨床电气控制电路

任务描述

磨床是利用砂轮的周边或端面对工件的外圆、内孔、端面、平面、螺纹及球面等进行磨削加工的一种精密加工设备。

某职业技术学校机电工程系有十台 M7130 型平面磨床作为学生磨床操作实训，现有一台 M7130 型平面磨床出现故障无法正常使用，需要机床维修技术员进行设备维修，为了不影响学生正常实训，该学校机电工程系实训管理员希望维修人员能在一天时间内将机床维修完工。该学校将机床维修的任务全部外包给某机床设备公司，该公司接到维修工作任务后迅速委派售后维修技术员进行维修（表 6 –6）。

表 6 –6　维修工作任务单

流水号：201908300001　　　　日期：2019 年 08 月 30 日

<table>
<tr><td rowspan="9">报修记录</td><td>报修单位</td><td>**** 职业技术学校</td><td>报修部门</td><td>机电工程系</td><td>联系人</td><td>李 **</td></tr>
<tr><td>单位地址</td><td colspan="3">**** 市 **** 区 **** 路 108 号</td><td>联系电话</td><td>1387519 ****</td></tr>
<tr><td>故障设备名称型号</td><td colspan="2">M7130 型平面磨床</td><td>设备编号</td><td colspan="2">008</td></tr>
<tr><td>报修时间</td><td colspan="2">2019 年 08 月 30 日</td><td>希望完工时间</td><td colspan="2">2019 年 08 月 31 日</td></tr>
<tr><td>故障现象描述</td><td colspan="5">该机床无法正常工作，冷却泵电动机、砂轮电动机均无法启动，电磁吸盘和砂轮升降电动机可以正常运行</td></tr>
<tr><td>维修单位</td><td colspan="2">** 机床设备公司</td><td>维修部门</td><td colspan="2">售后维修部</td></tr>
<tr><td>接单人</td><td colspan="2">王 **</td><td>联系电话</td><td colspan="2">1357412 ****</td></tr>
<tr><td>接单时间</td><td colspan="2">2019 年 08 月 30 日</td><td>完工时间</td><td colspan="2">2019 年 08 月 31 日</td></tr>
</table>

任务目标

（1）了解 M7130 型平面磨床的基本结构、主要运动形式及控制要求；

（2）正确识读 M7130 型平面磨床电气控制原理图，并分析其工作原理；

（3）正确选择和使用常用电工工具和检测仪表进行线路故障检测；

（4）根据故障现象现场分析、判断并排除 M7130 型平面磨床的电气故障。

相关知识

一、M7130 型平面磨床概述

1. 磨床的定义和用途

磨床是一种利用磨具研磨工件的多余量，以获得所需形状、尺寸及精密加工面的工具机。大多数磨床使用高速旋转的砂轮进行磨削加工，少数使用油石、砂带等其他磨具和游离磨料进行加工。磨床能加工硬度较高的材料，也能加工脆性材料。磨床能进行高精度和表面粗糙度很小的磨削，也能进行高效率的磨削。磨削加工应用较为广泛，是机器零件精密加工的主要方法之一。

2. 磨床的分类

随着高精度、高硬度机械零件数量的增加，以及精密铸造和精密锻造工艺的发展，磨床的性能、品种和产量都在不断提高和增加。根据磨床的功能和作用，常见的磨床分类如下（其实物图如图 6－7 所示）：

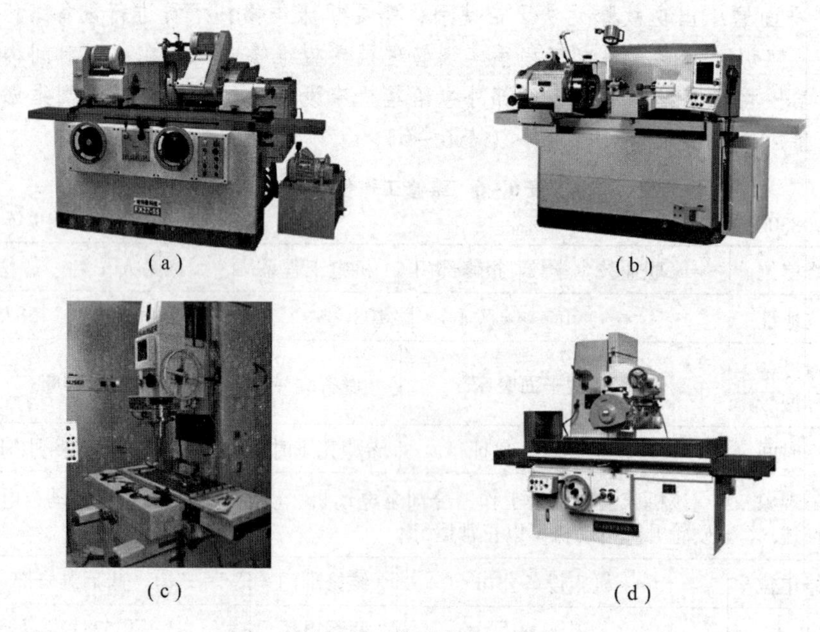

（a）　（b）　（c）　（d）

图 6－7　典型磨床实物

（a）外圆磨床；（b）内圆磨床；（c）坐标磨床；（d）平面磨床

（1）外圆磨床：是普通型的基型系列，主要用于磨削圆柱形和圆锥形外表面的磨床。

（2）内圆磨床：是普通型的基型系列，主要用于磨削圆柱形和圆锥形内表面的磨床。

（3）坐标磨床：具有精密坐标定位装置的内圆磨床。

（4）无心磨床：工件采用无心夹持，一般支承在导轮和托架之间，由导轮驱动工件旋转，主要用于磨削圆柱形表面的磨床，例如轴承等。

（5）平面磨床：主要用于磨削工件平面的磨床。

3. M7130 型磨床的型号含义

根据 GB/T 15375—94《金属切削机床型号编制方法》的规定，M7130 型磨床的型号含义如图 6－8 所示。

4. M7130 型磨床的主要结构

M7130 型磨床主要由机身、电磁吸盘、滑动座、滑动座挡板、砂轮、立柱、砂轮电动机、数显装置、供水系统等组成，如图 6－9 所示。

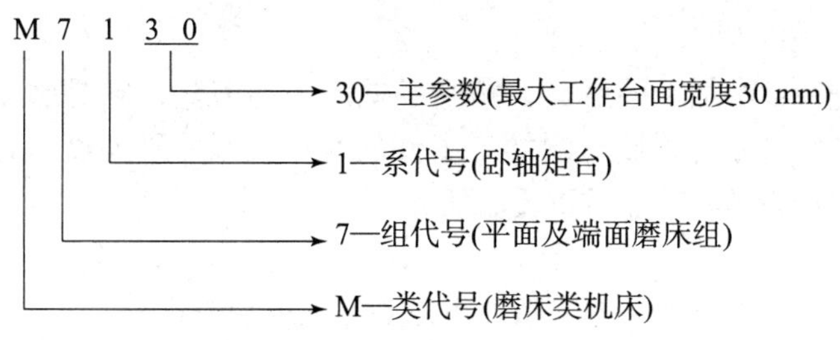

图 6－8　M7130 型磨床型号含义

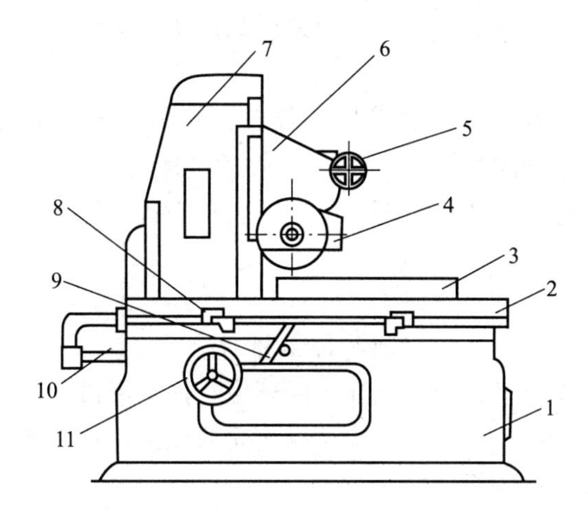

图 6－9　M7130 型平面磨床结构

1—机身；2—工作台；3—电磁吸盘；4—砂轮箱；5—砂轮箱横向移动手轮；6—滑动座；7—立柱；8—工作台换向撞块；9—工作台往复运动换向手柄；10—活塞杆；11—砂轮箱垂直进刀手轮。

1）机身

机身是支承整台机器、支承机械部分运动的平台，是机床的重要组成部分，平面磨床除了供水系统不是安装在机身上，其余的所有组件都是安装在机身上，机身的大小、质量将直接影响整台机器的平稳性，这对平面磨床来讲是至关重要的。

2）电磁吸盘

电磁吸盘是平面磨床的主要部件，因为磨床的加工对象主要为钢材，利用电磁吸盘磁性吸铁的特性，就可以把工件紧紧固定在磁盘上，不用再进行其他复杂的装夹，从而可大大提高工件的装夹速度，电磁吸盘是磨床必须配置的主要部件。

3）滑动座

滑动座是能够让工件做水平往复运动的平台，也是对工件进行磨削的动力，它能否运动平稳和顺畅，将直接影响加工表面的质量、平面度、直线度和尺寸控制的精度等。滑动座作为水平往复运动的动力有两种，一种是手动，是通过人力摇动手柄来带动滑动座运动的，通常在小平面磨床上使用；另一种是机动，是通过机械动力来带动的，可以做自动往复运动和自动纵向进给运动，通常在大平面磨床上使用。

4）滑动座挡板

滑动座挡板是与滑动座连在一起的，严格上讲它是滑动座的一个结构部位，不是一个部件，它的作用是，当工件因为在磨削力太大超过磁盘吸力而飞出时挡住工件，不让工件飞出伤人或损伤其他周边设备。

5）砂轮

砂轮是磨床进行磨削加工的磨具，相当于铣床上的刀具，它是磨床上的主要部件之一，它的大小、磨粒尺寸将直接影响加工工件的表面质量、平面度、直线度和尺寸的精度，所以对砂轮的选择是一项非常重要的任务。

6）立柱

用来调节砂轮高低上下运动的支架，也是砂轮座运动的轨道。

7）砂轮电动机

提供砂轮运转的动力，在加工时它是跟着砂轮同步升降的。

8）数显装置

数显装置是进行磨床加工时尺寸精度的保证，数显装置的现实精度为小数点后第三位，即显示微米级，可以同时显示 X、Y、Z 三轴的坐标尺，可以进行归零位、分中、R 角计算、斜度计算等，在进行复杂直纹面加工时，它是必备组件，没有它平面磨床的加工精度将受损。

9）供水系统

在进行磨削加工时，因为砂轮高速磨掉钢材时会产生很高的温度，影响工件的精度。另一方面，在加工时灰尘很多，会影响加工的环境，损害周边的设备，也会损害操作员的身体健康，所以要进行水磨，让灰尘被水冲跑而无法飞扬，从而解决上述各项问题，所以供水系统也是平面磨床必备的组件之一。

二、M7130 型平面磨床工作原理

1. 磨床的磨削运动

平面磨床在加工工件过程中，砂轮的旋转运动是主运动，工作台往复运动为纵向进给运动，滑座带动砂轮箱沿立柱导轨的运动为垂直进给运动，砂轮箱沿滑座导轨的运动为横向进给运动。

工作时，砂轮旋转，同时工作台带动工件右移工件被磨削；然后工作台带动工件快速左移，砂轮向前作进给运动，工作台再次右移，工件上新的部位被磨削。这样不断重复，直至整个待加工平面都被磨削。矩形工作台平面磨床工作图如图 6－10 所示。

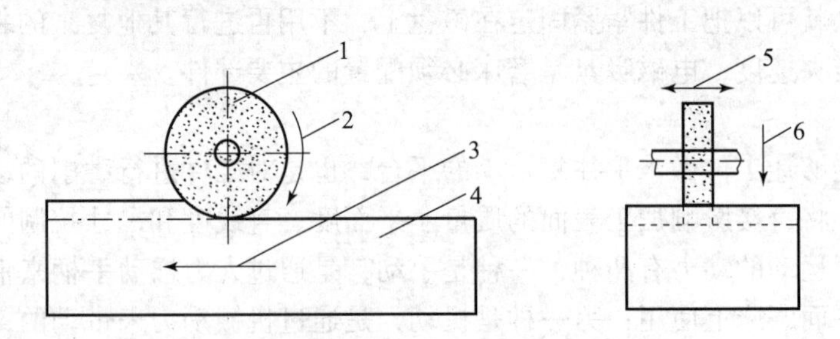

图 6－10　矩形工作台平面磨床工作图

1—砂轮；2—主运动；3—纵向进给运动；4—工作台；5—横向进给运动；6—垂直进给运动。

2. 电磁吸盘构造与原理

电磁吸盘是用来固定加工工件的一种夹具。与机械夹具比较，它具有夹紧迅速、操作

快速简便、不损伤工件、一次能吸牢多个小工件，以及磨削中工件发热可自由伸缩、不会变形等优点。不足之处是只能吸住铁磁材料的工件，不能吸牢非磁性材料（如铝、铜等）的工件。电磁吸盘实物及其构造如图 6－11 所示。

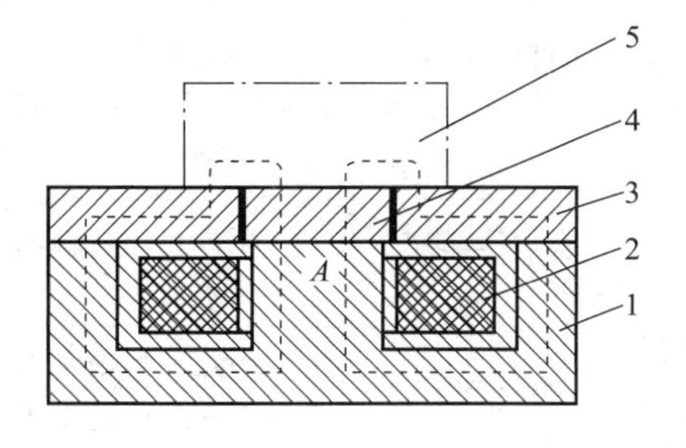

图 6－11　电磁吸盘实物及其构造

1—钢制吸盘体；2—线圈；3—钢制盖板；4—隔磁层；5—工件。

电磁吸盘线圈通以直流电，使芯体被磁化，将工件牢牢吸住，其工作原理如图 6－11 所示。图中 1 为钢制吸盘体，在它的中部凸起的芯体 *A* 上绕有线圈 2，钢制盖板 3 被隔磁层 4 隔开。在线圈 2 中通入直流电，芯体磁化，磁通经由盖板、工件、吸盘体、芯体 *A* 形成闭合回路，将工件 5 牢牢吸住。盖板中的隔磁层由铅、钢、黄铜及巴氏合金等非磁性材料制成，其作用是使磁力线都通过工件再回到吸盘体，不致直接通过盖板闭合，以增强对工件的吸持力。

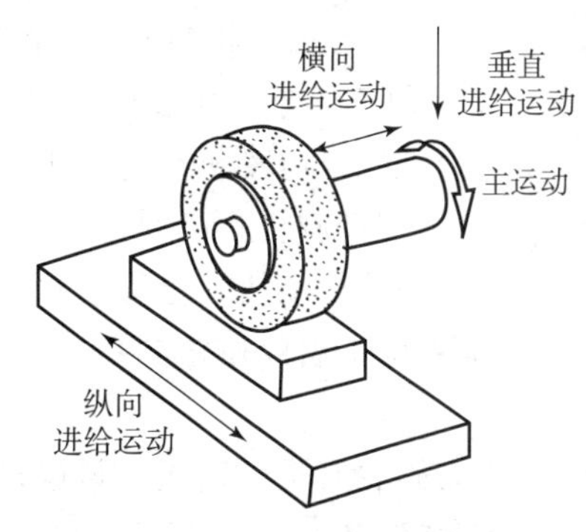

图 6－12　主运动和进给运动示意

三、M7130 型磨床的运动形式与控制要求

M7130 型磨床主运动和进给运动如图 6－12 所示，其运动形式与控制要求如表 6－7 所示。

表 6－7　M7130 型磨床的运动形式与控制要求

运动种类	运动形式	控制要求
主运动	砂轮的高速旋转	（1）为保证磨削加工质量，要求砂轮有较高的转速，通常采用两极笼型异步电动机拖动 （2）为提高主轴的刚度，简化机械结构，采用装入式电动机，将砂轮直接装到电动机轴上
进给运动	工作台的往复运动（纵向进给）	（1）液压传动，因液压传动换向平稳，易于实现无级调速，液压泵电动机拖动液压泵，工作台在液压作用下做纵向运动 （2）由装在工作台前侧的换向挡铁碰撞床身上的液压换向开关
	砂轮架的横向（前后）进给	（1）在磨削的过程中，工作台换向一次，砂轮架就横向进给一次 （2）在修正砂轮或调整砂轮的前后位置时，可连续横向移动 （3）砂轮架的横向进给运动可由液压传动，也可用手轮来操作
	砂轮架的升降运动（垂直进给）	（1）滑座沿立柱的导轨垂直上下移动，以调整砂轮架的上下位置，或使砂轮磨入工件，以控制磨削平面时工件的尺寸

续表

运动种类	运动形式	控制要求
辅助运动	工件的夹紧	（1）工件可以用螺钉和压板直接固定在工作台上 （2）在工作台上也可以装电磁吸盘，将工件吸附在电磁吸盘上。此时要有充磁和退磁控制环节。为保证安全，电磁吸盘与三台电动机M1、M2、M3之间有电气联锁装置，即电磁吸盘吸合后三台电动机方可启动
	工作台的快速移动	工作台能在纵向、横向和垂直三个方向快速移动，这由液压传动机构实现
	工件冷却	冷却泵电动机M2拖动冷却泵旋转供给冷却液；要求砂轮电动机M1和冷却泵电动机M2要实现顺序控制

四、M7130型磨床电气原理图分析

1. M7130型磨床主电路分析

M7130型磨床主电路由四台电动机（M1、M2、M3、M4）、四个接触器主触点（KM1、KM2、KM3、KM4）、三个热继电器（FR1、FR2、FR3）、一个熔断器（FU1）、转换开关QS和若干导线组成，其中四台电动机功能如下：

M1为液压泵电动机，拖动工作台的往复运动，通过进给机构实现进给运动，该电动机由启停按钮控制，不需要正反转控制和调速，但需要过载保护。

M2为砂轮电动机，拖动砂轮旋转；M3为冷却泵电动机，提供冷却液。冷却泵电动机和砂轮电动机由启停按钮同步控制，这两个电动机也不需要正反转和调速，但均需要过载保护。

M4为砂轮升降电动机，该电动机实现点动，需要正反转，但不需要过载保护。

M7130型磨床电气原理图主电路控制与保护如表6-8所示，电气控制原理如图6-13所示。

表6-8　M7130型磨床电气原理图主电路控制与保护

被控对象	相关参数	控制方式	控制电器	过载保护	短路保护	接地保护
M1	功率1.1 kW 额定转速1 410 r/min	启保停控制	QS→FU1→KM1→FR1	热继电器FR1	熔断器FU1	有
M2	功率3 kW 额定转速2 380 r/min	启保停控制	QS→FU1→KM2→FR2	热继电器FR2	熔断器FU1	有
M3	功率120 W 额定转速1 450 r/min	启保停控制	QS→FU1→KM2→FR3	热继电器FR3	熔断器FU1	有
M4	功率750 W 额定转速1 410 r/min	点动控制	QS1→FU1→KM3 / KM4	无	熔断器FU1	有

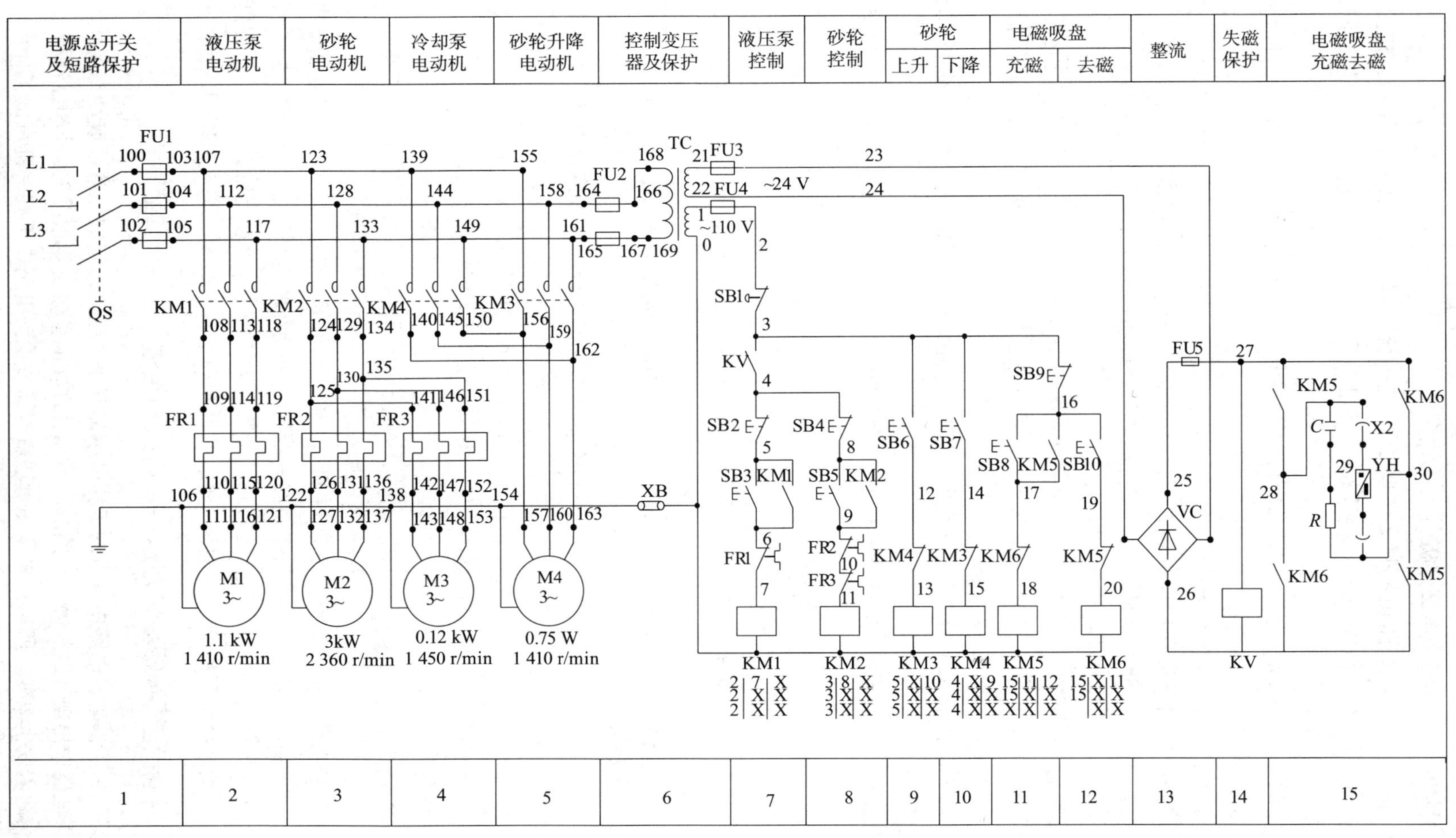

图6-13　M7130型磨床电气控制原理

2. M7130 型磨床控制电路分析

M7130 型磨床控制电路由控制变压器 TC、三个熔断器、六个接触器线圈、整流器、电压继电器控制回路等组成。整流器可以将交流电整流成直流电，用于电磁吸盘的冲磁和去磁。

首先闭合 QS，系统上电后，电压继电器 KV 得电工作，其常开触点闭合，允许液压泵电动机和砂轮电动机工作。

1）液压泵电动机的控制分析

启动控制：按下 SB3→KM1 线圈自锁得电→KM1 主触点闭合→M1 得电运行；

停机停止：按下 SB2→KM1 线圈失电→KM1 主触点断开→M1 失电停止运行。

2）砂轮和冷却泵电动机控制分析

启动控制：按下 SB5→KM2 线圈自锁得电→KM2 主触点闭合→M2 和 M3 得电运行；

停机停止：按下 SB4→KM2 线圈失电→KM2 主触点断开→M2 和 M3 失电停止运行。

3）砂轮升降电动机控制分析

砂轮上升：按下 SB6→KM4 线圈得电→KM4 主触点闭合→M4 正向运行；松开 SB6→M4 失电停止。

砂轮下降：按下 SB7→KM3 线圈得电→KM3 主触点闭合→M4 反向运行；松开 SB7→M4 失电停止。

4）电磁吸盘充磁和去磁控制分析

电磁吸盘控制电路包括整流电路、控制电路和保护电路三个部分组成。

（1）整流电路。整流电路由控制变压器 TC 和单相桥式全波整流器 VC 组成，提供 110 V 直流电源。

（2）控制电路。控制电路由按钮 SB8、SB9、SB10 和接触器 KM5、KM6 组成。

充磁过程如下。

启动充磁：按下 SB8→KM5 线圈得电 {
KM5 常开触点闭合→KM5 线圈自锁
KM5 主触点闭合→电磁吸盘 YH 得电进行充磁
KM5 常闭触点断开→KM6 线圈互锁
}

停止充磁：按下 SB9→KM5 线圈失电→电磁吸盘 YH 失电停止充磁

去磁过程如下。

按下 SB10→KM6 线圈得电 {
KM6 主触点闭合→电磁吸盘 YH 反向得电进行去磁
KM6 常闭触点断开→KM5 线圈互锁
}

（3）保护电路。保护电路由熔断器 FU5、放电电阻 R、充电电容 C 及欠电压继电器 KV 组成。电阻 R 和电容 C 构成放电回路，当电磁吸盘在断电瞬间，由于电磁感应作用，将会在电磁吸盘两端产生一个很高的自感电动势，如果没有 RC 放电电路，电磁吸盘线圈及其他电器的绝缘将有被击穿的危险，通过电阻 R 和电容 C 放电，消耗电感的磁场能量。

五、机床电气维修基本方法——电压测量法

电路正常工作时，电路中各点的工作电压都有一个相对稳定的正常值或动态变化的范围。如果电路中出现开路故障、短路故障或元器件性能参数发生改变时，该电路中的工作电压也会跟着发生改变。所以用电压测量法就能通过检测电路中某些关键点的工作电压有

或者没有、偏大或偏小、动态变化是否正常，然后根据不同的故障现象，结合电路的工作原理进行分析找出故障的原因。

1. 万用表电压测量法基本方法

常见的电压测量法有：电压分阶测量法、电压分段检测法和电压二分测量法。

1）电压分阶测量法

电压分阶测量法是指使万用表一表笔（如黑表笔）不动，另一表笔（如红表笔）根据电路回路节点逐阶靠近固定不动的那个表笔进行电压测量，并根据测量数据进行故障分析和判断。如图6－14（a）所示，按住SB3按钮不放，依次顺序测量电压V1→V2→V3→V4→V5→V6，如测量结果为V3电压为110 V，V4电压为0 V，则可判断SB2常闭按钮故障或3、4号线接线端子有开路，然后进行故障排除。

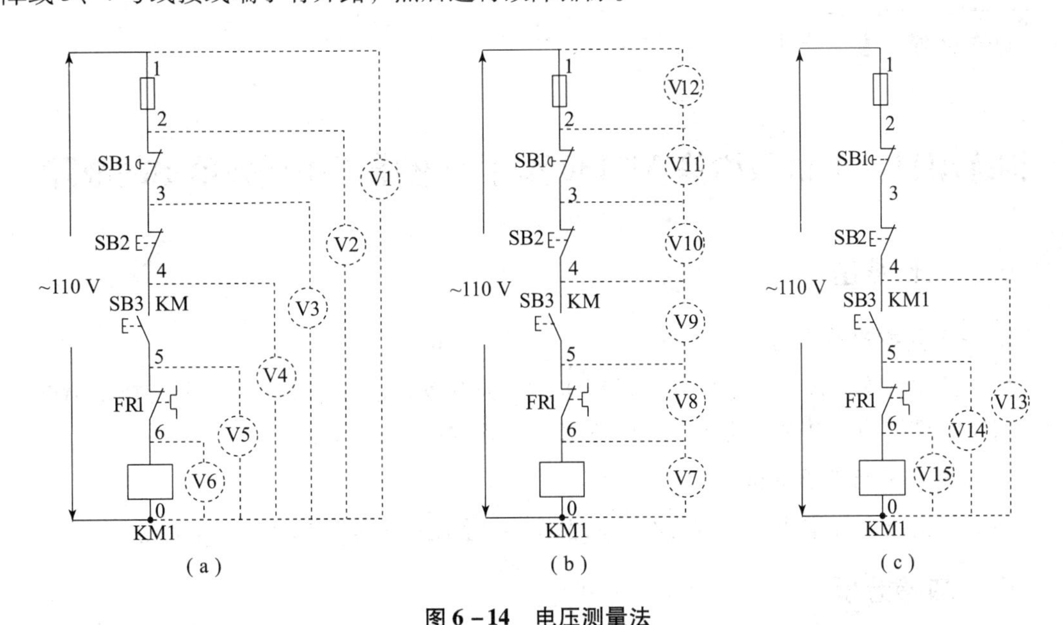

图6－14　电压测量法

（a）电压分阶测量法；（b）电压分段检测法；（c）电压二分测量法

2）电压分段检测法

电压分段检测法是指根据电路回路中的电气元件，用万用表两表笔依次对每段电气元件进行电压测量，并根据测量数据进行故障分析和判断。如图6－14（b）所示，按住SB3按钮不放，依次顺序测量电压V7→V8→V9→V10→V11→V12，如测量结果为V11电压为110 V，其他电压值均为0 V，则可判断SB1急停按钮故障或2、3号线接线端子有开路，然后进行故障排除。

3）电压二分测量法

电压二分测量法是指将电路回路一分为二找到一个节点进行测量，如测量有电压值则可判断另一半电路是完好的，故障在被测电路范围内；如测量无电压值则可判断另一半电路有故障，被测电路完好；然后继续将故障电路一分为二进行测量，按如上方法进行测量和判断，直到找出故障点。如图6－14（c）所示，按住SB3按钮不放，依次顺序测量电压V13→V14→V15，如测量结果为V13、V14电压均为110 V，V15电压为0 V，则可判断

FR1 热继电器常闭触点故障或 5、6 号线接线端子有开路，然后进行故障排除。

2. 电压测量法注意事项

（1）使用电压测量法检测电路时，必须先了解被测电路的情况、被测电压的种类、被测电压的高低范围，然后根据实际情况合理选择测量设备（例如万用表）的挡位，以防止烧毁测试仪表。

（2）测量前必须分清被测电压是交流还是直流电压，确保万用表红表笔接电位高的测试点，黑表笔接电位低的测试点，防止因指针反向偏转而损坏电表。

（3）使用电压测量法时要注意防止触电，确保人身安全。测量时人体不要接触表笔的金属部分。具体操作时，一般先把黑表笔固定，然后用单手拿着红表笔进行测量。

操作训练

训练项目　调试与检修 M7130 型平面磨床工作任务单中的故障

一、工作准备

1. 安全防护措施准备

机床维修技术员需要与电气设备进行接触，为有效防止触电事故，既要有技术措施又要有组织管理措施，并制订正确合理的维修工作计划和工作方案。

2. 维修工具与仪表准备

在进行机床电气维修时，需要准备如表 6－4 所示工量具，并能够正确使用。

二、故障分析

根据工作任务单中的故障现象描述，进行故障原因分析。

故障现象：该机床无法正常工作，冷却泵电动机、砂轮电动机均无法启动，电磁吸盘和砂轮升降电动机可以正常运行。

分析过程：首先判断故障是在主电路还是在控制回路上。将冷却泵电动机和砂轮电动机电源线拆下，合上电源开关，按下启动按钮 SB5 后：

（1）若 KM2 吸合，则故障在主回路。应依次检查主回路熔断器是否熔断；检查断路器是否接触不良；检查 KM2 触点接触是否良好；检查热继电器热元件是否熔断及电动机 M2、M3 及其连线是否断开；最后检查电动机机械部分。排除故障后便可重新启动。

（2）若 KM2 不吸合，则故障在控制回路，应逐一检查控制回路的各电器接线是否良好。

三、故障测量

根据电路分析和故障现象，KM2 不吸合，可以判定该机床的故障是在液压泵电动机和砂轮电动机的控制电路，利用电压二分测量法可按下列步骤进行线路测量，如图 6－15 所示。

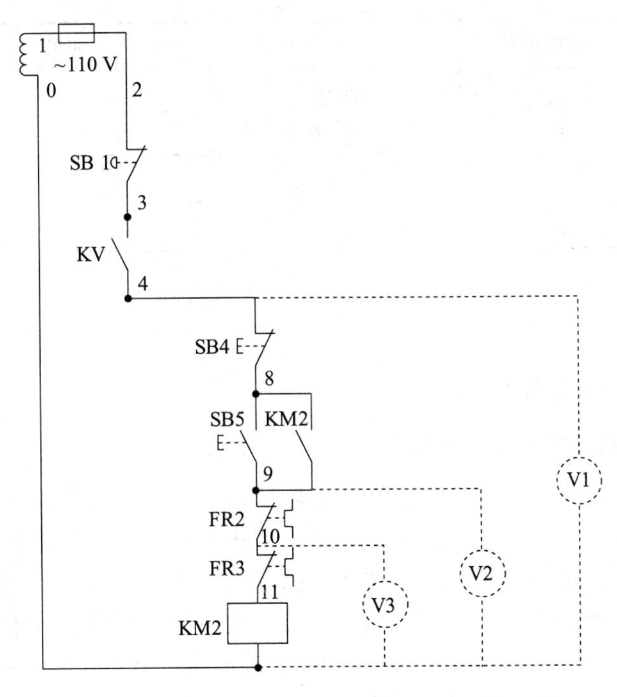

图 6 – 15　用电压二分法进行控制电路故障测量

（1）先闭合 QS，KV 欠电压继电器自动得电，KV 常开触点吸合；

（2）将万用表选择合适的量程：交流电压 250 V 挡位；

（3）利用电压二分法选择 0 – 4 节点进行电压测量，如电压测量值为 110 V，则可判断 1 – 4 节点电路正常；

（4）利用电压二分法选择 0 – 9 节点进行电压测量，按住 SB5 不放，如电压测量值为 110 V，则可判断 4 – 9 节点电路正常；

（5）利用电压二分法选择 0 – 10 节点进行电压测量，按住 SB5 不放，如电压测量值为 0 V，则可判断 FR2 热继电器常闭触点 9、10 号接线端子有开路。

四、故障排除

根据故障测量具体方法和步骤，逐步寻找故障原因，假设该维修任务最终故障原因为 FR2 热继电器常闭触点 10 号线接线端子烧断开路，此时需要更换导线重新连接。

五、维修记录

维修技术员完成维修任务后，需要填写维修记录单，如表 6 – 9 所示。

表 6 – 9　维修记录单

维修内容	故障现象	该机床无法正常工作，冷却泵电动机、砂轮电动机均无法启动，电磁吸盘和砂轮升降电动机可以正常运行
	维修情况	在规定时间内完成维修，维修人员工作态度认真

续表

<table>
<tr><td rowspan="4">维修内容</td><td rowspan="3">元件更换情况</td><td>元件编码</td><td>元件名称及型号</td><td>单位</td><td>数量</td><td>金额</td><td>备注</td></tr>
<tr><td>导线</td><td>绝缘导线
1 mm 黑色多股软线</td><td>米</td><td>3</td><td>10 元</td><td rowspan="2">无</td></tr>
<tr><td></td><td></td><td></td><td></td><td></td></tr>
<tr><td>维修结果</td><td colspan="6">故障排除，设备正常运行</td></tr>
</table>

六、任务拓展

M7130 型磨床常见故障整理

1. 三台电动机不能启动维修过程

故障现象一：U12、V12、W12 三相交流电源故障，用万用表测量 103、104、105 号线两两之间的电压是否为 380 V，若不是则用数字式万用表测量电源开关 QS 出线端 100、101、102 号线两两之间的电压是否是 380 V，如果是，则说明熔断器 FU1 熔体损坏。

处理方法：查看熔体型号，尤其是额定电流，更换型号相同的熔体。

故障现象二：控制变压器输入端 168 - 169 电源电压不是 380 V，用数字式万用表分别测量 168 和 169 接线端电压是否是 380 V，如果不是 380 V，则说明熔断器 FU1 熔体损坏。

处理方法：查看熔体型号，尤其是额定电流，更换型号相同的熔体。

故障现象三：闭合 QS，欠电压继电器常开触点 KV（3 - 4）未导通，先检查欠电压继电器常开触点 KV（3 - 4）端子是否开路，如正常则用万用表测量欠电压继电器 KV 线圈两端（26 - 27）电压是否正常，如电压正常，则说明欠电压继电器故障。

处理方法：更换欠电压继电器 KV。

故障现象四：电阻器 FR1 和 FR2 触点接触不良，用万用表分别测量 FR1 和 FR2 的触点，若电阻变大，则说明接触不良，需重新连接。

处理方法：重新连接牢固。

2. 电磁吸盘无吸力故障的维修过程

故障现象一：TC 一次侧电压不是 24 V，用万用表测量 TC 输出端电压是否是 24 V，若不是则说明 TC 损坏或熔断器 FU2 损坏，再用万用表测量熔断器 FU2 两端是否有电阻，若有则说明 TC 损坏，若无则说明 FU2 损坏。

处理方法：更换变压器 TC 或更换熔断器 FU2。

故障现象二：整流器输出 25、26 两端电压不是 24 V，用数字式万用表分别测量整流器 25、26 输出端电压是否是 24 V，若不是，则说明熔断器 FU5 或硅整流器 VC 故障，用万用表测 FU5 电阻，若正常，说明硅整流器损坏，若不正常，说明熔断器 FU5 损坏，或两者皆损坏。

处理方法：更换熔断器 FU5 或硅整流器 VC。

故障现象三：电磁吸盘接插器 X2 接触不良，用数字式万用表测量接插器两端电阻，若无电阻，则说明接插器 X2 损坏，若电阻过大，则说明接插器 X2 接触不良。

处理方法：更换接插器 X2 或重新连接牢固。

故障现象四：电磁吸盘断电，用数字式万用表测量电磁吸盘两端是否有电压，若无，则说明电磁吸盘断电。

处理方法：通电试车。

思考与练习

1. 平面磨床采用电磁吸盘来夹持工件有什么好处？电磁吸盘线圈为何要用直流供电而不用交流供电？

2. M7130 平面磨床控制电路中欠电流继电器 KA 起什么作用？

3. M7130 平面磨床的电磁吸盘没有吸力或吸力不足，试分析可能的原因。

4. 在 M7130 平面磨床电气控制线路中，若将热继电器 FR1、FR2 保护触点分别串接在 KM1、KM2 线圈电路中，这样做有何缺点？

单元 3　调试与检修 Z3040 型钻床电气控制电路

任务描述

钻床指主要用钻头在工件上加工孔的机床。通常钻头旋转为主运动，钻头轴向移动为进给运动。钻床是具有广泛用途的通用性机床，可对零件进行钻孔、扩孔、铰孔、刮平面和攻螺纹等加工。

某机械加工厂有多台 Z3040 型钻床进行零件的加工，现有一台钻床出现故障无法正常使用，需要机床维修技术员进行设备维修，为了不影响工期，某机械加工厂希望能在一天时间内将机床维修完工。该机械加工厂将机床维修的任务全部外包给某机床设备公司，该公司接到维修工作任务后迅速委派售后维修技术员进行维修（表 6－10）。

表 6－10　维修工作任务单

流水号：201909040001　　　　日期：2019 年 09 月 04 日

<table>
<tr><td rowspan="9">报修记录</td><td>报修单位</td><td>**** 机械加工厂</td><td>报修部门</td><td>机电工程系</td><td>联系人</td><td>王 **</td></tr>
<tr><td>单位地址</td><td colspan="3">**** 市 **** 区 **** 路 18 号</td><td>联系电话</td><td>1385423 ****</td></tr>
<tr><td>故障设备名称型号</td><td colspan="2">Z3040 型钻床</td><td>设备编号</td><td colspan="2">003</td></tr>
<tr><td>报修时间</td><td colspan="2">2019 年 09 月 04 日</td><td>希望完工时间</td><td colspan="2">2019 年 09 月 05 日</td></tr>
<tr><td>故障现象描述</td><td colspan="5">机床摇臂无法上升，但是可以正常下降，其他主轴与冷却电动机均正常</td></tr>
<tr><td>维修单位</td><td colspan="2">** 机床设备公司</td><td>维修部门</td><td colspan="2">售后维修部</td></tr>
<tr><td>接单人</td><td colspan="2">王 **</td><td>联系电话</td><td colspan="2">1357412 ****</td></tr>
<tr><td>接单时间</td><td colspan="2">2019 年 09 月 04 日</td><td>完工时间</td><td colspan="2">2019 年 09 月 05 日</td></tr>
</table>

任务目标

(1) 了解Z3040型钻床的基本结构、主要运动形式及控制要求;
(2) 正确识读Z3040型钻床电气控制原理图,并分析其工作原理;
(3) 正确选择和使用常用电工工具和检测仪表进行线路故障检测;
(4) 根据故障现象现场分析、判断并排除Z3040型钻床的电气故障。

相关知识

一、Z3040型钻床基本概述

1. 钻床的定义和用途

钻床指主要用钻头在工件上加工孔的机床。通常钻头旋转为主运动,钻头轴向移动为进给运动。钻床结构简单,加工精度相对较低,加工过程中工件不动,让刀具移动,将刀具中心对正孔中心,并使刀具转动(主运动)。可对零件进行钻孔、扩孔、铰孔、刮平面和攻螺纹等加工,当钻床上配有工艺装备时,还可以进行镗孔,如图6-16所示。

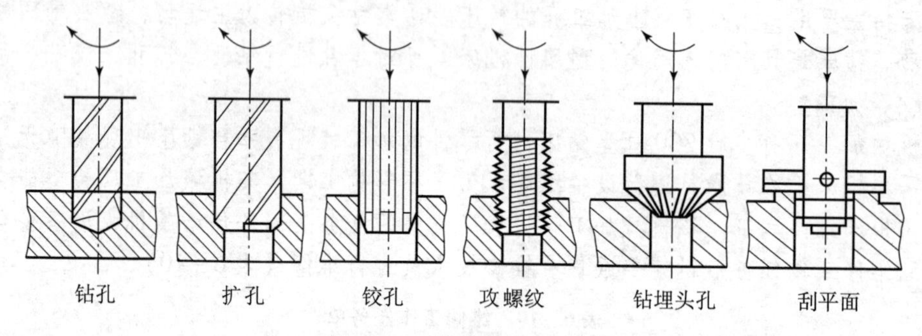

图6-16 钻床的加工方法

2. 钻床的分类

根据用途和结构钻床主要分为以下几类(如图6-17所示):

(a)

(b)
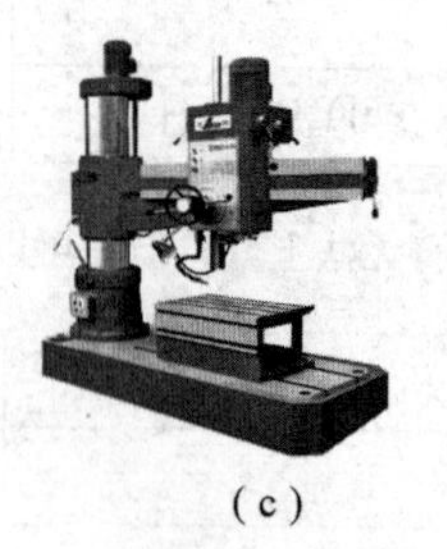
(c)

(d)

图6-17 典型钻床实物

(a)立式钻床;(b)台式钻床;(c)摇臂钻床;(d)卧式钻床

1）立式钻床

工作台和主轴箱可以在立柱上垂直移动，用于加工中小型工件。

2）台式钻床

简称台钻，一种小型立式钻床，最大钻孔直径为 12 ~ 15 mm，安装在钳工台上使用，多为手动进钻，常用来加工小型工件的小孔等。

3）摇臂钻床

主轴箱能在摇臂上移动，摇臂能回转和升降，工件固定不动，适用于加工大而重和多孔的工件，广泛应用于机械制造中。

4）深孔钻床

用深孔钻钻削深度比直径大得多的孔（如枪管、炮筒和机床主轴等零件的深孔）的专门化机床，为便于除切屑及避免机床过于高大，一般为卧式布局，常备有冷却液输送装置（由刀具内部输入冷却液至切削部位）及周期退刀排屑装置等。

5）中心孔钻床

用于加工轴类零件两端的中心孔。

6）铣钻床

工作台可纵横向移动，钻轴垂直布置，能进行铣削的钻床。

7）卧式钻床

主轴水平布置，主轴箱可垂直移动的钻床。一般比立式钻床加工效率高，可多面同时加工。

3. Z3040 型钻床的型号含义

根据 GB/T 15375—94《金属切削机床型号编制方法》的规定，Z3040 型钻床的型号含义如下：

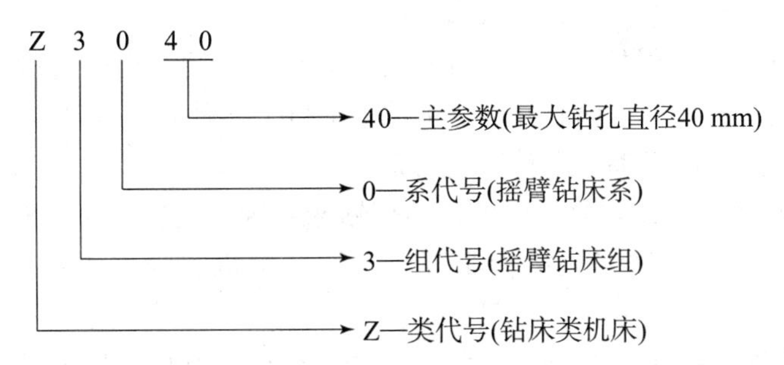

4. Z3040 型钻床的主要结构

Z3040 型摇臂钻床主要由底座、内立柱、外立柱、摇臂、主轴箱及工作台等部分组成，其结构示意图如图 6 – 18 所示。

内立柱固定在底座的一端，在它的外面套有外立柱，外立柱可绕内立柱回转 360°。摇臂的一端为套筒，它套装在外立柱做上下移动。由于丝杆与外立柱连成一体，而升降螺母固定在摇臂上，因此摇臂不能绕外立柱转动，只能与外立柱一起绕内立柱回转。主轴箱是一个复合部件，由主传动电动机、主轴和主轴传动机构、进给和变速机构、机床的操作机构等部分组成。主轴箱安装在摇臂的水平导轨上，可以通过手轮操作，使其在水平导轨上沿摇臂移动。

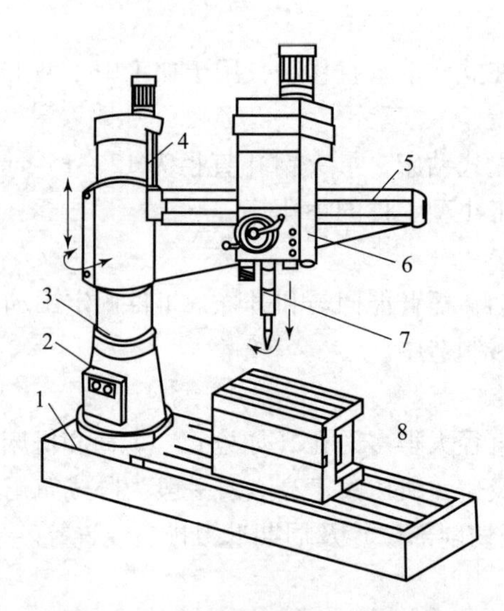

图 6-18　Z3040 摇臂钻床结构示意

1—底座；2—内立柱；3、4—外立柱；5—摇臂；6—主轴箱；7—主轴；8—工作台。

机床各主要部件的装配关系如下：

主轴 —安装在→ 主轴箱 --坐落在--> 摇臂 --套在--> 外立柱 --套在--> 内立柱 —固定→ 底座 ←固定— 工作台 ←固定— 工件

-------> 表示用液压夹紧机构相联。

二、Z3040 型钻床的运动形式与控制要求

摇臂钻床电气拖动特点及控制要求如下：

（1）摇臂钻床运动部件较多，为了简化传动装置，采用多台电动机拖动。Z3040 型摇臂钻床采用 4 台电动机拖动，他们分别是主轴电动机、摇臂升降电动机、液压泵电动机和冷却泵电动机，这些电动机都采用直接启动方式。

（2）为了适应多种形式的加工要求，摇臂钻床主轴的旋转及进给运动有较大的调速范围，一般情况下多由机械变速机构实现。主轴变速机构与进给变速机构均装在主轴箱内。

（3）摇臂钻床的主运动和进给运动均为主轴的运动，因此这两项运动由一台主轴电动机拖动，分别经主轴传动机构、进给传动机构实现主轴的旋转和进给。

（4）在加工螺纹时，要求主轴能正反转。摇臂钻床主轴正反转一般采用机械方法实现。因此主轴电动机仅需要单向旋转。

（5）摇臂升降电动机要求能正反向旋转。

（6）内外主轴的夹紧与放松、主轴与摇臂的夹紧与放松可用机械操作、电气—机械装置、电气—液压或电气—液压—机械等控制方法实现。若采用液压装置，则需备有液压泵电动机，拖动液压泵提供压力油，液压泵电动机要求能正反向旋转，并根据要求采用点动控制。

（7）摇臂的移动严格按照摇臂松开→移动→摇臂夹紧的程序进行。因此摇臂的夹紧与

摇臂升降按自动控制进行。

（8）冷却泵电动机带动冷却泵提供冷却液，只要求单向旋转。

（9）具有连锁与保护环节以及安全照明、信号指示电路。

Z3040 型钻床的运动形式与控制要求如表 6－11 所示。

表 6－11　Z3040 型钻床的运动形式与控制要求

运动种类	运动形式	控制要求
主运动	主轴拖动钻头旋转	主轴电动机采用一台三相交流异步电动机（3 kW）驱动，需要过载保护，需要启保停控制，但不需要正反转和调速控制
进给运动	主轴箱沿摇臂的横向移动	由机械机构人力手动操作，无须电动机驱动
	摇臂的上升和下降运动	采用一台三相交流异步电动机（1.5 kW）驱动，需要正反转启停控制，需要上下极限位置行程开关保护，无须过载保护
	主轴箱立柱夹紧与松开	采用一台三相交流异步电动机（0.75 kW）驱动，需要正反转启停控制，还需具有正反转点动控制，需要夹紧和松开极限位置行程开关保护，需过载保护
辅助运动	工件的夹紧与放松	人力操作，由机械机构夹紧和放松
	工件冷却	冷却泵电动机 M1 拖动冷却泵旋转供给冷却液。采用容量为 90 W 的三相交流异步电动机，只需转换开关直接启动

三、Z3040 型钻床电气原理图分析

1. Z3040 型钻床主电路分析

Z3040 型钻床主电路由四台电动机（M1、M2、M3、M4）、五个接触器主触点（KM1、KM2、KM3、KM4、KM5）、两个热继电器（FR1、FR2）、两个熔断器（FU1、FU2）、两个转换开关（QS1、QS2）和若干导线组成，其中四台电动机功能如下：

M1 为冷却泵电动机，用于机床加工时注射冷却液，该电动机由转换开关 QS2 控制，不需要正反转控制和调速，不需要过载保护。

M2 为主轴电动机，拖动钻头旋转运动，该电动机由启停按钮控制，不需要正反转控制和调速，但需要过载保护。

M3 为摇臂升降电动机，拖动摇臂上升和下降，由按钮和行程开关控制，该电动机需要正反转，但不需要调速，不需要过载保护。

M4 为液压泵电动机，用于主轴箱立柱的夹紧和松开，由按钮和行程开关控制，该电动机需要正反转，需要过载保护，但不需要调速。

Z3040 型钻床电气原理图主电路控制与保护如表 6－12 所示，电气原理图如图 6－19 所示。

表 6－12　Z3040 型钻床电气原理图主电路控制与保护

被控对象	相关参数	控制方式	控制电器	过载保护	短路保护	接地保护
M1	功率 90 W 额定转速 2 800 r/min	直接启停	QS1→FU1→QS2	无	熔断器 FU1	有
M2	功率 3 kW 额定转速 1 400 r/min	启保停控制	QS1→FU1→KM1→FR1	热继电器 FR1	熔断器 FU1	有
M3	功率 1.5 kW 额定转速 1 450 r/min	点动控制	QS1→FU1→FU2→KM2（KM3）	无	熔断器 FU1、FU2	有
M4	功率 0.75 kW 额定转速 1 410 r/min	启保停控制	QS1→FU1→FU2→KM4（KM5）→FR2	热继电器 FR2	熔断器 FU1、FU2	有

2. Z3040 型钻床控制电路分析

Z3040 型钻床控制电路由控制变压器 TC、指示灯、照明灯、三个熔断器、五个接触器、一个断电延时时间继电器、一个电磁阀等电气元件组成。

1）冷却泵电动机的控制分析

启动控制：旋转 QS2→M1 得电运行；

停机停止：回旋 QS2→M1 失电停止运行。

2）主轴电动机的控制分析

启动控制：按下 SB2→KM2 线圈自锁得电→KM2 主触点闭合→M2 得电运行；

停机停止：按下 SB1→KM2 线圈失电→KM2 主触点断开→M2 失电停止运行。

3）摇臂升降电动机和液压泵电动机控制分析

摇臂的上升和下降控制通过摇臂升降电动机和液压泵电动机顺序动作控制实现。

摇臂上升动作过程：主轴箱立柱松开→摇臂上升→主轴箱立柱夹紧

摇臂下降动作过程：主轴箱立柱松开→摇臂下降→主轴箱立柱夹紧

（1）主轴箱立柱松开控制过程。

按住上升按钮 SB3→KT 得电延时（下降按钮 SB4）
- KT 常闭触点（18－19）断开→KM5 不能得电→立柱不夹紧
- KT 常开触点（2－18）接通→YV 电磁阀得电
- KT 常开触点（14－15）接通→KM4 得电→立柱松开

（2）摇臂上升控制过程。

按住上升按钮 SB3 主轴箱立柱松开到位碰到 SQ2 引起动作。

SQ2 常闭触点断开→KM4 失电→主轴箱立柱停止松开

SQ2 常开触点闭合→KM2 得电→摇臂上升

（3）摇臂下降控制过程。

按住上升按钮 SB4 主轴箱立柱松开到位碰到 SQ2 引起动作。

SQ2 常闭触点断开→KM4 失电→主轴箱立柱停止松开

SQ2 常开触点闭合→KM3 得电→摇臂下降

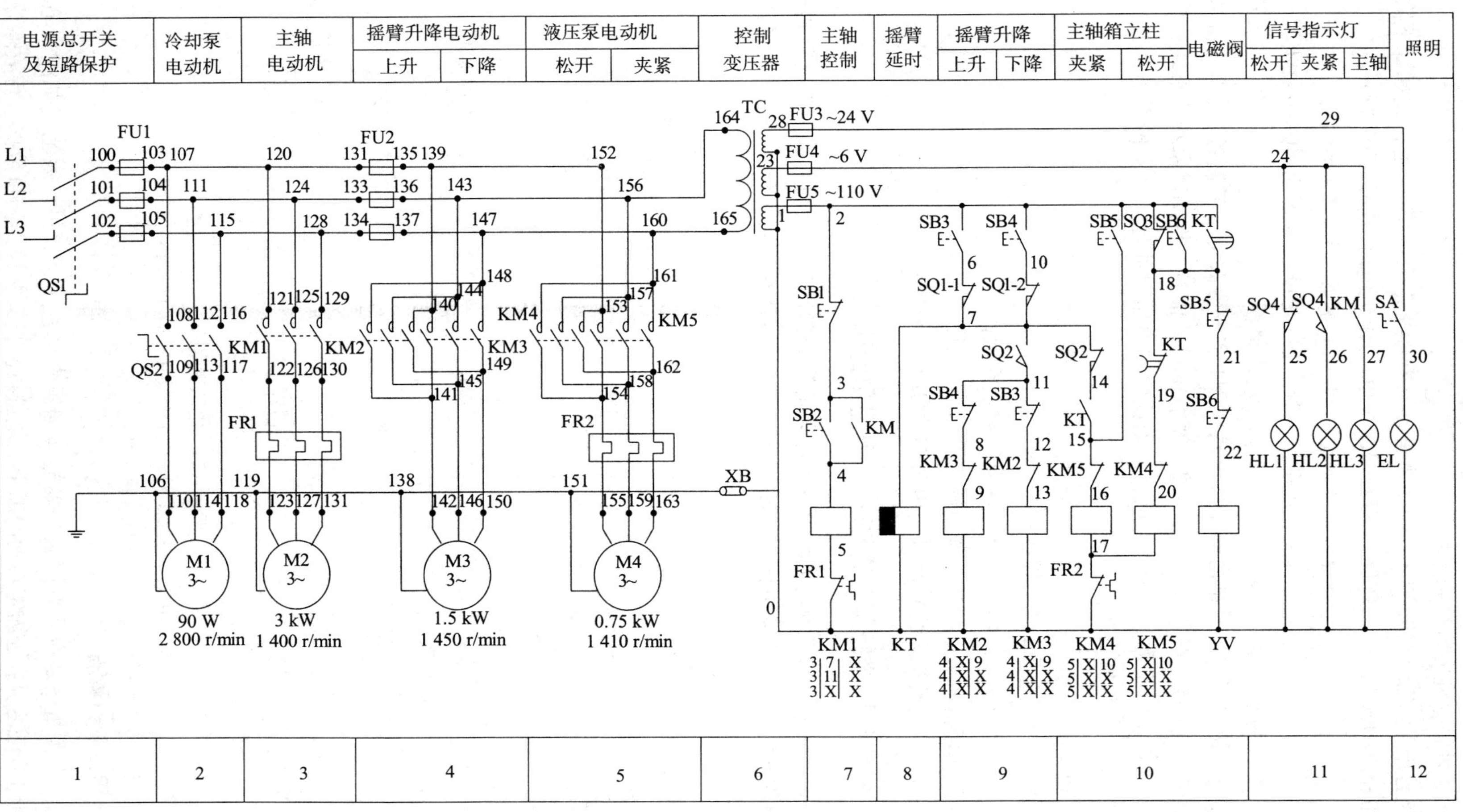

图6-19　Z3040型钻床电气控制原理

（4）主轴箱立柱夹紧控制过程。

摇臂上升到位后，松开 SB3，KM2 失电，摇臂停止上升，KT 失电；或摇臂下降到位后，松开 SB4，KM3 失电摇臂停止下降，KT 失电。KT 失电后引起的动作如下：

KT 失电→延时 1 ~3 秒→{KT 常开触点（2 – 18）断开→YV 电磁阀失电；KT 常闭触点（18 – 19）闭开→KM5 得电→立柱夹紧}

SB5、SB6 用于主轴立柱箱的松开和夹紧点动控制。

主轴立柱箱夹紧和松开是由液压泵电动机 M4 和电磁阀配合控制进行，YV 得电，液压泵电动机 M4 正转，正向供出压力油进入摇臂的松开油腔，推动活塞和菱形块，使摇臂松开；YV 失电，液压泵电动机 M4 反转，则反向供出压力油进入摇臂的夹紧油腔，推动活塞和菱形块，使摇臂夹紧。

4）照明与指示电路分析

EL 为照明灯，由 SA 开关控制；

HL1 为立柱箱松开指示灯，由 SQ4 常闭触点控制；

HL2 为立柱箱夹紧指示灯，由 SQ4 常开触点控制；

HL3 为主轴电动机运行指示灯，由 KM1 常开触点控制；

四、机床电气维修基本方法——电阻测量法

利用万用表电阻挡来测量电路中各点电阻值进而判断故障点的方法称为电阻测量法，常见的电阻测量法有：电阻分阶测量法、电阻分段检测法和电阻二分法。电阻测量法如图 6 – 20 所示。

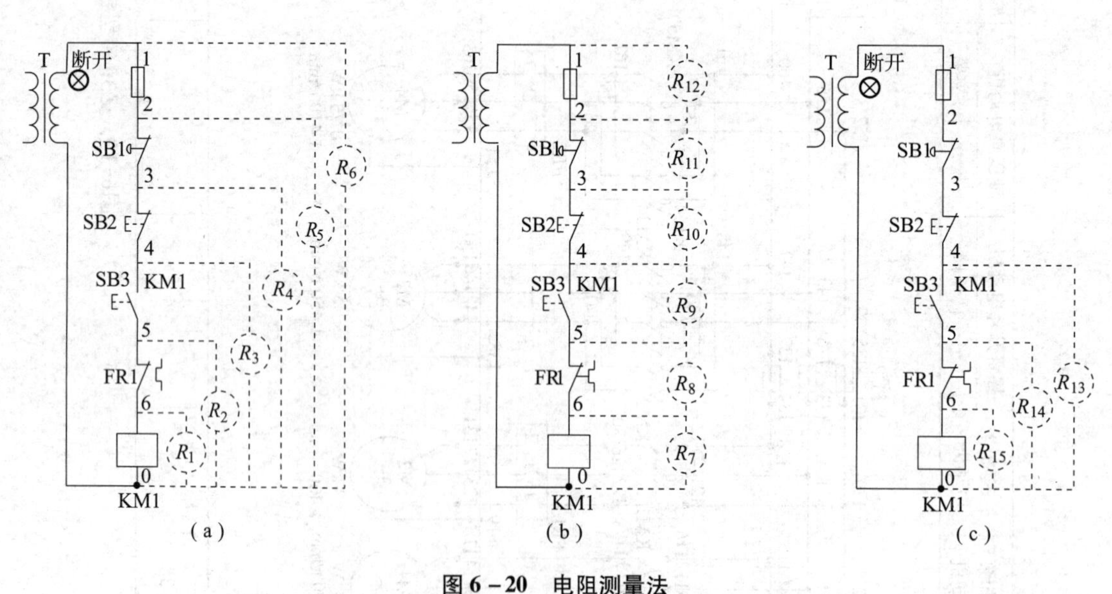

图 6 – 20　电阻测量法

（a）电阻分阶测量法；（b）电阻分段检测法；（c）电阻二分法

1. 电阻分阶测量法

电阻分阶测量法是指使万用表一表笔（如黑表笔）不动，另一表笔（如红表笔）根据电路回路节点逐阶靠近固定不动的那个表笔进行测量，并根据测量数据进行故障分析和

判断。如图 6－20（a）所示，断开变压器一个输出端，按住 SB3 按钮不放，依次顺序测量电阻 $R_1 \to R_2 \to R_3 \to R_4 \to R_5 \to R_6$，如测量结果为 R_4 电阻为∞，R_3 电阻为 0 Ω，则可判断 SB2 常闭按钮故障或 3、4 号线接线端子有开路，然后进行故障排除。

2. 电阻分段检测法

电阻分段检测法是指根据电路回路中的电气元件，将万用表两表笔依次对每段电气元件进行电阻测量，并根据测量数据进行故障分析和判断。如图 6－20（b）所示，按住 SB3 按钮不放，依次顺序测量电阻 $R_7 \to R_8 \to R_9 \to R_{10} \to R_{11} \to R_{12}$，如测量结果为 R_7 电阻为 500 Ω（注：该电阻阻值为接触器线圈电阻值），R_{11} 电阻为∞，其他电阻均为 0 Ω，则可判断 SB1 急停按钮故障或 2、3 号线接线端子有开路，然后进行故障排除。

3. 电阻二分法

电阻二分法是指将电路回路一分为二找到一个节点进行测量，如测量电阻为 0 Ω，则可判断被测电路完好，故障在另一半电路中；如测量电阻值为∞，则可判断故障在被测电路中，但不能肯定另一半电路是完好的；然后继续将故障电路一分为二进行测量，按如上方法进行测量和判断，直到找出故障点。如图 6－20（c）所示，断开变压器一个输出端，按住 SB3 按钮不放，依次顺序测量电阻 $R_{13} \to R_{14} \to R_{15}$，如测量结果为 R_{13}、R_{14} 电阻均为∞，R_{15} 电阻为 500 Ω，则可判断 FR1 热继电器常闭触点故障或 5、6 号线接线端子有开路，然后进行故障排除。

操作训练

训练项目　调试与检修 Z3040 型摇臂钻床工作任务单中的故障

一、工作准备

1. 安全防护措施准备

内容同单元 1。

2. 维修工具与仪表准备

内容同单元 1。

二、故障分析

根据工作任务单中的故障现象描述，进行故障原因分析。

故障现象：机床摇臂无法上升，但是可以正常下降，其他主轴与冷却电动机均正常。

分析过程：首先判断故障是在主电路还是在控制回路上。闭合电源开关，按下摇臂上升启动按钮 SB3：

（1）若 KM2 吸合，则故障在主回路。应依次检查主回路熔断器是否熔断；检查断路器是否接触不良；检查 KM2 触点接触是否良好；检查热继电器热元件是否熔断及电动机

M2 及其连线是否断开；最后检查电动机机械部分。排除故障后便可重新启动。

（2）若 KM2 不吸合，则故障在控制回路，应逐一检查控制回路的各电器接线是否良好。

三、故障测量

根据电路分析和故障现象，假设 KM2 不吸合，可以判定该机床的故障是在摇臂上升 KM2 线圈的控制电路中，可按下列步骤测量，如图 6－21 所示。

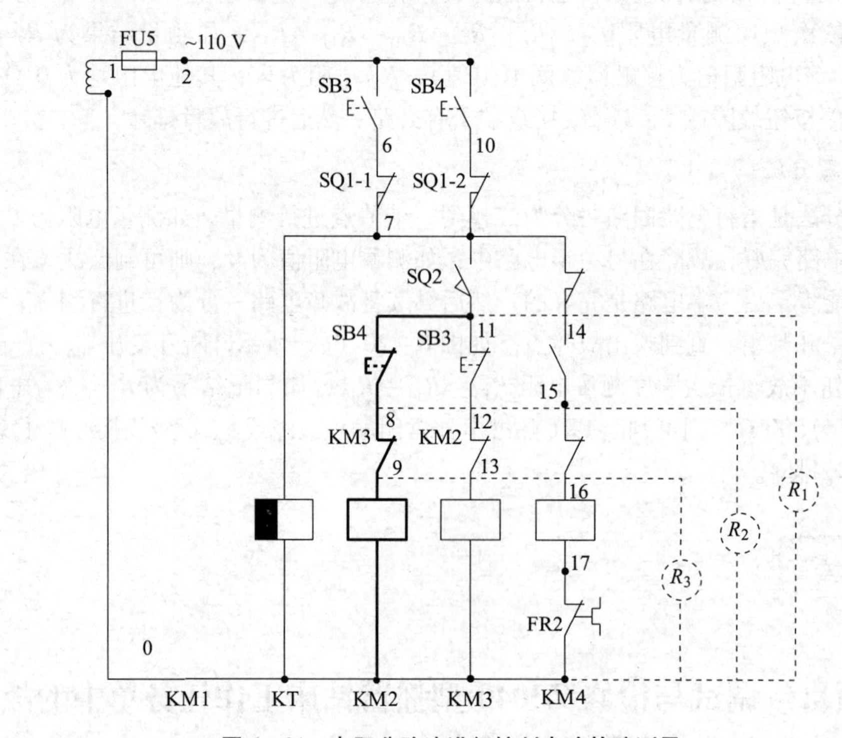

图 6－21　电阻分阶法进行控制电路故障测量

（1）先闭合 QS1，机床得电；

（2）将万用表选择合适的量程：电阻挡 $R_{\times}1$ k 挡位；

（3）利用电阻分阶法选择 0－11 节点进行电阻测量，如电阻测量值 $R_1 = \infty$，则可判断故障在被测电路内；

（4）利用电阻分阶法选择 0－8 节点进行电阻测量，如电阻测量值 $R_2 = 80\ \Omega$，则可判断故障不在被测电路内；

（5）根据测量数据可以分析得出，故障原因为 SB4 常闭按钮损坏或 8、11 号线开路。

四、故障排除

根据故障测量具体方法和步骤，逐步寻找故障原因，假设该维修任务最终故障原因为 SB4 按钮损坏，此时需要更换 SB4 按钮。

五、维修记录

维修技术员完成维修任务后，需要填写维修记录单，如表 6－13 所示。

表 6－13　维修记录单

<table>
<tr><td rowspan="6">维修内容</td><td>故障现象</td><td colspan="6">机床摇臂无法上升，但是可以正常下降，其他主轴与冷却电动机均正常</td></tr>
<tr><td>维修情况</td><td colspan="6">在规定时间内完成维修，维修人员工作态度认真</td></tr>
<tr><td rowspan="3">元件更换情况</td><td>元件编码</td><td>元件名称及型号</td><td>单位</td><td>数量</td><td>金额</td><td>备注</td></tr>
<tr><td>SB4</td><td>复合按钮 LAY3－11</td><td>个</td><td>1</td><td>5 元</td><td rowspan="2">无</td></tr>
<tr><td></td><td></td><td></td><td></td><td></td></tr>
<tr><td>维修结果</td><td colspan="6">故障排除，设备正常运行</td></tr>
</table>

六、任务拓展

一、Z3040 型钻床常见故障整理

1. 故障现象：摇臂不能上升

排除方法：

（1）检查行程开关 SQ2 常开触点、安装位置或损坏情况，并予以修复；

（2）检查接触器 KM2 或摇臂升降电动机 M3，并予以修复；

（3）检查相序，并予以修复；

（4）检查液压系统故障原因，并予以修复。

2. 故障现象：摇臂上升（下降）到预定位置后，摇臂不能夹紧

排除方法：

（1）调整 SQ3 的动作行程，并紧固好定位螺钉；

（2）调整活塞杆、弹簧片的位置；

（3）检查接触器 KM3、电磁阀 YV 是否正常及电动机 M3 是否完好，并予以修复。

3. 故障现象：立柱和主轴箱不能夹紧（或松开）

排除方法：

（1）检查按钮 SB5（SB6）和接触器 KM4（KM5）是否良好，如果不好，则予以修复或更换；

（2）检查油路堵塞情况，并予以修复。

4. 故障现象：按 SB6 按钮，立柱、主轴箱能夹紧，但放开按钮后，立柱、主轴箱却松开

排除方法：

（1）调整菱形块或承压块的角度与距离；

（2）调整夹紧力或液压系统压力。

5. 故障现象：摇臂上升或下降到位却不动作

排除方法：

（1）可能是 SQ1 损坏，SQ1 触点不能动作或接触不良，使线路断开，导致摇臂不能上升或下降；

（2）如果摇臂上升或下降到达极限位置后，摇臂升降电动机 M3 发生堵转，这时应该

立即松开 SB4 或 SB5，该限位保护开关 SQ1 触点很可能熔焊，使线路始终处于接通状态，此时应根据具体情况进行分析，找出故障原因，更换或修理组合开关 SQ1。

思考与练习

1. 描述 Z3040 型钻床摇臂上升的动作过程。
2. 描述 Z3040 型钻床控制电路中时间继电器 KT 的作用。
3. 描述 Z3040 型钻床控制电路中 SQ1、SQ2、SQ3、SQ4 四个行程开关的作用。
4. 分析 Z3040 型摇臂钻床出现摇臂夹紧后，液压泵不能停止，FR2 过载保护的故障原因。

单元 4　调试与检修 X62W 型万能铣床电气控制电路

任务描述

铣床可用来加工平面、斜面、沟槽，装上分度盘可以铣切齿轮和螺旋面，装上圆工作台还可以铣切凸轮和弧形槽，因此铣床在机械行业的机床设备中占有相当大的比重，是一种常用的通用机床。

某市维修电工技能培训学校有两台 X62W 型万能铣床作为学员技能培训使用，现有一台 X62W 型万能铣床出现故障无法正常使用，需要机床维修技术员进行设备维修，为了不影响学员正常上课，该培训学校负责人希望能在一天时间内将机床维修完工。该培训学校将机床维修的任务全部外包给某机床设备公司，该公司接到维修工作任务后迅速委派售后维修技术员进行维修（表 6 – 14）。

表 6 – 14　维修工作任务单

流水号：201909100001　　　　日期：2019 年 09 月 10 日

<table>
<tr><td rowspan="8">报修记录</td><td>报修单位</td><td>某市维修电工技能培训学校</td><td>报修部门</td><td>机电工程系</td><td>联系人</td><td>王 **</td></tr>
<tr><td>单位地址</td><td colspan="3">**** 市 **** 区 **** 路 208 号</td><td>联系电话</td><td>1387519 ****</td></tr>
<tr><td>故障设备名称型号</td><td colspan="2">X62W 型万能铣床</td><td>设备编号</td><td colspan="2">008</td></tr>
<tr><td>报修时间</td><td colspan="2">2019 年 09 月 10 日</td><td>希望完工时间</td><td colspan="2">2019 年 09 月 11 日</td></tr>
<tr><td>故障现象描述</td><td colspan="5">主轴可以正常启动，但是工作台各个方向都无法实现进给运动</td></tr>
<tr><td>维修单位</td><td colspan="2">** 机床设备公司</td><td>维修部门</td><td colspan="2">售后维修部</td></tr>
<tr><td>接单人</td><td colspan="2">张 **</td><td>联系电话</td><td colspan="2">1357412 ****</td></tr>
<tr><td>接单时间</td><td colspan="2">2019 年 09 月 10 日</td><td>完工时间</td><td colspan="2">2019 年 09 月 11 日</td></tr>
</table>

任务目标

(1) 了解 X62W 型万能铣床的基本结构、主要运动形式及控制要求;
(2) 正确识读 X62W 型万能铣床电气控制原理图,并分析其工作原理;
(3) 正确选择和使用常用电工工具和检测仪表进行线路故障检测;
(4) 根据故障现象现场分析、判断并排除 X62W 型万能铣床的电气故障。

相关知识

一、X62W 型万能铣床基本概述

1. 铣床的定义和用途

铣床是一种用途广泛的机床,在铣床上可以加工平面(水平面、垂直面)、沟槽(键槽、T 形槽、燕尾槽等)、分齿零件(齿轮、花键轴、链轮)、螺旋形表面(螺纹、螺旋槽)及各种曲面。此外,还可用于对回转体表面、内孔进行加工及切断工作等,如图 6-22 所示。

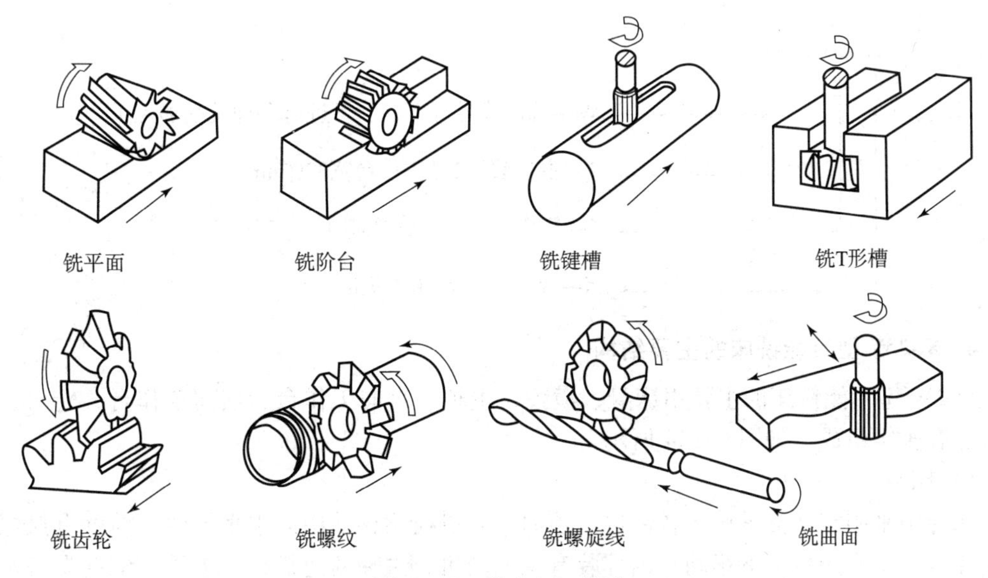

图 6-22 铣床加工类型

铣床在工作时,工件装在工作台上或分度头等附件上,依靠铣刀旋转的主运动,辅以工作台或铣头的进给运动,工件即可获得所需的加工表面。由于是多刃断续切削,因而铣床的生产效率较高。

2. 铣床的分类

按布局形式和适用范围可以将铣床分为升降台铣床、龙门铣床、单柱铣床和单臂铣床、工作台不升降铣床、仪表铣床和工具铣床等，如图 6 – 23 所示。

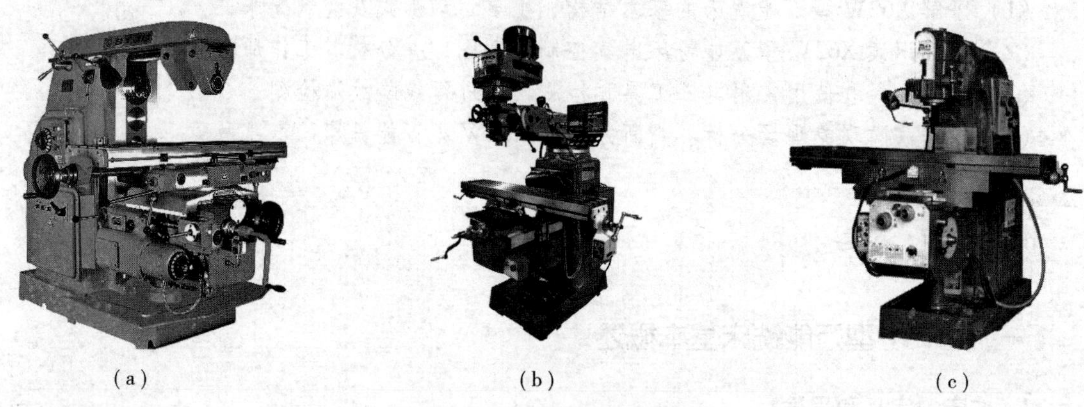

(a)　　(b)　　(c)

图 6 – 23　典型铣床实物图

(a) 升降台铣床；(b) 单柱铣床和单臂铣床；(c) 工具铣床

3. X62W 型万能铣床的型号含义

根据 GB/T 15375—94《金属切削机床型号编制方法》的规定，X62W 型万能铣床的型号含义如下：

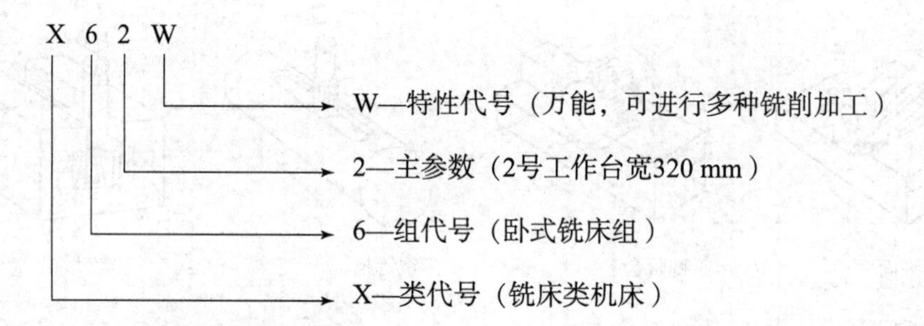

4. X62W 型万能铣床的主要结构

X62W 型万能铣床的主要由床身、横梁、主轴、纵向工作台、横向工作台、转台、升降台、底座等组成，如图 6 – 24 所示。

1）床身

床身用来固定和支承铣床各部件。顶面上有供横梁移动用的水平导轨。前壁有燕尾形垂直导轨，供升降台上下移动。内部装有主电动机、主轴变速机构、主轴、电气设备及润滑油泵等部件。

2）横梁

横梁一端装有吊架，用以支承刀杆，以减少刀杆的弯曲与振动。横梁可沿床身的水平导轨移动，其伸出长度由刀杆长度来进行调整。

3）主轴

主轴用来安装刀杆并带动铣刀旋转。

图 6-24　X62W 型万能铣床结构

1—床身；2—主轴；3—横梁；4—横向工作台；5—纵向工作台；6—立柱；7—底座；8—升降台。

4）纵向工作台

纵向工作台由纵向丝杠带动在转台的导轨上作纵向移动，以带动台面上的工件作纵向进给。台面上的 T 形槽用以安装夹具或工件。

5）横向工作台

横向工作台位于升降台上面的水平导轨上，可带动纵向工作台一起作横向进给。

6）转台

转台可将纵向工作台在水平面内扳转一定的角度（正、反均为 0° ~ 45°），以便铣削螺旋槽等，具有转台的卧式铣床称为卧式万能铣床。

7）升降台

升降台可以带动整个工作台沿床身的垂直导轨上下移动，以调整工件与铣刀的距离和垂直进给。

8）底座

底座用以支承床身和升降台，内盛切削液。

二、X62W 型万能铣床的运动形式与控制要求

1. X62W 型卧式万能铣床的三种运动形式

（1）主运动：主转动是由主轴电动机通过弹性联轴器来驱动传动机构的，当机构中的一个双联滑动齿轮块啮合时，主轴即可旋转。

（2）进给运动：工作台面的移动是由进给电动机驱动的，它通过机械机构使工作台能进行三种形式六个方向的移动，工作台面能直接在溜板上部可转动部分的导轨上作纵向（左、右）移动；工作台面借助横溜板作横向（前、后）移动；工作台面还能借助升降台作垂直（上、下）移动。

（3）辅助运动：主要为冷却泵电动机、工作台的快速移动，主轴和进给的变速冲动。

2. X62W 型卧式万能铣床的控制要求

（1）铣削加工有顺铣和逆铣两种加工方式，要求主轴电动机能正反转，因正反操作并不频繁，所以由床身下侧电器箱上的组合开关改变电源相序来实现。

（2）由于主轴传动系统中装有避免震荡的惯性轮，故主轴电动机采用电磁离合器制动以实现准确停车。

（3）铣床的工作台要求有前后、左右、上下 6 个方向的进给运动和快速移动，所以也要求进给电动机能正反转，其通过操作手柄和机械离合器相配合来实现。进给的快速移动通过电磁铁和机械挂挡来完成。圆形工作台的回转运动是由进给电动机经传动机构驱动的。

（4）根据加工工艺的要求，该铣床应具有以下的电气联锁措施：为了防止刀具和铣床的损坏，只有主轴旋转后才允许有进给运动和进给方向的快速运动。为了减小加工表面的粗糙度，只有进给停止后主轴才能停止或同时停止。该铣床采用机械操纵手柄和位置开关相配合的方式实现进给运动 6 个方向的连锁。主轴运动和进给运动采用变速盘来进行速度选择，为保证变速齿轮进入良好的啮合状态，两种运动都要求变速后顺时点动。当主轴电动机或冷却泵过载时，进给运动必须立即停止，以免损坏刀具和铣床。

（5）要求有冷却系统、照明设备及各种保护措施。

三、X62W 型万能铣床电气原理图分析

1. X62W 万能铣床主电路分析

X62W 万能铣床主电路由三台电动机（M1、M2、M3）、三个接触器主触点（KM1、KM3、KM4）、三个热继电器（FR1、FR2、FR3）、两个熔断器（FU1、FU2）、两个转换开关（QS1、QS2）、一个倒顺开关（SA3）和导线组成。其中三台电动机功能如下：

M1 为主轴电动机，拖动主轴旋转，是一台笼型异步电动机，直接启动，能够正反转，并设有电气制动环节，能进行变速冲动，该电动机由启停按钮控制，需要倒顺开关手动控制正反转，需要过载保护。

2. X62W 万能铣床控制电路分析

X62W 万能铣床控制电路由控制变压器 TC、指示灯、熔断器、接触器线圈控制回路等组成，其电气控制原理图如图 6－25 所示。

1）主轴电动机的控制分析

主轴电动机启动：

按下 SB1 或 SB2→KM1 得电自锁→KM1 主触点闭合→拨动 SA3 实现主轴正向或反向运行；

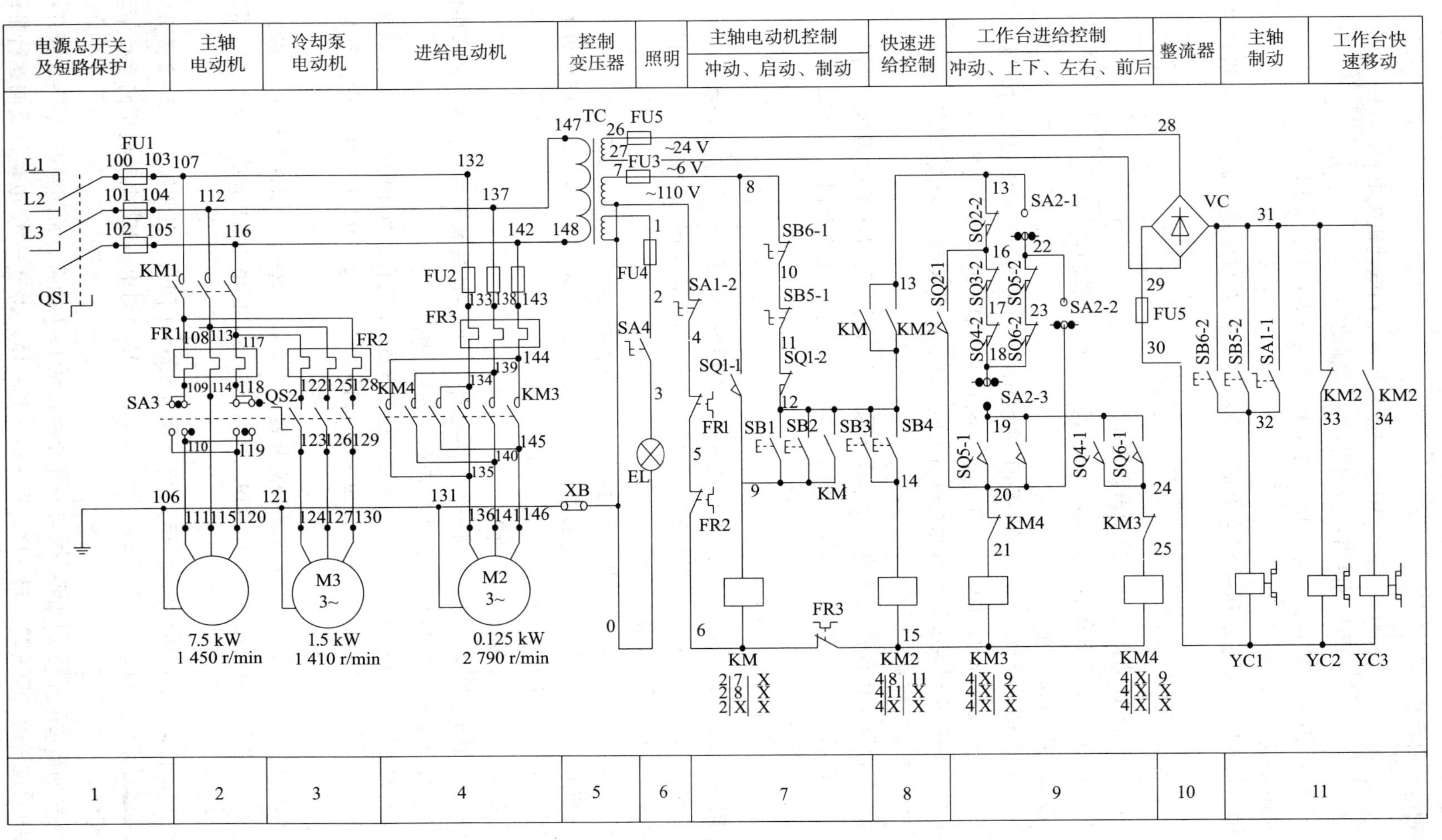

图6-25　X62W万能铣床电气控制原理

主轴电动机停止：

按下 SB5 或 SB6→{KM1 失电→KM1 主触点断开→主轴电动机失电；YC1 电磁离合器得电→主轴制动}→主轴停止

将 SA3 打到中间位置也能使主轴电动机失电，但是 KM1 主触点未断开。

主轴电动机变速冲动：

主轴运行或停止时可以利用变速手柄与冲动位置开关 SQ1 通过机械联动机构进行控制。

主轴换刀：

将 SA1 拨至换刀位置→{SA1 常闭断开→控制电路失电；SA1 常开闭合→YC1 电磁离合器得电→主轴制动}→主轴停止→换刀

2）冷却泵电动机控制分析

按下 SB1 或 SB2→KM1 得电自锁→KM1 主触点闭合→拨动 QS2 冷却泵电动机运行；

按下 SB5 或 SB6→KM1 失电→KM1 主触点断开→冷却泵电动机失电停止；

将 QS2 打到停止位置也能将冷却泵电机失电停止，但是 KM1 主触点为断开。

3）进给电动机控制分析

SA2 是控制圆工作台转换开关，在不需要圆工作台时，可以将 SA2 扳到“断开”位置，此时 SA2 -1 闭合，SA2 -2 断开，SA2 -3 闭合；需要圆工作台时，将 SA2 扳到“接通”位置，此时 SA2 -1 断开，SA2 -2 闭合，SA2 -3 断开。

工作台左右进给运动分析如下。

工作台向右运动：主轴电动机 M1 启动→操作进给手柄向右→常开触点 SQ5 -1 闭合，常闭触点 SQ5 -2 断开→KM3 线圈通过路径（13 -16 -17 -18 -19 -20 -21 -15）得电→M2 电动机正向运行带动工作台右行。

工作台向左运动：主轴电动机 M1 启动→操作进给手柄向左→常开触点 SQ6 -1 闭合，常闭触点 SQ6 -2 断开→KM4 线圈通过路径（13 -16 -17 -18 -19 -24 -25 -15）得电→M2 电动机反向运行带动工作台左行。

工作台上下、前后进给运动分析如下。

操纵工作台的上下和前后是用同一个手柄完成的，该手柄具有上、下、前、后、中间五个位置，对应操纵工作台向上、向下、向前、向后和停止。

工作台向下运动：将手柄向下扳动→常开触点 SQ3 -1 闭合，常闭触点 SQ3 -2 断开→KM3 线圈通过路径（13 -22 -23 -18 -19 -20 -21 -15）得电→M2 电动机正向运行带动工作台下行。

工作台向上运动：将手柄向上扳动→常开触点 SQ4 -1 闭合，常闭触点 SQ4 -2 断开→KM4 线圈通过路径（13 -22 -23 -18 -19 -24 -25 -15）得电→M2 电动机反向运行带动工作台上行。

工作台向前运动：将手柄向前扳动→常开触点 SQ3 -1 闭合，常闭触点 SQ3 -2 断开→KM3 线圈通过路径（13 -22 -23 -18 -19 -20 -21 -15）得电→M2 电动机正向运行带动工作台前行。

工作台向后运动：将手柄向后扳动→常开触点 SQ4 -1 闭合，常闭触点 SQ4 -2 断开→KM4 线圈通过路径（13 -22 -23 -18 -19 -24 -25 -15）得电→M2 电动机反向运行带动工作台后行。现将水平工作台在6个方向上的进给动作归纳成表6－15。

表6－15　工作台进给动作

序号	手柄位置	行程开关动作	接触器动作	M2转向	工作台运动方向
1	右	SQ5	KM3	正转	右行
2	中	—	—	—	停止
3	左	SQ6	KM4	反转	左行
4	下	SQ3	KM3	正转	下行
5	上	SQ4	KM4	反转	上行
6	中	—	—	—	停止
7	前	SQ3	KM3	正转	前行
8	后	SQ4	KM4	反转	后行

进给快速冲动分析如下。

在改变工作台进给速度时，为使齿轮易于啮合，需要让进给电动机瞬时点动一下，该运动称为进给快速冲动。其操作过程是：先将进给变速的蘑菇形手柄拉出，转动变速盘，选择好速度，然后将手柄继续向外拉到极限位置，随即推向原位，变速结束。就在手柄拉到极限位置的瞬间，行程开关SQ2被压动，SQ2－2先断开，SQ2－1后接通，KM3接触器通过路径（12－22－23－24－18－17－16－20－21－15）得电，进给电动机瞬时正转；当手柄推回原位时，SQ2复位，KM3线圈失电，进给电动机只瞬动一下。由KM3路径可知，进给变速只有各进给手柄均在零位时才可进行。

工作台快速移动分析如下。

按下快速移动按钮SB3或SB4（两地控制）→接触器KM2得电吸合→

KM2常闭触点（31－33）断开→电磁离合器YC2失电，断开正常工作进给传动链
KM2常开触点（31－34）闭合→电磁离合器YC3得电，接通快速移动传动链
KM2常开触点（12－13）闭合→操纵工作台进给方向手柄→工作台沿对应方向快速移动

圆工作台的控制分析如下。

当需要加工螺旋槽、弧形槽和弧形面时，可在工作台上加装圆工作台，圆工作台的回转运动也是由进给电动机M2拖动的。圆工作台只能沿一个方向运动，SQ3、SQ4、SQ5、SQ6四个行程开关均可停止圆工作台，保证工作台的进给和圆工作台回转不能同时进行。

首先将SA2扳到圆工作台“接通”位置，此时SA2－1断开，SA2－2闭合，SA2－3断开。

然后按下主轴启动按钮SB1或SB2，主轴启动，接触器KM3线圈通过路径（13－16－17－18－23－22－20－21－15）得电吸合，进给电动机M2正转带动圆工作台旋转运动。

4）照明电路分析

EL为照明灯，由SA4开关控制。

操作训练

训练项目　调试与检修 X62W 万能铣床工作任务单中的故障

一、工作准备

（1）安全防护措施准备

内容同单元1。

（2）维修工具与仪表准备

内容同单元1。

二、故障分析

根据工作任务单中的故障现象描述，进行故障原因分析。

故障现象：主轴可以正常启动，但是工作台各个方向都无法实现进给运动。

分析过程：首先判断故障是在主电路上还是在控制回路上。闭合电源开关，按下主轴启动按钮 SB1 或 SB2，将 SA2 扳到圆工作台“断开”位置，操作 SQ3、SQ4、SQ5、SQ6，观察接触器 KM3 线圈是否吸合。

（1）若 KM3 和 KM4 吸合，则故障在主回路。应依次检查主回路熔断器 FU2 是否熔断；检查热继电器热元件是否损坏；检查接触器 KM3、KM4 主触点接触是否良好；检查电动机 M2 质量及其连线是否断开；最后检查电动机机械部分。排除故障后便可重新启动。

（2）若 KM3 和 KM4 不吸合，则故障在控制回路，而且主轴电动机可以正常运行，经分析可知故障应该在 KM3 和 KM4 线圈控制回路，应逐一检查 KM3 和 KM4 线圈控制回路的各电器接线是否良好。

三、故障测量

（1）若接触器 KM3 和 KM4 吸合，应按如下步骤进行主电路测量（如图 6 – 26 所示）。

①测量熔断器 FU2 上端（132、137、142）两两之间的电压是否约为 380 V，如是则熔断器 FU2 进线端电压正常，故障应该在下游；若电压不正常，应检查上游线路。

②测量熔断器 FU2 下端（133、138、143）两两之间的电压是否约为 380 V，如是则熔断器 FU2 正常，故障应该在下游；若电压不正常，则检查熔体是否烧坏。

③测量热继电器 FR3 下端（134、139、144）两两之间的电压是否约为 380 V，如是则 FR3 正常，故障应该在下游；若电压不正常，应检查 FR3 主触点线路是否开路或 FR3 热元件是否烧坏。

④测量接触器 KM3 下端（135、140、145）两两之间的电压，操作 SQ3 和 SQ4，使 KM3 和 KM4 分时吸合，观察测量电压是否约为 380 V，若 KM3 吸合时两两电压正常，KM4 吸合无电压，则 KM4 主触点开路，应检查 KM4 主触点线路是否有开路；若 KM4 吸

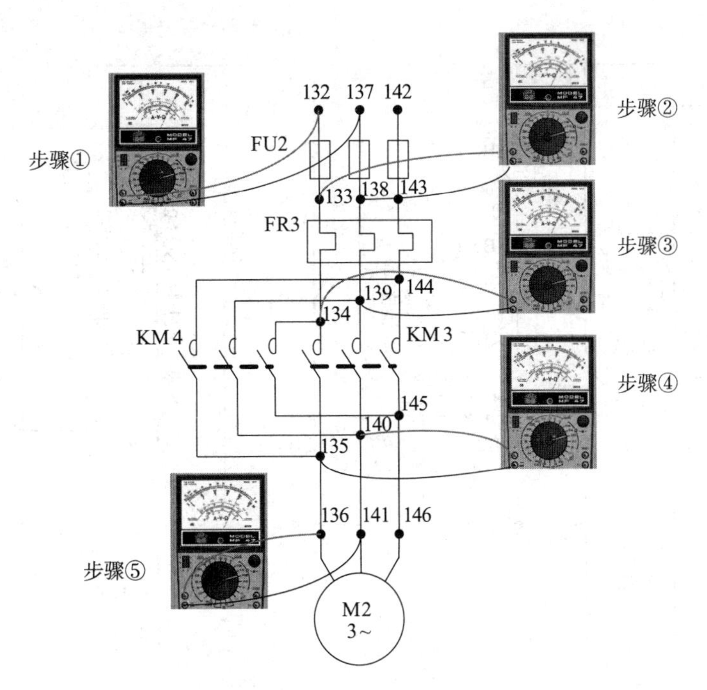

图 6－26　主电路电压测量法

合时两两电压正常，KM3 吸合无电压，则 KM3 主触点开路，应检查 KM3 主触点线路是否有开路；如两者电压均正常，故障应该在下游。

⑤测量 M2 电动机进线端（136、141、146）两两之间的电压是否约为 380 V，如是则 M2 主电路线路正常，故障应该是电动机损坏，此时需检测电动机的质量。

⑥三相交流异步电动机 M2 质量检测：

用万用表电阻挡测量三相冷态直流电阻，测量电阻值相互的差不得大于 2%；

用兆欧表测量绕组与绕组、绕组对地之间的绝缘性能，绝缘电阻值大于 500 MΩ 为正常；

通电使电动机运行，测量电动机的相电流和相电压，任何一相电流与三相电流平均值偏差不得大于 10%，三相电压不平衡度不得超过 5%。

（2）若接触器 KM3 和 KM4 不吸合，应按如下步骤进行控制电路测量（如图 6－27 所示）。

经电路分析可知，故障应该在 KM3 和 KM4 线圈控制回路。

首先将万用表选用 250 V 交流电压挡，按下主轴启动按钮 SB1，主轴启动，KM1 常开触点（12、13）应该闭合。

①将万用表选用 250 V 交流电压挡，黑表笔打到 0 号线，红表笔打到 12 号线，测量电压应该为 110 V。

②将万用表选用 250 V 交流电压挡，黑表笔打到 0 号线，红表笔打到 13 号线，测量电压应该为 0 V。

此时可以判断故障应该在 KM1 常开触点（12、13），可能为 12、13 号线断开或者 KM1 接触器常开辅助触点损坏。

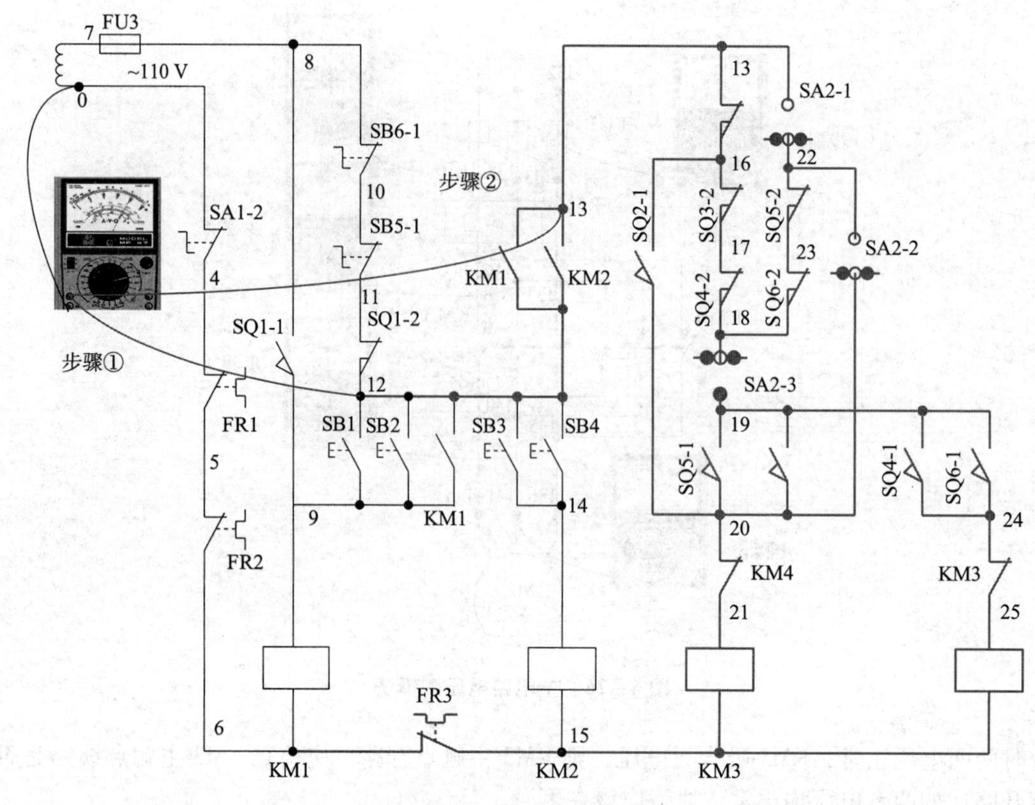

图 6－27　控制电路故障测量

四、故障排除

根据故障测量具体方法和步骤，逐步寻找故障原因，假设该维修任务最终故障原因为三相交流异步电动机绕组短路，电动机损坏，此时需要更换三相交流异步电动机。

五、维修记录

维修技术员完成维修任务后，需要填写维修记录单，如表 6－16 所示。

表 6－16　维修记录单

<table>
<tr><td rowspan="6">维修内容</td><td>故障现象</td><td colspan="6">主轴可以正常启动，但是工作台各个方向都无法实现进给运动</td></tr>
<tr><td>维修情况</td><td colspan="6">在规定时间内完成维修，维修人员工作态度认真</td></tr>
<tr><td rowspan="3">元件更换情况</td><td>元件编码</td><td>元件名称及型号</td><td>单位</td><td>数量</td><td>金额</td><td>备注</td></tr>
<tr><td>M2</td><td>J042－4 0.125 kW
2 790 r/min</td><td>个</td><td>1</td><td>200 元</td><td rowspan="2">无</td></tr>
<tr><td></td><td></td><td></td><td></td><td></td></tr>
<tr><td>维修结果</td><td colspan="6">故障排除，设备正常运行</td></tr>
</table>

六、任务拓展

X62W 铣床故障整理

1. 故障现象：主轴电动机不能启动运行

排除方法：合上电源后，按下启动按钮 SB1 和 SB2。

（1）若 KM1 吸合，则主电路发生故障。原因如下：

①各开关有的没有置于原位。

②熔断器 FU1 有一相熔断。用低压测电笔测熔断器 FU1 下桩头有无电压，若全无电压，则应测上桩头；若仍无电压说明线路停电，应从线路上查找原因。若下桩头的一相或两相有电压应查熔断器 FU1。若接触不良，要把熔断器压紧；若熔断，要更换同规格的熔断器。

③FR1 发热元件烧断一相。

④KM1 一对主触点不通。

⑤电动机 M1 接线松动等。

其中后四种情况都会出现“嗡嗡”声。

（2）若 KM1 不吸合，则为控制电路发生故障，按图中顺序分析：测量变压器电压，初级应为 380 V，次级控制电压应为 110 V，若无电压或电压不正常，说明变压器 TC 已烧坏或熔断器 FU1 熔断。检测 TC 输出是否正常，如果正常，检查控制电路中的 FR1 的常闭触点，按钮 SB1、SB2、SB5、SB6，行程开关 SQ1 及接触器 KM1 的情况。

2. 故障现象：主轴电动机在停车过程中不能制动

排除方法：

（1）熔断器 FU2、FU5 烧断。

（2）整流器 VC、变压器 TC 损坏。

（3）按钮 SB5 -2、SB6 -2 接触不良。

（4）电磁离合器 YC1 线圈熔断。

3. 故障现象：工作台不能快速移动

排除方法：

（1）按钮 SB3、SB4 接触不良。

（2）交流接触器 KM2 线圈熔断，KM2 触点接触不好。

（3）电磁离合器 YC3 线圈熔断。

（4）TC 损坏，VC 损坏，熔断器 FU2、FU3 或 FU5 熔断。

4. 故障现象：铣床主轴启动后，变速时不会冲动

排除方法：操作时用力向外拉蘑菇形手柄，使内部行程开关可靠动作。

5. 故障现象：主轴启动后冷却泵电动机操作后不能工作

排除方法：

（1）在断开电源的情况下，用万用表电阻挡测开关 SQ1 在操作后是否能闭合，若不能闭合，则要更换开关 SQ1。

（2）用万用表电阻挡测 FR2 与接触器 KM1 之间的连接是否断线。

（3）用万用表电阻挡测热继电器 FR2 常闭触点是否通路，若已动作而不通，应检查 M3 电动机是否过载，处理后再使热继电器 FR2 复位。若热继电器本身常闭触点接触不好，则要更换热继电器。

（4）用 500 V 兆欧表测 M3 电动机线圈，若绝缘对地为零或三相线圈相间短路，则要更换电动机线圈。

6. 故障现象：工作台 6 个方向均无进给

排除方法：

（1）用万用表检测变压器输出电压是否正常，若正常，则将手柄扳到某一方向，看其接触器是否吸合。

（2）如接触器吸合，则判断控制回路正常，检查主回路，检查接触器 KM3、KM4 主触点是否接触不良、电动机 M2 接线是否脱落、热继电器 FR3 是否熔断。

（3）如接触器不吸合，则判断控制回路有问题，检查 12－13 节点的 KM1 常开触点，SA2－3 开关接线，交流接触器 KM3、KM4 与 KM2 的线圈公共端的连接线。

7. 故障现象：工作台前后进给正常，不能左右进给

排除方法：检查 SQ2－2、SQ3－2、SQ4－2、SQ5－1、SQ6－1 是否正常。故障出现频率较高的是常闭触点 SQ3－2 和 SQ4－2，找到故障，对故障元件进行修理或更换。

思考与练习

1. X62W 万能铣床电路由哪些基本环节组成？

2. X62W 万能铣床控制电路中具有哪些联锁与保护？为什么要有这些联锁与保护？它们是如何实现的？

3. X62W 万能铣床中，主轴旋转工作时变速与主轴未转时变速其电路工作情况有何不同？

单元 5　调试与检修 T68 型卧式镗床电气控制电路

任务描述

镗床是一种精密加工设备，主要用于加工精度要求高的孔或者孔与孔间距要求精确的工件，即主要用来进行钻孔、扩孔、铰孔和镗孔，并能进行铣削端平面和车削螺纹等加工，因此，镗床的加工范围非常广泛。

某市维修电工技能鉴定站有八台 T68 型镗床作为学员技能鉴定考核使用，现有一台 T68 型镗床出现故障无法正常使用，需要机床维修技术员进行设备维修，为了不影响学员技能考核，该技能鉴定站管理员希望能在一天时间内将机床维修完工。该鉴定站将机床维修的任务全部外包给某机床设备公司，该公司接到维修工作任务后迅速委派售后维修技术员进行维修（表 6－17）。

表 6－17　维修工作任务单

流水号：201909280001　　　　日期：2019 年 09 月 28 日

<table>
<tr><td rowspan="8">报修记录</td><td>报修单位</td><td>某市维修电工技能鉴定站</td><td>报修部门</td><td>机电工程系</td><td>联系人</td><td>王 **</td></tr>
<tr><td>单位地址</td><td colspan="3">**** 市 **** 区 **** 路 68 号</td><td>联系电话</td><td>1387519 ****</td></tr>
<tr><td>故障设备名称型号</td><td colspan="2">T68 型镗床</td><td>设备编号</td><td colspan="2">003</td></tr>
<tr><td>报修时间</td><td colspan="2">2019 年 09 月 28 日</td><td>希望完工时间</td><td colspan="2">2019 年 09 月 29 日</td></tr>
<tr><td>故障现象描述</td><td colspan="5">快速移动电动机正常运行，主轴低速能够正常运行，但是打到高速挡主轴无法实现高速运行</td></tr>
<tr><td>维修单位</td><td colspan="2">** 机床设备公司</td><td>维修部门</td><td colspan="2">售后维修部</td></tr>
<tr><td>接单人</td><td colspan="2">李 **</td><td>联系电话</td><td colspan="2">1357412 ****</td></tr>
<tr><td>接单时间</td><td colspan="2">2019 年 09 月 28 日</td><td>完工时间</td><td colspan="2">2019 年 09 月 29 日</td></tr>
</table>

任务目标

（1）了解 T68 型镗床的基本结构、主要运动形式及控制要求；

（2）正确识读 T68 型镗床电气控制原理图，并分析其工作原理；

（3）正确选择和使用常用电工工具和检测仪表进行线路故障检测；

（4）根据故障现象现场分析、判断并排除 T68 型镗床的电气故障。

相关知识

一、T68 型镗床基本概述

1. 镗床的定义和用途

镗床是用镗刀对工件已有的孔进行镗削的机床，使用不同的刀具和附件还可进行钻削、铣削、加工螺纹及外圆和端面等。通常，镗刀旋转为主运动，镗刀或工件的移动为进给运动。

2. 镗床的分类

根据镗床的结构和功能，镗床可以分为卧式镗床、坐标镗床、金刚镗床、深孔钻镗床和落地镗床等，其实物如图 6－28 所示。

（a） （b）

（c） （d） （e）

图 6－28　典型镗床实物

（a）卧式镗床；（b）深孔钻镗床；（c）金刚镗床；（d）坐标镗床；（e）落地镗床

3. T68 镗床的型号含义

根据 GB/T 15375—94《金属切削机床型号编制方法》的规定，T68 镗床的型号含义如下：

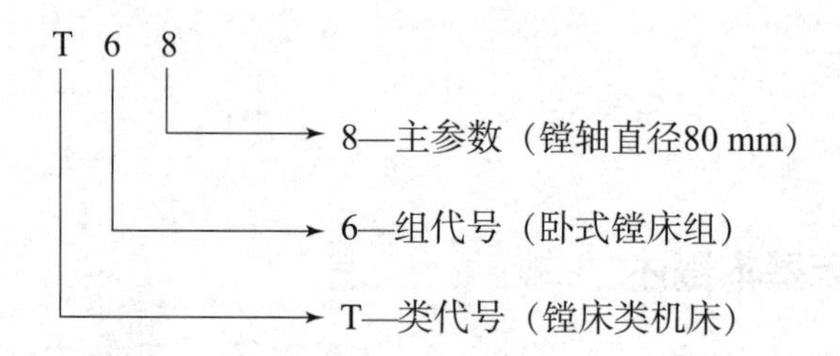

4. T68 型镗床的主要结构

T68 型卧式镗床主要由床身、前立柱、镗头架、后立柱、尾座、下溜板、上溜板、工作台等部分组成，其结构如图 6－29 所示。

镗床的床身是一个整体的铸件，在它的一端固定有前立柱，在前立柱的垂直导轨上装有镗头架，镗头架可沿垂直导轨上下移动。镗头架里集中装有主轴、变速器、进给箱和操纵机构等部件。切削工具一般安装在镗轴前端的锥形孔里，或装在花盘的刀具溜板上。在切削过程中，镗轴一面旋转，一面沿轴向作进给运动，而花盘只能旋转，装在它上面的刀具溜板可作垂直于主轴轴线方向的径向进给运动，镗轴和花盘轴分别通过各自的传动链传动，因此可以独立运动。

在床身的另一端装有后立柱，后立柱可沿床身导轨在镗轴轴线方向调整位置。后立柱

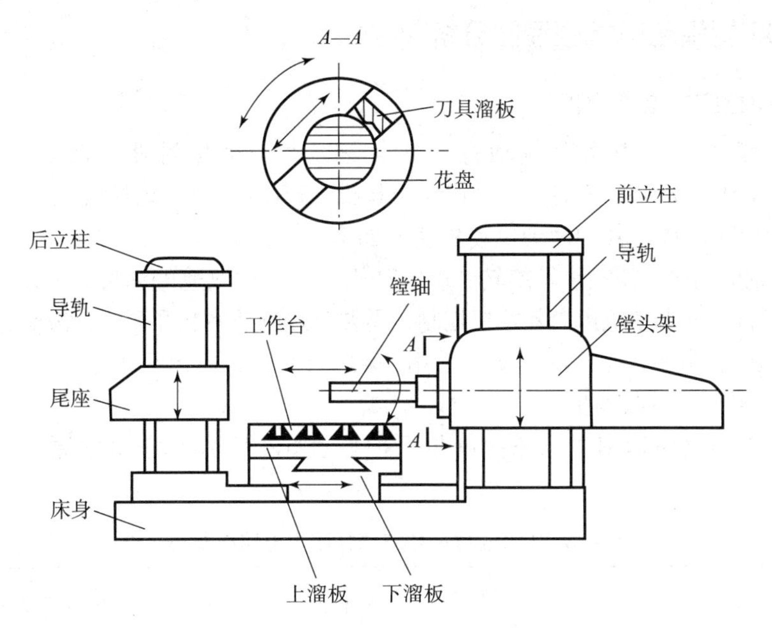

图 6－29 T68 型卧式镗床结构

导轨装有尾座，用来支撑镗杆的末端，尾座与镗头架同时升降，以保证两者的轴心在同一水平线上。

安装工件的工作台安置在床身中部的导轨上，可以借助上、下溜板作横向和纵向水平移动，工作台相对于上溜板可作回转运动。

二、T68 型镗床的运动形式与控制要求

T68 型镗床的加工范围广，运动部件多，调速范围宽，它的运动形式主要有：主运动、进给运动和辅助运动，各种运动形式的控制要求如下。

主运动：镗轴和平旋盘的旋转运动。

进给运动：镗轴的轴向进给，平旋盘刀具溜板的径向进给，镗头架的垂直进给，工作台的纵向进给和横向进给。

辅助运动：工作台的回转，后立柱的轴向移动，尾座的垂直移动及各部分的快速移动等。

T68 型镗床运动对电气控制电路的要求：

（1）主运动与进给运动由一台双速电动机拖动，高低速可选择；

（2）主电动机用低速时，可直接启动，但用高速时，则由控制线路先启动到低速，延时后再自动转换到高速，以减少启动电流；

（3）主电动机要求正反转以及点动控制；

（4）主电动机应设有快速准确的停车环节；

（5）主轴变速应有变速冲动环节；

（6）快速移动电动机采用正反转点动控制方式；

（7）进给运动和工作台水平移动两者只能取一，必须要有互锁。

三、T68 型镗床电气原理图分析

1. T68 型镗床主电路分析

T68 型镗床主电路由两台电动机（M1、M2）、七个接触器主触点（KM1、KM2、KM3、KM4、KM5、KM6、KM7）、一个热继电器（FR1）、两个熔断器（FU1、FU2）、转换开关 QS 和导线组成。其中两台电动机功能如下。

M1 为主轴电动机，拖动主轴旋转，该电动机采用一台双速电动机，可以实现低速和高速两种速度运行。该电动机由启停按钮控制，需要反接制动控制和调速，需要过载保护。

M2 为快速移动电动机，该电动机采用一台三相交流异步电动机，需要正反转控制，不需要调速，不需要过载保护。

T68 型镗床电气原理图主电路控制与保护如表 6－18 所示，电气原理图如图 6－30 所示。

表 6－18　T68 型镗床电气原理图主电路控制与保护

被控对象	相关参数	控制方式	控制电器	过载保护	短路保护	接地保护
M1	功率 7/5.2 kW 额定转速 2 900/1 440 r/min	启保停控制	QS→FU1→KM1→FR→KM3（KM4、KM5）	热继电器 FR	熔断器 FU1	有
M2	功率 3 kW 额定转速 1 420 r/min	启保停控制	QS→FU1→FU2→KM6（KM7）	无	熔断器 FU1、FU2（FU1 额定电流大于 FU2）	有

2. T68 型镗床控制电路分析

T68 型镗床控制电路由控制变压器 TC、指示灯、照明灯、三个熔断器、七个接触器线圈、一个通电延时时间继电器等组成。

1）主轴电动机的控制分析

（1）主轴低速运行。

SQ1 为主轴变速开关，将其拨到低速挡（15－21 常开触点断开）。

按下主轴正向启动按钮 SB3→KM1 得电自锁→KM3 得电→主轴正向低速连续运行；

按下主轴反向启动按钮 SB2→KM2 得电自锁→KM3 得电→主轴反向低速连续运行。

按下主轴正向点动按钮 SB4→KM1 得电→KM3 得电→主轴正向低速点动运行；

按下主轴反向点动按钮 SB5→KM2 得电→KM3 得电→主轴反向低速点动运行。

（2）主轴高速运行。

SQ1 为主轴变速开关，将其拨到高速挡（15－21 常开触点闭合）。

按下主轴正向启动按钮 SB3→KM1 得电自锁→
- KM3 得电→主轴正向低速连续运行
- KT 得电延时→时间到
  - KT 常闭断开→KM3 失电
  - KT 常开闭合→

→KM4 与 KM5 得电→主轴正向高速连续运行。

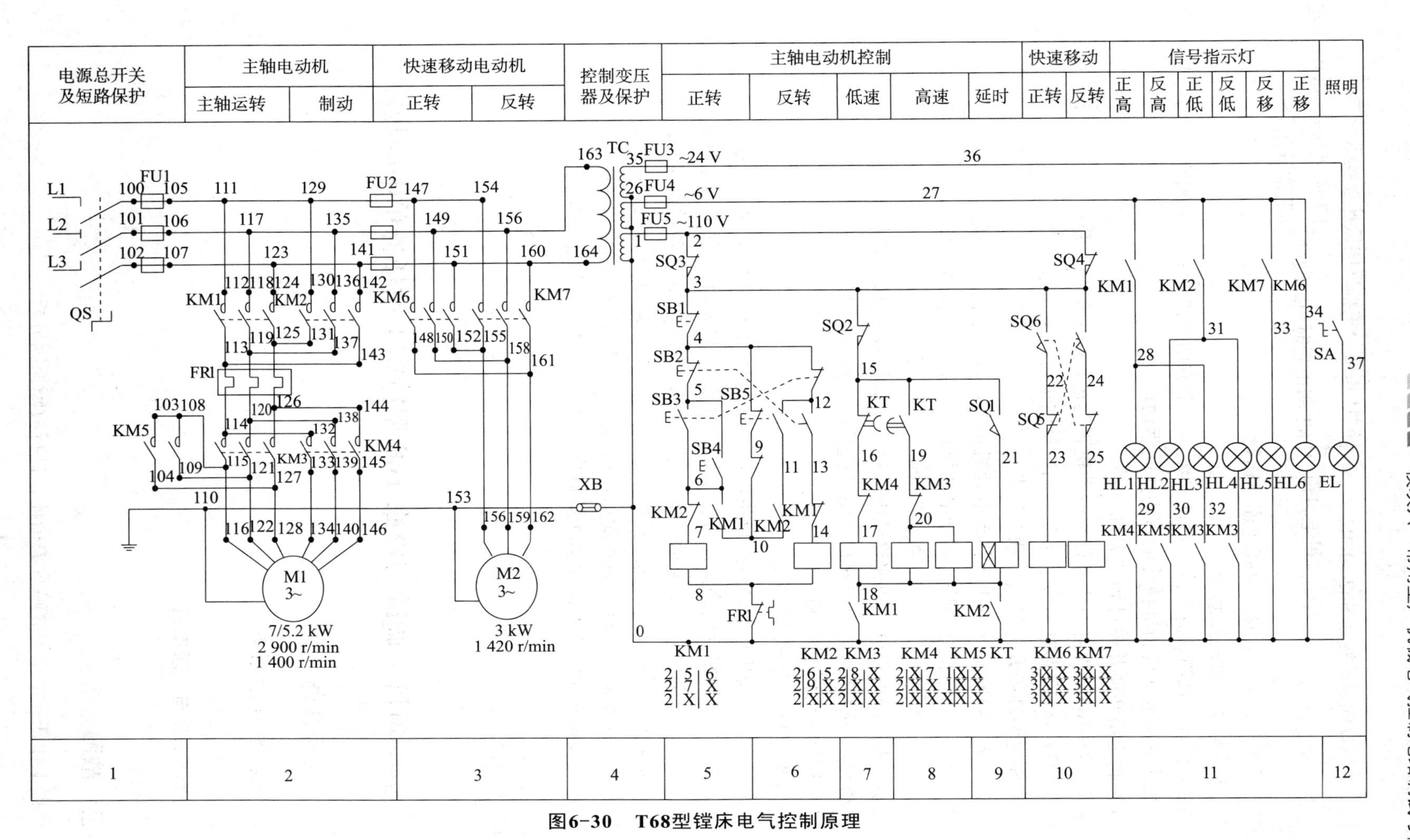

图6-30 T68型镗床电气控制原理

按下主轴反向启动按钮 SB2→KM2 得电自锁→{KM3 得电→主轴反向低速连续运行; KT 得电延时→时间到{KT 常闭断开→KM3 失电; KT 常开闭合→}}

→KM4 与 KM5 得电→主轴反向高速连续运行。

2）快速移动电机的控制分析

T68 型镗床主轴箱具有升降、横向和纵向六个方向进给运行，主轴箱六个方向的进给运行由快速移动电动机和机械传动机构共同驱动。

（1）将进给转换开关打到“升降”挡。

拨动 SQ6→KM6 得电→快速移动电动机正向运行→主轴箱上升；

拨动 SQ5→KM7 得电→快速移动电动机反向运行→主轴箱下降。

（2）将进给转换开关打到“横向”挡。

拨动 SQ6→KM6 得电→快速移动电动机正向运行→主轴箱右移；

拨动 SQ5→KM7 得电→快速移动电动机反向运行→主轴箱左移。

（3）将进给转换开关打到“纵向”挡。

拨动 SQ6→KM6 得电→快速移动电动机正向运行→主轴箱前进；

拨动 SQ5→KM7 得电→快速移动电动机反向运行→主轴箱后退。

3）照明与指示电路分析

EL 为照明灯，由 SA 开关控制；

HL1 为主轴电动机正向高速运行指示灯，由 KM1 和 KM4 常开触点控制；

HL2 为主轴电动机反向高速运行指示灯，由 KM2 和 KM5 常开触点控制；

HL3 为主轴电动机正向低速运行指示灯，由 KM1 和 KM3 常开触点控制；

HL4 为主轴电动机反向低速运行指示灯，由 KM2 和 KM3 常开触点控制；

HL5 为快速移动电动机反向移动运行指示灯，由 KM7 常开触点控制；

HL6 为快速移动电动机正向移动运行指示灯，由 KM6 常开触点控制。

操作训练

训练项目　调试与检修 T68 型镗床工作任务单中的故障

一、工作准备

1. 安全防护措施准备

内容同单元 1。

2. 维修工具与仪表准备

内容同单元 1。

二、故障分析

根据工作任务单中的故障现象描述，进行故障原因分析。

故障现象：快速移动电动机正常运行，主轴低速能够正常运行，但是打到高速挡主轴无法实现高速运行。

分析过程：首先判断故障是在主电路还是在控制回路上。闭合电源开关，将主轴变速开关打到高速挡（SQ1 常开触点 15－21 闭合），按下启动按钮 SB3，KM1 和 KM3 线圈吸合，主轴低速运行，此时观察时间继电器 KT 是否得电，KM4 和 KM5 线圈是否吸合。

（1）若时间继电器 KT 不得电，KM4 和 KM5 线圈不吸合，则故障可能在 KT 线圈控制电路中。

（2）若时间继电器 KT 得电，KM4 和 KM5 线圈不吸合，则故障可能在 KM4 和 KM5 线圈控制电路中。

（3）若时间继电器 KT 得电，KM4 和 KM5 线圈吸合，则故障可能在主电路中，KM4 和 KM5 主触点可能有开路。

三、故障测量

（1）若时间继电器 KT 不得电，KM4 和 KM5 线圈不吸合。如图 6－31（a）所示，切断机床电压，断开 16 号线，将主轴变速开关打到高速挡（SQ1 闭合），利用电阻分阶测量法测量 18－21 号和 18－15 号的电阻值 R_1 和 R_2，如测量结果 $R_1=40\ \Omega$，$R_2=\infty$，则可判断主轴变速开关 SQ1 有故障或 SQ1 上的 15 或 21 号线断开。

（2）若时间继电器 KT 得电，KM4 和 KM5 线圈不吸合。如图 6－31（b）所示，切断机床电压，断开 16 号线，短接 KT 常开触点（15－19），将主轴变速开关打到低速挡（SQ1 断开），利用电阻分阶测量法测量 18－20 号、18－19 号和 18－15 号的电阻值 R_3、R_4 和 R_5，如测量结果 $R_3=0\ \Omega$，$R_4=\infty$，$R_5=\infty$，则可判断 KM3 常闭触点开路或 KM3 常闭触点上的 19 或 20 号线断开。

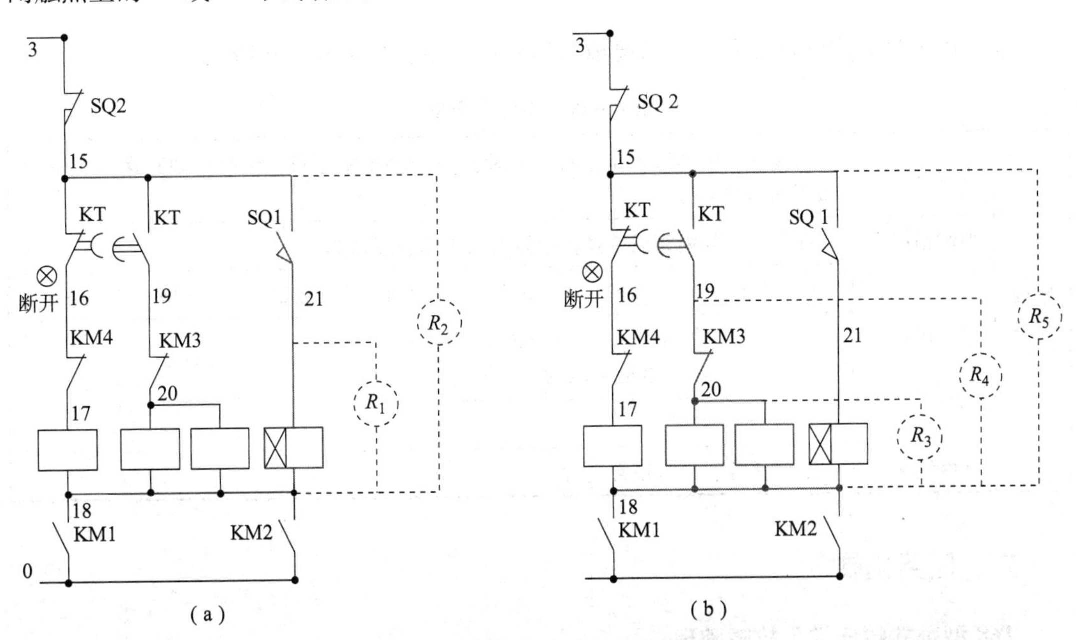

图 6－31　主轴控制电路故障分析与检测

（a）KT 线圈电路故障测量；（b）KM4、KM5 线圈电路故障测量

（3）若时间继电器 KT 得电，KM4 和 KM5 线圈吸合。故障可能在主电路中的 KM4、KM5 主触点上，应检查 103 - 104、108 - 109、132 - 133、138 - 139、144 - 145 五对主触点，如图 6 - 32 所示。

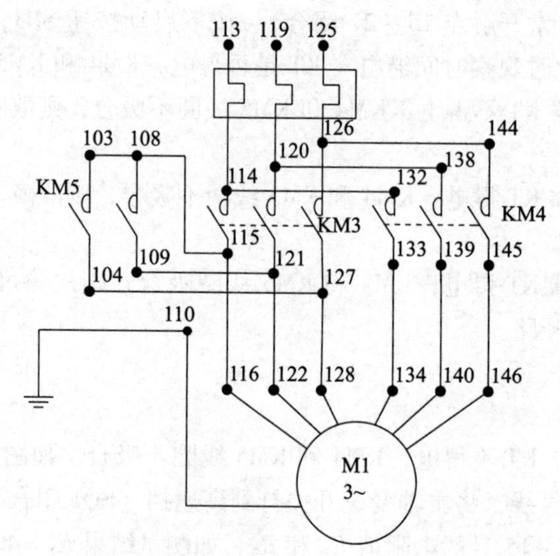

图 6 - 32　主轴主电路故障分析与检测

四、故障排除

根据故障测量具体方法和步骤，逐步寻找故障原因，假设该维修任务最终故障原因为 KT 时间继电器损坏，此时需要更换 KT 时间继电器。

五、维修记录

维修技术员完成维修任务后，需要填写维修记录单，如表 6 - 19 所示。

表 6 - 19　维修记录单

<table>
<tr><td rowspan="6">维修内容</td><td>故障现象</td><td colspan="6">快速移动电动机正常运行，主轴低速能够正常运行，但是打到高速挡主轴无法实现高速运行</td></tr>
<tr><td>维修情况</td><td colspan="6">在规定时间内完成维修，维修人员工作态度认真</td></tr>
<tr><td rowspan="3">元件更换情况</td><td>元件编码</td><td>元件名称及型号</td><td>单位</td><td>数量</td><td>金额</td><td>备注</td></tr>
<tr><td>KT</td><td>时间继电器 JSZ3A，线圈电压为 110 V</td><td>个</td><td>1</td><td>35 元</td><td rowspan="2">无</td></tr>
<tr><td></td><td></td><td></td><td></td><td></td></tr>
<tr><td>维修结果</td><td colspan="6">故障排除，设备正常运行</td></tr>
</table>

六、任务拓展

T68 型卧式镗床常见故障整理

（1）故障现象：主轴电动机 M1 不能启动。

故障原因：主轴电动机 M1 是双速电动机，正、反转控制不可能同时损坏。熔断器 FU1、FU2、FU5 中的一个有熔断，热继电器 FR1 动作，都有可能使电动机不能启动。

排除方法：查熔断器 FU1 熔体已熔断，查电路无短路，更换熔体，故障排除（查 FU1 已熔断，说明电路中有大电流冲击，故障主要集中在 M1 主电路上）。

（2）故障现象：主轴只有高速挡，没有低速挡。

故障原因：接触器 KM3 损坏；接触器 KM4 动断触点损坏；时间继电器 KT 延时断开动断触点坏了；SQ1 一直处于通的状态，只有高速。

排除方法：查接触器 KM3 线圈已损坏。更换接触器，故障排除。

（3）故障现象：主轴只有低速挡，没有高速挡。

故障原因：时间继电器 KT 是控制主轴电动机从低速向高速转换的，时间继电器 KT 不动作；行程开关 SQ1 安装的位置移动；SQ1 一直处于断的状态；接触器 KM4 损坏；接触器 KM5 损坏；KM3 动断触点损坏。

排除方法：查接触器 KM5 线圈是好的，查接触器 KM4 线圈线与 KM3 动断触点（20 号线）电阻为无穷大，它们已开路，更换导线，故障排除。

（4）故障现象：主轴变速手柄拉出后，主轴电动机不能冲动；或变速完毕，合上手柄后，主轴电动机不能自动开车。

故障原因：位置开关 SQ3、SQ4 质量方面有问题，由于绝缘击穿引起短路而使接通无法变速。

排除方法：将主轴变速操作盘的操作手柄拉出，主轴电动机不停止。断电后，查 SQ4 的动合触点不能断开，更换 SQ3，故障排除。

（5）故障现象：主轴电动机 M1，进给电动机 M2 都不工作。

故障原因：熔断器 FU1、FU2、FU5 熔断，变压器 TC 损坏。

排除方法：查看照明灯工作正常，说明 FU1、FU2 未熔断。在断电情况下，查 FU5 已熔断，更换熔断器，故障排除。

（6）故障现象：主轴电动机不能点动工作。

故障原因：SB1 至 SB4 或 SB5 线路断路（3－4－9－10 线路开路）。

排除方法：查 9 号线断路，给予复原即可。

（7）故障现象：进给电动机 M2 快速移动正常，主轴电动机 M1 不工作。

故障原因：热继电器 FR1 动断触点断开。

排除方法：查热继电器 FR1 动断触点已烧坏。

（8）故障现象：主轴电动机 M1 工作正常，进给电动机 M2 缺相。

故障原因：熔断器 FU2 中有一个熔体熔断。

排除方法：查 FU2 熔体熔断，更换熔体，故障排除。

（9）故障现象：低速没有转动，启动时就进入高速运转。

故障原因：时间继电器 KT 延时断开动断触点坏了，KM5 动断触点、KM4 线圈有故障。

排除方法：查时间继电器 KT 延时断开动断触点已损坏，修复触点。

（10）故障现象：主轴电动机 M1、进给电动机 M2 都缺相。

故障原因：熔断器 FU1 中有一个熔体熔断；电源总开关、电源引线有一相开路。

排除方法：查 FU1 熔体已熔断，更换熔体，故障排除。

注意：查电源总开关进线端、出线端的电源电压，用万用表的交流电压挡（AC 500 V）。

思考与练习

1. 在 T68 型镗床中，哪些运动是由快速移动电动机来完成的？
2. T68 型镗床中的时间继电器 KT 线圈断路时，电路将会出现什么现象？
3. T68 型镗床能低速启动，但不能高速运行，故障的原因是什么？

参考文献

[1] 李敬梅．电力拖动控制线路与技能训练［M］．北京：中国劳动社会保障出版社，2007.
[2] 王洪．机床电气控制［M］．北京：科学出版社，2009.
[3] 岳丽英．电气控制基础电路安装与调试［M］．北京：机械工业出版社，2014.
[4] 刘玫，孙雨萍．电机与拖动［M］．北京：机械工业出版社，2009.
[5] 范次猛．机电设备电气控制技术基础知识［M］．北京：高等教育出版社，2009.
[6] 王广仁．机床电气维修技术［M］.2版．北京：中国电力出版社，2009.
[7] 潘毅，翟恩民，游建．机床电气控制［M］．北京：科学出版社，2009.
[8] 谢敏玲．电机与电气控制模块化实用教程［M］．北京：中国水利水电出版社，2010.
[9] 周元一．电机与电气控制［M］．北京：机械工业出版社，2006.
[10] 陈海波．常用机床电气检修一点通［M］．北京：机械工业出版社，2013.
[11] 李响初，等．机床电气控制线路识图［M］．北京：中国电力出版社，2010.
[12] 王建明．电机及机床电气控制［M］.2版．北京：北京理工大学出版社，2012.
[13] 刘武发，张瑞，赵江铭．机床电气控制［M］．北京：化学工业出版社，2009.
[14] 王洪．机床电气控制［M］．北京：科学出版社，2009.
[15] 连赛英．机床电气控制技术［M］．北京：机械工业出版社，2007.
[16] 乐为．机电设备装调与维护技术基础［M］．北京：机械工业出版社，2010.
[17] 邵泽强，万伟军．机电设备装调技能训练与考级［M］．北京：北京理工大学出版社，2014.
[18] 宋涛．电机控制线路安装与调试［M］．北京：机械工业出版社，2012.

参考文献

[illegible]